HOW WARS END
WHY WE ALWAYS FIGHT THE LAST BATTLE

GIDEON ROSE

終戦論

なぜアメリカは
戦後処理に
失敗し続けるのか

ギデオン・ローズ著
千々和泰明 監訳
佐藤友紀 訳

原書房

終戦論　なぜアメリカは戦後処理に失敗し続けるのか

ずさんな計画の犠牲者たちへ——

目次

戦争を始めるにあたっては、いや、合理的に戦争を始めるにあたっては、戦争によって何を達成し、戦争のうちで何を獲得するつもりなのかがはっきりしていなければならない。

カール・フォン・クラウゼヴィッツ　『戦争論』（清水多吉訳）

第1章 クラウゼヴィッツの命題

二〇〇三年三月下旬、アメリカを中心とする有志連合がイラクに進攻した。この戦争を計画した人々のなかには、サダムさえ打ち負かしてしまえばあとは比較的順調にいくだろうと考える者もいた。国家安全保障問題担当大統領補佐官コンドリーザ・ライスもその一人で、「サダム・フセイン体制が自国民に押しつけてきた恐怖の支配がついに崩壊し、イラク国民がよりよい未来を建設する機会を手にするのだとわれわれは確信しています。未来を台なしにするのではなく、よりよいものにしていきたいと願っている人々をみなさんは見ることになるでしょう」と四月初めに語っている[1]。

その一方で、この作戦の関係者のなかには、先行きをそれほど楽観していない人々もいた。スティーヴン・ピーターソン中佐はこの地上作戦を計画した参謀の一人であったが、彼はのちにこう記している。

開戦一カ月前、フェーズ4計画グループは、この軍事行動は掲げている戦略目標と調和しない状況を生み出すだろうと結論していた。この共同作戦がイラクの政治体制を制御しているすべての仕組みを壊すために特に計画されたものであり、体制の崩壊後には、われわれの戦略目標にとってきわめて危険な状況に直面する時期が出現するだろうと彼らは認識していた。テロリストがイラクに流入する可能性、犯罪の増加、フセイン政権の残党が引き起こすであろうさまざまな戦闘活動、存在するとされていた大量破壊兵器（ＷＭＤ）を管理できなくなることなどが想定されていた。……国境の取り締まり強化を計画すること、ただちに保護すべき重要な地域およびインフラを検討すること、戦争終結後に迅速にイラク国内の秩序を回復するための人的・物的資源を十分に手当てしておくことなど特別な行動をとる必要性を確認していた。

こうした懸念や提案は軍首脳部に知らされてはいたのだが、「フェーズ4計画グループの連中は司令官の説得に失敗し、これらの問題をあっさり取り下げてしまった」。

当時を振り返ってみると、この記述は理解しがたいように思われる。いずれ生ずるであろう面倒を予測しないのはお粗末すぎる。だが、予測しておきながら手をこまねいていることはもっと許しがたい。こんなに重大でたしかな懸念が簡単に退けられてしまったのはどうしてだろうか？「それは」とピーターソンは続ける。

> 計画立案者たちも司令官も、戦闘こそ戦争の主要舞台だと教え込まれていたため、戦争終結後の問題をさほど重視していなかったからである。戦闘がまだ始まってもいない時期に、司令部の将校たちには戦闘用に認められた人的・物的資源を吸いあげるような戦闘以外の活動を話し合う余裕はなかったのだ……。だからといって、誰が非難できるだろうか？　軍の本務は戦争をすることであり、戦争とは戦闘なのだ。こうした問題が提起されていたのは、戦争が終結していないどころか始まってもいない時期だった。発生するかどうかも定かでない戦争終結後の状況をあれこれ言いたてて戦闘に対する取り組みの邪魔をするのはまぬけだけだろう(2)。

バグダッド攻略を支援した第一海兵遠征軍司令官のジェイムズ・コンウェイ中将は、より端的な表現を使っている。戦闘計画に比べて戦後計画が簡単に片づけられてしまったのは仕方のないことなのかと尋ねられ、こう答えた――「オオカミを撃つ場合、そりに近い奴からに決まっているじゃないか」[(3)]。

イラク戦争は司令部のこのような姿勢とそれが招いた不幸な結果の顕著な例として長く記憶されるだろうが、こうした例はほかにもたくさんある。実際、戦争即戦闘という考え方は、アメリカ軍およびアメリカ国民の頭に深くしみついているのだ。戦争とは、大規模な街頭の喧嘩のようなもので、悪い奴らをいかに叩きのめすかが戦略における重要な課題であるとアメリカ人は思い込んでいる。この見方は基本的には一定の真実をとらえている。長年にわたってアメリカの敵どもはたしかにとんでもない連中で、アメリカが勝利を収めるには相手を打ちのめす必要があった。だが、このような言い方をすると、戦争の半面しか伝えていないことになり誤解を招いてしまう。

実際、戦争には二つの面があり、いずれの重要性も変わらない。一つは負の側面、すなわち強制的な面である。これは戦闘、つまり悪い連中を叩きのめすことに関する部分だ。もう一つは正の側面、すなわち建設的な面であり、こちらはすべて政治に関わるものである。そしてこの部分は、イラクにおいてそうであったように、たいていはうっかり見落とされたり、あるいはまちがって理解されてしまう。

戦争の強制的な面は、敵の攻撃をかわしつつ、敵に攻撃を加え、最終的に降伏させてこちらの意のままにすることを必然的に含んでいる。だからプロイセンが生んだ偉大な軍事理論家カール・フォン・クラウゼヴィッツは、戦争を「敵をしてわれらの意志に屈服せしめるための暴力行為のことである」と定義した。建設的な側面は、国家が相手国に対して、実際に何を要求しているのか、そしてどのようにしてその要求を実現するのかということに関係している。だからクラウゼヴィッツは、戦争は「一つの政治的行動であり……、ほかの手段による政治的交渉の継続にすぎない」とも定義している[4]。

戦争がもつこの二重性をつねに十分に考慮することは難しい。それは戦争におけるすべての行動が、二つのまったく異なる基準――政治的基準と軍事的基準――によって判断されなければならないことを認めるということだ。場合によっては、政府内の二つの異なる組織からの情報によって判断し、行動せねばならないこともあるだろう。これは面倒で、面倒が好きな人はいない。だから政府としては、責任分担を明確にして物事に対処しようとするようになる。この観点からすれば、文民は政治的なことがらをあつかい、軍首脳は軍事問題をあつかうべきであり、指揮監督権は戦争が始まった時点で政治家や外交官から司令官に渡され、戦争が終結した時点で戻されるべきということになる。イラク戦争開戦直前、アメリカ中央軍司令官トミー・フランクスは、国防副長官にこう言っている――「そちらは戦争終結後のことを考えればいい。戦争中のことはこちらが引き受ける」[5]。

残念ながら、明確な役割分担を決めておいたうえで事にあたるというやり方には、本質的に欠陥がある。というのは、政治的問題は戦争のあらゆるところに入り込んでくるからである。この欠陥は、戦争の序盤・中盤には表面化しない場合がある。どちらの国も敵を戦場で打ち負かすのに懸命だからだ。だがある時点までくると、どんな戦争もいわゆる最終局面に入り、それまで無視されていた政治的な問題が一気に表面化してくる。クラウゼヴィッツは、「継起する軍事的事象をつなぐ主要な流れは、開戦から講和にいたるまで切れ目なく続く政治の流れにすぎない。……戦争全体、あるいはわれわれが戦役と呼んでいる最大の軍事行動を輝かしい勝利に向けて推進してゆくためには、国策を洞察する大いなる見識が必要である。そのような段階にいたると、戦略と政治は一体となる、すなわち、最高司令官は同時に政治家としても行動しなければならないのである」と述べている[6]。

戦争の大勢がはっきりしてくる最終局面は、交戦国間の最終合意の詳細や、戦争終結後に生じる諸問題について話し合う適切な時期とみなされる。問題は、この話し合いが、公然とおこなわれるものであれひそかにおこなわれるものであれ、非常に厄介な状況下でおこなわれるということである。双方の当事者たちのなかには講和を考えている人間がある程度はいるかもしれないが、彼らは戦闘そのものを背景にして話し合っているのである。つまり勝利や敗北、費やした人命・資金、国民のあいだに高まった希望や情熱を背景にしているのだ。さらに、この時点までは指導者も国民も敵を打ちのめすことに没頭していたのであるから、頭を切り替えて永続的かつ望ましい政治的解決を図ることを秩序立てて考えることの難しさに気づく。このため彼らは往々にして戦争の最終局面で出てくる問題にうまく対応できず、問題を処理するどころか、たいていは逆に翻弄されてしまうのだ。

こうした状況に対するアメリカ人の対処の仕方は他国と変わらないし、アメリカ人の方がお粗末な場合もある。アメリカの指導者たちのなかで、軍事紛争を円滑かつ効果的に終結させた人物はほとんどいない。戦争の霧のなかに閉じ込められてしまった彼らは、戦争終結のあとに起こることに関して、あるいは、混乱のまっただなかにあっていかにアメリカの国益を促進させるかに関して、明確な判断力をもたずに、よろめきながら戦争終結にたどりつくということを繰り返してきたのである。いつも、事の次第に驚き、アメリカに敵対的で不慣れな土地を進みながら行き当たりばったりの行動をとる破目になっているのである。

だがそのドラマ性と歴史的重要性にもかかわらず、戦争の最終局面は戦争のそれ以外の段階に比べてほとんど注目されてこなかった。個々の戦争の終結について考察している本はわずかしかないし、政治学者が「戦争終結」と呼んでいるものに関する文献も少ない。(7) 戦争の最終局面はこれまでつねに学者のみならず、政策立案担当者からも軽視されてきた。本書は、この問題をじっくり考えるための一助となれば、という目的をもってあらわされたものである。過去一世紀にアメリカが関わったいくつもの戦争の最終局面について述べ、アメリカの政治指導者、軍首脳部の人間たちが、第一次世界大戦からイラク戦争までの個々の重要な戦争において、軍事力は政治の道具であるとするクラウゼヴィッツの命題にどのように取り組んできたかをくわしく検討する。

したがって、見方によっては、本書はアメリカの歴史をあつかった本といえる。一次資料・二次資料を広範囲にわたって活用すると同時に、最近の戦争の関係者に対して独自に詳細なインタビューをおこない、時の大統領やその助言者たちがそれぞれの戦争中に直面した最終局面における選択を再現しようと試みた。つまり、世界中の多くの人々の生活に影響を与え、現代世界を形づくる決定をおこなっているアメリカ政府高官たちの執務室のなかへ読者を案内することが目的である。要するに、当事者たちと同じものを見て、聞いて、感じてもらうということである。

だが別の角度から見れば、本書は、戦争、外交政策および国際関係についてもっと一般的に考察するにはどうすればよいか、ということが書かれた本でもある。マルクスは「人間は歴史をつくるが、思う通りにではない」と語っているが、これは正しい。アメリカの指導者たちが活動する舞台となっている政府組織——すなわち彼らがひとつの道を選ぶための行動の自由——は、さまざまな仕組みや、指導者たちをある特定の方向へ動かしていく環境によって制約を受けている。戦争の最終局面における方針決定を適切に理解するためには、組織や仕組みのそれぞれに単独に焦点をあてるのではなく、それらがどのように相互作用し合っているのかについて考察しなければならないのである。

政策立案者に対するどのような制約がもっとも重大かということについてだが、これは政治学者のあいだでさえ激しい議論を呼ぶ問題である。「リアリズム」理論の信奉者たちは、一国の外交政策は何よりも国の安全保障上の利益および実利に関わると主張している。権力政治やアメリカの外的環境に目を向ければ、アメリカの指導者がどうふるまうか予想できると彼らは言っている。これに対してリアリズムに批判的な人々は、外交政策は何よりもまず国内政治や政治的イデオロギー、官僚による誘導といった内的要因によって動かされると主張している。また、さまざまな心理学理論を信奉する人々は、最終的には、外交政策は指導者たちの頭のなかにある認識構造——たとえば、最近の戦争から得た教訓——によって方向づけられると主張している。本書では全体を通して、個々の戦争で生じた問題を説明する過程においてこれらのさまざまな研究方法の相対的な利点を比較検討する。筆者が出した結論は、いずれの考え方もある部分をうまく説明できる場合もあるが、ほとんどは「パワー」と「教訓」を見ればあらましを描けるというものだ（ここで筆者が用いる理論的アプローチは——パワー要因から始まるが、やがてさらなる洞察を得るためにさまざまな変数を加える——専門用語を用いて言えば「新古典的リアリズム」となる[8]）。

最後に三つ目の角度から見れば、本書は将来の政策および戦略に関する本である。バグダッド陥落後のイラクにおける混乱をもたらしたいくつかの要因の結合は、再び同じように現れることはないが、だからといって同じようなまちがいが繰り返されないとは言い切れないのである。昔から政治および軍の指導者たちは幾度となく戦争終結後の事態について入念に計画を立てる必要性を無視し、あるいは砂糖菓子のような甘い幻想を抱いて任務にとりかかり——結果的に挫折している。しかしながら、このプロセスが何度も繰り返されなければならない理由はどこにもないのだ。公職にある者たちが過去の失敗から一般的な教訓をいくつか学べば、そのようなことは二度と起きないだろう。

◉アメリカの経験

ウッドロー・ウィルソンは、第一次世界大戦勃発後も二年半のあいだアメリカを中立の立場においていたが、ドイツの無制限潜水艦攻撃に対処するとして、一九一七年初頭にようやく正式に参戦した。中立を堅持していた時期、ウィルソンは両陣営の国々と交渉し、「勝利なき平和」によってこの戦争を終結させようとしていた。結局、ウィルソンは壮大な国際機構を戦後の「欲しいものリスト」に加えた。これは、リベラルな世界秩序を監視し、世界が戦争のもたらす害悪を超越して勢力均衡を保つのに役立つ制度的取り決めである。最終的にアメリカが参戦に踏み切った時点においても、こうしたねらいに変化はなかった。もっと正確に言うと、ウィルソンとアメリカは、ドイツ軍国主義をこうした目標の実現に対する妨げとみなすようになっていた。だが実際には、連合国側がウィルソンの理想主義に賛同せず、こちらも克服しなければならない障害となったのである。

アメリカの介入により、一九一八年中のドイツの敗北は必至となり、戦争の最終局面では三者のあいだで複雑な駆け引きがおこなわれた。ドイツはできるだけ容易な条件で休戦しようとした。連合国側はその逆で、ドイツから自分たちの損害を埋め合わせる、さらにはそれ以上のものを得ようとしていた。両者の中間にあったウィルソンは、両陣営を対抗させ、新しくよりよい世界への案内役を務めようとする一方で、ドイツに国内の「体制変革」を迫った。このような目的を達成しようとすれば危険な綱渡りも必要で、ビスマルクのように謀略に長けた人間でも成功はおぼつかなかっただろう。そして、高尚で融通のきかないウィルソンは、ビスマルクではなかった。

アメリカが中立の立場をとっていたときには、ヨーロッパの両陣営は力が拮抗していてお互いに最後まで戦う決意を固めていたため、アメリカは望んでいたような解決を導くことができなかった。交戦国となって、ウィルソンは和平交渉の席に着く権利を得たが、一方を勝利させることによってようやく実現したものであった。結果として、彼がととのえた平和への道は、非常に非リベラルなものとなってしまった。これはウィルソンがどうしても避けたいと思っていたことであった。戦争が終結してしまえば、連合国側としてはアメリカの懸念を真剣に受け止める理由はなく、彼らはやりたいことをした。ヴェルサイユ条約の悲劇――連合国側が降伏したドイツ共和国に課した講和条件を緩和しようとしたアメリカの空しい努力の悲劇――は、戦争の最終局面に特有の緊張状態から生じたものとして見るとよくわかる。

　それからおよそ二〇年後、アメリカは再びドイツと戦うことになった。第二次世界大戦におけるアメリカの目的達成のための努力は、枢軸国に対する戦いがすべてというわけではなかった。ローズヴェルト政権は、敵に対する全面的勝利を得るまで戦う道を選択し、この目標を達成した。その一方でこの戦争は、アメリカにとって、国際政治経済秩序に関するある程度の理想像を掲げての戦いでもあった。日本軍がアメリカに対する攻撃を開始する以前からアメリカの指導者たちは、アメリカおよび世界に永続する平和と繁栄をもたらすような戦後処理を望んでいたのである。破壊を目的とした戦争であると同時に、建設を目的とした戦争でもあったのだが、アメリカの政策立案者たちはこの二つをうまく結びつけるというところまではできなかった。とりわけ枢軸国の全面的な敗北がアメリカが望んでいる戦後秩序実現のための必要条件ではあっても、十分条件ではないことを認識していなかったのである。アメリカ政府はヒトラーを打倒するためにスターリンと手を結ばざるをえず、その代償として、戦後、ヨーロッパの半分をソ連が支配下におくのを許す破目になった。このファウスト的取り引きの実体が十分に理解されるまでにはしばらく時間がかかり、建設的な戦いの最終局面はヨーロッパ戦勝記念日（一九四五年五月八日）以降も長く続き、ＮＡＴＯ（北大西洋条約機構）が結成され、戦後処理が成立したのは、一九四〇年代後半から五〇年代初頭にかけてであった。

　冷戦は、新たな戦いというよりむしろ、アメリカがすでにそれまで何年にもわたって進めてきていた建設的な戦いの継続として考えるとわかりやすい。ソ連が描く世界の理想像がアメリカのそれとは異なっていることを考えれば、このような戦いはまず避けられなかっただろう。どちらか一方が戦いを放棄しないかぎり回避できなかっただろう。だが、冷戦の開始にともなう幻滅とヒステリックな反応は避けられないものではなかった。そういったことが生じたのは、大戦終結後の最初の五年間のあいだ、西側同盟諸国が政治的政策と軍事的政策のあいだのギャップを認識できなかったことにもある程度原因がある。

一九四五年初頭の時点においてアメリカ政府は、太平洋地域での戦いはヨーロッパでの戦いの終結後もしばらく続くと覚悟していた。だがその年の晩春、太平洋地域で最終局面が本格的に始まり、ドイツ降伏から数カ月後には日本も降伏した。太平洋地域ではそれまでにない三つの要素が働いた。ナチスとちがい、日本の指導者たちは全面的に敗北する前に交渉で戦争を終結させようとしていた。アメリカとソ連のあいだの長期的利益の相違が次第に明らかになってきていた。そしてアメリカは、原子爆弾を利用できるようになっていた。このため一九四五年の夏のあいだ、アメリカの政府高官たちは、太平洋戦争ではどの戦争終結案がアメリカの利益をもっとも促進するかについて活発に議論していた。ドイツの場合と同様、日本のあつかいについても、現実政治にもとづいて慎重な計画を立てるよりも、過去の戦争における日本のふるまいと、日本のそれまでの国家イデオロギーを重要視した。しかし、アメリカのこういった決断、そしてそれらを裏書きする政策立案者たちのヨーロッパ地域および太平洋地域における並々ならぬ大望の根底には、近代の世界がかつて見たことがない最大の相対的なパワーの差があった。

そのような強さは数年たってもほとんど変わらなかった。これは、アメリカの軍事・外交史における不可解きわまりない出来事の一つを理解するのに役立つ——それは、朝鮮戦争の最終局面である。一九五〇年六月、北朝鮮軍が北緯三八度線を越えて怒濤のように押し寄せてきたのち、戦局は一進一退が続き、双方が休戦会談に入ることで合意に達したのは翌年の夏になってからだった。激しいやりとりが半年続き、休戦ラインや戦争終結後の安全保障要件など軍事に関わる決まりきった問題が解決され、一九五一年末に合意にいたるかと思われた。だが、その後きわめてめずらしい問題が協議の最優先課題となった――戦争が終結したら国連軍の捕虜となっている北朝鮮側の兵士を強制送還するのか、それとも兵士本人の送還拒否を認めるのかという問題であった。

膠着状態を認めざるをえないことに怒りがおさまらず、また第二次世界大戦中にドイツの捕虜となっていたソ連兵を一九四五年に残酷なスターリンのもとに強制送還したことに対する罪悪感が残っていたハリー・S・トルーマンとディーン・アチソン国務長官は、今度はあのときのような胸の痛む光景を目にしたくないと考え、任意送還の原則をアメリカの公式の政策とした。だが、計画立案がお粗末なうえに、韓国の現場が驚くほど官僚的で役に立たず、この任意送還の立場を貫いたおかげで戦闘終結までさらに一年半を必要とした。

休戦会談で唯一合意に達しなかったのが捕虜の本国送還に関する問題だったのだ。この間における国連軍の戦闘犠牲者は、死亡したアメリカ兵九〇〇〇人を含めて一二万四〇〇〇人を超え、この政策には数百億ドルかかったことになる。だがそれでも、戦争が終結したら双方は捕虜をすべて交換するという古い慣行に戻って朝鮮戦争を終えることを嫌ったトルーマンおよびアイゼンハワーの二代の政権は、戦闘を継続したのである。特にトルーマン政権においては、核戦争に発展する可能性を熟考することさえしている。アメリカ政府のこのようなふるまいは、政策立案者たちが第二次世界大戦から得た教訓と、二〇世紀半ばにアメリカが国際社会における覇権を握っていたことを考え合わせなければ、理解できないことである。それはアメリカの指導者たちにやりたいことを何でもできる並外れた行動の自由を与えるほどのものであった。

それから一〇年後、アメリカの政府高官たちは、南ヴェトナムが共産主義の手に落ちればアメリカの国内外に悪影響が出かねないと考え、そのような事態を防ぐべく必要な措置をとることにした。ケネディ・ジョンソン政権時代、もっとも難しい問題――どのような対価を支払ってでも勝つべきか否か――に答えを出すことは後回しにされた。アメリカが戦争への取り組みに徐々に力を入れていけば敵は戦闘を中止するだろうと彼らは期待していたのだ。だが、アメリカ国民の忍耐が次第に限界に近づくと、そのようなやり方はもはや許されなくなった。一九六八年に入るころにはヴェトナム戦争によりアメリカ国内が大きく混乱し、多くの人命・財産が失われ、出口を見つけることは損失を避けるのと同じように重要になった。

リチャード・ニクソンが掲げた最初のヴェトナム戦略は、政策立案者たちが朝鮮戦争の最終局面から学んださまざまな教訓をもとにしていた――軍事作戦を継続し全面的に拡大すると威嚇すれば、共産主義者との交渉はうまくいくというものだ。この戦略がうまくいかないことがわかると、ホワイトハウスは、戦い続けるのでもなければすばやく撤退するのでもない、政治的には気楽な中間の道を選んだ。南ヴェトナムの崩壊をもちこたえているあいだに軍の撤退を開始し、地上戦におけるアメリカの役割を減らすというものであった。政策と交渉は紆余曲折したが、協定書を取り交わすにいたり、アメリカ軍は撤退し、北ヴェトナム軍の捕虜となっていたアメリカ兵を取り戻し、形としては南ヴェトナムを裏切らずにすんだ。そうではあったのだが、その同じ協定書が――アメリカの国内状況の変化とともに――それから二年後に南ヴェトナムが崩壊する端緒となったのである。

一九九〇年八月に起きたサダム・フセインのクウェート侵攻に対処するジョージ・H・W・ブッシュ政権の政策立案者たちの頭のなかには、ヴェトナム戦争から得た教訓があった。すなわち、限定された政治目的を慎重に達成するためには、軍事力をすみやかに決然と用いることが必要であると彼らは考えたのだ——たとえば、イラク軍を数週間以内にクウェートから追い出すことを目的としたペルシャ湾岸での軍事行動のようなものである。

ブッシュ政権の主要な戦争目的はイラクのクウェート侵攻を押し戻すことだったのだが、目的はそれだけではなかった。アメリカ政府は、イラクが湾岸地域の安全保障に与え続けている脅威を取り除きたいとも考えていたのである。さらに、ヴェトナム戦争や朝鮮戦争から得た教訓から、それらと同じ解決策をとるのは問題があることがわかっていた。朝鮮戦争式の解決策（部隊をクウェートに長期間駐留させる）も、ヴェトナム戦争式のやり方（イラクにおける国家建設に深く関与する）も、魅力に欠ける。そこでアメリカ政府は次のような筋書きを考え、二つの目的が一挙に実現されると確信していた——屈辱的な敗北を喫すれば、サダム・フセインは部下に大統領の座を追われるだろう、そうなればアメリカがイラクの内政あるいは湾岸地域全般に、直接あるいは継続して介入することなく、問題が片づく。

ところが結局フセインは直属の大統領親衛隊や共和国防衛隊に対する支配権を失わず、イラク南部におけるイスラム教シーア派による反乱や北部におけるクルド人勢力による反乱を、再編成した軍隊を使って鎮圧した。アメリカの当局者たちは短期間にあっさり収めた勝利を味わったのもつかの間、気がつくと倒したはずのフセインがよみがえり、アメリカ政府にうながされて蜂起した人々に襲いかかっていたのだ。ブッシュは、自分はもうイラクとは関わりがないと思った矢先にイラクに引き戻されたのであり、ブッシュ政権はサダムがイラク全土を支配することを許し、そのうえあれほど避けたいとしていた朝鮮戦争式の封じ込め政策に後退する破目になってしまった。

その後一〇年間にわたってアメリカ政府は、サダムの失脚を期待しつつ、イラクを封じ込め続けた——何もこれが優れた政策だと考えていたからではなく、代案はもっとひどいと考えていたからである。やがて二〇〇一年九月一一日に同時多発テロ事件が発生し、当時のジョージ・ブッシュ・ジュニア政権は、中東の現状は容認しがたいと確信した。アフガニスタンはアメリカ政府の引き続く「テロとの戦い」における第一戦線だったが、カブールが陥落すると、ブッシュ大統領は日をおかず、第二戦線となるイラクへ向けての計画を立てるよう命令を出した。

これまでの政権はサダム追放におよび腰だった。追放後にイラク国内で起きるであろう事態について責任を負いたくなかったのだ。だがブッシュ・ジュニア政権のチームは、戦争終結後のイラクに対するアメリカの関与を、イラク国内情勢に悪影響をおよぼすことなく限定的なものにとどめられると確信することによって、このような重要問題を避けていたのである。途方もない国家建設の手助けが必要であるという通常の分別は、誤解にもとづいていると彼らは思っていた。すなわち、すばやく攻撃して、事態を軌道に乗せるために必要な全権をイラク国内のアメリカに友好的な人々にすみやかに移譲すれば、アメリカは安全保障上の次の問題にとりかかれるだろうと思っていたのだ。

だが、この考えを実際に試してみると、見事なまでに失敗し、アメリカはサダムを倒したものの、制御がきかなくなってめまぐるしく変転する国をとりしきる破目に陥り、ブッシュ・ジュニア政権の高官たちは次に何をなすべきかの計画もなければ資金もない有様であった。イラクの人々を解放するはずだったアメリカ軍が、イラクを占領することになった。地域間の反目感情はやがて暴動となり、さらには内戦となった。四年後、アメリカは人的・物的資源を補強して新たな戦略をもって出直し、親アメリカ的地域を拡大して情勢を何とか安定させた。おかげで二〇一〇年末までには、イラクは崩壊の瀬戸際から立ち戻り、よりよい未来をめざすことのできる機会を得たのである。しかし、その時点においても保証されているものは何もなかった。

アメリカの安全保障政策に関する、ブッシュ・ジュニア政権のきわだった独特の考え方は大いに注目されたが、イラクに対するこのやり方が可能であったのは、アメリカを抑制するものが存在しなかったからである。超大国という地位は、世界によってアメリカの外交政策に課されていた制約をほとんど取り払い、九・一一テロ攻撃はアメリカ国内の政治制度により政府に課されていた制約を一掃してしまった。ブッシュ政権の高官たちは、自分たちが並外れた行動の自由を手にしていると気づき、これを最大限に利用する腹を決めたのだ。皮肉にも彼らが犯したあやまちは、彼らが歴代政権から受け継いだ余剰資金を浪費してしまい、あとに続く政権の担当者たちは再び窮屈な思いをすることになったのである。

◉次なる戦いにそなえて

二〇〇九年一月にオバマ政権が発足し、同政権はイラクおよびアフガニスタンにおける継続中の戦争の責任を負うことになった。新大統領の支持者たちの一部は、オバマ政権がこの二つの戦いに対するアメリカの政策を大きく変えず、またそれどころかアフガニスタンへのアメリカの関与を拡大すると、驚き、失望した。だが、彼らはまちがっている。戦争というものは、たとえ滑り出しが好調でも終わらせるのは非常に難しく、最初に手ちがいでもあれば指数関数的に厄介になる。たとえ誰がその役割を果たすことになろうと。それゆえバラク・オバマおよびその後継者たちの命運を決する試練は、単に託された戦争をうまく切り抜けられるか否かだけではなく、将来避けられない戦争に直面した場合に自分たちが大きなまちがいをせずにすむかどうかということになるだろう。

アメリカの将来の指導者たちがクラウゼヴィッツの命題に取り組むとき、彼らには依然として大きな力があり、また歴代の大統領が何をしたか、その結果はどうだったかを知っているという強みがあるだろう。本書が示すように、以前の戦争で得た教訓がかえって判断の邪魔をして、直面している状況についての政策立案担当者たちの考え方を狭めてしまう可能性がある。また、力のあることがかえって落とし穴となり、傲慢かつ愚かな行動をとらせかねないこともあるのだ。だが、教訓は正しい方向への道標にもなるし、力はチャンスをつくりだしもする。だから将来戦争が起きた場合、戦時の政策立案担当者たちが、自分たちが何をしているのかよく考えることをおこたれば、再びひどいまちがいを犯すことになるだろう。そうなった場合、それは本人たち以外の誰のせいでもないのである。

第2章 第一次世界大戦

一九一八年一一月九日土曜日、夜が明けるとマティアス・エルツベルガーは、フランス北部の村、コンピエーニュに近い森のなかで鉄道の車両内を行きつ戻りつしていた。ドイツ帝国議会中央党の指導者であるエルツベルガーは、連合国との戦いを終わらせる休戦の諸条件を交渉するべく派遣されていたのだ。国境を越えフランス領内に入りながら、日記にこう記している――「三週間前にカールスルーエへ行き、士官学校で一人息子の臨終に立ち会った……。父親なら誰でもわかってくれると思うのだが……、この旅行のあいだじゅうずっと、いまこの瞬間と同じように意気消沈し、つらい思いでいた」(1)。

エルツベルガーを代表とするドイツ使節団は、金曜日の早朝に目的地に着き、ドイツに課せられる条件――全占領地域の返還、連合軍によるドイツ国内の枢要地点の占領、ドイツ軍事機構の徹底的な弱体化、連合国による海上封鎖の継続――を提示されると、必死に衝撃と失望をこらえた。エルツベルガーは、条件の緩和と、署名の最終期限の七二時間延長を試みたが、連合国側代表のフランスのフェルディナン・フォッシュ元帥は譲歩しそうもなかった。エルツベルガーは本国に連絡を入れることを許可され、そうすることにした。彼は本国に状況を説明し、署名する権限を求めた。その後も寛大な措置を求めて連合国側と夜を徹して話し合いを続け、土曜日の朝には待つよりほかに手がなくなっていた。

ベルリンでは、ドイツ帝国宰相バーデン公マックスは必死の思いであった。マックスは事態が急速に最終局面に達しようとしている――ドイツが国外からの軍事的圧力のみならず、国内の政治的混乱により危機に瀕している――ことを受けて、エルツベルガーを送り出していたのであった。旧体制をできるだけ守ろうとする一方で、この戦争を穏やかに終結させようとしているマックスは、金曜日の夜、いとこであるドイツ皇帝に電話を入れ、率直に状況を説明した。

ドイツを内戦から救うためには、皇帝陛下が退位なさることが必要になってきました……。国民の大多数は、ドイツが現在のような状況に陥った責任は陛下にあると考えております。これは思いちがいですが、彼らがそう思っているのは事実です。退位なさることで、内戦や、それ以上に悪い事態が起こることを防げれば、陛下の御名は後世の人々に称えられるでしょう……。どのような措置をとるにせよ、もう一刻の猶予もなりません。いったん流血の騒ぎが起きてからでは、退位されても効果がないでしょう……。

だが、皇帝はこの提案をにべもなく退け、マックスの退位要請を拒否した。「お前は休戦使節を派遣した。そして向こうが出してくる条件ものまなければならないだろう」[2]。

土曜日の朝、マックスはもう残り時間がないことを知っていた。主流派である社会民主党の共同党首、フリードリヒ・エーベルトとフィリップ・シャイデマンは、事態を掌握できなくなる前に政治的動乱の気運に乗じる時間はほとんど残されていないと認識し、同党が今後も政権を支持する条件として皇帝の即時退位を要求していた。シャイデマンは午前七時前にマックスに電話し、皇帝が一時間以内に退位しなければ政権を離脱すると伝えた。もう間もなく退位される、とマックスは答えた。午前九時を回ったところで再びシャイデマンが電話を入れると、退位は「昼ごろ」になると言われた。それでは遅いとシャイデマンは答え、ただちに辞職した。

スパの大本営では、ドイツの軍部首脳も混乱していた。パウル・フォン・ヒンデンブルク陸軍元帥およびヴィルヘルム・グレーナー第一主計総監、参謀総長、参謀次長らは話し合った末、皇帝の退位もやむなしという結論を出し、午前一〇時に皇帝のもとに出向いた。ヒンデンブルクは涙ながらに退位を訴えるだけで、悪い知らせを伝えるのは、プロイセン出身の同僚たちに比べてしがらみが少ないヴュルテンベルク出身のグレーナーの役目だった。グレーナーは、ドイツ軍が絶望的な状況にあること、いまにも革命が起きようとしていること、即時休戦がどうしても必要なことを、そのほかのあらゆる必要なことともに告げた。皇帝は話を信じようとせず、自ら部隊を率いて本国の革命運動を鎮圧すると言い出したが、グレーナーは皇帝の幻想を打ち砕いた。「陛下、恐れながら陛下にはもう指揮する軍隊がございません。陸軍はその指揮官・司令官の下でなら平穏かつ整然と本国に帰還するでしょうが、陛下の指揮の下ではできないことです。軍隊はもはや陛下を支持しておりません[3]」。

思いもよらない言葉に激怒した皇帝は、旗下の全将官からこの件に関する確認を書面でとることを命じた。前日金曜日の夕方にも皇帝が同じようなことを言い出していたので、ヒンデンブルクとグレーナーは晩のうちに、上級前線指揮官たちに協議のためただちにスパに集合するよう指令を出していた。土曜日の朝には三八人が前線から到着し、別室で二つのことを問われていた。まず、皇帝の指揮の下でドイツの国土を取り戻すために戦う覚悟があるか？　もう一つは、内戦になったら部隊をボルシェヴィズムと戦わせるか？　午後一時少し前、指揮官たちの回答をまとめたものが軍事顧問から提出された。つまるところ、どちらの問いに対しても答えはノーだった。その後も話し合いが続けられたが、やがて皇帝が折れ、バーデン公マックス宛てのメッセージが口述され始めた。「内戦が避けられるのならば、皇帝は帝位を放棄する用意がおありだ。ただし、プロイセン国王にはとどまられるし、軍にもとどまられるおつもりである」。ここで顧問の一人が、このような重大な決定は公式に記録しておいた方がよいのではないかと進言し、一同は一息入れて昼食をとってから記録を作成することにした。[4]「日当たりのいい気持ちのよい部屋で、テーブルには花が活けてあったが、テーブルを囲む者たちはみな、不安や苦悩、絶望に打ちひしがれ、無言だった。あのときの静まり返った会食はいつまでも悲しい思い出としてわたしの心に残るだろう」と、皇太子ヴィルヘルムはのちに記している。[5]

スパからのはっきりした返事がこないまま、土曜日の午前中が過ぎようとしていた。しびれを切らしたバーデン公マックスは、独断で事を運ぶことにした。午前一一時半、マックスはウォルフ通信社を通じて声明を出した――「ドイツ皇帝にしてプロイセン国王であるヴィルヘルム二世陛下は、帝権ならびに王権を放棄する決断を下された。帝国宰相は、皇帝の退位、および皇太子のドイツ帝国帝位ならびにプロイセン王国王位継承権の放棄、さらに摂政職の設置に関する諸問題が処理されるまでその職にとどまるものとする」。次いでマックスほか政府高官たちは、社会民主党の指導者たちに会い、エーベルトを宰相に指名し、エーベルトはこれを受け入れた。

それから間もなく、エーベルトとシャイデマンが国会議事堂内で昼食をとっているところに労働者や兵士たちが飛び込んできて、群衆が外に集まって演説を待っていると知らせた。席を立ち、バルコニーに向かう途中でシャイデマンは、社会民主党よりも過激な急進的社会主義者の指導者カール・リープクネヒトが、別のバルコニーから別の群衆に向かって演説をしていると知らされた。出し抜かれてはと思ったシャイデマンは、歓呼する群衆に向かって、「古く腐った帝政は崩壊した！　新国家万歳！ドイツ共和国万歳！」と叫んだ。それからジャガイモのスープへと戻った。[6]

一方スパでは、昼食を終えた皇帝と顧問たちが退位の公式声明の再検討を始めた。ちょうど午後二時過ぎ、できあがった声明の文言を政府高官たちに伝えようとベルリンに電話を入れた――ここで初めて一同は首都の官僚から、すでに皇帝の退位が布告されたこと、プロイセン王位の放棄も布告されたことを告げられた。あっけにとられ、このとんでもなく「恥知らずの反逆行為」に激怒したヴィルヘルムだったが、もはやどうしようもなかった。その夜、ヴィルヘルムは列車に乗り込み、オランダへと去った。

午後四時ごろ、ベルリンで群衆になおも熱弁をふるっていたカール・リープクネヒトが叫んだ。「自由の日がやってきた。ここに、自由なドイツ社会主義共和国の成立を宣言する。ドイツ社会主義共和国はすべてのドイツ人から成る。われわれはすべてのドイツ人に手を差し伸べ、世界革命を完成させるよう求める」。だが、シャイデマンの共和国成立宣言から二時間遅く、集まった人の数も少ないこの扇動には、成功するチャンスはほとんどなかった。それから二カ月後、彼らの掲げる革命は行きづまり、リープクネヒトは同志ローザ・ルクセンブルグとともに、急進主義に対する、政府が後ろ盾となっている取り締まりのなかで、右翼義勇軍に殺されることになる。

日が暮れるころ、バーデン公マックスはエーベルトのもとに出向き、別れを告げた。ベルリンにとどまり新体制を支えてほしいと懇願されても丁重に断り、「ドイツ帝国の保全を閣下に託します」と言葉をかけた。新宰相は「すでに息子を二人、この戦争で亡くしております」と沈痛な面持ちで答えた。その夜、エーベルトが執務中、机上の電話が鳴った。大本営からの直通電話で、かけてきたのはグレーナーだった。新政府が秩序を維持し、ドイツが混乱に陥らないようにするつもりがあるかどうかを知りたいという内容だった。もちろん、とエーベルトは答えた。「でしたら、大本営は軍隊の規律を維持し、平穏に帰国させます」[7]。

翌晩、コンピエーニュの森に停車中の鉄道車両のなかで連絡を待っていたエルツベルガーのもとに、休戦条件を受諾する権限を与えるという指示が届いた。つめの交渉をしたのち、月曜日の午前五時過ぎに署名がすみ、協定は六時間後の同日午前一一時に発効した。署名後、エルツベルガーは協定内容の過酷さに抗議する短い声明を読みあげ、次のように結んだ――「七〇〇〇万人のドイツ民族は苦しむことになるが、滅びることはない」。ドイツの民族的自尊心をいちじるしく傷つける協定に心ならずも署名したエルツベルガーは、それから三年後、右翼急進主義者に暗殺された。

そのきわだったドラマ性にもかかわらず、この第一次世界大戦の終局場面は、大戦の原因や大戦後の国際関係に比べてほとんど注目されていない。だが、最終的な和平調停の骨子に加え、この大戦よりもさらに血なまぐさい次なる戦争の原因は、まさしくあの秋の激しいやり取りのなかでめばえたのだ。ドイツの軍事的な立ち位置に関する現実と認識とのあいだの落差、ウッドロー・ウィルソンの理想主義的な美辞麗句と、戦後にドイツが味わった苦難とのあいだのずれ、休戦協定に署名したのが実際に戦争を始めて敗れた帝国政府の高官ではなく、新たに成立した政府の文民政治家であったこと、これらのことがすべて合わさって、ワイマール共和国の足をその誕生のときから引っ張り、ナチスの台頭に道を開くことになったのである。

第一次世界大戦は規模が非常に大きかったため、その後の混乱と非難の応酬は避けられなかった。だが、その混乱の規模と性質、誰が非難の標的になるかは、第一次世界大戦の最終局面において主な関係者たちがおこなった選択によってそうなることを余儀なくされた部分もある。たとえば、勝利した連合国側でもっとも豊かでもっとも犠牲が少なかったアメリカの大統領ウィルソンが、何カ月ものあいだ頭のなかで検討していた二つの問題——同盟国側（主にドイツ、オーストリア＝ハンガリー）に何を要求するか、連合国側（主にイギリス、フランス、イタリア）に何を要求するか——について答えを出すことを迫られたのは、この最終局面においてであった。

一九一四年八月にヨーロッパで第一次世界大戦が勃発した時点では、アメリカは中立の立場を守るとしたウィルソンの主張は必然だった。アメリカがとるべき道はそれ以外に考えられなかった。それから二年半、ウィルソンはアメリカを局外者の立場においていたが、ドイツの無制限潜水艦作戦をきっかけとしてついに参戦に踏み切った。ヨーロッパにおける領土的野心をもたず、ただ国際的な安定と調和ある自由な貿易秩序を求めるウィルソンのアメリカは、中立を固守していたあいだ、交渉と「勝利なき平和」を通じて戦いを終結させようとしていた。ウィルソンが考える戦後の世界秩序構想には、結局壮大な国際機構の設立が盛り込まれた。これは戦争という害悪や勢力均衡といったものにすべての国がわずらわされることがないようにする制度的取り決めであった。一九一七年に参戦した時点においても、アメリカのこういった目的は変わらなかった。むしろウィルソンとアメリカは、ドイツ軍国主義をこの構想に対する主要な障害とみなすようになっていた。それは、アメリカが参戦した本来の目的を達成するために取り除かなければならない脅威であった。だが、連合国側がアメリカの高邁な目的を共有するようには見えなかった。したがって、こちらもウィルソンの構想に対する脅威となった。ウィルソンは参戦にあたって、「準会員」としてのみ連合国側に参加すると表明することによって、自分の構想を明白にしていたのであった。

アメリカの参戦により一九一八年中に連合国側と同盟国側との軍事的均衡が崩れ、ドイツの敗北が必至となると、最終局面のまっただなかで三つどもえの外交的駆け引きが始まった。ドイツは当然、できるだけ穏やかな講和条件で休戦しようとした。連合国側はその逆を求め、自分たち自身の感情や欲望を満足させ、将来に対する不安を取り除こうとした。有利な立場にあるウィルソンは、両陣営を張り合わせつつ、新世界の助産婦役を果たすために努力すると同時に、ドイツの国内体制を変革しようとした。

だが幾何学とはちがって、地政学の三角形はもっとも不安定な形である。一九一四年から一七年までのあいだ、アメリカは望んでいたような解決をもたらすことはできなかった。なぜなら伯仲する両陣営が最後まで戦うつもりでいたためである。参戦することによってアメリカは講和のテーブルに着く権利を得た。しかしながらこの権利は、一方の勝利を可能にすることによってのみ、そしてリベラルな考え方にはほど遠い講和という抵抗しがたい誘惑を勝利した側にもたらすことによってのみ、得られたものだった。このような非リベラルな講和は、ウィルソンがまさに避けたいと願っていたものであった。

アメリカがまったく認識していなかったことをよく理解していた人々もいた。フランスの外務大臣は休戦の二週間前、ほかの閣僚にこう語っている――「ウィルソンは喧嘩と仲裁の両方を同時にやることはできない(8)」。そのうえウィルソンは、自分が掲げる大胆な目標のすべてを達成することは論外としても、その一つでも達成するのがいかに困難であるかということすら理解していなかった。戦争中は、連合国側と議論を重ねて統一的立場をつくりあげる努力をおこたり、食いちがいを無視していた。物議をかもすような自分の方針を支えてくれる自国内を一つにまとめることにも、あまり注意を払わなかった。「民主化」のようなきわめて重大な構想が実際にどのようなことを意味するのかということを、あらかじめ十分に考えていなかった。

その結果、ウィルソンが掲げる大いなる希望に満ちて始まった一九一八年一〇月から一一月にかけての外交的な興奮は混乱のうちに終わった。成果は、戦争に敗れてかろうじて民主化されたドイツの降伏と、最終合意を作成するときにはウィルソンの構想に留意するという連合国側の名ばかりの約束だけであった。ヴェルサイユ――ここにおいて連合国側は寛大な講和を推し進めようとするアメリカの試みをはねつけた――の悲劇は、戦争の最終局面に特有の緊迫状態から生じた結果にすぎなかったのである。

◉一九一四年から一九一七年――中立と参戦

一九一四年の第一次世界大戦勃発によって、アメリカ国民と大統領は不意をつかれた思いであった。アメリカがとるべき政策的対応は明らかで、論じるまでもなかった――戦争に巻き込まれずにいる、これしかなかった。戦いが長期にわたる膠着状態に入ってしまわなければ、まさにそうなっていただろう。だが、両陣営とも戦場で決着をつけられないことが判明し、戦いは消耗戦となった。両陣営とも物的資源の結集に励む一方で、敵側のそのような動きを阻害した。このような状況では、アメリカが経済大国に成長してしまっていることを考えると、アメリカの「傍観」は不可能であった――というのも、ヨーロッパとのいかなる現実の通商関係・金融関係も、両陣営間の資源の均衡にかならず影響したからである。(9) 特に三つの経済のフローは重要だった――アメリカと同盟国側やほかのヨーロッパ諸国とのあいだの通商、連合国側の軍需品購入に対するアメリカの民間組織による資金調達、アメリカと連合国側のあいだの通商。第一のフローをイギリスが妨害すれば、アメリカ・イギリス間の摩擦が生ずるだろう。第二のフローは、ドイツから見たアメリカの中立を疑わしいものとするが、連合国側の戦争続行を可能にするだろう。ドイツが第三のフローを攻撃すれば、アメリカは本当に参戦するだろう。

戦争となれば、手にしている手段は何であれ使って戦うのが交戦国にとって当たり前である。イギリスの場合、それは自国の優れた海軍を活用してドイツの海路による外国との往来を遮断することであった。開戦初期のころでも、アメリカのヨーロッパ諸国との通商は相当な規模になっていたし、戦争が長引けばその重要性は一段と高まるであろうから、ドイツの孤立を画策するイギリスの方策は即、アメリカとの緊張につながるものであった。一九一六年に入るころにはイギリスとアメリカの緊張状態が非常に高まり、アメリカ議会と大統領は全面的な報復行動をとることを真剣に考えていた。だが以下に述べる三つの理由により、アメリカと連合国側との関係は断絶にはいたらなかった。まず第一に、イギリスの指導者たちはアメリカとの手切れが自分たちの破滅につながることを理解し、手づまり状態を引き起こさぬよう注意深く行動した[10]。第二に、アメリカと同盟国側およびその通商パートナーとのあいだの交易は減少していたが、アメリカと連合国側との交易関係は急速に拡大しつつあったため、イギリスに対して報復措置をとれば必然的にアメリカの経済的利益を害することになっていた[11]。第三に、これがもっとも重要なのだが、アメリカ人の多くはドイツの軍事行動を連合国側のそれよりも残酷なものと見ていた。「ドイツが達成した輝かしい業績のなかで、アメリカにおけるイギリスの評価を高めたことほどすばらしいものはない」と、駐米イギリス大使が書いている[12]。

ドイツは、自国の孤立化をねらうイギリスの海上封鎖に対抗して、ほかのさまざまな攻撃に加え、潜水艦作戦を開始した。島国イギリスを外部世界から切り離すのが目的だった。ドイツ政府にとっての問題は、この作戦は敵国の商船を撃沈するものであって、イギリスの民間人の命を（イギリスの海上封鎖のように間接的にではなく）直接奪ってしまうということだ。さらにまずいことに、ドイツの潜水艦が攻撃した船舶に乗り合わせていたアメリカ人をはじめとする中立国の市民をも殺すことになった。

ドイツ軍の戦略には、ある程度の理屈はあったものの、残酷で、イギリス軍の戦略に見られる慎重さが欠けていた。ウィルソン自身は連合国側の言い分に共感を寄せていたが、アメリカを参戦させないよう懸命に努力した[13]。とはいえ、アメリカの貿易を規制するつもりがないこと、アメリカ国民の生命を神聖なものとみなしていること、無制限潜水艦作戦に対しては断固たる措置をとることを、ウィルソンは明言していた。ドイツの外交官たちは、この戦略の危険性を認識していたが、軍部の連中に深刻に受け止めさせることはできなかった。そして一九一六年末ごろには、このまま膠着状態が続けばドイツは妥協による講和か圧倒的勝利を求めて危険な賭けに出る以外に道はない状況となり、ドイツは自らが誇る潜水艦に賭け、逆にアメリカの介入を招いた。

アメリカが中立の立場を守っていた時期、ウィルソンは国際関係について熟考し、この戦争が終結したらその在り方を変えなければならないと決意した。彼が出した解決策は、はっきりした勝者を出さずに戦争を終結させたのち、平和を維持する大がかりな国際機関をつくるというものだった。ウィルソンがこのような構想の実現に向けて懸命に努力したという事実は、彼が当初、ヴィルヘルム二世統治下のドイツが、自分の考える新しい秩序の一角を担える——今日でいう「体制変革《レジーム・チェンジ》」は必要ない——と考えていたことを示している。(14) しかし、ドイツの行動がウィルソンの考え方を変えてしまった。「あの一件で」と、ウィルソンは一九一七年四月に議会で述べている——「プロイセン独裁国家はわれわれの友人ではなく、また友人にはなれないと確信した」。ドイツの無制限潜水艦作戦はアメリカの国益とアメリカの理想の両方を破壊しようとしたのだ。このようなことをしでかすことができる連中には報復と改革の両方が必要であった。「数カ月前に『勝利なき平和』の演説をしたときとまったく同じことをいまも考えている」とウィルソンは語った。しかしながら、新しいものが加わっており、その加わったものとは「平和のための揺るぎない協調行動は、民主国家が協力し合うことによってのみ維持されるのだ。その枠のなかに入って信義を守る、すなわち、その合意事項を遵守すると信用できるような独裁国家は、存在しない」という彼の確信であった。(15)

要するにアメリカは、寛大な講和を達成し、リベラルな国家ばかりのリベラルな世界をもたらすために、非リベラルな戦争に参加したのだ。この姿勢に内在する矛盾は、一九一八年の秋に表面化することになる。

◉アメリカの戦争

ウィルソンは軍事をまったく知らなかったし、関心ももっていなかった。このためアメリカがどうやってその戦争目的を達成するかについてよく考えていなかった。アメリカの人的・物的資源を戦時体制として結集する動員は、一九一七年に事実上ゼロから始まった。当初、これを担当した人々にはこの仕事に対する適性が欠けていた。その結果、参戦してから一年以上ものあいだ、アメリカは連合国側の戦況を有利にするような軍隊や軍需品をほとんど提供できていなかった。

しかしながら、実はアメリカの援助がどうしても必要不可欠であったのは、連合国側の戦費による財政破綻を回避するという分野であった。イギリスの外務大臣アーサー・バルフォアは一九一七年六月末、ウィルソンの腹心であり友でもあるエドワード・ハウス大佐に遠慮なく次のように書き送っている――「われわれには財政上の破滅が迫っているようだ。これは戦争における敗北よりも始末が悪い(16)」。それから数週間後、今度はアメリカにおけるイギリスの軍事使節団の団長ノースクリフ卿がハウスを困惑させた。「アメリカ政府が、アメリカ国内における連合国の支出を為替も含めてすべて負担できなければ、連合国側の金融組織全体が崩壊するだろう。それも数カ月先にではなく、数日のうちに(17)」。このように連合国側の財政状態の逼迫が圧力となって、連合国間での経済および行政上の調整が進展し、アメリカの援助は必要としているところに向けられた。この調整組織の主な関係者であったあるフランス人はのちにこう記している――「ドルでの支払い手段がなかったら……連合国側は一九一七年末以前に敗れていただろう。アメリカが参戦したおかげで連合国は助かった。アメリカ軍兵士が来援するのに先立って、ドルが形勢を変えたのである(18)」。

アメリカ軍兵士の動員が遅々としたものであったこと、兵士たちをばらばらに連合軍部隊のなかに送り込むのではなく、連合軍とは独立した部隊を構成するという決定とがあいまって、かなりの数のアメリカ部隊が戦闘に参加したのは一九一八年もかなり過ぎてからであった。そのころには、戦争は実質的に終わっていた。ロシアが戦線を離脱すると、ドイツは東部戦線と同じように西部戦線での勝利をめざして、最後の大攻勢実施を決定した。一九一八年初頭におこなわれた一連の攻勢は、当初こそ戦果をあげたものの、結局連合軍の戦線を突破できなかった。初夏にはアメリカ軍が続々と来援し、戦況は不可逆的に同盟国側に不利になっていった。

八月八日の連合軍による大攻撃はドイツ軍の防御体制を浮き足立たせた。「あの日は今次戦争の歴史におけるドイツ陸軍暗黒の日であった」――グレーナーの前任者で、ドイツ軍事機構の実質的指導者であったエーリヒ・フォン・ルーデンドルフはのちにこう記している。[19]それから一週間後に開かれた御前会議の場で、ヒンデンブルクは皇帝および政府文官上層部に「もはや軍事行動によって敵の戦意をくじく望みはなくなりました……。このため戦略的守勢をとって、敵の戦意を徐々にくじくことを軍事行動の目的にしなければなりません」と告げた。会議は、「敵との停戦合意に向けた準備に入る好機をつかむために、外交的な探りを入れなければならない。西部で次の戦果があがったら、そのような機会が出てくるだろう」という言葉で締めくくられた。[20]だが、勝利する望みが完全に断たれるまでかたくなに和平を請おうとしてこなかったため、そのような戦略がうまくいく余地はすでにドイツには残されていなかった。もはや「西部で戦果があがる」ことはなかった。駆け引きの余地はまったくなかったのである。

◉ウィルソンとドイツ

ドイツ指導部は二つの難題に直面していた。というのは、軍事的敗北を喫したために、ドイツ国内の騒乱も頂点に達してしまったからだ。ドイツ帝国を社会的に支えてきたプロイセン出身の軍人エリート層の多くは、第一次世界大戦初期に戦死していた。アーサー・ローゼンバーグは次のように述べている――「ビスマルク的な古いドイツは、マルヌの戦場で滅んだ」[21]。一九一六年以降、ドイツを牛耳っていたのはヒンデンブルクとルーデンドルフであった。皇帝は次第に国政から切り離され、事実上の軍部独裁を黙認していた。いくつかの政党の内部にはこれに対する反発が強まりつつあったにもかかわらず、帝国議会は軍部独裁のなすがままになっていた。歴代の帝国宰相たちも同様で、影響力はほとんどなかった。猛きドイツという外向けの顔の裏には、社会的・政治的空白が隠されていた。その表向きの顔が崩れてしまうと、ドイツ帝国の崩壊が始まった。

八月初めに、この戦いは勝てないと判断してからもなお数週間のあいだ、ドイツ指導部はうろたえていた。だが、ほかの同盟国の情勢はドイツ以上に悪化しており、結局ドイツに最終的な決断をうながしたのは彼らの崩壊だった。九月半ば、オーストリアは連合国側に対して公式に休戦を打診し、それから間もなくブルガリアが無条件降伏した。この二つの動きを受けてドイツ国民は戦況が深刻であることを認識し、無気力なドイツ帝国議会の各政党に活動をうながした。ブルガリアが崩壊したことでドイツはその防衛線に穴を開けられ、トルコとのつながりも断ち切られ、大きな打撃を受けた。さらに西部戦線では、連合軍の戦車の脅威、ドイツ側の予備兵力不足とがあいまって、ドイツ軍は絶えず退却を余儀なくされた。

九月末、こうしたさまざまな圧力が頂点に達した。九月二八日、ヒンデンブルクとルーデンドルフは、ドイツ陸軍を壊滅から救うため、すみやかに休戦しなければならないと決断した。翌日、二人が外務大臣パウル・フォン・ヒンツェにこの考えを伝えると、大臣は考えられる三つの行動方針を提案した。まず第一は、絶対的独裁制の下に国をまとめ、最後まで戦うというもの。第二は、国内の政情不安を吸収するために、民主的な改革を宣言するというもの。第三は、ウィルソンに直接、休戦を申し込むというもの――ウィルソンの一四カ条は寛大な和平調停を保証していた。二人の将軍は第二と第三を組み合わせたものがよいとし、三人は皇帝を訪ねた。皇帝も第一案は論外だとし、革命のうねりに「出口を与える」、そして戦いの終結を求めるという方向で動くことを容認した。[22]

この決定を知った老宰相ゲオルグ・グラーフ・フォン・ヘルトリングは、旧体制のエリート層が権力を失う過程を統括しようとはせず、職を辞した。いまやルーデンドルフは休戦を締結し、敗北の責任を回避しようと必死であった。一〇月一日、ルーデンドルフは仲間の将官たちに次のように語っている――自分は社会民主党による新政府を望んでいる。そうすれば彼らが「現在必要とされている平和をもたらすだろう。彼らはいまこそ、彼らがつくったスープを飲む義務があるのだ！」[23]。一〇月三日、マックス公を首班とする新政府は、軍部首脳に強要され、ウィルソンの一四カ条およびその後の声明を「和平交渉の土台とし」たうえで、「海・陸・空での休戦という即時決定をもたらす」ために力添えを求めるルーデンドルフたちによって前もってつくられた覚書をウィルソンに送った。[24]

ドイツ側のこの覚書は一〇月六日にアメリカに届き、憶測をかきたてた。イギリスとフランスは即座に、ドイツの動きは連合国側の勝利をまきあげようとするものだと疑い、そのようなことは何としても阻止する決意であった。アメリカの関係者の多くも同じ思いだった。だが、単なるドイツの敗北以上のものを求め、また今後の軍事的・政治的動向に不安を感じていたウィルソンは慎重だった。ドイツに対する返書の原案は丁寧といってもよい口調で、休戦の話し合いをするための前提条件として、一四カ条の無条件受け入れと、第一次世界大戦勃発以前の国境線内への撤退、ならびに退却時における「焦土」戦術の放棄を要求している。[25]成案はずっと厳しく冷淡なものであった――ウィルソンの一四カ条の受け入れ、占領地からの撤退などの要求はそのままであったが、そのほかに「帝国宰相である貴殿は、これまで戦争を遂行してきたドイツ帝国当局の単なる代弁者なのか」と問う一項が加えられていた。[26]

ウィルソンからの返書が来た場合にそなえてマックスは、一〇月八日、これまでドイツの指導者たちが何年間もおこたってきたことに手をつけた。旗下の将軍たちがドイツの政治的情勢・軍事的形勢を現在どのように考えているのかを報告するよう求めたのだ。ルーデンドルフは次の三点を尋ねられた——どの程度ドイツ軍がもちこたえられるのか、戦況の好転が期待できるのか、全占領地からの撤退要求に抵抗するだけの余裕が政府にあるのか。[27] こうした話し合いをしているところにウィルソンからの返書が届き、大本営内の主張の矛盾が露呈し始めた。内閣側が聞いた話では、軍部首脳は「和平交渉を進めるあいだ、圧力として利用するため軍隊を温存したい」ということであった——しかし、軍部はそのための戦略を一切提示できず、占領地域から国境までの撤退という必要条件を受け入れた。[28] このため一〇月一二日、政府はウィルソンが出してきた条件に同意した。

ドイツ側の返答は一〇月一三日夕方、アメリカに届いた。それに目を通してからすぐにウィルソンはオペラ座に姿を見せ、観客は喝采で迎えた。連合国側、アメリカ世論、ウィルソン自身の理想、それぞれの要求のあいだの矛盾がますますはっきりしてくると、ウィルソンはドイツへの対応の仕方についてまたもや迷った。ハウスは日記にこう記している——「こんなに悩むウィルソンの姿を見るのは初めてだ。問題の核心に到達するためにはどこから着手すればよいのかわからないと言っていた。これ以上覚書を取り交わさずにすむよう、最終的な回答にしたいと彼は考えていた。迷路のようだとも言っていた。正しい入口から入れば中央にたどりつけるが、道をまちがえれば一度外に出て最初からやり直さなければならない[29]」。

その結果できあがった外交文書——ウィルソンが顧問たちと丸一日話し合って作成した——には、新たに三つの要素が加えられていた。第一に、「いかなる休戦の取り決めであろうと、戦場にいるアメリカと連合国の軍隊に対する攻撃を一切停止し、当方の現在の軍事的優位の維持を十全に保証しないものは、アメリカ政府によって受け入れられない」と直截に記されていた。第二に、「焦土」戦術の被害、無制限潜水艦作戦で先般犠牲になった人々について言及し、「ドイツ軍が現在も固執しているこのような無法な非人道的行為を今後も続けるかぎり……休戦は検討するのも無理だ」と言明していた。最後は、ドイツ側に対してウィルソンのかねてからの「世界の平和を乱す……可能性のあるあらゆる専制的勢力の打破」という主張を思い出させるものであった。「これまでドイツ国民を支配してきた勢力がまさにそれ」にあたり、「ドイツ国民がこの体制を変えることが和平交渉に入る前提条件である」とウィルソンは書いていた[30]。

この覚書を読んだドイツ政府と軍首脳部は、戦いに敗れたこと、最終的な和平調停において好意的な取りあつかいがなされるとしても、それらはすべてドイツ軍にまだ残っている力のゆえではなく、連合国の情けによるものだということを痛感した。ショックのあまり現実を受け入れられない軍首脳部は政府に対し、ウィルソンが出してきた条件を拒否し、交渉を打ち切るよう求めた。たとえば一〇月一七日、一人の将校が内閣側に次のように申し出ている——「大本営が講和申し入れの決定を下したときには、名誉ある講和が可能だという前提に立っての行動であった。だがここにきて、講和が『生か死か』になることがはっきりした。ウィルソンが『不名誉な条件』を撤回しなければ、政府は『最後まで戦うことを受け入れ』て、ドイツ国民に呼びかけ、最後のけがれなき『神々の黄昏』（リヒャルト・ヴァーグナーの楽劇）に向かうべきである[31]」。これとは対照的に、政府文官指導部は、条件に応じるしかないと見ていた。抵抗してもちこたえられるかどうかという二度目の問いに対してルーデンドルフが要領をえない回答を出して以降は、特にそうであった。政府と軍首脳部のやり取りは辛辣であった。

帝国宰相——では、ウィルソンに対して休戦申し入れをするよう、われわれを説得した時点とは……状況が変わったということですか。

ルーデンドルフ将軍――この覚書にある諸条件は過酷すぎる。受け入れる前に、そのような条件は戦って獲得しろと敵に言ってやるべきだ。

帝国宰相――そして彼らが勝ったら、もっとひどい条件を課してくるのではないか。

ルーデンドルフ将軍――これ以上ひどい条件はない。

帝国宰相――いや、連中はドイツを侵略し、わが国を荒廃させるだろう。

ルーデンドルフ将軍――事態はまだそこまでいっていない[32]。

最終的に政府は、ウィルソンの覚書における第一の要求（連合軍の軍事的優位の保証）に対する陸軍の反対を却下し、第二の要求（潜水艦作戦の制限）に対する海軍の抵抗をはねつけた。それでも第三の要求、すなわち「独裁的な体制」の廃止が残っていた。ウィルソンが何を意図しているのか、誰もこれだと確信をもって答えられなかったが、多くは皇帝の退位を要求しているのではないかと思った[33]。だが、そんな大それた決断を皇帝に迫る前に、ドイツ政府は少し前になされた民主的改革を制度化してウィルソンを懐柔し（そして自分たちの立場の強化し）ようとした。一〇月二〇日にウィルソンに送られたドイツ側の三度目の覚書には、外交的な言葉で表現された、休戦の軍事的条件および潜水艦作戦に関する譲歩のほかに、次のようなくだりがあった。

これまでドイツ帝国国民の代表者たちは、内閣の構成に関する影響力を帝国議会設立当初よりもっていませんでした……。こうした状態がつい最近、根本的に変わりました。新内閣は国民の代表者たちとの完全な合意のうえに構成されました……。今後は、帝国議会の多数派の信任を得なければ、いかなる政府も成立しないし、政権の座にとどまることはできません。帝国宰相が国民の代表者たちに対して責任を負わねばならぬことは、法的に明示され、守られています。新内閣の初仕事は、和戦に関する決定をおこなう場合には国民の代表者たちの同意が必要となるように、帝国憲法の改正案を議会に上程することでした(34)。

ドイツ側からの三度目の覚書を読んだアメリカ側の指導者たちは、二度目のときと同様、次にどうすべきか思案した。「ホワイトハウスで長時間にわたっておこなわれた協議では」と、ジョゼファス・ダニエルズ海軍長官が一〇月二一日の日記に記している――「ドイツはウッドロー・ウィルソンが出した要求を受け入れたというのがおおかたの見方だった。ドイツの回答には誠意があった(35)」。ウィルソンは、無条件降伏を要求する、あるいは交渉を長引かせる、あるいはイギリスやフランスと相談するといった、「厳しい」方法ははっきりと拒絶した。また、ドイツの立場を全面的に受け入れるという「甘い」道もそれとなく拒絶した。一〇月二三日に送った回答のなかでウィルソンは次のように述べている――「ドイツ側が譲歩したので、こちらはこれまでのやり取りを連合国側に伝えているところであり、すみやかな停戦をめざして全力をあげている。停戦合意がなされれば、ドイツは一四カ条にもとづく和平へと進むことができるだろう」。だが、それだけではなくいっそうの政治改革も迫っていた。

先般の憲法改正も有意義で重要だと考えられるが……、ドイツ国民に責任を負う政府という原則はまだ完全には実現されていないようだ……。今後、戦争は国民主導でおこなわれるかもしれないが、今回の戦争はそうではなかった……。ドイツ国民は、帝国の軍当局を国民の意志に服属させる手段をもっていない。アメリカは、ドイツの真の支配者として真に憲法に認められた地位を保証されている、ドイツ国民の真の代表以外の者とは交渉しない。もしドイツの軍部指導者や絶対的権能を有する専制君主と交渉しなければならないのであれば、あるいは、後日彼らと交渉しなければならないようであれば……こちらとしては和平交渉ではなく降伏を要求する。[36]

一〇月二七日、ドイツ政府はウィルソンに四度目の覚書を出し、具体的な休戦提案を待っていると伝え、ドイツ政府がこれまでにおこなった国内改革を再度強調した。ウィルソンは沈黙したままだった。ドイツ政府があくまでも外交交渉による休戦をめざすなか、ルーデンドルフが辞任し、皇帝の退位を強要し戦争をすみやかに終わらせようとする動きが強まった。[37] ウィルソンは一一月五日の覚書で、休戦条件が決まってあとは署名するばかりであること、連合国側も、留保条件が二つついているが、一四カ条を最終処理の土台として受け入れたことをドイツ側に伝えた。ドイツ国内が政治的混乱に陥るなか、マックス公の政府はエルツベルガーを代表とする休戦使節団をフランスに派遣した。それから数日のうちに皇帝はドイツを去り、マックス公の政府は消滅し、共和国の成立が宣言された。第一次世界大戦が公式に終結したのは一一月一一日であり、この戦争を主導してきたヴィルヘルム二世統治時代のドイツが消滅してから間もなくのことであった。

◉ウィルソンと連合国

ウィルソンは同盟国側を、自身が思い描く戦後世界の実現を妨げる、唯一ではないが主要な障害とみなしていた。だが、連合国側についても、自分が超越したいと考える保守的な政治をおこなっていると感じていた――戦後、情勢が本当に変わったら、彼らの態度も変わらねばならない。連合国側とは主に四つの点で論争中であった。まず第一に、連合国側が敗れた同盟国側を過酷にあつかおうとするのに対して、ウィルソンは民主化されたドイツを寛大な条件で国際社会に復帰させることを望んだ。第二に、連合国側が軍事力と国家間同盟に安全保障を頼ろうとするのに対して、ウィルソンは国際連盟において制度化された集団安全保障システムによって支持される全面的な軍縮を望んだ。第三に、イギリスは自らが握っている海上覇権を手放そうとしなかったが、ウィルソンはすべての国の（特にアメリカの）船舶が海洋の自由を保障されることを望んだ。第四に、連合国が排他的な協定を通して自分たちの経済的利益を追求しようとするのに対して、ウィルソンは自由貿易を土台とする多角的でリベラルな秩序をつくりだそうとした。

　ウィルソンは、参戦当初にはこれらの相違を心に留めておくだけにして、戦争の終結時にこうした問題を処理するつもりでいた。一九一七年の夏、ハウスに宛てた手紙のなかで、ウィルソンは自分の戦略をはっきりと述べている。

> 　イギリスとフランスは和平についてわれわれとはまったく異なる考え方をもっている。戦争が終結したあかつきには、両国にこちらの考え方を押しつけられるだろう。そのころには両国とも、とりわけ財政面で、アメリカの支配下に入っているだろうから。だが、いまは無理だ……。このような考え方のちがいというものは、まさに現実の困難を提起しており、何か手に負えない危険性をはらんでいる。われわれが考える真の講和条件――われわれはこれを絶対に主張する――は、現時点ではフランスにもイタリアにも受け入れられないだろう（当面、イギリスについては考えないものとする）[38]。

一九一八年に入るとウィルソンは、ロシアのボルシェヴィキによって提起された思想的挑戦に応じ、またドイツ国内の矛盾を明らかにするべく、自分が考える戦争目的を明確にしようと決意した。ウィルソンが発表した有名な一四カ条には、占領地からの撤退要求その他の国境問題に加え、秘密外交の廃止、海洋の自由、国際通商障壁の緩和、軍縮、国際連盟の設立が含まれていた[39]。これらの主題は、その年のうちにおこなわれた演説のなかで練り直され（また細かな部分は修正され）た。

だが、このような和平のための計画を連合国が考える和平の計画とすり合わせる現実的な努力は何もなされなかった。各地の戦闘で連合国側が続けざまに戦果をあげ、勝利の気配が濃厚になってくると、ハウスはこの問題を大統領に提起した。九月三日、ハウスは次のように書いている――「われわれが現在格闘している問題のいくつかを連合国に考えるよう求めていく努力をすべきかどうか考慮する時期が到来したのではないでしょうか。連合国側が優勢になるにつれ、大統領の影響力が低下するのは避けられません。したがって、大統領の計画のできるだけ多くをいまの時点で連合国側に検討させるのがよいと思われます[40]」。これを受けてウィルソンは九月二七日に演説をおこなった――「和平に関するアメリカ合衆国の義務について、われわれ現在の政府は次のように考えている……」。この演説のなかでウィルソンは、国際連盟の設立を再度求め、一貫した包括的な和平調停にもとづくすべての国にとって公平な正義を実現すること、安全保障および経済について国際連盟の枠外での二国間協定を結ばないこと、あらゆる条約文書を公開することを主張している[41]。

当然と言えば当然だが、この演説のあと間もなく届いたドイツからの最初の和平調停依頼の覚書は、アメリカとほかの連合国とのあいだの意見の相違に注目していた。ドイツは意識的にウィルソンに訴えてきたのであり、ウィルソンも今後の交渉における主導権を握ることを意識していた。一方、傍観者的立場のイギリスとフランスは不安な面持ちでこれを見守っていた。両国はウィルソンよりも厳しい休戦条件を求めており、意見の相違を解消するべく、ウィルソンが最終的にはアメリカ政府の代表者を最高軍事評議会（連合国側の戦略を調整していた機関）に派遣するよう提案した[42]。意見調整をしたい連合国側の思惑と、一四カ条の受け入れを確保したいアメリカの思惑とが一致し、一〇月半ばにハウスがウィルソンの代理としてヨーロッパに派遣された。

一〇月末にハウスがパリに到着するころには、あとは休戦条件の細部をつめるだけとなっていた。ウィルソンはドイツに連合国側の完全な勝利の保証を求め、ドイツ側もこれをしぶしぶ受け入れていた。この両国間のやり取りはすでに連合国に回送されていた。だが、ウィルソンは連合国側が考えているよりも寛大な条件を出すようあくまでも主張した。ドイツで革命が起きるのを防ぎ、また大戦後の世界でイギリスやフランスとの勢力均衡を保つべくドイツの国力を維持するためであった。ウィルソンはハウスに電信を打ち、「熟慮した末のわたしの判断は、ドイツが再び戦争行為に走ることがないようにするのだけれども、その枠内で可能なかぎり穏やかで妥当な休戦をめざして全力をあげるべきだということだ。なぜなら、連合国側が過大すぎる賠償を要求し、領土の拡大を求めることは、誠実な和平交渉を、不可能にするだろうとはいわないまでも、非常に難しくすることはたしかである……。先見の明をもつことは目先の利益を追うことよりも賢いやり方だ[43]」。

連合国の指導者たちが必要としていた勝利の兆しが一〇月末になって見えてきたことと、一一月初めにドイツの国内体制が崩壊したことが重なり、両陣営の力の差はウィルソンが望んでいたものよりも拡大した。ドイツの降伏が近くなると、ウィルソンは連合国側に対し、戦争終結前に自分の和平の計画を承認するよう迫り続けた。ほかの連合国がこれに強く反対しているとハウスから報告を受けると、対決を強行するよう指示した――「イギリスはこの先わが国の友情なしにはやっていけない。そのほかの連合国も、われわれの援助がなければイギリス以上に困ったことになる。連合国の政治家たちがわたしの影響力を無にしようとしているならば、連中のたくらみをはっきりさせ、わたしの口から全世界に公表する……」[44]。ウィルソンはハウスに、連合国側がどうしてもウィルソンの和平計画に対する承認を拒むのであれば、アメリカはドイツと単独講和を結ぶと揺さぶりをかけるよう指示した――「……権限を与えるから、こう言ってもらいたい。アメリカ大統領は海洋の自由を含めない和平交渉には参加できない。なぜならば、アメリカはプロイセンの軍国主義だけでなく、世界中の軍国主義を駆逐するために戦うと誓っているのだから。また、アメリカ大統領は、国際連盟の設立を含めない調停には参加できない。なぜならば、その場合の平和は各国の軍事力によってしか保証されないのであって、そのような状態は耐えがたいものであるからだ[45]」。

激しいやり取りの末、連合国側の指導者たちは妥協案を提示した――ウィルソンの構想を受け入れるが、二つの微調整を要するというものである。連合国側は「海洋の自由」という文言について、「中身を明確に規定すること」は受け入れられないとし、またドイツがつぐなうべきものには、単に奪った領土の返還だけではなく「連合国民間人がこうむった被害すべて」を補償することが含まれると記した条項を加えるよう主張した。ウィルソンはこの提案に、特に前者について憤慨した。しかしウィルソンはハウスの勧めにしたがって妥協案に同意し、ドイツ側に休戦条件ができあがったと知らせる最終的な覚書を送った。

だが、連合国側との戦いはこれで終わったわけではなく、ウィルソンは次の戦いに向けて気を引き締めた。連合国側に対するアメリカの援助を減らして不快感を表明し、今後の戦いに対する対応策を練った。「講和がまとまるまで、連合国側に対して何の援助もするつもりはない」と、ウィルソンは一一月六日の閣議で語っている。「できるだけたくさん武器を身につけて和平交渉の席に出るつもりだ。

何があっても冷静でぐらつかないでいられるからな。イギリスは身勝手だ[46]」。

◉ウィルソンがめざしたこと

一九一八年秋、ウィルソン政権は重要な決定を三つ下した。すべての交戦国による一四カ条の承認を求めること、ドイツに民主的な改革を迫ること、ドイツに連合軍の完全な優位を保証する休戦条件を受諾するよう求めることである。面白いことに、これらの決定はそれぞれがほとんど独立になされた。つまり、それぞれが別々の考慮を要するさまざまな要素の絡み合いの産物であった[47]。

たとえば、ウィルソン政権が考えるアメリカのもっとも重要な戦争目的（例の一四カ条に要約されているもの）は、アメリカの国益を図る型通りの目的と、敗北した側を寛大にあつかい、彼らを戦後の政治体制・経済体制に取り込もうという特色ある主張が組み合わされていた。前者は、アメリカの大統領ならば誰もが追求しただろう。だが後者は、アメリカ大統領だからというよりも、ウィルソンの個人的体験と彼の進歩的な政治理念によるものであった。

第一次世界大戦が勃発して間もない時期からウィルソンは、「ヨーロッパでの戦闘が膠着状態に陥ればいいと考えていた」。軍事的に手づまりの状態が出現すれば、世界各地の潜在的な侵略者の野望が打ち砕かれるだろう。「武力によって決着をつけようという国がなければ、正義と公正な和平の機会、唯一永続する和平の機会が訪れるのであって、これは大変うれしいことである。どこかの国なり国々がおのれの意志を他国に強要すれば、それは不公平な平和という危険性をもち、将来さらなる惨事を招く原因となるのはまちがいないだろう」と、ウィルソンは一九一四年一二月の日記に記している[48]。

このなかにヨーロッパにおける勢力均衡というアメリカの古典的な戦略目標を簡単に見てとることが

できる。アメリカが参戦してからもウィルソンはこの目標を変えなかったという点では——彼が重要視したことがらを見れば、ドイツ国民とではなくドイツの体制と戦っているのだとウィルソンが考えていたことは明らかである——彼の計画のこのような側面は一八一五年のカスルリーのそれを彷彿とさせる。ウィルソンはアメリカをヨーロッパ協調体制に組み入れて、イギリス・フランス両国の傲慢な行為を阻止し、復興したドイツを戦後体制の重要な一角にしたいと考えていた。

アメリカが理想とする調停に含まれるほかの要素も、普通のリアリストの予想と矛盾するものではなかった。「島国として、海運権だけは譲歩しかねる」[49]——ウィーン会議でこう主張したのはイギリスだった。このことは一世紀たっても変わっていなかったのである。第一次世界大戦が終結するころには、アメリカの工業・貿易は大きく発展し、北アメリカ大陸という島国のような地理的条件とあいまって、アメリカ政府は法律的・道徳的観点からだけでなく、実利の面からも、海運権を問題にするようになっていた。一九一六年末、ウィルソンはこう記している——「イギリスによる完全な制海」は「ドイツ軍国主義」と同様、非常に危険である。[50] イギリスの軍事評議会付秘書官が首相に、アメリカが海洋の自由にこだわれば、「アメリカが唱える講和は、大英帝国にとってドイツとの戦いよりも危険なものになるでしょう」と告げたのはもっともなことである。[51] 一九一八年一一月初めに、イギリスがウィルソン構想のなかのこの項目の承認をしぶると、大統領は激怒し、「……海洋の自由の原則を承認できないのであれば、われわれが、われわれの現有する優れた資材を用いて、われわれの資源が許すかぎりの最強の海軍を建設することを覚悟すべきである。これはアメリカ国民が長いあいだ望んできたことである」と伝えるようハウスに命じた。[52] さらに、経済障壁の撤廃というアメリカの主張はまさに、産業・科学技術が世界最高水準にまで発展した国に現実主義者が期待することである。

だが、戦後世界についての考え方を見ると、ウィルソンが理想主義者であったのも事実だ。ウィルソンの戦後構想を論評する人々は、通常、これを政治的理念の問題として理知的な言葉で考察しているが、本当の源はもっと個人的なものかもしれない。一九〇九年におこなった演説の冒頭でウィルソンは、「公平無私の考え方をもつことや、精神および目的において愛国的になる努力を語るのも結構だが、少年は決して少年時代を忘れられないし、自分自身の一部となっている少年時代の微妙な影響を忘れることはできない。それは子どものころに、その人の内部に生じたものなのだ。だからわたしは何度も繰り返して言わざるをえない。この国で唯一の場所、世界で唯一の場所、わたしにとって何の説明もいらない場所は、南部である」と語っている。

それからウィルソンは、ロバート・E・リーの話に移っている。少年時代に会ったリーの存在とその理想に、南部人のウィルソンは半世紀以上支配されていた。「南北戦争を思い出すと、残り火をかきたてて炎を燃え上がらせるような気持ちにならざるをえない」。信念と品位を守るために戦争を始めた南部の人々は正しいことをし、その過程において「もっとも大切なもの、すなわち自尊心を失わなかった」とウィルソンは主張した[53]。

だが、ウィルソンの世代の南部の人々の心に刻み込まれていたのは戦争そのものではなく——ウィルソンは南北戦争終結時、八歳だった——その結果、つまり南北戦争後の南部諸州の合衆国への再統合《レコンストラクション》であった。南部に住んでいた白人の目から見ると、それは北部の征服者たちによる報復的な大破壊の時代だった。二〇世紀の初め、当時大学で教鞭をとっていたウィルソンはこう記している——「南部諸州の再統合は、いまなお、革命的な出来事としての余韻を残している。歴史のなかのあの暗黒の出来事は、共和党という名前を南部においては永遠に忌まわしいものにしてしまった……。黒人たちは有頂天になっていた。悪政がおこなわれ、合衆国の名において略奪がおこなわれた。少数の人々だけが利益を得た」。そして、こうした事態が起きた大きな要因は、「決定的な勝利を収めた側が危険なまでにその勝利に酔ってしまったためだ」と断じた[54]。

一九〇一年、北部による南部再統合についての論文を書いてから数カ月後、ウィルソンはあるアメリカ史事典に載せる序文をこう締めくくった――「国家としては、これまでもっぱら国内の発展に専心してきたが、このもっとも重要な仕事もほぼ終わったので、広大な世界全体に好奇の目を向け、わが国の力を生かせる場所と役割を探している……。新しい時代がやってきた……だが、過去は新しい時代を理解する鍵である。そしてアメリカの過去は現代史の中心にある」[55]。それから一五年後、彼は大統領としてこの言葉に命を吹き込もうとした。牧師を父にもつウィルソンは、敗れた南部の人々に対して北部の人々がこうしてくれていればよかったのにと思ったことを、敗れたドイツに対してやろうとしたのである。

だが、敗北した敵に対するウィルソンの寛大なあつかいは、通常理解されている国際政治を超越しようとする、より包括的な試みの一環でもあった。たとえば、一四カ条の第一条はよく知られているように、「公然と達成された、公開された和平盟約（いわゆる秘密外交の禁止）」を提唱し、旧外交の理論と方式に公然と挑んでいた。これは単なる美辞麗句ではなかった。ほかの連合国が驚くと同時にぞっとしたことに、ウィルソンは戦争が終結すると本当にこの構想を実現しようとした。世界各国に軍備の縮小を求める第四条もやはり単なる美辞麗句ではなく、ウィルソンは自身が描く戦後世界の構想にとってこのことがきわめて重要だと考えていた。第五条は、植民地支配国だけではなく、植民地住民の利害にも同等に注意を払って植民地問題を解決することを求めていた。多くの項目が、民族自決および民族的な境界にもとづく国境の適用を提唱していた。もちろん、すべてに優るのは国際連盟であった。

イギリス諜報部北アメリカ局長ウィリアム・ワイズマン卿はこうした状況を理解しており、一九一八年一〇月、イギリス政府に次のように説明している――「一四カ条をどれか一つだけ抜き出して理解しようとしたり……どれか一つを切り離そうとすると……まちがえてしまう。一四の提案それぞれが……完全で調和した全体の一部分なのだ。大統領の考えでは、将来の世界平和は国際連盟を土台にしたものしかないのである。国際連盟を設立できなければ、すべては無益なのだ[56]」。

国際連盟はウィルソンの和平構想の眼目で、各国が自国の安全保障問題を単独で解決しようとする場合に生ずるお決まりの争いとウィルソンがみなすものを克服すべく、特に計画されたものであった。「もし戦争が新しい勢力均衡を生み出すためのあがきにすぎないのであれば」と、ウィルソンは一九一七年初めに問いかけた。「新しくできあがった勢力均衡が安定的な平衡状態であることを一体誰が保証するのだろうか、保証できるのだろうか？……。必要なのは勢力均衡ではなく、力の共同体である。抗争を目的として手を組むのではなく、共通の平和をめざして手を組むことが必要だ[57]」。ウィルソンが考えていたこの協力体制は、大国による共同統治ではなく、普遍的な集団安全保障システムだった。第一四条に述べられているように、それは「大国・小国を問わず、政治的独立と領土保全」を保障するものであった。

こうした考え方は明らかに、一九世紀初頭以降に始まるリベラルな国際関係理論を参考にしていた。この考え方に照らせば、戦争は、不確実な状況のなかでなりふり構わずパワーを得ようとする国家の利己的画策の産物である。包括的な制度的枠組みが国家間の相互作用を調整することができ、すべての国に対して安全を保障できれば、紛争はなくなる。軍備拡大競争は破壊的な競争をあおる。一方、一般民衆の気性と通商貿易は平和を好むものであり、自由にやらせておけば、国際社会のなかに自然に利益の調和が生まれる。ドイツは考え抜いた末に他国に侵略したと力説する人々とちがい、ウィルソンは、第一次世界大戦は無秩序な競争から生じたと考え、この問題の根本原因と戦う決意を固めていた。アメリカが参戦する半年前、ウィルソンは次のように書いている。

この戦争の原因をご存じだろうか？　ご存知ならばぜひとも公表していただきたい。誰もまだ知らないのだから。わたしの知るかぎりでは、特別にこれという原因もなく始まったと考えられるが、あらゆることがこの戦争の原因になっているようだ。ヨーロッパでは各国が互いに疑いの目を向け、各国政府が何をやろうとしているのかを憶測し合い、いくつもの国にまたがって同盟や協定を結び、複雑な陰謀とスパイの網を張りめぐらすという動きが激しくなってきていたのであって、やがては大西洋の向こう側の人々はみな、この網の目にからまってしまうことが確実だったのである。この戦争が終わってもまたこのような状況が再現すれば、いずれ今回とまったく同じような戦いが勃発するだろう。国家を会員とする協会をつくることがどうしても必要だ。(58)

このような協会の設立がウィルソンの構想の要だった。というのもこの構想は、ウィルソンが単に今回の戦争だけではなく、たいていの戦争の根本原因と思っているものに的を絞っていたからである。このような協会がなければ世界に希望はないと考えていた。このような組織がその効果を発揮するようになれば、そのほかの問題もこの組織の枠内で解決されるようになるだろう。

海洋の自由の項目を別として、他国のリベラルたちも同様に考えていた。実際のところ「一四カ条は……それまでに提案されていたリベラルな計画のなかでもっとも普遍的かつきわだった表現であり、イギリスの急進主義者たちが意図しているものをほとんどそのままといってよいほど是認していた(59)」。しかしながらアメリカ国内では、特異な社会情勢のため、ヨーロッパのリベラルたちが築きあげてきた考え方がすでに広範囲の共感を獲得しており、またリベラルな考え方はこの国の経済状況と地政学的情勢にとって好都合であるため、これらを国策とすることがたやすかった。いささか単純化しすぎだが、ゴードン・レーヴィンの解釈は全体的に見て正しい――「自由主義以前の軍事的・伝統的価値観のなかで暮らしてきたヨーロッパのリベラルや社会民主主義者とちがい……ウィルソンは自由主義以前の価値観や階級が存在していない国民国家の指導者であった」。このような特異な歴史環境のなかで、ウィルソンが掲げるリベラルな一連の外交政策は、アメリカの価値基準を満たし、かつ国益にも合致するものであった。「ウィルソンにとって、アメリカ経済を商業的にも道徳的にも世界的な規模に拡張するべく急速に発展させる必要性と、進歩的で合理化された平和的な国際資本主義体制を求めるヨーロッパのリベラルな国際主義者や穏健な社会民主主義者の構想とのあいだに矛盾はなかったのである(60)」。

◉ドイツの民主化

ドイツに宛てた覚書のなかでウィルソン自身は、全体的な和平案と民主化要求を区別していた。そのうえ、第一次世界大戦が最終局面に突入する前に明確に示され、交渉当初からドイツ側に全面的に受け入れられていた一四カ条とは異なり、ドイツ国内の民主的改革を求めるアメリカの要求はあいまいに表現され、変化する状況に応じて時がたつにつれて変更された。したがって、この二つはしばしば関連づけて考えられているが、実際には別々の取りあつかいを要する。

ウィルソン自身のリベラリズムにおいては、構成する国々の利害を調整する国際組織をつくったとしても、その組織の性格がはっきりしていないことから、しばしば問題が生ずることが懸念された。それゆえウィルソンの解決策は体系的だった。つまり、国際機構、経済障壁の撤廃、集団安全保障である。だが、戦争や平和に関するリベラルな考え方を構成するもう一つの要素は、強硬な外交政策の背後にある国内要因の重要性を強調していた。この見方によれば、戦争を引き起こすのは軍国主義の、つまり粗野なエリートたちである。したがって侵略戦争をなくすには、国家間の関係を改善するのではなく、国内の政治を改革する、特に民主主義を広めればよいと考えられた。

一九一八年春、ロバート・ランシング国務長官は、ハウスに宛てた手紙のなかで後者の考えを適確に述べている。

戦争、とりわけ侵略戦争をしたいと思っている国民は世界中どこを見てもいない。国民がその意志を示すことができれば、国民は平和を保てる。民主的な制度がそなわっている国であれば、民意は反映される。したがって、民主主義の原則が国内に広く根づいていれば、平和を維持し戦争に反対するうえで、民主主義の原則に頼ることができる……。つまり、世界の主な国々が民主主義の原則を受け入れ、真に民主的な政府が維持されれば、結果として永久平和が実現する。この見方が正しければ、民主主義を普遍的なものにする努力をしてしかるべきだ。民主主義が普遍的なものになれば、平和条約があるかどうかはまったく気にならない。そのときは平和を好む民主主義の精神が国家間の望ましい関係を実現してくれるものと確信している……。それゆえ、世界平和に対する脅威となりうる力をもつあらゆる国において民主主義の原則を確立するべく、あらゆる努力をするのは……当然の行動であるとわたしには思える。

言いかえれば、ドイツに対処する場合、一四カ条と国際連盟を受け入れさせるだけでは不十分だとランシングは考えていたのである。「プロイセン軍国主義が二度と立ち上がれないよう徹底的に粉砕し、ほかの国においても専制政治を消滅させなければならない……。ドイツのくだらない政治制度全体を根絶し、もうそのような制度はおしまいにしよう[61]」。

ウィルソンはこのような考え方に共感していた。ウィルソンは、ドイツ帝国の政治体制を支えている政治哲学と彼がみなしているものを嫌っていた。そしてもっと重要なことに、この戦争の過程を通して、ドイツの指導部が信用できないと確信するようになった。その結果、ドイツ国内の改革と民主化が休戦合意の前提条件であるべきだということに同意した。一九一八年春、連合国側の優位がはっきりしてきた時期、ウィルソンは「ドイツの軍部とのあいだで講和条約に署名する」可能性についてワイズマンと話し合い、それは「ぞっとする見通しだ」と述べた——ドイツの既存の政体を信頼できなければ、伝統的な権力政治を通して対処していかなければならないだろうというのがその理由だ。「そんな連中と結ぶ条約自体、『紙切れ』にすぎなくなるだろう。だが、彼らは道徳的な考慮からではなく、むしろ実利的なことを考慮して条約破棄を思いとどまるかもしれない[62]」。

しかし、ウィルソンが自分はドイツ国内の政体を変えたいのだと自覚していたとしても、ではどんな政体がいいのかとなるとその姿を明確に思い描けなかった。ウォルター・リップマンやウィリアム・ブリットといった顧問たちに頼りながら、戦争中ドイツの政治から目を離さず、ドイツ帝国議会内の社会民主党員を鼓舞するような演説をおこなった。連合国側の指導者たちはぎょっとしたが、ウィルソンはドイツ国民に対して政府に反抗するよう公然と訴えた。だが、こうした呼びかけはあいまいな言葉で表現されていた。これは一つには、明確に要求すればねらいが裏目に出て、強硬路線をとる軍国主義者たちを支持する気運がドイツ国内で高まったり、あるいは全面的な革命の起爆剤となるのではないかと危ぶんだためである（より厳しい政治的要求を突きつけるよう主張する評論家たちに対しては、ウィルソンは率直にこう尋ねた——「ドイツ皇帝がいいのか？　それともボルシェヴィキがいいのか？」）[63]。だが、ウィルソンもドイツの民主化に関しては「ポッター・スチュアート」流の考え方に頼っていたように思われる。つまり、理論的に定義できないが、見ればわかる、というものだ。

ドイツ国内の政治に関して自分が果たすべき務めは民主化ではなく、議会制化を推し進めることだということをアメリカ大統領は十分に理解していなかったように思われる。ドイツ帝国は民主国家ではなかったが、ドイツの政治制度は民主国家を築くための要素を含んでいた[64]。特に帝国議会は、国家の真の立法府であり、一八七〇年以降、議員は直接投票、秘密投票、成年男子普通選挙にもとづいて選ばれていた。しかし二〇世紀初頭、ビスマルク的な憲法のせいばかりでなく、政治的な意志や技術が不十分であったため議会の機能は限定的なものにとどまっていた。だからウィルソンやほかの第三者たちに求められていたのは、民主的な制度をゼロからつくりあげることではなく、あくまでも既存の仕組みのなかにある民主的な部分が力を得て非民主的な部分が取り除かれるよう、ドイツの政治回路基板の配線を再調整することだったはずである。

一九一七年の時点で、ドイツ帝国がとるべき道は四つ考えられた。第一の道は、現体制の維持。第二の道は、既存の憲法の枠内での民主的な改革。第三の道は、新たに共和主義国家を建設すること。第四の道は、ソ連にならった革命。ウィルソンは第一と第四を避け、第三の道を望んだ。しかし一九一八年一〇月に第二の道がドイツ側から提案され、対応に苦慮した。そのうえ、こうした問題をほかの連合国やアメリカ国民と話し合うことにまったく配慮してこなかったため、ウィルソンの決断がほかの連合国やアメリカ国民から支持される保証はなかった。その結果、ドイツに関するウィルソンの最終的な要求は、自身が以前からもっていた思想的な立場からのものよりも、アメリカ国内の政治的圧力の影響を強く受けたものとなった。

一〇月初めのドイツ側からの最初の覚書を受け取ったウィルソンは、マックス公の政府が政治的に問題がないかどうかを評価する必要に迫られ困ってしまった。ハウスは日記にこう記している――「大統領は、このような和平調停依頼の申し出が信頼できる政府によってなされたとすれば拒絶できないだろうと考えていた[65]」。だが、ドイツを全面的に打ち負かしたいという漠然とした欲求とはまったく別に、アメリカ国民の大多数はマックスがそれまでとはきわだって異なる何かを代表しているとは思わなかった。一〇月八日、ウィルソンは側近の一人ジョセフ・タムアルティからその考えをはっきりと聞かされた――「この和平をアメリカに提案しているのはプロイセンの軍国主義者たちです……。先日、大統領は『この戦争をわれわれに押しつけた連中と交渉することはできない』とおっしゃった。そうであれば、今回どうして交渉に応じられましょうか? たしかに大統領の演説でドイツ政府首脳の態度は変わりましたが、それだけです」。タムアルティは、「現在のドイツを支配している連中と交渉しようとするのではなく、ドイツ指導部の刷新を迫った先日の演説にのっとって回答をするよう」勧めた[66]。

ウィルソンが反射的に書いた返書の原案は、ドイツの内政に一切触れていなかった。大統領よりもアメリカ国内の情勢に通じていた顧問たちは、それでは手ぬるいと考えた。「賛成できませんとはっきり言うと、大統領はかなり動揺していた」とハウスは記している。「わたしの考えはまったくちがいます。大統領が書かれたようなことをあの国が承諾するとは思えない」。そこでウィルソンは草稿を練り直し、書き直し、できあがった最終版――マックスが「これまで戦争を遂行してきた帝国当局者たちの単なる代弁をしているだけ」なのか否かという詰問を含む――はタムアルティがその内容を精査してからドイツ側に送られた。

ドイツ側はウィルソンのこの覚書に対する回答のなかで、マックス公の政府がそれ以前の政府とはちがって「協議をへて組織されたもので、帝国議会の大多数の同意を得ている」と強調した。これはドイツの既存の政治制度の枠内での民主化に向けた大きな一歩を意味しており、ウィルソンは再び困ってしまった。この時点でウィルソンはジャーナリストのデイヴィッド・ローレンスから、「先日のドイツからの覚書に対する世論の反応」を分析した詳細なメモを受け取っている。そのなかでローレンスは、大統領が皇帝の退位を迫らなければアメリカ国民は憤慨するだろうと強調し、ドイツにおける独裁政治の廃止について以前述べた意見を含めてドイツ側が受け入れた項目を明確にすることを提案していた。これを読めばウィルソンが大統領職を務めていた当時のアメリカ国内の政治状況を理解できるから、くわしく引用する価値がある。

幸か不幸か、アメリカは、リバティ・ローン（国債）の広告ポスターや新聞による野放しの宣伝、そして多くの演説により、ドイツ皇帝およびホーエンツォレルン家に対する憎悪の念をかきたてられています。驚くべきことに、ドイツ皇帝に憎悪が集中しています……。いま現在、一般大衆はドイツが「十分に打ちのめされている」とは思っていません……。これには二つの意味があります。まず、ドイツ皇帝とその家族は、権力中枢から一掃されなければならないということ。もう一つは、アメリカとの誓約を破った連中には、二度とその機会を与えないということです……。大統領はドイツに対して、まず第一に、一四カ条を構想として示したのではなく、休戦調停の条件として受け入れるか否か尋ねられた。ドイツは「イエス」と答えた。続いて第二に、休戦を目的として全占領地域から撤退するかどうか尋ねられた。ドイツはこれにも「イエス」と答えた。ですが、ピラミッドの基底をなす基本的な問いは第三のものです。第一と第二の問いに対する回答の妥当性は、第三の問いに対する回答にかかっていました……。残念ながらアメリカ国民はドイツ側の最近の改革および九月三〇日の布告の内容をよく知りません……それを知っていれば、ドイツ側の回答に非常に有望な兆候を見てとるかもしれません……。しかし、われわれは事実を直視しなければなりません。たとえ改革に向けて大きな一歩を踏み出した事実を十分に知ったとしても、アメリカ国民は大統領がいみじくもプロイセン軍国主義と名づけた制度そのものが完全に根絶されたとは信じないでしょう……。現ドイツ政府と「これまで戦争を遂行してきた当局者たち」との関係という問題、そして、大統領の問いにあった第一と第二の条件をさらに検討する前にこの当局者たちを排除すること、この二つを明確にしたうえでなければ、何をやっても、単に大統領の威信を傷つけるだけでなく……アメリカ国民の道義感に訴える大統領の力を弱めることになるでしょう……。昨夜届いたドイツ側からの覚書に対する回答を書くためにも、もう一つの別の問いをたててみてはいかがでしょうか？　つまり、九月二七日の大統領の演説のなかで、ドイツの現政府に言及しているあの部分をドイツ国民は読んでいるのか、そして、現ドイツ政府の今回の覚書は、現ドイツ政府があの部分に同意していることを意味しているのかどうか……。ホーエンツォレルン家の人々がいなくなるまで……アメリカ国民はドイツを国際連盟の一員とは認めないでしょう。[67]

タムアルティは再度ウィルソンに報告書を提出し、ドイツにさらなる改革を要求する一連の新聞社説や著名人の声明に注意を向けさせた。[68]

こうした圧力にさらされたウィルソンは二度目の覚書に、「専制的な権力をすべて打破すること」を要求しているのだと念を押す文章と、「これまでドイツ国家を支配してきた権力こそが、その専制的な権力である」という補足を加えた。だが、言葉のうわべの歯切れのよさとは裏腹に、ドイツ帝国の政治機構をどの程度存続させるかについてはあいまいなままにしていた。「独裁的な権力を……実質的に無力化すること」でよいだろうというただし書きを見ればわかるように、ウィルソンの覚書は君主制の廃止を明確に要求していなかった。大統領は「この根本的な問題においてドイツ政府が与えるべき保証の明確さとその申し分のない性格」に関して自分の考えを明示していなかったのである。(69)

前に述べたように、この覚書に書かれたほかの条項が、連合軍の永続的な軍事的優位の保証を要求していたため、ドイツ国内の政治的混乱を引き起こした。この危機のさなかにマックス公の内閣――帝国議会の多数党を代表していた――が、ドイツの国家機構をきりまわし始めたのである。さらに、ウィルソンの要求に応じるだけでなく、政府に対する不従順な行為が今後起きないよう、民主化を憲法に盛り込んだ重大な改革案を次々に提出した。一〇月二二日、マックス公は帝国議会で演説してこうした改革を公表し、またマックス公は、ブリット――アメリカ国務省のドイツ政治専門家――がマックス公の新体制はウィルソンが求める条件を満たすかもしれないと判断したという報告を受けた。「こうした改革が帝国議会および連邦議会で可決されれば、国民の代表からなる政府にとっての主な障害は取り除かれるだろう」とブリットが発言したのである。マックスが演説したのはドイツがアメリカの照会事項に回答してから二日後で、マックスの演説内容がワシントンで報じられたとき、ドイツ側の回答に対してアメリカ側がそれに対する返答をちょうど発しようとしているところだった。(70)

ブリットはドイツ国内の改革に寛容だという点、およびアメリカの内政――中間選挙が二週間後に迫っていた――とあつれきを引き起こしかねない外交政策上の配慮に注目していた点で、ウィルソンの顧問たちのなかで異色の存在でもあった。たとえば、ドイツからの二度目の覚書にどう対応するかを話し合った席でランシングは、「今度の選挙を頭に入れておかなければまずい」とはっきり述べている。(71)ウィルソンとハウスは以前からそのような意見に反対だったが、ハウスはヨーロッパへ向かう旅の途中で、ハウス以外の顧問たちはランシングと同じ意見だった。顧問の一部はドイツからの三度目の覚書に対する回答を中間選挙と結びつけ、アメリカ国民は戦時中のドイツの指導者たちを憎んでいると強調した。「世論の動向をみきわめるのに慣れている」ある顧問は、「これ以上に全員の意見が一致している問題はない」と言い切った。[72] よりいっそうの改革を求める機運は「アメリカ国民にほぼ共通しており、内容、表現、形式の点で国民の希望から乖離した回答を出せば、中間選挙で民主党が大敗する恐れがある」と述べる顧問もいた。[73]

ウィルソンの心は千々に乱れた。「国民感情はいけにえを求めている、すなわちドイツ皇帝のセントヘレナ流刑を望んでいる」との報告が閣議室に聞こえてきた。ウィルソンは「とんでもない話だ」と思い、「そこにはドイツに対する凶暴な憎しみしかない。であれば、わたしは正義のためにドイツを弁護し、アメリカ人のプロイセン軍国主義に対抗しなければならないかもしれない」と述べた。その一方で「世論は……動かしがたい事実であり、考慮しないわけにいかない」とも気づいていた。このため、ウィルソンは妥協策をとることにした。すなわち、ドイツの申し入れを受け入れ、これまでのやり取りを連合国側に正式に回送するとしたうえで、ドイツ側に対していっそうの民主化を求める言葉を連ね、「無条件降伏」を求める国内世論に向けた形ばかりの対応としたのである。このようなやり方では国民の人気は得られないだろうが、政治的に自滅する危険もないとも見抜いていた。「政治にどんな影響があるだろうか？　選挙には？」。大統領の顧問たちはウィルソンの回答案についてこう尋ねた。大統領は次のように答えている――「それについては考えないわけにはいかなかったのだが、世論の反発を受けて二日ほどサイクロン退避用地下室に隠れなければならなくなるかもしれない。だが、二日もたてば国民は落ち着きを取り戻して理性的になり、ドイツとこのまま戦いを続けるよりも戦いを終わらせる方を選ぶだろう[74]」。

当時のドイツ人とアメリカ人のほとんどの考えとはちがい、またそれ以降多くの歴史家が著作のなかでいろいろ書いていることともちがって、ウィルソンは実は何としてもドイツ皇帝を追い払いたいとは考えていなかった。この問題に関してクラウス・シュヴァーベが出した結論は正しいように思われる。

ドイツ側にドイツ皇帝退位という条件を突きつければ、たしかに差し迫った選挙でウィルソンおよび民主党に風が吹いただろうが……ウィルソンが躍起になって達成しようとしていたのはそのようなことではなかった。ねらっていたのは、ほかの連合国に自分の和平案をすみやかに、そしてできるだけ原案のままで、承諾させることだった。ウィルソンの三度目の回答における要点は、ドイツの休戦および和平の求めに対する好意的な反応である……だが中間選挙が迫っていたため、そうした姿勢を重々しい政治思想的含みをもたせた「激しい」言葉で包まざるをえなかった。(75)

それから数日間ウィルソンはドイツ国内の政治について沈黙を守り、改革を推し進めているというドイツ側の新たな知らせにも、ドイツの君主制を存続させれば停戦・和平合意が遅れるのではないかという憶測にも、何も答えなかった。これはドイツ政府に国内改革をさらに進めさせたいと考えていたからでもあり、またおこなわなければならない最終的な交渉はドイツとのものではなく、連合国側とのものであるという事実のためでもあった。

要するに、改革された議会制君主政体を維持したいという政治的意志がドイツ国内にあったら、アメリカ国民は承認していただろう。皇帝ヴィルヘルムのみならずその子孫からも政治家としての未来が失われたのは、外部からの圧力よりも、ドイツ国内で起きたさまざまな出来事によるところが大きかったのである。

◉軍事的勝利への努力

ウィルソンの和平案と民主的改革を求める強い圧力のほかに、説明を要するアメリカの行動の第三の側面は、ドイツに受け入れを求めた具体的な休戦条件の作成である。これもまた一〇月の交渉過程におけるものから大きく変化している。ここでもやはり、国内の政治的圧力を考えると、アメリカの立場が変化した理由を理解しやすくなる。しかしながらこの場合には、ドイツに無条件降伏を要求するという国内世論の非常にはっきりした要求をウィルソンは拒絶した。

戦争終結に対するウィルソンの基本的な考えは、軍備を制限され改革されたドイツを、連合国側に対する均衡勢力として利用するというものであった。そしてウィルソンを大統領とし、諸外国の世論に支持されたアメリカは、国際連盟において制度化された新しい世界秩序を監視するという計画であった。この計画にとって、敗北したドイツを寛大に取りあつかうことがきわめて重要だった――ドイツが悲痛な気持ちを抱いたり、戦後の国際関係を損ないかねない失地奪回の政策をとらないようにするために、またイギリスとフランスの昔ながらの外交的野望を抑制するためにも。そのため、一〇月六日にドイツからの最初の覚書が届いたとき、ウィルソン自身は自分の計画している要求――ドイツ軍の占領地からの撤退とドイツ軍の社会倫理にもとる戦争行為の終結――がドイツ側に受け入れられるかどうかを非常に気にしていた。ウィルソンが驚いたのは、アメリカ国民がウィルソンの避けようとしていた、いかにも厳しい調停を望んでいたことであり、交渉による休戦よりも完全な降伏を求めていたことであった。[76]

たとえば、一〇月七日、返書の草稿を丁重な文体で練っているウィルソンを尻目に、共和党のある上院議員は同僚議員たちにこう断言していた——「休戦の唯一の条件は、連合国側の勝利でなければならない。つまり、敵の無条件降伏だ。それ以外の条件は、われわれが戦っている大義をいささか裏切ることになるし、ロシアのボルシェヴィキの行動と大差なくなるだろう」。討議に加わった上院議員たちは一人残らずこの意見に賛成した。ある議員はこう指摘した——「ライン川からベルリンまで焼き尽くし、あたりを血で染めながら、連合軍は進軍すべきだ。そしてベルリン市内に入ったらドイツ政府に言ってやればいい。講和条件がどうなるかを」。結局、「ドイツ政府が軍を解散し、武器弾薬を放棄し、賠償金を支払うという原則に全面的に同意するまで、停戦すべきではない」という趣旨の決議がその日のうちに提出された。[77]

翌日、驚くにはあたらないが、ウィルソンは冷静になっていた。「一晩のうちに大統領の考えが変わっていた」とハウスは日記に記している。「無条件降伏以外は認めないということでほぼ一致しているアメリカ国民の感情を、大統領はそれまではっきり認識していないようだった。戦争がわが国民にどれほどの狂気をもたらしてしまったのかわかっていなかったのだ」。ハウスが出した結論は、完璧なまでにウィルソン的であった——「こうした世論を考慮しなければならないと自分は思っているが、もちろん、無条件降伏は論外である」。[78]このためアメリカ側の最初の回答の口調は強くなり、ドイツ側の照会に対する回答だけではなく、さらなる問いを付加することにより時間を稼いだ。

ウィルソンは連合国側も過酷な条件に賛成していることを知っていた。一〇月六日、ウィルソンに宛てたドイツ側からの最初の覚書の一部分の写しを読んだ連合国側の代表者たちは、占領地からの撤退、潜水艦作戦の中止、海上封鎖の継続を含む休戦条件の一覧表をつくった。その二日後にはさまざまな条件を追加した[79]。ウィルソンがドイツ側に求めている休戦条件案には占領地からの撤退しか具体的要求がないと気づき、呆然とした彼らは、「休戦条件は軍事専門家と協議するまでは決定できない」という現実をウィルソンに「はっきりと指摘した[80]」。こうした懸念を少しでも解消しようとウィルソンは、連合国側のある代表に「いうまでもないが、休戦条件を定める資格があるのは軍司令官たちだけだ」と述べて彼を安心させた[81]。

ドイツ側の二度目の覚書はウィルソンが最初の回答で出した条件をのむとしていた。しかし、これに対するウィルソンの回答には重大な新しい条件が追加されていた。つまり、無制限潜水艦作戦の中止、撤退の際の「焦土戦術」の放棄、交戦停止後の連合軍の軍事的優位を「完全に満足できるよう保障すること」だった。これらの追加条件は最終的に受け入れられ、ウィルソンがこのやり取りを連合国側に回送してから最終的な休戦条件が作成され、一一月にドイツ側に提案され、受け入れられた。

ウィルソンが厳しい態度で臨むようになったのは、一〇月一〇日、イギリス海峡で郵便船ラインスター号が撃沈された事件に憤慨したためだと主張する人もいる。だが本人は、あの一件は鉄面皮なドイツの背信行為というよりむしろ官僚主義的な混乱から生じたものだろうと内々に言っていた[82]。真相はもっと平凡なものである――力関係がドイツ側にはっきりと不利になってきていたので、完全な軍事上の敗北でもないかぎり潜水艦作戦を停止するもっともな理由はなかったのである。ドイツ側がなおも抵抗を示し、連合国側の圧倒的勝利を何カ月か遅らせることができたとしても、ドイツ側の兵力がしりすぼみになる一方であることは誰の目にも明らかだった。このため交渉が始まると、休戦条項に連合国側の軍事的優位が露骨に幅を利かせるようになるのは時間の問題だった。ウィルソンは形だけはこれを阻止しようとしたが、とれる手段はほとんどなかった。

こうして用意された休戦条件を、最終的な容赦のない形に仕上げたのは、面白いことに、単純な官僚主義的駆け引きであった。ウィルソンはドイツが再び戦争を始めないようにとそれだけに努め、「海軍・陸軍の将校たちが作成する休戦条件は、敵が休戦を悪用して軍を再編し、その立場を有利にしようとするのを防ぐために必要な項目を除いて、過度の屈辱を与えるのは許さないという心構えで吟味しなければならない」と語っている。しかし、連合国側の官僚主義的な軍人たちがまさにそのような「屈辱的」な条件を設定するのではないかと「非常に心配していた」にもかかわらず、ウィルソンは休戦条約の起草にあまり介入しなかった。(83)

リベラルな戦争嫌悪の考え方に立脚していたウィルソンは、アメリカがこの戦争に対して掲げた政策目的を完全に実現するつもりであった（利己的利益という昔ながらの誘因によって、自分の掲げた目的がけがされないように）。しかしながらそのような方針を貫こうとすれば、実現する手段の事務的管理は専門家たちに完全に委ねるのが最善であるというのがウィルソンの考えでもあった。連合国側の軍首脳部は、機会があれば休戦条項にドイツの全面的な敗北を盛り込もうとし、成功した（異議を唱えたのはイギリスのダグラス・ヘイグだけだが、ドイツ軍を思いやっての話ではない。連合軍の状況が同僚たちが考えているほど申し分のないものではないと考えていたので、あまりにも過酷でドイツ側が拒絶する可能性のある条件を嫌ったのだ）。

最終的にドイツ側は大量の軍需品を引き渡すこと、ドイツ国内の枢要地域の無期限占領を容認すること、潜水艦とほぼすべての洋上艦隊を引き渡すこと、後日金額が決定する賠償金の支払いに同意することを要求された。さらにドイツ経済に打撃を与えるばかりか、ドイツ民間人をも飢えさせる海上封鎖は、そのまま継続されることになった。(84) 土壇場でアメリカのジョン・パーシング将軍が、休戦ではなく無条件降伏を求めた。ウィルソンはこの反対意見をすばやく押さえ込んだが、もっと強烈なのは連合軍の上級司令官のコメントであった――「フォッシュ元帥は閣下とまったく同じ意見です」とパーシングは告げられた。「ですが元帥の話では、……この休戦は無条件降伏という名こそついていないが、実質的にはほとんど変わらないということです[85]」。

エルツベルガーを代表とするドイツ使節団はコンピエーニュに着いて降伏条件を告げられると言葉を失ったが、選択の余地はなかった。しかし署名後のエルツベルガーの声明は、「この条約の執行は、ドイツ国民を混乱と飢えに追い込みかねないという点を強調する」ものであった。休戦にいたる話し合いののち、「敵対者であった連合軍に対して完全な安全を保証する条件が、ドイツの非戦闘員、女性、子どもたちの苦しみを終わらせるようなものであることをわれわれは期待している」と述べている[86]。ウィルソンも同じ思いであった。

◉ウィルソンを回顧する

第一次世界大戦の最終局面において、ウッドロー・ウィルソンは国際関係の新しい時代への先駆けになろうとした。半世紀前の完全なる敗北のあとに自分が愛する南部を襲ったのと同じような荒廃をドイツに与えないようにしたいと願っていた。そうすることが苦い思い出をいやす処方箋であると。ウィルソンは、信用できない独裁的な指導層をドイツから駆逐したいと思っていた。また、民主主義、自由貿易、国際連盟のうえに築かれた平和な未来という彼が掲げる理想像へ友人も敵も同じように招き入れることを願っていた。ウィルソンは失敗した。そしてその過程において、もっとも恐れていたもの――報復主義と新たな戦争――が起こることをたしかなものとする手助けをしてしまったのである。

ウィルソンの夢は、アメリカの政治的伝統の中心をなしているリベラルな価値観に根差していた。

だが、そうした価値観を世界全体に広げる原動力となったのは、もちろん理想主義もだがそれだけでなく、アメリカのパワーだった。まさに国力が強大であり、またほかの交戦国とちがって国境や国内の安全が直接この衝突に関わっていなかったため、アメリカは単にアメリカの実利のためだけではなく、アメリカの理想のために戦うことができた。フランスはドイツに占領されていた地域を奪還しなければならず、一九一八年初頭、ウィルソンはイギリス首相に指摘した――「ベルギーは独立を、イタリアは民族的統一を目的としている」。だがアメリカとイギリスは、と言葉を続けた。「連合国側のわれら二大強国はそのような問題を抱えていない。これは喜ばしい話だ。おかげで両国は講和条件の議論においてよりよい仲裁者になれるし、公平無私の態度で臨める」[87]。

そのような大望を抱くほどアメリカのパワーは強大だったとしても、他国にそれを押しつけることができるほど強大ではなかった。ただ、数ある列強のなかでアメリカはもっとも重要な国であるという認識が、第一次世界大戦の最終局面におけるウィルソンの態度を決定づけた。ドイツの軍事機構を破壊し、ドイツの権力政治的な政策の国内的な根源と自分がみなすものを除去したいと考える一方で、協商国の伝統的かつ利己的な野望と自分がみなすものを牽制するべく、終戦時にドイツにある程度の力を残したいと思っていた。ウィルソンはハウスにこう指摘している――休戦が連合国側に「過度の成功もしくは安全保障」を与えるべきではない――そんなことになれば連合国側はドイツに厳しい仕返しをしたくなるだろうし、またアメリカの援助を必要としなくなるだろうから。ウィルソンは、改革されたドイツとヨーロッパにおける勢力均衡を活用すれば、アメリカは国際連盟を通じて世界政治の競争の循環を断つことができ、それによって自然な利益の調和が生まれると考えていた。

ウィルソンのこの究極の理想像の実現可能性は初めから疑わしかったが、ウィルソンが純真で愚直だったため、失敗する確率は劇的に跳ね上がった。ウィルソンが自分自身を権力政治の世界の一員であると思っていなかったとしても、自分が権力政治の世界のなかにいることを認めたうえで、権力政治の容赦ない論理にしたがうべきだったのである。諸外国の指導者たちを自分の意志にしたがわせるのに、世界の世論の力を信頼しすぎたのだ。アメリカの政治を自分の望む方向へ導くために自分の力を過信したのとまったく同じように。[88] 同様に重要なのは、連合国がほぼ自分の支配下にあった時期に、彼らを自分の計画のなかへ取り込むべくその影響力を行使することをおこたったことである。

一方、連合国側は自分たちがアメリカに依存した状態であることをよく認識しており、それが意味するところを恐れていた。一九一七年八月にワイズマンは上司たちに簡潔に指摘している――「われわれの外交上の任務はアメリカから莫大な量の必需品を引き出すことですが、アメリカに圧力をかけようにも、その手段がありません」[89]。第一次世界大戦の最終局面でおこなわれた交渉の席で最高軍事評議会につめるアメリカの軍部代表は、上官たちに「イギリス・フランス両軍はドイツ軍を敗走させており、ついこのあいだまで必要としていた援助をもはやそれほど必要としていません」と告げた。そして耳にしたうわさ話を伝えた――「ここで高い地位についているある人物が言ったのだが、アメリカは連合国が渡るための橋をかけていた。アメリカが連合国側に自分の希望を承諾させることができたのは橋が完成するまでのこと。渡ってしまったらもうその橋を使わないし、建設者たちも用なしなのだ[90]」。

ウィルソンの三角外交は、連合国側のみならず、自分の国アメリカのせいでも挫折させられたのである。これまで自分が思い描く和平のビジョンを十分正確に示してこなかったことや、戦時下の抑圧のためにアメリカ国内で政治的に提携していた重要な諸集団と不和になってしまっていたことが原因となって、ウィルソンは自分の込み入った計画に賛同してくれる人をほとんど見出せなかった。セオドア・ローズヴェルトの「タイプライターのカチャカチャいう音に合わせて平和を語る」よりも「銃の撃鉄の音で平和を押しつけよう」という呼びかけは、一九一八年秋の国民感情にぴったり合っていた。アメリカがこの戦争で果たすべき明確な役割についてのウィルソンの構想に、セオドア・ローズヴェルトはとまどい、多くの人もローズヴェルトと認識を同じくしていた。(91)ウィルソンの和平案も、実際の休戦条約を起草した軍部首脳たちの官僚主義的な指示によって骨抜きにされた。

しかしながら、結局ドイツが内部から崩壊したため、ウィルソンのそうしたもろもろの考慮は現実的に意味がなくなり、連合国側はウィルソンがかねてから恐れていた優位な立場に立ってしまった。ドイツの急激な内部崩壊は予測されていなかったし、また休戦合意を議論していた時点ではドイツはたしかに弱体化していたが、いずれ力を取り戻すと連合国側に思われていた。このため連合国側は、最終局面におけるウィルソンとの交渉でドイツ側が約束されたという感触を得ていた合意よりも過酷な合意が必要だと考えたのだ。ルーデンドルフとその取り巻きたちがドイツの軍事的情勢の本当の姿を覆い隠していたこと、および彼らがのちに歴史を歪曲したこととあわせて、合意条件が過酷なものとなったことは、ワイマール共和国を混乱させる不穏な感情を醸成することになったのである。

◉エピローグ――休戦からヴェルサイユ条約まで

一一月一〇日、ハウスはウィルソンに電信を打った――「この休戦によって、ドイツ軍事帝国主義の敗北と、世界が待ち望んでいた和平の連合国側による受諾という、二つの大きな成果を期待してよいでしょう」(92)。ハウスの電信はごく表面的な意味においてのみ正しかった。敗れたドイツはすでに混乱に陥りつつあり、また連合国側にはウィルソンが考えている和平合意をそのまま実行する気がなかった。この電信を打つ数日前にハウスは大統領に手紙を送っているが、その際の推測の方が的を外していない──「われわれが話し合いをしてきている各国政府首脳部が、アメリカの和平案を現在どのくらい真剣に受け止めているかは疑問です」(93)。この手紙で大統領が喜んだとはとても思えない。この手紙は、ウィルソンとハウスが連合国側の口約束や、好意的な世論の力を信用し、計画を進めていたことを示している。

ウィルソンは、自分が考える新しい世界秩序を実現させるためには、アメリカの支持、あまり強すぎない連合国、そして復興を遂げてヨーロッパに再統合された民主的なドイツ、が必要だということをある程度は理解していた。ウィルソンが、ビスマルクのように力の行使の方法をわきまえており、その力を遠慮なく使っていれば、自分が意図していたことの大部分を組み入れた和平調停を実現できた可能性は考えられないことではない。だが一九一八年一一月に入るころには、ウィルソンは非常に不利な立場におかれていた。お粗末な勝負をすれば、その結果は火を見るよりも明らかだった。

一九一八年一一月におこなわれた中間選挙で共和党が上院の多数派となった。この結果が自分の計画を阻むものであることにウィルソンは気づいたが、すでに遅かった。ドイツ帝国が内部から崩壊したため、連合国側は短期間に何でも欲するものをドイツから引き出すことに専念できるようになり、ドイツは国際的に一文なしになってしまった。また、ハウスが非常に自慢していた休戦協定案には、強制的な執行の仕組みが含まれていなかったため、自由に無視できた。歴史家たちは何ページも費やして、ウィルソンの「あやまり」──自ら講和会議に出席するという判断、アメリカの講和会議代表団を主として自分の配下の人間で固めたこと──を論じている。後者は、国内での損なわれた関係を修復する機会を逃したことを意味するが、ウィルソンの和平調停にとって本当の問題は国外にあった。ヨーロッパを周遊したウィルソンは各地で群衆から熱狂的な歓迎を受けた。しかし、肝心なときに彼らはそれぞれの国の政府の政策決定に関与できず、なお悪いことには自国の実利を何よりも気にする有様だった。

国際連盟の重要性についてウィルソンが熱弁をふるったにもかかわらず、フランスの首相ジョルジュ・クレマンソーはその年の暮れ、自分に関するかぎり「今日では信頼できないとされているように見える古い制度があるが……わたしはまだそれを忠実に守っている。それが、国家間の同盟という制度であり……その思想が講和会議においてわたしを導くだろう」と断言した。[94] 講和会議の場でクレマンソーは再三にわたりウィルソンを妨害するが、フランスのどんな指導者でも、クレマンソーほどではないとしても、そうせざるをえなかっただろうと考える十分な理由がある。一方、イギリスの首相ディヴィッド・ロイド・ジョージは、有権者の要求に迎合し、イギリスの戦争年金費用をまかなうべくドイツに莫大な賠償金を課す案を支持した。その要求を引っ込めさせるためにウィルソンにできることはほとんどなかった。またイタリアに関しては、首相ヴィットーリオ・オルランドと外務大臣シドニー・ソンニーノはともに――一九一八年末にウィルソンを熱烈に迎えたのと同じ熱狂的な国民に駆りたてられていた――周辺の国々を犠牲にした領土拡大を求めて必死であった。

ウィルソンの最大の願望である国際連盟設立に向けた具体的な計画をウィルソンが明らかにするにつれて、各国の立場はますます頑固なものになっていった。主な関係者たちは機会を逃さずウィルソンを罠にかけた。講和会議でウィルソンと対立するヨーロッパの首脳たちは、「関連するより細かな原則を正式に承認する見返りに、ウィルソンの構想の実質的な内容をウィルソンからもぎ取ってしまった。あるいは、ある場合には国際連盟の話を脅しに使って、ウィルソンの小言をかわした」。[95] 会議の経過は一九一九年二月末のロイド・ジョージの私的な発言に見てとれる――「あの老獪な男（クレマンソーのこと）は最新流行の構想をまったく信頼していない。世界はこれまでと大して変わらないだろうし、物事を変えるなんて無理だと考えている。ウィルソンは紙くず同然の協定書の束を持ってアメリカに戻っていった。わたしはドイツの植民地やメソポタミアなどの統治権というソブリン金貨をポケットにたんまりつめ込んで帰国した[96]」。

ウィルソンは有利な立場をもっと利用できたはずだと考える人もいた。ハロルド・ニコルソンはイギリス側の若いウィルソン傾倒者で、ウィルソンがそうしなかったことを不思議に思っていた――「あの当時、われわれはみな軍需品を購入する資金だけでなく、平和のための資金もアメリカに頼っていた。糧食や財源などはすべてアメリカ政府の指図にしたがっていた。一九一九年初めごろにウッドロー・ウィルソンが握っていた他者を強制する力は大変なものであった。その力がわれわれに対して行使されることはなかった。その必要があったとしても、ウィルソンはそうするのをためらったのだろう[97]」。ウィルソンはその性格のゆえか、あるいは長年の夢の実現を危うくしたくなかったのか、恫喝するよりも熱弁をふるった。しかし意見を異にする連合国の首脳たちは、断固としてその主張を譲らなかったのだ。

春も半ばを過ぎるころにはアメリカ国内で共和党の議員たちが公然と反旗をひるがえしていた。帰国したウィルソンが事態を処理しようとするのに対して、ハウス――ものわかりがよくて、妥協の必要性を認めながらも、連合国側、特にフランスの利益に理解を示していた――は取り消すことが難しい譲歩をいくつもおこなってしまった。その後ウィルソンは健康を害し、完全に参ってしまった。混乱状態の講和会議が最終的に終了したのは初夏で、その結論はドイツ代表団に有無を言わせず押しつけられた。ウィルソンは上院で講和条約の批准を得られず、このため国際連盟が最終的にその活動を開始したとき、アメリカは傍観するだけだった。

のちに、ヴェルサイユ条約の敗者に対する過酷な内容と、アメリカの国際連盟不参加とがあいまって、世界は不安定・暴虐・戦争という循環をたどるようになったという考えが一般的に受け入れられるようになった。だが、何世代ものちの視点から見ると、この講和条約は当時考えられていたよりも均衡がとれているようにいまでは思われる。すなわち、カルタゴ的でもメッテルニヒ的でもない、不調和な要素が合わさったものであったのだ[98]。国際連盟について言えば、その純然たる集団安全保障の側面——当時、多くの論争を引き起こした大もとである——は、アメリカが正式に参加していたとしても、まずまちがいなく効果がなかっただろう。これも何世代ものちの視点から見てのことであるが、あの時点で本当にやっておかねばならなかったことは、戦後の財政問題に関する寛大な協定を工夫してつくること（そのような協定ができていれば、これを通してのアメリカの援助がフランスとドイツとのあいだの対立を緩和できたかもしれない）、および、アメリカをも組み入れた世界規模の制度化された貿易のネットワークをつくっておくこと（これができていれば、第一次世界大戦終結の一〇年後に世界を大恐慌に押しやった保護貿易主義的な経済自立政策へ向けて世界各国が殺到するのをある程度防いでいたかもしれない）だろう。だが、終戦時に人々のあいだに広がっていた期待と現実を考え合わせると、講和会議の経過はあらかじめ定められていたものだったのである。ドラマは一九一九年に観客の前で演じられたが、その台本はだいぶ前に完成しており、一九一八年一〇月から一一月にかけて起きたさまざまな出来事は、その予行演習だったと考えると一番よくわかる[99]。

のちにアメリカの政策立案者たちは、ウィルソンの経験からいくつかの教訓を引き出しているかもしれない。だが、本当に学ぶべきことは、現実に即した戦争目的を選択することの重要性、その目的を達成するための現実的な戦略を立てること、戦争の最終局面でその戦略が実行されるよう細心の注意を払うことである。

第3章 第二次世界大戦——ヨーロッパ

一七六一年末、フリードリヒ大王は苦境に立たされていた。のちに七年戦争と名づけられることになる戦争が終わりに近づきつつあり、プロイセンが勝利する見込みは急速に失われていった。一七五九年にロシア・オーストリア連合軍に大敗したあと、大王にとって厳しい状態が二年以上続いていた。一七六二年一月には大王の兵力は六万にまで減り、敵は迫りつつあった。「運命の女神にこれからも無慈悲に見放され続けるようであれば」と、大王は冬営から友人に宛てて手紙を書いている。「死ぬことになるだろう。いまのこの状況からわたしを救い出せるのは運命の女神だけだ[1]」。

そして奇跡が起きた――ロシアの女帝エリザベートが死去し、甥のピョートルがあとを継いだ。それから一〇〇年後、スコットランド生まれの歴史家トマス・カーライルはフリードリヒ大王の伝記を書き、この場面を大げさな表現で描写している。

ブレスラウに入ってから憂鬱な状況が続いていたが、五週目に入ったころ……ペテルブルクからうわさが流れてきて、やがて知らせが届いた。大王にとってこれ以上の朗報はなかった！「運命の女神はこれまでずいぶんなことばかりしてきたが、ついに善きことをしてくれたのか？口にするのも不愉快なあの女帝がまちがいなく死んだとなれば、これからは平和な日が続くのか？」。われわれ（ここで「われわれ」とは大王の弟ハインリヒや甥たちのこと）はフリードリヒに幸運を請け合った。そして、これがまさにそれだ……。後継者のピョートルはフリードリヒ大王の友人であり、また大王を崇拝していることで有名だ。新皇帝が、彼を取り巻く混沌とした状況のなかにおいて、皇帝の立場で自分のフリードリヒに対する感情を大胆に表明するようなことになればどうなるだろうか？　そうなればこれから先、フリードリヒにとって大いに希望のもてる日がくるだろう！　何といっても、ロシアは敵連合軍の主力であり、敵のなかでもっとも厄介で破壊力がある。ロシアが戦いから離脱すれば敵の威力は半分以下となる。漆黒の闇夜にあかつきが訪れるのだ(2)！

はたして、即位した新皇帝は即座にロシア軍をベルリン郊外から撤退させ、プロイセンと無償単独講和を結び、フリードリヒ大王はそのおかげで危ういところで難を逃れ、態勢を立て直すことができた。

カーライルがフリードリヒ大王の伝記を書いてから八〇年後、一人のドイツの指導者が再び苦境に立たされていた。一九四五年春、アドルフ・ヒトラーが始めた悲惨な世界戦争は六年目に突入していた。彼もまた敵対する連合軍に降伏寸前まで追い込まれていた。敵はすでにベルリンに到達しており、フリードリヒ大王同様、奇跡が起きなければ絶体絶命であった。大王に心酔していたヒトラーは、行く先々で大王の肖像画をかけ、霊感を求めてじっと眺めていた。総統官邸の地下深くにつくられた掩《えん》蔽壕《ぺいごう》に避難したナチス指導者に、ジョーゼフ・ゲッベルスはカーライルのフリードリヒ大王伝の一節を読み聞かせ、ヒトラーをふるいたたせようとしたにちがいない。「われわれにとって何とすばらしい手本だろう！　この希望のない日々に何とすばらしい慰めであることか」。三月初旬、ナチス宣伝相は日記にそう記している。「このくだりを読むと心が高揚する。プロイセン＝ドイツの歴史においては、国家そして国民の運命が現在よりもはるかにきわどい状態におかれていた時期が何度もあった。

そのたびに国民と国家を救った偉大な人々がいた。今回もきっと同じはずだ」[3]。

四月一二日、運命の女神はその役目を果たしたようで、その夜ベルリンにフランクリン・ローズヴェルト死去の知らせが届いた。ベルリン・フィルハーモニー管弦楽団最後の戦時コンサート——ベートーヴェンのヴァイオリン協奏曲、ブルックナーの交響曲第四番、そしてヴァーグナーの神々の黄昏という特別プログラムだった——の司会をして掩蔽壕に戻ってきたアルベルト・シュペーアは、総統に声をかけられた。

ヒトラーが駆け寄ってきた……。手に新聞を握りしめていた。「読んでみろ！ さあ！ きっと信じられないぞ。ほら！」。ヒトラーはすごい勢いでまくしたてた。「いつも言っていた通り奇跡が起きたんだ。これでわたしが正しかったことがわかっただろう？ この戦争はまだ敗れたわけではない。いいから読め！ ローズヴェルトが死んだ！」。ヒトラーは興奮しっぱなしだった。ローズヴェルトの死は、無謬の摂理が自分を見守っている証拠だと考えていた……。歴史は繰り返したのだ。かつて、破滅寸前のフリードリヒ大王に土壇場で勝利が与えられたように。ブランデンブルクの奇跡だ！ またしてもロシアの女帝が死に、歴史上重要な転換期が訪れた。ゲッベルスは何度もそう繰り返した[4]。

フランクリン・ローズヴェルトは敵対する連合国の指導者の一人というだけでなく、ヒトラーにとっては個人的な意味においても敵であった。「どういう歴史のいたずらか」と、ヒトラーは秘書のマルティン・ボルマンに対して二月にわめき散らしている。「よりによってわたしが権力を掌握するのとちょうど同じ時期に、世界中に散らばっているユダヤ人の一人がホワイトハウスの実権を握るとは……。それがローズヴェルトだ。すべてがあのユダヤ人のせいで台なしだ。あいつはアメリカを最強の砦にしてしまった[5]」。その強敵がいなくなったとなれば、反ナチスでまとまっていた提携国間の対立が一気に噴き出す可能性がある。ヒトラーの読みは次のようなものだった――ロシア軍およびイギリス・アメリカ連合軍はこのまま進撃を続け、ベルリンの南で合流することになりそうだ。だが、ソ連軍は進軍し続けないわけにはいかないだろうから、ヤルタで合意した地点で満足して停止することはないだろう。そうなれば、アメリカ軍は「ロシア軍を武力で押し戻さざるをえなくなり……そのとき、、、は、この最終戦争のどちら側からもわたしに対して高額の誘いがかかることになるだろう！[6]」。

だが、今回はそのような挽回の機会はなさそうだということがすぐにはっきりした。大統領に昇格したハリー・トルーマンは、ローズヴェルトの政策をそのまま推し進めると誓い、戦いはこれまで通り続いた。「運命は再び以前のように無慈悲なものとなって、われわれをかついだだけなのか」とゲッベルスは嘆いた。「とらぬ狸の皮算用をしていたわけだ[7]」。ロシア軍とイギリス・アメリカ連合軍は四月二五日にトルガウで合流したが、このいわゆる「大同盟《グランド・アライアンス》」は数日どころか数カ月も結束を保ったのだった。

最終的にヒトラーもすべてが終わったと認め、政治的および個人的なことがらについて周囲に最後の指示を与えた。四月二九日夜、専属パイロットのヨハン・バウアーは、ヒトラーのところへ出向いて敬礼し、総統地下壕からの脱出を懇願した。ヒトラーは穏やかに断り、最後の頼みを口にした。「あそこの壁にかかっている画をもらってほしい。アントン・グラフが描いたフリードリヒ大王の肖像画だ。一九三四年当時で三万四〇〇〇マルクした。わたしが持っているほかの絵はたいていそれよりもはるかに高いのだが、わたしはこれを一番気に入っており、失われるのは忍びない[8]」。それから数時間後、第三帝国の指導者は結婚式をあげたばかりの新妻とともに書斎にこもり、拳銃を口にくわえて自殺した。

ある角度から見れば第二次世界大戦におけるアメリカの戦争への取り組みは、枢軸国に対抗する戦いであった。ローズヴェルト政権は最初からドイツと日本に対する完全勝利をめざしており、その目標を達成した。日本軍の真珠湾攻撃を受けてアメリカが参戦に踏み切ったとき、ウィンストン・チャーチルが見越したように、「あとはアメリカの圧倒的な力を適切に用いるだけ」であった。[9] その後の第二次世界大戦のヨーロッパ戦域における最終局面は、三つの問題を抱えていた。すなわち、ナチスとの妥協的和解を探るべきかどうか。ドイツ国内の反ナチス勢力との提携を試みるべきかどうか。この最終作戦において、ソ連との協力関係を継続していくべきかどうか。最初の二つの問いに対する答えは否であり、アメリカはどこまでも無条件降伏を求めた。三つ目の問いに対する答えは肯定的なものであり、一九四四年から四五年にかけてはベルリンへの進軍は急がないということになった。そして、前述したヒトラーの地下壕における最終場面がその結果だった。

しかし別の見地からすれば、アメリカの行動は、国際政治経済秩序に関する一つの理想像をめざした戦いであった。日本に攻撃される以前から、アメリカの指導者たちはアメリカのみならず世界に恒久平和と繁栄をもたらすような戦後処理を望んでいた――恒久平和は大国間の協調を根幹とした集団安全保障を通じて、また、繁栄は世界規模の多国間資本主義を通じて、確立しようというものであった。「アメリカは世界をつくりかえるために戦争に参加したのではない」と、ワレン・キンボールは述べている。「だが、いったん参戦すると、世界をよりよいものにつくりかえるということがローズヴェルトの行動に対する指導原理となった。[10]」ヨーロッパにおけるこの二度目の大戦の最終局面の中心にあったのは、アメリカの戦後構想実現に向けていかに足固めをするかということであり、これがアメリカが抱えていた四つ目の問題であった――戦時中に出されていた答えは、ブレトン・ウッズ体制と国連からなる制度的枠組みをつくるというものだった。

このように、大戦の最終局面において、アメリカは無条件降伏をめざす破壊を目的とした戦いと戦後に関する建設的な戦いを同時におこなっていたのだが、アメリカの政策立案者たちは両者をしかるべく結びつけなかった。彼らは、自分たちが望む世界秩序の誕生には枢軸国の敗北が必要条件であっても十分条件ではないという事実としっかりと向き合わなかった。ナチス・ドイツとソ連が戦っている東部戦線に対して西側同盟諸国はほとんど手を出さなかったのだが、これはファウスト的取り引きであった。すなわち、結果として中央ヨーロッパおよび東ヨーロッパが非民主主義かつ反資本主義の暴君に支配されるようになったのである。さらに、ナチスの支配と全面戦争に起因するすさまじい荒廃は、銃声が鳴り止んだのちのヨーロッパ大陸全土に政治的・経済的混乱を招いていたし、西側同盟国は戦費のつけを抱えてあえいでいた。このような状況はアメリカが戦後構想を実現するうえでの障害となり、それどころか、共産主義の台頭に対する肥沃な土壌を提供した――ヨーロッパの産業の中心部にソ連が支配する過激な体制が出現した。

このためアメリカの建設的闘争というヨーロッパ戦域での戦いの最終局面は、ヨーロッパ戦勝記念日以降も続き、何年もたってから、いわゆる西側諸国において「合意にもとづくアメリカの覇権」、すなわち「招かれた帝国」――いちじるしく膨張したアメリカの利害領域をまとめ、再構築し、守ることを目的としてつくられた、国連よりも実用的な制度にもとづく体制――を確立して終わった。(11) つまり冷戦は、第二次世界大戦中にアメリカが戦争目的の一つとして掲げていた建設的目標のなかで達成されずにいたものを、共産圏のなかで同じようなことをやろうとするソ連に対抗して追求するという、トルーマン政権の決断の結果として考えるとよくわかる。

アメリカとソ連という両超大国がそれぞれ相容れない秩序と安全保障の構想をもっていたこと、および一九四五年のヨーロッパの状況を考えれば、長期にわたるイデオロギー的・地政学的衝突は避けられなかったように思われる。衝突を回避するには、どちらかが相手に譲って自分の構想を引っ込める以外なかっただろう。その一方で、冷戦の始まりのころやそれに続く「長い夜明け前の戦い」の初期に見られた幻滅感やヒステリーの大半は避けられたはずのものである。そういったものは、戦時中に西側同盟諸国が、自分たちの積極的な行動と消極的な行動がもたらすものの差を認識し損なっていたこと——とんでもない怪物を滅ぼすために、別のとんでもない怪物と手を組んだことによる結果を十分に理解していなかったこと——から生じたものである。これについては、戦後初期の手探り状態や混乱についてと同様、一九四〇年代の指導者たちにたしかに責任があるのだ。ジョージ・ケナンはそのあたりを適確に述べている。

チャーチルもローズヴェルトも、ロシアがヨーロッパの半分を征服するのを阻止するために現実にできたこと以上のことはできなかっただろう。それは、戦前期において西側諸国が抱えていた弱点が作用して生じた結果であり、また、アメリカが日本との問題も同時に抱えていたことの結果でもあった。だが、二人はロシアに関して別の発言をすることもできたはずだ。そうしていたら、あてにならない希望をそれほどあおることもなかっただろうし、自分たちが阻止できなかったことから派生した悲劇の責任を、自分たち自身およびイギリスとアメリカに対してそれほど負わずにすんだだろう。(12)

近年アメリカ政府の高官たちは第二次世界大戦を振り返り、自分たちの先輩たちがまちがっていたと思うところを正そうとしている。彼我の力の差が大きくなってきたことに助けられ、彼らは概してうまくやっており、われわれが住み慣れた世界の枠組みを後世に遺すことはできそうである。そうしてみると、アメリカ政府高官たちの非常に重大な失敗は、以前の戦争に関する重要な教訓の一つともいうべきもの——勝利する側の提携諸国がそれぞれに抱えている戦争目的の差異にまともに向き合い、問題を慎重に解決すること——を無視しているところにあったのだ、というのは皮肉な表現である。

◉ヨーロッパにおける戦争経過

第一次世界大戦後、将来起きる戦争にそなえてつくられたアメリカの計画は、太平洋と海軍の活用に焦点をあてていた。だが、一九三八年には、ヨーロッパ各地のさまざまな出来事を受けて戦略の再評価がおこなわれ、その結果ナチス・ドイツの脅威と、防衛の最前線としてのイギリスの重要性が強調されるようになった。一九四〇年末には——フランスの降伏、イギリス本土航空決戦でのイギリスの勝利、ローズヴェルトの再選ののち——ワシントンの政府高官たちは枢軸国を全面的な敗北に追い込むことをめざしてイギリスとアメリカの協力に向けた実際的な計画の策定にとりかかった。ローズヴェルトはアメリカを参戦させることはなかったが、さまざまな政策を立案してイギリスに軍需品を供給し続け、またアメリカ軍幹部たちは来たるべき戦争にそなえて準備した。

ドイツは枢軸同盟の戦略上の要であったため、またドイツの軍事行動がイギリスの生存をじかに脅かしたため、政策立案者たちはまずナチス打倒に集中することにした。一九四一年春にはイギリス・アメリカ合同軍事会議が何度も開催され、ヨーロッパ戦域のための計画がつくられた。その内容は、経済封鎖、戦略爆撃、レジスタンス活動支援、およびヨーロッパ周辺の基地確保などであり、すべてはヨーロッパ大陸における最終攻勢のための準備だった。そのときには、連合軍の装甲師団が地上でドイツ軍と対決しこれを撃破することになっていた。これらの会議のあと間もなく、ヒトラーはソ連に侵攻した。ソ連がただちに崩壊する危機が去ると、ローズヴェルト政権はソ連を戦略的枠組みに組み込み、援助物資を送ってスターリンの抵抗を支援した。

日本軍による真珠湾攻撃をきっかけにアメリカが正式に参戦すると、西側連合国はアメリカが望むようにドイツ撃破に向けて（早急に海峡横断進攻に踏み切って）直接的に動くか、それともイギリスの希望を入れて（周辺軍事行動、爆撃、封鎖をおこなって）間接的に動くかを議論した。アメリカの軍事専門家たちの強い反対を押し切り、またヨーロッパ大陸に「第二戦線」を早く開くようソ連から求められていたにもかかわらず、ローズヴェルトはイギリスの希望を入れ、一九四二年、北アフリカ方面作戦にアメリカ軍を派遣した。

一九四三年一月におこなわれたカサブランカ会談で、イギリス・アメリカの立案者たちは、ヨーロッパ戦域における兵站上の事情を考えると地中海で反攻するのが有利と判断し、次の主要な作戦として七月のシチリア島上陸を選び、これに続いて連合軍は九月にイタリア本土に上陸した。だが、アメリカの軍首脳部は、ドイツに対する早期の直接攻撃用の資源をイギリス帝国の利益を図る「政治的配慮が働いた」作戦へ転用していると思われる行為に次第にいらだちを募らせていた。そのため連合国内部での兵員や軍需品の主力拠出国がイギリスからアメリカに変わってくると、それにともなって連合国側の戦略決定の主導権もアメリカに移り、海峡横断攻撃が重視されるようになった。[13]

一九四三年初夏から晩秋にかけて連合国の首脳たちはあいついで会談をおこない、今後ヨーロッパでおこなわれる戦いに向けて戦略を立てた。人的・物的資源はある程度、イタリアおよびその他の地中海での継続的な作戦に投入されることになったが、もっとも重要な作戦は一九四四年五月から六月に予定されたノルマンディ上陸作戦を足場とする大陸進攻作戦となった。東ヨーロッパからのソ連の攻撃および次第に激しさを増す空爆と一体のものとしてのノルマンディ上陸を成功させたあとの地上攻撃によって、ドイツ軍を壊滅させようという作戦であった。

アメリカの兵力投入が本格化するにつれ、イギリス・アメリカ連合軍はイタリアを戦線から離脱させて、制海権・制空権を掌握していった。一方、ソ連軍は東部戦線でドイツ国防軍の背後を撃破するのに懸命であった。一九四二年、四三年におこなわれたスターリングラードの戦いからクルスクの戦いまでの激しい戦闘で、ソ連軍はドイツ軍の進撃を阻止し、押し戻し始めた。ソ連軍のこれらの勝利は、ぞっとするような犠牲を払って得たものであり、ドイツの弱体化に決定的な役割を果たした。これらの成果は西側連合国が歓迎するものであったのだが、現実的な結果としては、戦争終結時に東ヨーロッパをソ連の支配下におくことになったのである。

東部戦線における戦費は莫大なものとなっていた。まさにそのことが理由で、ソ連とドイツの戦力が拮抗していた一九四三年の短い期間、スターリンが単独講和の可能性を探っているのではないかと心配させるような場面がいくつもあった。一つにはそれもあって、第二戦線をヨーロッパ大陸に開くという約束をいま一度引き延ばしたのちにスターリンをなだめるべく、ローズヴェルトは枢軸国が「無条件降伏」するまで戦争を続行するとカサブランカ会談で表明し、完全勝利に向けたアメリカの計画を明確な形にした。結局、ソ連とドイツの目立たない接触からは何も生まれず、一九四四年春にはヨーロッパでの戦いの終焉がはっきり見えてきた。終局の詳細は、海峡横断進攻の成功、それに続く東西両方向からの西側連合軍とソ連軍による地上作戦の速度、ナチス体制崩壊のタイミングにかかることになった。

◉連合国とドイツの反ヒトラー派

一九四一年にルドルフ・ヘスが敢行したイギリスへの不可解な飛行、一九四五年四月にハインリヒ・ヒムラーやヘルマン・ゲーリングが示した効果のない意志表示を除けば、第二次世界大戦中にナチスの支配層から西側連合国に対して和平の提案にわずかでも似た提案は一切なされなかった。これは驚くべきことではない。ナチス政権打倒を強く求めるというイギリス・アメリカの決意を考え合わせれば、そのような提案はまず受け入れられなかっただろう。しかしながら戦時中もアメリカの参戦後も、西側にはドイツ国内の反ヒトラー派に働きかけたり交渉したりして、戦いを早期に終結させてはどうかと考える人々がいた。そうした状況を考えると、反ヒトラー派との接触は避けるという西側連合国の決定は意識的な選択であって、そのことがこの戦争の最終局面を形づくった。

大ざっぱに言えば、ドイツ国内にはナチスに対する三種類の抵抗運動があった。まず一つ目は、焦点ははっきりしているが実行力がない抵抗運動であり、かつてのナチスの政敵でいまは亡命している人々によるものである。二つ目は、ドイツ国内の聖職者、労働組合、一般市民によるばらばらの抵抗運動である。三つ目は、軍や官僚社会で重要な地位についている体制内の高官たちによる抵抗運動だった。残念ながら、ヒトラー独裁政権がその支配を強固にすると、大きな効果を期待できるのは三つ目の抵抗運動だけになってしまった。

一九三〇年代後半以降、名のある高官たちは緩やかなネットワークをつくり、体制を内側から崩そうとした。しかしながらこうした反体制派の人々は、政府に対してどのような行動に出るか、それどころか行動を起こすか否かをめぐってすら内部で対立した。大衆の支持を得られなかったため、彼らは軍の上層部の手を借りる必要があると考えたが、クーデターのような行為への加担を要求された将官たちは、ほぼ全員が協力を拒んだ。そのうえ戦争のかなり末期まで、反体制派の将官たちも保守派も、ドイツ側に非常に都合のいい和平合意を提案していたので、西側連合国側に受け入れられる見込みはなかった。

イギリスは一九三〇年代後半、さまざまなルートを通してドイツ国内の反体制派に接触したものの、結局は具体的な成果を得られず、チャーチルは次第に彼らに幻滅した。一九四一年一月、チャーチルはイギリス政府の戦時政策を定め、外務大臣アンソニー・イーデンに「向こうからあれこれ言ってきても一切黙殺するように」と告げた[14]。

アメリカ政府の高官たち(とりわけスイスに駐在していた戦略諜報局のアレン・ダレス)は、イギリスの高官たちに比べてドイツ国内の情勢に通じていたが、実際の交渉ないし和平の申し入れに対してはイギリス同様冷淡な態度をとった。一九四三年一月、ローズヴェルトがドイツには無条件降伏を求めると宣言すると、それに同意することがドイツの反体制派との交渉開始前にアメリカ政府当局者が相手に要求する最低ラインになった。反体制派のなかにそのような条件を受け入れる者はほとんどいなかったため、彼らが足並みをそろえる可能性は事実上なくなった。

一九四三年中にソ連は、ナチス指導部あるいはそれに代わる政権との妥協的和解を含めて、全面的勝利以外のさまざまな決着の可能性を探っていた。こうした策に見込みがないと判明し、また西側連合国がヨーロッパ大陸進攻を明言してようやく、スターリンは単独講和の探りを入れるのをやめた[15]。

一九四四年六月には、ドイツ国内で粛清を免れた反体制派の人々も実際にクーデターを起こすまで連合国側から自分たちに都合のいい和平合意の約束は得られないと理解し、またドイツの敗北が濃厚になったため、行動を起こすことにした。計画をほのめかされたダレスは、支援するのが望ましいとの言葉を添えてこれをアメリカ政府に知らせた。戦略諜報局の長官は七月二〇日のヒトラー暗殺未遂

事件前後に直接ローズヴェルトに報告書を提出したが無駄だった。大統領はこの話を丸ごと黙殺した。(16)

●Dデイ以降の西側の軍事作戦

連合軍のノルマンディ上陸作戦は、成功して当然というようなものではなかった。ヒトラーが配下の将軍たちの予備兵力管理を制限していたこと、ウルトラ（ドイツ軍の暗号を解読して得た極秘情報）からの多大な貢献、天候の急変——これらがなければ上陸は失敗し、その後の戦いに甚大な影響を与えてしまったかもしれない。(17)だがイギリス・アメリカ連合軍がひとたびヨーロッパ本土に強固な足場を築いてしまえば、ナチス政権が東方、西方、南方、そして上空からの攻撃に屈するのは単に時間の問題だった。この破壊を目的とした戦いにおいて、その終結に向けてアメリカが下さねばならない重大な決断は、ヨーロッパ中心部のどこへ、いつ、アメリカ軍を進攻させるかということに絞られていた。

進攻上陸拠点を確保・拡大したのち、イギリス・アメリカ連合軍は一カ月かけて陣地を強固にし、周辺地域を占領した。七月末から八月にかけて連合軍はノルマンディ一帯のドイツ軍を打破し、夏が終わるころにはベルギーとフランスの北東国境まで前進していた。比較的抵抗の少ない陣地と士気の低いドイツ軍を前にして、連合軍最高司令部内では次にどうするか激論が交わされた。

左（北）翼を守る第二一軍集団のイギリス軍司令官バーナード・モントゴメリーは、ほかの部隊の進軍をいったん停止させて全軍を自分の指揮下におき、戦力を強化してから一気にドイツに攻め込み、最終的にはベルリンを占領したいと提案した。ジョージ・パットンなど何人かのアメリカ軍司令官たちは、自分たちの軍隊だけでもう少し南の方から一気にベルリンへ進むことを望んでいた。しかし連合軍最高司令官ドワイト・アイゼンハワーは、より長い前線から時間をかけて攻撃する作戦を選んだ。アイゼンハワーの作戦はモントゴメリーやパットンが提案した作戦に比べて慎重なアプローチで、これにより連合軍が大敗する危険は減ったが、早期に戦争を終結させるチャンスも減った。

一九四四年秋、兵站の遅れとドイツ軍の粘り強い抵抗により、西部戦線では作戦は一時中断され、一二月に入ると、ドイツ軍がアルデンヌで驚くべき反撃に出た。「バルジの戦い」として知られるようになるこの反攻は、第二次世界大戦の最終的な結果にはほとんど影響を与えなかったが、連合軍は大いに驚き、アメリカ軍は残存するナチスの兵力や戦意について警戒を強めた。

一九四五年初頭に連合軍が進撃を再開するころには、チャーチルは戦後のソ連によるヨーロッパ支配を真剣に心配するようになっていた。このため春の半ばごろには、ドイツのできるだけ広範囲、特にベルリンを含む地域を占領する方向でイギリス・アメリカ連合軍を指揮するようアイゼンハワーに提案した。アイゼンハワーは現実的な理由からチャーチルの提案に強く難色を示し、アメリカ大統領から直接命令されないかぎり、エルベ川以西のドイツ領を規則的に占領していく計画を変更するわけにはいかないと答えた。チャーチルはローズヴェルトから、ローズヴェルトの死後はトルーマンから、自分が思い描くベルリン戦略への了解を得ようとしたが、アメリカ大統領もイギリス軍の首脳たちも説得できず、方針変更はかなわなかった。チャーチルはまた連合軍をウィーンやプラハに向かわせようとしたが、こちらもうまくいかなかった。したがって一九四五年の春夏を通して、イギリス・アメリカ連合軍の配置に関する決定は前線司令官たちが当面の現実的な課題にもとづいておこなっていたことになる。アメリカ大統領は戦後のドイツおよびその周辺の国々をソ連と共同管理することを見すえ、ソ連と全面的に協力するという戦時政策の継続を選択していたのだ。

このような協調政策は、戦争終結前に一度、最後の試練を受けている。ヒトラーは総統官邸地下壕で自殺する直前、ナチス政権の統制権を、カール・デーニッツ提督に対し、最後まで戦うようにとの指示とともに委譲した。デーニッツは連合軍にこれ以上抵抗しても無駄だと理解していたが、東部では貪欲なソ連軍を相手に戦線を維持しつつ、西側連合国に対してのみ降伏しようとした。全面的な無条件降伏を求めるという方針を堅持するアイゼンハワーは、単独講和や正式な降伏を先延ばしにするような動きをすべて拒絶した。デーニッツはもはやこれまでとあきらめ、五月七日に無条件降伏し、翌日、停戦が発効した。

◉アメリカの戦後計画と制度設計の第一波

戦後秩序構築に向けたアメリカの計画の詳細は、状況に応じて時とともにわずかに変化したが、もっとも重要な構想は一貫して変わらなかった。アメリカの計画には経済的な側面と政治的な側面があり、この二つの領域は国際関係と国際政治経済に関する独特のリベラル理論で結ばれていた。リベラル理論は比較的少ない経費ですべての人に平和と繁栄を約束する考え方であった。この理論を特に熱烈かつ明確に支持していたのが、コーデル・ハルだった。回顧録のなかでハルは、「国務長官として一二年間推し進めた哲学」について次のように説明している。

わたしにとって、自由貿易は平和と調和している。高関税、貿易障壁、不公平な経済競争、こういったものは戦争に結びつくのだ……。より自由な――差別や障害がより少ないという意味でより自由な――貿易のフローを実現できれば、ある国が別の国をひどくねたんだりしないだろうし、あらゆる国の生活水準が上がるだろう。それによって戦争を生み出す経済的不満の種を取り除けば、永続的な平和がもたらされる可能性がかなり出てくるかもしれないというのがわたしの論旨であった。[18]

貿易とその発展は、世界が抱える問題に対する普遍的な解決策のようなものとして考えられていた。一九四三年に作成されたある計画書には、「戦後の国際貿易規模拡大は、アメリカおよびその他の国々における、完全雇用および有効雇用の達成、民間企業の保護、さらには将来の戦争を阻止するための国際安全保障制度がうまく機能するために不可欠になるだろう[19]」とあった。したがって、ローズヴェルト政権がめざす新秩序の一つの柱は、従来よりも低く、差別的でない貿易障壁で特徴づけられた、多角的経済体制の構築であった。

新秩序のもう一つの柱は、未解決の問題や国際社会における手に負えない国々に対処するために設立されるグローバルな安全保障体制であった。この体制は国際連合を通じて制度化された戦後の大国間の協調に支えられるはずのものであった。ハルは戦後もそう信じていた。

平和を愛する主要国すべてが加盟する国際連合の設立は……、世界の政治情勢の転換点となった……。平和を維持するために、国連を構成する国々とその国民が平和と協調の精神をつねに維持する――必要な場合には武力を用いてでも――ことの重要性は、どんなに強調してもしすぎることはないであろう。この世界的な公共組織は、法の下での世界秩序にもとづく平和の世界構造を害し、実体的に傷つけ、あるいは破壊できるあらゆる武力、あらゆる兵器の使用を防ぐために、軍隊の有効性をつねにじっくり考えなければならない。[20]

もちろん、アメリカの政策決定者はハルではなく、ローズヴェルトだった。ローズヴェルトは、ハルの推測するところ、かなり意志が強かった――貿易や国際法にはあまり関心がなかったし、安全保障体制については伝統的な集団安全保障の側面よりも新しい体制の大国間協調の側面に関心を寄せていた。だが、ローズヴェルトの手法がマキャヴェリ流だったとしても、彼が心底マキャヴェリストであったと強調するのはまちがいだろう。ローズヴェルトが国務長官のハルとおおむね同じ考え方をしていたのはまずまちがいない。ローズヴェルトの理想主義的な美辞麗句の下には現実主義者の深慮が、さらにその下には理想主義的深慮があった。[21]

建設的な面でのアメリカの計画は、一九四一年八月にローズヴェルトとチャーチルが発表した大西洋憲章によく示されている。この憲章は主として将来の戦争への取り組みに対して国内の支持を獲得するために書かれたものだろうし、たしかに大ざっぱで穴もあったが、ローズヴェルト政権が描く戦後世界像の本質的要素が語られている。つまり、領土不拡大、領土変更における関係国民の意志の尊重、民主的に選ばれた政権、差別のない自由な貿易、海洋の自由、「自国の国境を越えて侵略する、もしくはその恐れのある国」の強制的な軍備縮小――これはほかの国にとっても軍事費の削減がやりやすくなるであろう措置だ。[22]

ローズヴェルト政権にとって、以下に述べる四つは、この計画を実施するうえで欠かせなかった。

まず第一に、戦後の利害に関する協調を乱すことがないように、枢軸国は舞台から完全に排除されるべきで、これが非常に重要である。このことは、枢軸国を全面的に打ち負かし、これらの国々を新しい方針に沿ってつくりかえることによって達成されるだろう。

第二に、アメリカ国民は戦争が終結したのち、孤立主義に立ち戻ってはならない。これは、戦闘終結前に、アメリカを国連その他の国際機関に組み込むことによって達成されるだろう。

第三に、イギリスはこの新しい秩序のなかで建設的な役割を果たすべきである。これは、植民地の独立・自治を勧め、大英帝国の貿易特恵をこじ開けるべく、戦時援助を活用することで達成されるだろう。

第四に、ソ連はこの全体構想に協力すべきである。これはソ連が自国の安全保障について抱いているもっともな不安を和らげ、常態に戻るよう誘導することによって達成されるだろう。

新しい秩序を刻みつけるまっさらな石板をつくることは、戦争における破壊的な面が受けもつ役割で、ローズヴェルトとその軍事顧問たちはほぼ国務省抜きでそれをおこなった。ソ連を取り込むというのはアメリカの戦時政策の大原則であり、大統領自身の指示によるものであった[23]。この計画のそれ以外の要素——戦後の国際経済および安全保障に関する制度の準備をおこない、イギリスにアメリカの主張を受け入れるよう要求すること——は、アメリカの外交官と財務省の代表らに一任された。

戦後の世界において着実に繁栄する資本主義制度を育成することをもくろんで、一連の組織がつくられた。国際復興開発銀行（ＩＢＲＤ、世銀として知られている）も含めて、こうした組織はヨーロッパの復興を支援することになっていた。国際通貨基金（ＩＭＦ）は、固定為替相場という新しい制度の監視・管理をするために設けられた。国際貿易機構（ＩＴＯ）は、自由貿易にもとづく新しい国際商業秩序を監督するのが目的だった。一九四四年七月、ブレトン・ウッズにおいてＩＢＲＤとＩＭＦが設立され、その一年後に議会はアメリカの参加を認めた（ＩＴＯを設立する計画は一九四三年にもちあがったものの、憲章が作成されたのは一九四七年で、最終的に各国の議会で同意を得られず計画は一九五〇年に撤回された)。第二次世界大戦末期、こうしたシステムにおいて二番目に重要な国であるイギリスの経済が大がかりな直接的援助を必要としていること——そして、戦後復興の資金を融通するために武器貸与援助を利用することについてアメリカ議会が難色を示していること——が明らかになった。そこでアメリカ政府高官たちは、アメリカからイギリスへの二国間融資を加えることにした。この融資の取り決めは一九四五年一二月に署名され、翌年の夏、議会で承認された。

戦後の安全保障問題に対処するために、国際連合を想定して企画されたもう一つの組織をつくる計画の遂行は、一九四三年初頭、イギリスの外務大臣アンソニー・イーデンのアメリカ訪問中に始まり、同年中におこなわれたモスクワ・テヘランでの会談で引き続き協議された。新組織の機構についての具体的な話し合いは一九四四年八月から一〇月にかけてダンバートン・オークスで開催された会議の場で始まり、引き続き一九四五年二月にヤルタでおこなわれ、同年四月にはサンフランシスコ会議で実を結んだ。ローズヴェルトはもともと三層からなるピラミッド構造を考えていた。一番下には世界のさまざまな国、その上には執行機関、一番上には「警官の役割を担う四カ国」(アメリカ・ソ連・イギリス・中国)がくるというものだ。しかし、ときがたつにつれて、列強が安全保障理事会で理事国の地位を恒久的に有し、それによって影響力を発揮するという形に発展した。

このように一九四五年に入るころには、アメリカの政府高官たちが戦後世界の政治および経済の体制となるだろうと考えたものの骨組みはほとんど用意されていた。いくつかの大きな問題——そのなかで重要なのはドイツの将来の地位をどうするかというものだった——には、ローズヴェルトの意向によって結論が出ていなかった。このような枠組みにはいくつかの欠陥が見られたが、致命的なものではなさそうだった。ローズヴェルトは東ヨーロッパにおけるソ連の行動および戦時経済から平時経済への移行についていささか心配しながら一九四五年四月に死去したが、自分の希望はほぼ実現されるだろうと確信していた[24]――戦争終結後は大国同士が協力し合い、国連という枠のなかで行動する、ヨーロッパ経済を順調に回復させる、これまでの体制を一新して恒久的な通貨体制・貿易体制へ移行する、ということである。

◉無条件降伏について

真珠湾が奇襲攻撃されてから二日後、ローズヴェルトは今度の戦いにおいて「アメリカは決定的で完璧な勝利以外の結果を受け入れない。日本の背信行為によって受けた屈辱をそそぐだけでなく、国際的な残虐行為の根源を、たとえそれがどこにあろうと徹底的かつ決定的に破壊しなければならない」と国民に語った[25]。不適切にもアメリカに宣戦布告したことで、ヒトラーはナチス体制もアメリカによる破壊処分の対象にしてしまった。長年にわたるヒトラーの行動を考え合わせると、開戦以降アメリカがヒトラーと一切交渉しようとしなかったのは当然のことであった。

一九四二年一月一日、反枢軸連合国の共同宣言に署名したアメリカは、この戦争の終結に関して新たな誓約をした――「枢軸国と単独で休戦または講和しない」というものだ[26]。

それから数カ月とたたないうちにアメリカの計画立案者たちは、戦争をどのように終結させるのが望ましいかを決めた――この戦争は、アメリカとその同盟国が自由裁量権を得て、敗れた枢軸国を思う通りにあつかえるよう、強制降伏で終わるべきである。政府高官たちは、「最大の敵であるドイツと日本については無条件降伏以外認められないが、イタリアに関しては話し合いが可能かもしれないということですみやかに意見が一致した[27]」。この勧告は一九四二年五月にローズヴェルト政権に提出され、大統領はこれを受け入れる意向をチャーチルおよび統合参謀本部に示した。したがって、一九四三年一月、カサブランカでローズヴェルトが使った無条件降伏という言葉は、事実上の方針となっていたものを公式に発表したにすぎないのであって、あの言葉は自然発生的に出てきたものだというローズヴェルトののちの主張は事実とかけ離れたものである。声明を出す大統領の手もとの覚書には、よく考えられたうえでの連合国の立場が明確に記されていた。

大統領と首相は……、世界に平和がもたらされるためにはドイツおよび日本の戦争遂行能力を全面的に除去する以外ないということを確信している。このことは、単純に言えば、この戦争の目標はドイツ・イタリア・日本の無条件降伏だということを意味する。彼らが無条件降伏すれば、この先世界に平和がもたらされるのはほぼまちがいない……。これは、他民族の征服と支配を土台とするドイツ・イタリア・日本の哲学を打ち砕くことを意味する。[28]

アメリカはドイツに関して、戦争が終結するまでこの方針を字句通り厳密に守った。無条件降伏を戦争の主目的とし維持することで、アメリカの指導者たちは第二次世界大戦中、ヨーロッパにおけるアメリカの行動に強い制約を課することになった。ではなぜそんなことをしたのか？もっとも簡単な説明は、戦争中に反枢軸の提携を保つのにそれが一番簡単な方法だったというものである。イデオロギー的な意見は一致せず、これといって明確な共通の利益のないアメリカとソ連は、何かあっても互いに相手をこの提携から離脱させないようにする仕組みを見つける必要があり、敵を無条件降伏させるという誓約はその目的にぴったりかなっていた。

無条件降伏を求めるという発表の時機を見ても、ローズヴェルトの思考の一部にはまさにそのような論理が存在していたと思われる。一九四三年初頭には、ヨーロッパ本土でのドイツ軍勢力のほとんどがソ連に向けられていた。そこへもってきて、西側連合国は、ヨーロッパ本土に本格的に進攻するというかねてからのソ連に対する約束をまたしても延期しようとしていた。ローズヴェルトの声明は、「第二戦線を開く時期は延期せざるをえないが、勝利に向かって進み続けるという西側連合国の決意は変わっておらず、第二戦線を開くための兵力・兵站がととのい次第、約束を実行するという、ロシア側を安心させる」手段だったのである。[29] 戦争目的の説明として、このスローガンは甚大な力をもっていた。これは「連合国が同意できる最小公倍数になった。わかりやすかった。すみやかな勝利をめざす、うってつけのかけ声となった。そして何にもまして、単独講和に対する最高の牽制となった」。[30]

たとえ現実に機能したものが真に現実主義的・功利主義的論理であったとしても、アメリカの計画立案者たちは、少なくともドイツにおける反ヒトラー派を拒絶する前に、彼らと協力することによる潜在的利益を考慮すべきではなかったのかという声がある。すなわち、戦後非ナチス的政権がもたらすかもしれない脅威を見積もり、それを強固になったソ連の政権がもたらす脅威と比較することなどをやっておくべきではなかったのかという意見である。しかしそのような検討はまったくおこなわれなかった。[31] 政府内には無条件降伏を求める政策の変更を主張する人々や、政策内容の明確化を求める人々もいたが、彼らでさえ自信をもってそう主張していたわけではなかった。たとえば、戦略諜報局のアレン・ダレスやウィリアム・ドノヴァンは、一九四四年七月二〇日のヒトラー暗殺未遂事件直前にローズヴェルトに次のように具申している――「ナチスに反対している人々は……少々の危険を冒してもドイツからヒトラー体制を一掃するべく口火を切るつもりがあることを示す最後のチャンスがこの数週間だということを認めている。われわれとしても、この重大時にあたり、ドイツ国内の変革に向けた取り組みを支援することがヨーロッパ各地の戦線で戦っている数多くの連合軍兵士の命を救うことにつながるかどうか判断しなければならない」。だが彼らの具体的な政策提案は、「……（無条件）降伏後のドイツ国民一人一人の運命および未来はそう悪くないだろう。改革され、軍国主義が一掃されたドイツは、ヨーロッパにおいて必要かつ重要な地位を占めるだろう」という声明を単に発するだけというものであった[32]。

この提案はローズヴェルトを納得させることができず、大統領は沈黙を守った。ドイツに関する政策を公開の場で明らかにするというのであれば、戦後ドイツに対する具体的な計画を検討しなければならず、それはローズヴェルトにとって気が進まないことだったのだ。そのうえ当時の連合国の考えは断固とした懲罰的な和平に傾いていたので、無条件降伏政策の内容が明確化されても状況は改善されなかっただろう。一九四四年一月、チャーチルは私的に次のように述べている――「ドイツに何が起ころうとしているのかを率直に言明しても、ドイツ国民を安心させる効果がかならずしもあるとは思えない……彼らはアメリカ大統領が発したような声明によって和らげられた、『無条件降伏』という言葉であらわされる漠然とした恐怖の方を好むかもしれない[33]」。

したがって、連合国の団結を乱すわけにはいかないと考えてローズヴェルト政権がドイツ国内の反体制派との取り引きを断念したのだとしても、大統領がそれを真剣に考慮することさえしなかった理由はほかにあった――つまり、ドイツ国内の反ヒトラー勢力は反動的な権威主義者で、ヒトラー派の人々と同様、アメリカのパートナーにふさわしくないとローズヴェルトは考えていたのだ。一九四三年、反体制派からの和平の打診に対する回答で述べたとされているように、大統領には「東部ドイツの地主貴族たち」と取り引きする気はなかった[34]。ここでは、イデオロギー的な嫌悪が、政策立案者たちが歴史から引き出した教訓と一つになっていた。ケナン――ドイツ国内の反体制派に友人がいた――はのちにこう書いている――「フランクリン・ローズヴェルト大統領と話をしているうちに……大統領が第一次世界大戦と第二次世界大戦をなかなか区別できない連中の仲間であり、プロイセンの地主貴族たちが、かつてドイツ皇帝の権力を支えていた、あるいはそうみなされていたのとまったく同じように、ヒトラーの勢力を支えていると考えているのだとわかってショックを受けた(35)」。

海軍次官として勤務していたローズヴェルトは、第一次世界大戦終結時に無条件降伏と過酷な講和を支持し、一九一八年七月の日記に「ドイツが学ぶ教訓は、敗北という経験から学ぶ教訓である」と記した(36)。それから三〇年近くがたっても、ローズヴェルトはあのときウィルソンと連合国側はドイツに敗北をしっかり認めさせドイツ軍国主義を根絶してしまうべきだったと確信していた。そして、今回はこうしたまちがいを正すべきだとする自分の意図を内輪でも人前でもはっきりさせていた。一九四四年初頭にはチャーチルに、戦後ドイツ社会を自分の思う通りにつくりかえられるよう無条件降伏を要求するつもりだと伝えている——「国連はドイツ国民を奴隷にするつもりはない。われわれとしては、ドイツ国民がヨーロッパ諸国のなかで価値のあるまともな国として平和に発展する機会をもつことを願っている。しかし、『まともな』というところを強調しておきたい。というのも、ドイツから、ナチズム、プロイセン軍国主義、それと自分たちは『支配民族』であるという狂信的な考えを一掃するつもりでいるから」。ローズヴェルトはヤルタから帰国した直後も同じ表現を使っている——連合国は「ナチスやプロイセン軍国主義が二度と再び……世界の……平和を脅かさぬよう」第三帝国の軍事力を破壊するつもりだ、と議会で語っている(37)。

国務次官補ブレッキンリッジ・ロングは、「われわれがこの戦争を戦っているのは、前回の戦争が終結した際、敵を無条件降伏させなかったからだ(38)」と表現しているが、実際、アメリカの政府高官たちはたいていこのような前提に立って活動していた。戦後計画の立案を一任されたもっとも初期の委員会におけるロングの覚書は、一九一八年から直接得た教訓がそれからおよそ二五年後のアメリカの政策を特徴づけていることを示している——「将軍や提督たちは、ドイツおよび日本の侵略から未来を守るには無条件降伏しかないという考えで一致していた。第一次世界大戦の休戦期のパーシング・メモをもとに検討・議論した。彼らの考える通り、無条件降伏を求めるのが最善だと思う……」[39]。

これに対して、戦術的費用対効果に関する厳密に軍事的な論理は、少なくとも一九四二年末以降ほとんど影響を与えなかった。連合軍が北アフリカに上陸すると、アイゼンハワーは当地のヴィシー政権代表フランソワ・ダルラン提督と取り引きをして、侵攻が円滑におこなわれるような方針をとった。「北アフリカにおける目下のフランス軍の心情は」と、アイゼンハワーはローズヴェルトに自分がとった措置の正しさを弁明する手紙を書き送っている――「事前の予測とまったく異なります……。現場にいない人間は、北アフリカの情勢に影響をおよぼす偏見や反感の複雑な動向をはっきり認識できません」。ダルランと取り引きをしないとするならば戦う以外なく、そしてアイゼンハワーにとって優先順位ははっきりしていた。ローズヴェルトはアイゼンハワーの主張と取り引きを受け入れたが、あくまでも一時的な措置にすぎないことをはっきりさせ、「行政機関におけるヒトラーの協力者やファシズム信奉者と思われる人間とは、どうしても必要だという場合を除き、手を組むわけにはいかぬ」と返答を出した[40]。その後イタリアやドイツにおいて政権内部の高官たちが降伏を検討すると、アメリカ軍内でアイゼンハワーと同様の衝動にかられる人々が続出したが、大統領は「ダルラン」流の取り引きをしたいという申し出をことごとく却下した。

最終的にはアメリカ国内の世論が、名の知られたファシストたちとのあからさまな取り引きに適度な制約を加えたようだ。たとえば、アメリカ国民の大半はこのダルランとの取り引きに激怒した。大西洋憲章の高邁な理想をけがすように思われたからだ。もちろん、ローズヴェルトとしてはこの取り引きを堅持しつつ、あくまでもこの取り引きは一時的なもので、これによってアメリカ兵の生命が救われるのだと主張して、国民の非難をかわした。それでもこの一件は後味が悪く、ローズヴェルトが今後は絶対に妥協しないという思いを強くしたのはまちがいない。だが、一九四四年春ごろになると、世論調査担当者たちは、アメリカ国民の三八パーセントがドイツ軍部との和平交渉を支持していると報告し、大統領にこれまでの考えを改めて何らかの行動をとるよう勧めている。(41)

◉ドイツにおける作戦中のソ連との協調

枢軸国を征服し占領する方針決定がなされると、アメリカの政策は論理的な帰結として、この戦争の最終的軍事作戦展開中、つねにソ連との協力を必要とした。にもかかわらずDデイ以降、イギリスはこの政策に異議を二度唱えている。幅広い前線を展開するのではなく「狭い前線からの猛攻撃」というモントゴメリーの主張、そして、ベルリン一番乗りをめぐるソ連との競争に対するチャーチルの扇動である。(42)

一九四四年の晩夏にモントゴメリーが、連合軍が分散することなく一つにまとまって進撃すれば、ベルリンを奪取し、戦争を早期に終結させることができるだろうと主張すると、アイゼンハワーはさまざまな理由から反対した。兵站を考えるとそれは非常に不利な作戦であった。ウルトラ情報によれば、前線をベルリンとは別の方向にいくつか伸ばしていけば好結果が出る見込みがあった。モントゴメリーの計画を成功させるには大胆な作戦敢行が必要で、そのような行動はモントゴメリーの持ち味である慎重な行動様式とは相容れないものであった。また、アメリカ軍の官僚主義的性格と国内への政治的影響を考えると、大部分イギリス兵で構成された軍隊を率いる一人のイギリスの将軍が世界から浴びる脚光を独り占めしているのに、アメリカ軍が何もしないでいるというのは問題であった。スティーヴン・アンブローズは次のように書いている――「アイゼンハワーが下した最終的な命令にしたがって行動すれば、どの部隊も甚大な人的損害をこうむることはないだろうし、勝利の名誉はみんなでわかちあえるのだから、どの将軍も自分の名声を失うことはないだろう、と思われた。そしてこの作戦においては、進撃・前進した連合軍がドイツ軍に包囲され、壊滅させられ、形勢が逆転してしまう危険性はなかった」[43]。振り返ってみると、モントゴメリーの熱烈な支持者でも、彼の計画が、マイケル・ハワードの言葉を借りれば、「ドイツ軍の士気の状態を当て込んだ大博打」であったことを認めている。そしてドイツ軍の行動を見るかぎり、この計画提起の前後の時期に彼らが戦意を喪失したことをうかがわせるような形跡はなかったのである[44]。

一九四五年に入って間もなく連合軍が進撃をようやく再開すると、ドイツの敗北は差し迫ったものとなり、各国の指導者たちは戦後処理について考えるようになった。スターリンの外交政策が荒々しさと好戦性を増してくると、チャーチルは政策を転換した方がよいとの考えに傾いた。イギリスおよびアメリカの政府高官のなかには、これに同調する者が数名いた。一方的に譲歩することによってスターリンとの友好関係を得ようとするローズヴェルトの手法に見切りをつけ、威圧的な交渉によって協力を引き出すやり方に切り替えたいと考えた。イギリス・アメリカ連合軍が領土および産業等の中心地を広く占領すればするほど、戦後交渉で有利な立場に立てるとチャーチルは考えた。だが問題は、それがこれまで連合国の占領計画として通っていたものと真っ向からぶつかることであり——そして、死を目前にしたローズヴェルトと経験不足の後継者がなかなか方針を転換しようとしないことだった。

ナチズムおよび軍国主義を根絶したいという普段からの望みは別として、ローズヴェルトには戦後ドイツのあつかいについての腹案はほとんどなかった[45]。戦争中ローズヴェルトは、アメリカ政府内および連合国内部で戦後のドイツ政策について議論がなされないよう手を尽くした。長期計画は前もってあれこれ考えるよりも、その時期がきたらそこで考えた方がよいという思いと、拘束力のある公約や国内の政治的論争を避けたいという思惑からであった。
戦争終結および戦後計画について提携国間の計画を調整する何らかの機構がどうしても必要だったため、一九四三年末、ローズヴェルトはヨーロッパ諮問委員会（ＥＡＣ）の創設を認めた。これはロンドンに本部をおく組織で、イギリス・アメリカ・ソ連の三カ国の代表による定期的会合を促進した。しかし、ヨーロッパ諮問委員会がじっくり議論して何らかの合意をとりつけるべく重要な役割を果たすことを望んでいるアメリカ政府関係者はほとんどいなかった。大統領は確実にそんなことは望んでいなかった。「一つはっきりさせておきたいのだが」と、ローズヴェルトは一九四四年末にハルに手紙を書いている――「ヨーロッパ諮問委員会はあくまでも『諮問機関』であり、わたしも君もその勧告に縛られない。このことはときに見落とされており、われわれが『諮問』という言葉を忘れないように注意していなければ、連中は自分たちの思い通りに事を進め、時期が来れば勧告のいくつかを実施してしまうかもしれない。そのようなことはあってはならない」。しばらくヨーロッパ諮問委員会アメリカ代表の政治顧問を務めていたケナンは、「わたしの知るかぎりでは……このできたばかりの組織はそのうちあやまって何かやらかすのではないか、特にアメリカ代表はその熱意があだになって、あるいは不注意から、とんでもないことをやらかすのではないか、とはらはらしながら見ていたというのが、この委員会に対する大半の人々の態度であった」と苦い思い出を語っている。[46]
ヨーロッパ諮問委員会が独自に処理することが許されていた数少ない課題のなかに、占領地域――戦争が終結してから最終的な戦後処理が決まるまでの期間、勝利した側のそれぞれが管理することになる地域――についての細目があった。イギリスはほかの同盟国に比べてヨーロッパ諮問委員会を重視し、一九四四年初め、ドイツを大ざっぱに三等分して、各地域をドイツへ向かう各国軍の進撃方向にもとづいてそれぞれの国に割り当てる計画を提出した。イギリス軍は北西部から、アメリカ軍は南部から、ソ連軍は東部から、それぞれドイツに向かって進撃する。ソ連軍に割り当てられた地域にすっぽり入っていたベルリンは、戦勝国が共同で占領する飛び地となる予定だった。[47]誰もこの分割統治境界線があとあとまで残る政治上の境界線になるとは思っていなかった。

ソ連はイギリスの提案をすぐに了承したが、アメリカはちがった。ローズヴェルトは担当地域をイギリスと交換したいと考えた。割り当てられた地域が内陸部で、かつフランスと国境を接していることが不満だった。この地域を管理すれば、長期にわたって戦後責任を負う可能性があった。[48]さらに同年、ローズヴェルトは財務長官ヘンリー・モーゲンソーが出した案にも興味を示した。戦争が終結したのち、ドイツを破壊して「農業社会にする」という案で、ヨーロッパ諮問委員会とその審議を無視したものだった。しかし一九四五年初めには顧問たちに説得され、モーゲンソー案は考えの足りないものであり、またイギリスと担当地域を交換するのも兵站の面から考えてとんでもないことだと納得し、最終的にイギリスの提案を受け入れた。二月に三巨頭はヤルタで会談し、ドイツの分割統治にフランスも加え、またフランスが占領する地域はイギリスとアメリカがそれぞれの担当地域から切り出すことで合意した。この時点で、ベルリン占領に関する取り決めをドイツ占領に関する取り決めの雛型とすることでも意見が一致した。

戦況の予測がつかないため、一九四四年以降はその時々の状況でソ連軍と西側連合軍のどちらが先にドイツ中心部に到達してもおかしくなかった。だが、一九四五年春、西側連合軍が快進撃を続けるのに対して、ソ連軍は動きがとれなくなっていた。その結果、首都ベルリンを含むドイツの大部分がアイゼンハワー指揮下の連合軍に占領される可能性が出てきた。四月初旬、チャーチルはローズヴェルトに手紙を書き、「状況が許すのであれば、われわれはできるだけ東へ進撃し、そこでロシア軍と合流してからベルリンへ入るのがよいのではないか」と提案した。[49]

のちにチャーチルは回顧録のなかで主張しているが、この変更は戦略的観点からのものではなくて、駆け引き的なものであった――本格的なソ連封じ込め政策を提案したわけではなかった。[50] むしろ、二つのもっと穏やかなことを考えていた――第一に、西側連合軍は最終到達地点から取り決めてある占領地域まで後退し、これを切り札に使ってソ連からほかの問題に関する譲歩を得たいと考えていた。第二に、西側連合国が心理的に優位な立場で戦後を迎えることができる形でベルリンを占領したいと希望していた。しかしチャーチルは、自分の政治的に見て妥当性を欠く意見を、より協調的な方法をとるつもりでいるアメリカ側に伝えるのをためらっていた。このため第一の考えについては何も言わず、第二の考えもはっきり言わず、いわゆる軍事上の利益という観点から方針を転換してはどうかとアメリカ側にそれとなくほのめかした。

アイゼンハワーは、彼に関するかぎり、この問題を厳密に軍事的な面から見ていた。受けた命令は、「ヨーロッパ本土に上陸し、ほかの連合国と協力して、ドイツ心臓部およびドイツ軍全滅にねらいを定めた軍事行動をとるようにというものだった[51]」。彼は過不足なく任務を遂行し、続いて取り決めてある占領政策を実行するつもりでいた――したがって、瓦礫と化したベルリンに一番乗りしてすぐに撤退するだけのために莫大な損失をこうむる理由はなかった。[52] アイゼンハワーは、西部戦線のドイツ軍をくまなく掃討したいと考えていたし、また、ナチス上層部がベルヒテスガーデン近くの「アルプス要塞」にこもって激しい抵抗を企てているという諜報員からの情報を懸念していた。さらには、東と西からそれぞれ進軍中のソ連軍とアメリカ軍が衝突するのをいかに防ぐかで頭を悩ませていた。こうした理由でアイゼンハワーは、東進をエルベ川までとし、ベルリン進撃を急がなかった。

モントゴメリーに計画を説明し、「お気づきだろうが、わたしはベルリンについて一言も触れていない。わたしにとっては、ベルリンはもはや地理のうえでの一つの場所にすぎず、何の興味もない。

わたしの目標はわれわれに抵抗する敵の軍隊・軍事力を全滅させることだ」と書いている。しかし、アイゼンハワーはマッカーサーではなかった――四月七日にジョージ・マーシャルに宛てて書いているように、命令に変更があれば受け入れ、実行する覚悟をしていた。

もちろん必要があれば、いつでもほとんど損害を出さずにベルリンを攻略できます。しかし、戦況がここまで進んだ段階では、ベルリンを重要な目標とすることはもはや軍事的観点からの根拠が薄弱であると考えます。特にロシア軍がベルリンまでほんの三五マイルの地点まで迫っている事実に照らしますと、戦争は政治的な目的を追求して戦われるものだということはよくわかっておりますし、連合国側がベルリンを占領するべく戦うことが現況での純粋に軍事的な考慮よりも重要だと連合軍参謀総長が判断されれば、その作戦を完遂するべく喜んで当方の計画を調整するつもりです。[53]

その後上層部からの新たな命令は下されず、アイゼンハワーは自分の方針を継続した。[54]ローズヴェルトの死去にともないトルーマンが大統領に昇格して一週間もたたないうちにチャーチルは、せめてかねてから取り決めてある占領地域までの撤退を遅らせるよう新大統領を説得しようとした。五月初旬、チャーチルは憂鬱な思いで自分の推測を述べている。

ロシア軍がドイツ国内を進んでエルベ川に向かっているあいだにとんでもない事態が発生するのではないかと恐れている。アメリカ軍が取り決めてある占領線まで撤退するとなれば、ソ連の支配の波は三〇〇ないし四〇〇マイルほどに広がる戦線でさらに一二〇マイルほど前進することになる。そうなればそれは歴史上最も憂鬱な出来事の一つに数えられることになる……。そろそろこうした問題を主要国全体で話し合った方がいいだろう。われわれには強みがあり、これをうまく生かせれば、平和的な合意が生まれるかもしれない。第一に、連合軍は現在いる場所から占領線まで撤退すべきでない。撤退するのは、ポーランド問題、ソ連軍によるドイツの暫定的占領の性格、ドナウ川流域にあるロシア化された、あるいはロシアに支配されている国々の情勢について納得してからだ……[55]」。

この主張には、一つのことを除いて先見性があった。こうした問題について「そろそろ話し合う時期」ではなく、話し合うにはもう手遅れだったのである。アメリカ軍がそのような思いきった方針変更を拒絶しただけではなかった。ソ連は、自分たちがドイツ占領に全面的に協力し、また西側連合国が各々の占領線を越えてベルリンまで進撃することに同意する代償は、当初の区分けされた境界線まで撤退することだと主張した（五月末、ソ連軍司令官ジューコフ元帥はアメリカ軍司令官に「後退が早ければ早いほどベルリン突入も早くなる」と語っている[56]）。西側連合国はそのような事態に対応する計画を立てていなかったため、ジューコフの言いなりになった。トルーマンはチャーチルの提案をはねつけ、先の取り決めを守った[57]。このため一九四五年夏、大同盟を構成する各国はドイツ占領に向けてつくられた当初のイギリス案（ただし、フランス軍が加わることは含んでいない）が定めていたそれぞれの占領地域で軍を休めた[58]。

無条件降伏の場合と同様、ドイツ国内における戦いの最終局面で、西側連合国とソ連の協力に関する方針が一般的な内容を出るものではなかった理由は簡単だ。ナチス体制をかならず打倒できる道はそれ以外なかったのである。ヒトラー自身が最後まで認めていたように、連合軍がノルマンディに上陸して以降、ナチス体制存続の唯一の希望は、敵の意表をつくような新兵器を開発できるか、あるいは西側・ソ連大同盟のなかで内輪もめが起きるかにかかっていた。ナチスを打倒する前にあからさまにソ連と手を切れば、まちがいなく西側連合国の実利が損なわれていただろう。だから反ソ連強硬派のアメリカ政府高官たちですら、現実的な代案を提案できなかった。(59)

だが、このような抜け目のないリアリズムからだけでは、協調政策がうまくいかない場合にそなえてソ連に対する政治・軍事政策を切り替えるための代替計画の立案をアメリカ（この問題に関してはイギリスも）が一切準備していなかった理由を説明できない。この種の見落としの代表的な例としてあげられるのは、戦後ドイツの占領および統治に関する計画だろう。ヤルタ会談（一九四五年二月四～一一日）がおこなわれた大戦末期になっても、ドイツを分割することに賛成している三巨頭が問題にしていたのは、いくつにわけるかということと、それぞれがどこを得るのかということだけであった。一九四五年の春にかけて、これらの計画が徐々に延期される状況になっていった時点でさえ、西側において新しい代替計画が公式に提案されることはなかったのである。

◉建設的な面での戦い

アメリカ軍がナチス・ドイツを全面的敗北に追い込むべく戦っているあいだ、アメリカの政治家や外交官たちは戦後世界の枠組みをつくっていた。経済の面では、アメリカはイギリスやその他の西ヨーロッパ諸国と協力し合い、競争し合って、世界を牽引することになっていた。政治の面では、西ヨーロッパがイギリスの勢力圏に、また東ヨーロッパがソ連の勢力圏になるのに対して、アメリカは引き続き西半球において寛大な覇権を維持することになっていた。太平洋においては、ヨーロッパの植民地主義政策が段階的に消えていくにつれて、アメリカは中国と責任を分担するようになると考えられていた。ドイツと日本は国際社会から追放され、非武装化されることになっており、その先の運命はまだ決まっていなかった[60]。

世間向けの談話では、アメリカ政府高官たちはこのような計画のリアリスト的な合理性を示すことはひかえていた。ハルはしばしばこの新しい経済体制を、あらゆる国が利害の調和を通じて繁栄する体制として思い描いた。またローズヴェルトは、新たな安全保障体制について次のように述べた――「それは当然、単独行動、排他的な同盟、勢力圏、勢力均衡といったシステム、そのほか何世紀ものあいだ試みられてはいつも失敗しているあらゆる手段の終焉を意味する。こうした手段の代わりに、平和を愛する国ならばどんな国でも加盟できる普遍的な組織を提案する……。ヤルタ会談の成果は、恒久的な平和機構設立のきっかけになるだろう……[61]」。

アメリカ政府高官たちは、非公式の場でも似たような考えをしばしば表明していた。彼らの多くは、自分たちのそのような戦後世界への取り組みが盟邦たちの考えているものとは根本的に異なっていることにたぶん気づいていただろう。たとえばローズヴェルトは、チャーチルがそのようなアメリカ高官たちを冷笑しているのを厳しくたしなめたとき、心の底からこう思っていたのはまちがいない――「ウィンストン、君には利他主義は理解できないよ。君の体には四〇〇年にわたる欲張りの血が流れているからね。他国の領土を、たとえ可能でも獲得しようと思わない国だってあるんだということがわかってないんだ[62]」。たしかに歴史上のほかの戦勝国の高圧的な態度に比べれば、アメリカの動機と行動は驚くほど寛大だった。

そうではあったのだが、このようなアメリカの価値観はアメリカの利害と見事に調和していたのであり、当時のアメリカ政府高官たちの背後には他国に比べて強大な国力が存在していたのである。そのため、アメリカの行動を明確に特徴づけることは難しい。チャールズ・マイアーが書いているように、アメリカの行為を純粋に理想主義的な行為、あるいは純粋に現実主義的な行為という二者択一のとらえ方をしても意味がないのである。「なぜなら、それぞれの一つの政策がどちらの主義にも合致していたからだ。ワシントンのネオ・コブデン主義者たちがめざしていたものは、世界の交易と福祉の水準をより高いものにすることであった。それは同時に、『門戸が開放され』各国通貨のドルへの自由交換によって機会均等が促進されたあらゆる市場で、積極的に競争できるアメリカの生産者たちを利することも意図していたのである[63]」。

ブルース・クニホルムが認めているように、「アメリカは、莫大な資源と生産力に恵まれていたおかげで、ソ連よりも利己的でなく慈善的な主義主張を標榜できた」のである[64]。ハルは、アメリカの経済計画は自国の利害を超越したものではあるが、それぞれの一つの政策が一つの特徴だけをもっているのではない、と考えていたかもしれない。「一九四〇年代初頭以降、イギリスの学者たちは『自由貿易は強国の帝国主義である』という論理を真剣に考えている」とD・C・ワットは述べている[65]。

アメリカの計画におけるパワーと原則というこんがらかった糸を解きほぐす難しさとは別に、戦後秩序に関するアメリカの初期のさまざまな計画を評価するにあたってもう一つの問題がある。それは、これらの計画があいまいなもので実際的ではなかったことから生じたものであり、国連がそのいい例だ。すべての国が平等な立場で参加し、重要な利害問題に対してはすべての国に生命・資金を犠牲にすることを求める集団安全保障機構であるという理想主義的な見方をすることができるだろう。反対に、各大国にその戦略的地域をほかの大国から干渉されずに管理する権利を法的に、もしくは事実上付与した、大国による共同統治であるという現実主義的見方をすることもできるだろう。しかしながら、設立段階における国連をどう見るかとなるととまどいを隠せなくなる。なぜなら、国連設立に関わったアメリカ人たちは、正直なところ、国連が国際的混乱という難問に対しどこの国の犠牲もともなわない解決策を出すことを期待していたようなのだ。安全保障理事会で意見が一致しないときはどうするのかということは考えられていなかった。このような世界規模の集団安全保障機構が、既存の、あるいは潜在的な地域規模の集団安全保障体制にどのように関係するのかという問題は未解決のままだった。国連が対応しなければならない相容れないさまざまな目標があることや、国際紛争を解決するために国連が果たすべき役割について加盟各国の理解が一致していないことは、不問に付されたままだったのである[66]。

このように構想があいまいなものになったのは、一つにはローズヴェルト政権内で亀裂が深まったためである。国務省は戦争遂行には無関係だったが、平和のための計画立案を委ねられていた。財務省は独自に計画を立てており、また財務長官モーゲンソーがローズヴェルトと個人的に親しかったため、財務省が取りあつかうのは単に財政問題にとどまらなかった。また、戦争中に活躍した軍部も戦後計画の立案に強い発言権をもち、その意見は外交官たちの意見とはかなり異なっていた。

相反する官僚主義的な利害および視点は、ときに政府を機能麻痺状態に追い込んだ。たとえば、終戦直後の重大な問題にドイツ経済をどうするのかということがあったが――政策立案担当者たちですら述べているように「基本的な問題に関して省庁間で意見の相違があったため……、アメリカの統一的な立場を明確に示せなかった」。国務省はドイツを安定した同盟国にするべく、ドイツ経済を管理し、生産力を回復させたいと考えた。これに対して財務省および陸軍省が異議を唱え、ドイツの経済問題についてはあくまでも「有限責任」を引き受ける方が望ましいとした。国務省の覚書には次のように記されているものがある。

陸軍省は、軍の任務が限定されている方を支持しており、その理由は以下の通りである。①陸軍省は軍による単純明快な占領を好み、②任務を限定することで占領地域の司令官たちが協議・交渉する必要性を最小限にしたいと考えており、③任務を占領軍の能力の範囲内にとどめておきたいと考えているからだ。財務省は、有限責任の方策を支持しており、その理由は以下の通りである。①ドイツにおいて極度の混乱が生じてもそれは連合国の利益と相反するものでなく、②ドイツの経済機構を最低限機能させる責任を負えば、われわれはナチス関係者の排除に関して妥協しなければならなくなるだろう。(67)

もう一つの覚書は要点をもっと簡潔におさえていた――「財務省と陸軍省は異なる理由で同じ政策を支持している。財務省は混乱を望み、陸軍省は権力の分散と占領地域司令官の完全な権限確保を望んでいる」(68)。結果的に、日和見的な一貫性のない占領政策がとられた――結局アメリカ政府高官たちは、当然といえば当然だが、さまざまな出来事に対して一貫性のある処理をするのではなく、場当たり的な対応をすることが多くなった。

しかし官僚主義的縄張りのなかで右往左往するというこのような政府の姿が、官僚政治を研究する理論家が描く構図に似ているとしても、両者は重要な点で異なっている。この混乱は官僚主義に必然のものでもなかったし、不要のものでもなかったのである。実は、このような混乱はアメリカの政治機構の支配者が特別な目的の下にしかけたものの直接的結果なのであった。アレキサンダー・ジョージが述べているように、ローズヴェルトは「故意に閣内政治と官僚政治の競争的で相反する側面をあおった」のであり、ローズヴェルトは「行政府をよりうまく統括するために、行政府内を構造的・機能的に多様化しようとした」のである。(69)

フランクリン・ローズヴェルトは、「わたしは左の手のすることを右の手に絶対知らせない……。わたしの対ヨーロッパ政策と対南アメリカ・対北アメリカ政策は正反対かもしれない。わたしには一貫性というものがまったくないらしく、躊躇せずに人を誤解させたり、嘘をついたりする……」と言ったことがあった。(70) ローズヴェルトは国内政策同様、外交政策も即興的におこなうのが癖になっていて、意思決定権を自分に集中させる体制をつくり、自分に最大限の柔軟性を与えた。重要な戦時外交はすべてじきじきの首脳会談を通じて、首脳会談を設定できない場合にはハリー・ホプキンズのような忠実な側近を通じて進めた。国務省の保守的な集団が自分の政策を忠実に実行するとは期待できないため、同省の役割を格下げした。そして第二次世界大戦末期の重要な時期には、政権内で自分の考えにそぐわない外交政策が声高に唱えられることのないよう、無能な人物(エドワード・ステティニアス)を国務長官に任命した。

モスクワのアメリカ駐在官たちが、ソ連に対して何の見返りもなしに——それどころか金の使途が不透明であるのに——武器貸与法にもとづく援助をおこなうことに抗議すると、ローズヴェルトは通常の官僚ルートとは無関係に資金を配分できる特別な機関を設置し、意を通した。アイゼンハワーがイタリア・ドイツにおける無条件降伏政策を緩和してもらおうと働きかけたが、大統領はあっさりと拒絶し、話し合いはそれで終わってしまった。ローズヴェルトはアメリカの戦後政策を他人に決定させる気はまったくなく、独断で決めるのもいよいよという段になってからだった。だから、戦後ドイツをどうするのかという計画の立案を無責任にもおこたっているとみなされてもかまわないと考えていた。一九四四年末、ローズヴェルトはハルに手紙を書き、「まだ占領もしていない国について詳細な計画を立てたくはない……。多くは……われわれがドイツに入ったときに目にするものにかかっている——そしてわれわれはまだドイツに入っていない」と述べている。(71)

「戦前および戦時中のローズヴェルトの外交政策を一番よく説明するものは、アメリカ国内の世論を反映させようとする性向だった」と主張する人もいる。[72] クレア・ブース・ルースはこのことを簡潔に表現した。戦時中、彼女は次のように語ったそうだ――「偉大な指導者は、いずれも独特の仕草をもっている。ヒトラーは腕を高々と振り上げる。チャーチルはVサインだ。ではローズヴェルトは？ルースはそう言うと、人差し指を湿らせて立てた[73]（風向きを読むという意味）」。ローズヴェルトが世論の関心をしょっちゅう気にしていたのは本当だ。だから北アフリカ侵攻に関してマーシャル将軍に、「頼むから大統領選挙日前に成功させてくれ」と懇願している。[74]「アメリカには六〇〇万から七〇〇万のポーランド人がおり……ソ連政府がポーランドに何かしてくれれば、自分は国内的に非常に助かる」と、スターリンにヤルタで形ばかりの譲歩を求めた。[75] ローズヴェルトはまた世論の無遠慮な傾向に圧迫感を覚えていた。たとえばヤルタでチャーチルとスターリンに、「戦後、アメリカ軍が二年を大幅に越えてヨーロッパに駐留するとは思っていない」と語っている。そして「未来の平和を守るために計画されたあらゆる合理的な方策は、議会および世論の支持を得ることができるだろう。しかしその支持が、ヨーロッパにおいてかなりの規模のアメリカ軍を維持することにまで及ぶとは思っていない」と話を続けている。[76]

終戦時に出てきた対ソ連政策というより大きな問題に関して、イギリス軍参謀長ヘイスティングズ・イズメイは、国内の政治状況が大きな制約だと感じていた。

> 三年以上のあいだ、アメリカおよびイギリスの世論は、ロシアがドイツ軍の大部分と戦い、甚大な苦しみに耐えた勇敢で信頼できる提携国だと信じ込まされていた。もし両国政府がここで、実はロシアは信用ならない節操のない圧制者であり、ロシアの野望は阻止しなければならないの

だとはっきり表明すれば、アメリカおよびイギリスにおける政府と国民の一体感は壊れてしまうだろう……。そのような政策の転換は独裁者ならばやっても難なく切り抜けられるかもしれないが、民主主義国の指導者の場合はもくろむことすら絶対に無理だという結論に落ち着かざるをえない。[77]

アメリカ政府内にも同じように考える人がたくさんいた。たとえばヤルタ会談直前、ケナンは国務省の同僚であるロシア問題専門家、チャールズ・ボーレンに次のような手紙を出している。

この戦争の現実、また、ロシアの協力なしには勝てないという事実には気づいている……。しかし、どうしてもわからないのは、なぜわれわれがこの政治的計画に加担しなければならないのかということだ。この計画は全体として環大西洋社会の利益とはまったく対立し、またヨーロッパにおいてわれわれが守るべきすべてのものにとって非常に危険な計画である。ロシアと穏当かつ明確な妥協点――ヨーロッパをはっきりと二つの勢力圏にわけること――を見出し、われわれはロシアの勢力圏に関わらないし、ロシアもこちらの勢力圏には立ち入らないようにするということが、なぜできないのか？

ボーレンは、自分がより高次元のリアリズムとみなしているもの、つまり国内政治と価値判断に訴えてこの注意喚起に答えた――「君の『建設的な』提案は率直に言って非常に幼稚だ。君の提案は理論的な見地から言えば最適かもしれない。だが、実際的な提案としてはとてもじゃないが無理だ。民主主義国家ではこの種の外交政策は不可能だ。そのような政策を立案・実行できるのは、全体主義国家だけだ[78]」。

そうではあったのだが、国内の政治的動向がアメリカの対外的意志決定に一般的制約を与えていたのだとしても、それは操作可能なものであった。だからローズヴェルト政権は、最優先の軍事目標として日本ではなくドイツにねらいを定めることができた。ワレン・キンボールは、「大統領が、よくいわれているように世論を気にしすぎる人だったら、議会や新聞や世論の後先を考えないその場その場の判断や感情にしたがい、ドイツ攻撃を中断して西へ向きを変え、日本軍の攻撃に応戦していただろう」と語っている[79]。さらに一九四〇年代初頭、ソ連に対するアメリカ国民の敵意が大同盟のための自分の計画の障害になると、さっそく対ソ感情を改善する運動を始めた――そして最終的にソ連政府との協調を支持する流れをつくった。その後対ソ協調を支持する流れが――一九四二年に生じた第二戦線を開くべきだという世論の圧力のように――実際の政策の邪魔になる恐れが出てくると、影響力を行使して議論を鎮静化した[80]。

第二次世界大戦半ばごろには、たとえ大統領が何らかの理由で賛成すると決断していたとしても、世論も議会も、ナチス体制との妥協による和平へ向けたいかなる動きも許さなくなっていた。これに対しソ連に対するアメリカ国民の感情はまちまちで、いろいろな方向を向いていたかもしれない[81]。一方、戦争終結後の建設的な計画については、国民も議会も混乱していた。真珠湾で評判を落とした孤立主義者たちは、超党派グループをつくりおとなしくなっていた。世論の非難がすさまじいため、「秘密条約」は結べなかった。また国民の多くは大西洋憲章の原則からの逸脱に目を光らせていたが、戦後の外交方針について明確な方向を提起するものではなかった。たとえば、ローズヴェルト政権の戦後の制度的枠組みづくりは、国民の要求に応えておこなわれたものではまったくないのであって、議会通過をめざして慎重に売り込む必要があった。アーサー・ヴァンデンバーグ上院議員のような大物は、外交政策立案の場で主役を務めようとしていたのだが、政権側に取り込まれてしまった。[82] この期間におこなわれた世論調査を詳細に調べた報告書は、以下のように結論づけている。

そのためには勇気とリーダーシップを必要としたことであろう。しかし、ローズヴェルト・トルーマン両大統領とその国務長官たちは、アメリカとソ連の新しい力関係について、また、国際秩序に関する新しい現実について、一九四五年の時期にアメリカ国民に知らせることができたはずだと信ずべき強い理由がある……。そうしていたとしても、ほとんどのアメリカ国民が戦後世界秩序に関する大統領たちの考え方を受け入れたであろうということは、十分にありそうなことである。実際、戦時中に政府と指導的な世論形成者たちがロシア寄りの態度をとったとき、国民の大多数はそれを受け入れたし、また一九四六年と四七年にこれらの指導者たちが「ロシアへの強硬姿勢」をとったとき、国民はそれを受け入れている。それとまったく同じことが一九四五年にも起きていたであろう。[83]

ではアメリカの主な意思決定者たちは、戦争終結後の建設的な計画を立案していたとき、どのような思いでこれに取り組んでいたのであろうか？　それは、一九一八年から一九年におけるアメリカの政策が犯したとんでもない失敗の類いは何としても避けたいという強烈な思いであった。[84] ローズヴェルトはこの点を簡潔に述べている。

一九一八年に休戦条約が結ばれたのち、われわれはドイツの軍国主義的な哲学が壊滅したものと信じた。人情からドイツの軍備を縮小するのに二〇年という歳月をかける一方、ドイツがあまりにも哀れな声で不満を並べるので、他国はドイツの再軍備を黙認――あまつさえ支援まで――してしまった……。善意でおこなったのだが、不幸な結果をもたらした。長年にわたる試みは失敗だったのだ。そのような試みは二度としないというのがわたしの考えである。いや――それでは表現が弱い――こうした悲劇的なあやまちが二度と繰り返されないよう、わたしは大統領として、最高司令官として、できるだけのことをするつもりだ。(85)

こうした姿勢が無条件降伏政策にまっすぐにつながったわけだが、その他さまざまな行動もこれで説明がつく。(86)

一九四〇年代、過去の教訓――この場合は、まちがい――が何かということについては、アメリカの政策立案者たちの意見は見事に一致していた。関係者のコンセンサスは次のようなものだ――ウィルソン政権はドイツに甘く、ロシアに厳しかった/同政権はほかの連合国が密約を結び、貪欲な戦争目的を掲げることを許した/同政権が平和を求めるための制度的枠組みをつくったのは、戦争が終結してからだった/同政権はアメリカの国際連盟加盟について議会の承認を確保できなかった/国際連盟自体、各国の国力の差を十分に考慮していなかった。その後アメリカは孤立主義に引きこもってしまい、他国は国家主義的な経済政策をとった。このコンセンサスはそこからさらに突っ込み、こうした行きづまった政策がそのまま第二次世界大戦につながったとしている――前大戦時の連合国の協調は壊れた/国際連盟はアメリカが加盟していなかったため、また理想ばかり追い求めていたため、倒壊してしまった/貿易障壁が経済不況に拍車をかけた/結局、連合国の監視の目をかいくぐって軍事機構を温存していた専制的なドイツが再び立ち上がり、その動きを阻止するのに間に合わなかった。

戦後秩序に対するアメリカの計画立案が複雑化した背景には、こうした洞察――というよりむしろ忘れられない悪夢——があったのだ。計画の大筋は次のようなものであった。第一に、ローズヴェルトが無遠慮に表現しているように、「何よりも重要なのは、ドイツ国民が一人残らず、今回ドイツは敗戦国だと認めることだ[87]」。第二に、ソ連を仲間外れにすることはしないし、勝者の戦時の協調関係が損なわれることがないようあらゆる努力をする。第三に、このような協調のための制度的枠組みについては、戦後に面倒なことが生じないよう戦争が終わる前に話し合う。第四に、この制度は世界秩序を維持するにあたって、大国と小国がそれぞれ異なる役割を果たすことを容認する。第五に、われわれは何としても議会の承認を勝ち取る。第六に、この制度が秘密条約問題に対処しなくてすむよう、戦時の約束は最小限にとどめる。第七に、敗戦国はいったん国際社会から追放され、民主化されるが、国を押しつぶすほどの賠償金を課せられることはない。第八に、戦後の経済秩序の基礎を確実なものにするためにとられる措置は、多国間自由貿易である。要するに、「一九一八年のような事態が再び起きない」ようにしようと決意していたのは、ヒトラーだけではなかったのである[88]。

◉教訓とパワー

第二次世界大戦の最終局面で、アメリカの政策立案者たちは第一次世界大戦の悲劇と自分たちがみなしているものにもう一度取り組み、今度こそは茶番に終わらせず、成功させたいと思っていた。だが彼らのこうした働きの原動力となっていたものは、以前よりも優れた構想をもっていたからということだけではなかった——というのも、第二次世界大戦末期にアメリカが享受していた、強大なパワーを無視しては、彼らがもっていた構想を実行に移すことはいうまでもなく、構想そのものを理解することもできないからである。

一九四〇年代にアメリカの政策立案者たちが第一次世界大戦の最終局面でのしくじりから得た教訓ははっきりしているように思われ、その多くは非常に分別のあるものであった。だが、まったく同じ経験からさまざまな異なる教訓が引き出されうるのであり、実際、観察する人と時代が異なればそうなりうるのである。ローズヴェルト政権内では、歴史に学ぶという方法論がごく普通におこなわれていたが、そこで注目すべきは、この政権が好んでいたのはあまりアメリカ的ではない行動と、外部世界と関わり合いをもつということだった点である――ある程度は意識していたかもしれないが、それはこの政権の意のままになる実体的なパワーの直接的な反映であった。

結局のところ、彼らが第一次世界大戦から「得た教訓」の第一位にあげたものは、ウィルソン政権をヨーロッパのもめ事に深入りしたとして非難し、アメリカの国益は交戦よりもむしろ国際的孤立によって守られるべきであると結論づけた第一次世界大戦後のアメリカ政府の姿勢である。アメリカが考える通りの平和と繁栄のための国際秩序をつくることを求めて失敗したことは教訓の第二位であった。そして彼らは、ワイマール共和国は一四カ条を土台とした寛大な休戦協定と懲罰的なヴェルサイユ条約との不一致によって二重に苦しんだのだとみなす一方で、このような不一致（と、それが可能にした「背後の一突き」の伝説（第一次世界大戦においてドイツは戦争に負けたのではなく、国内の共和主義者たちの裏切り行為によって敗北させられたとする、ドイツ右翼による説）が生じたのは、「勝利なき平和」という寛大な和平調停に戦後もずっと関わり合い続けることをしなかったからだと考えていたようである。しかしアメリカの政策立案者たちが選択した道は、ドイツに対していかなる約束も拒むことによって、戦後に背信のそしりを受けないようにするものであった――すなわち、ドイツを物理的に征服し、その政治機構をゼロからつくりなおすことであった。

アメリカの指導者たちは、もっと包括的でコストもかかる道を考えようと思えば考えることができただろう。一九四五年、アメリカは未曽有の生産力をもっていた、あるいはまさに手にしようとしていた。この特異な状況は、アメリカの経済と軍産体制が成熟していたことと、他国の経済が大戦によって崩壊していたことがあいまった結果であった。一九四五年から五年足らずで、アメリカは世界の総生産高のおよそ半分を担うようになった。「アメリカの溶鉱炉で世界の鉄鋼の五〇パーセントが生産された。アメリカが世界の商船の七〇パーセントを所有し、世界の輸送機・民間機の七八パーセントを保有していた」[89]。穀物の収穫高、綿の栽培高は、それぞれ世界の三分の一、二分の一だった。また、世界中で生産される原油の六〇パーセントを精製し、天然ガスの九〇パーセントを生産し、石炭の採掘量は世界一だった。さらに一九四五年夏の末には、人類がこれまでに知らなかったとてつもなく強力な兵器を保有する唯一の国であった。一九四四年末、ローズヴェルトは「この戦争が終結するころには、この国は実体面で世界一のパワーをそなえているだろう」と明言した。それから数カ月もたたないうちに、トルーマンがその言葉に同意することになった――「われわれはこの戦争から抜け出した世界最強の国だ――おそらく古今を通じて最強の国だと自分に言い聞かせているが、まったくその通りだ」[90]。一九四五年六月、バーナード・バルークはトルーマンに、度重なる危機に直面してもそんなに心配する必要はないでしょうと告げた。なぜなら「世界中のすべての国は、現代世界で生きていくうえで生活を快適にするもの――必需品すらも――をアメリカの生産力に頼らなければならないのですから。われわれには大量生産の技術があります。アメリカなしでは世界各国は復興できません。国を再建できませんし、食料も十分な量を生産できませんし、住む家も足りませんし、着る服もありません」[91]。国際通商局のエコノミストたちは、一九四〇年代の末ごろには、「アメリカはいまや世界で唯一の経済大国であり、現在および今後の数年間にわれわれが実行する対外経済政策は他国の政策の大部分を決定することになるだろう」と述べている[92]。

この国際的な競技に参加しているほかの国々は、弱い立場のパートナーがたいていそう考えるように、国力に格差があることをむしろよしとしていた。おそらくは身勝手な古めかしい考え方を非難されて憤慨したチャーチルは、一九四五年一月、痛烈な言葉を放った――「アメリカの友人たちが『権力政治』の定義を教えてくれたらいいのに……。ほかの国よりも二倍も強い海軍を擁していることが『権力政治』なのか？　強力な空軍を擁し、世界各地に基地をもっていることが『権力政治』なのか？　世界中の金を大きな洞窟に埋めていることが『権力政治』なのか？　ちがうのならば『権力政治』とは何か？　アメリカの安全保障に必要な西インド諸島の基地すべてをアメリカに与えているもの――それが『権力政治』なのか？」[93]。イギリスからアメリカへの覇権移行期には、こうしたフラストレーションや鬱憤が表に噴き出すこともときにあった。第二次世界大戦末期におこなわれたある会談で、ローズヴェルトが援助協定に仮調印するのが遅れたことにいらだったチャーチルは怒鳴り声をあげた――「わたしにどうしろというんだ？　ファラみたいに後ろ足で立ってちんちんしろというのか？」[94]。

もちろん、マルクス主義者ならさしずめ物質的な土台と呼ぶであろうアメリカのパワーとアメリカの指導者たちの思考構造とのあいだのつながりは直接的なものでも円滑なものでもなかったし、まして十分に認識されたものでもなかった。アメリカの伸長しつつあるパワーは、構造的要因がたいていそうであるように、潜在意識として作用し、政策立案者たちが取り組んでいるリスク評価や費用便益計算をそれとなく歪めたり、あるいは国力が強くない場合よりも政策立案者たちを野心的にした。そのうえ、知的怠慢のせいで、戦時の計画立案がいかに壮大でも、アメリカ政府は公には、つまらないことばかりにわずらわされる新たな時代の帝国の役割をしぶしぶながら果たさなければならなくなったのである。たとえば一九四〇年代初期、アメリカ政府のなかでアメリカ軍のヨーロッパ大陸への長期にわたる駐留とアメリカの外国への軍事介入を土台とした戦後の外交政策を思い描いた高官はほとんどいなかった――また、大部分はそのような外交政策を考えた人々をばかにし、非難したにちがいない。だが一〇年もしないうちに、アメリカの国力の強さと外国の国力の弱さがあいまって、アメリカの外国に対する影響力と関わり合いは急激に拡大していったのである。

この過程を一番よく示しているのは、アメリカ軍の姿勢の変化だろう。それはジョージ・マーシャルの下で長期計画部長を務めたスタンリー・D・エンビック将軍の考え方の変化の過程にうまく表れている。エンビックは、開戦当初はひたむきな孤立主義者であり、純粋な領土防衛政策を支持し、外国と深く関わり合うことに反対していた。だが一九四三年に入るころには太平洋および極東について考えを変え、アメリカがこれらの地域に長期にわたって関わり、そこで基地を獲得することを主張するようになった。しかし、ヨーロッパの問題に戦後も関わることにはそれまでと同様に反対し、ソ連がヨーロッパ大陸の東部・南西部を支配することを進んで認め、ソ連の機嫌を損ねないために必要な譲歩をすべて支持した。競争相手である計画立案組織の若い士官たちが「平和を維持するためにはソ連軍の要求に応じなければならないというエンビックの前提は根本的に不健全だ」と主張し始めても、戦時中アメリカ軍はこの方針を貫いた[95]。だが一九四五年秋、新しい世界の輪郭がはっきり見えてくると、エンビックはようやく大陸間不干渉主義という信念を捨て、それまで長いあいだ避けてきたアメリカがグローバルな役割を果たすべきだという考えを受け入れた。

西側諸国のなかでもっとも力のある大国という新しい立場でのその後のアメリカの行動——ソ連の挑戦に立ち向かい、アメリカの当初の戦後構想のなかで実現しないままになっていることを実現しようとした——が、冷戦という物語である。

◉熱い戦争から冷たい戦争へ

アメリカの予期に反して、第二次世界大戦が終結すると、調和ではなく、混乱と不安定——というよりは誰もが予測しなかったようなはなはだしい混乱と不安定の時代が始まった。そのうえ、戦時中ローズヴェルト大統領の指図にしたがっていたアメリカの政府高官たちは、戦後起こりそうな広範囲にわたる事態についての具体的な短期・中期計画の立案をおこたっていた。このため戦いが終わると、政府高官たちは厄介な問題にあいついで直面した——「イギリスは彼らが思っていたよりも弱かった／ヨーロッパの財政問題は予想していたよりも厄介だった／ドイツと日本の経済的な苦境は予想以上に深刻であった／革命的な国家主義は彼らが思っていたよりもはるかに憎悪に満ちていた／ソ連の行動は予想以上に不気味であった／アメリカの動員解除は予想以上に急だった[96]」。

一九四五年から四七年にかけて、トルーマン政権はこれまでのアメリカの戦後世界についての想定がいかにまちがっていたか、戦後世界を管理することを目的として創設された国際機関がいかに不十分なものであるかを次第に認識していった。さらに同じ時期にトルーマン政権は、安定した新しい秩序づくりをソ連がこころよく手伝ってくれないのではないかと疑い始めた。メルヴィン・レフラーはこう書いている——「戦争が終結した時点でアメリカの政府高官たちは、ソ連と権力政治のゼロサム・ゲームをしているとは思っていなかった。彼らはソ連政府と協力したいと考えていた。だが、彼らは非常に深い疑念を抱くようになり、協力内容はアメリカの重要な利害に抵触しないものであるべし、という条件をつけるほどであった[97]」。一九四七年には、アメリカ政府高官たちはアメリカの戦後構想をできるだけ守るべく、苦心してつくられたばかりの制度的枠組みを棚上げにして、より現実的でより明確な想定にもとづく新しい制度的枠組みをつくろうと考えた。したがって、一九四五年から四九年にかけては、建設的な戦いの終盤における第二段階として考えるとわかりやすい。

一九四五年、この年のアメリカ国民の関心は、アメリカ兵の動向に合わせて、ヨーロッパから太平洋に移り、それから本国に戻った。しかしながらトルーマン政権の高官たちは、国内ではなく、アメリカのさらなる配慮と関わり合いを必要とする外交的難題に対処しなければならない状態にあった。このことはこの新しい大統領とその補佐官たちがほとんど準備できていなかった問題であった。トルーマンの前任者たちはロシアに占領された地域についてあいまいな方針をとっていた。ブルース・クニホルムはこう書いている――「ローズヴェルトは東ヨーロッパをスターリンに与えることも拒むこともできなかった……実際には、どちらもした――前者については暗黙の了解によって……そして後者についてはソ連国民とアメリカ国民のあいだで解釈が異なる原則の公表によって」[98]。トルーマン政権はそのようなあいまいな政策をとった場合に出てくる必然的な結果に直面した。ローズヴェルトが自分の策謀のなかにある軋轢・矛盾を他人に対しても――おそらく自分自身に対しても――決して全面的に認めようとしなかったという事実によって、問題は複雑なものになっていた。

外交政策に関する助言について、トルーマンは当初、国務長官のジェイムズ・F・バーンズにもっぱら頼っていたが、のちにボーレンをあてにするようになった。ボーレンは国務省の高官の多くが何を考えていたのかをはっきりさせることによって、ローズヴェルトがとっていた政策の矛盾を解決した――アメリカはソ連の勢力圏を容認するが、あくまで「開かれた」ものとしてのみである。ソ連は衛星国の外交政策と安全保障政策を支配できるが、衛星国の国内政治や経済的領域は支配できない。ボーレンは一九四五年一〇月、バーンズに宛てて次のような覚書を書いている。

中央・東ヨーロッパにおけるソ連の正当な関与を十分に理解しつつ、われわれは厳格で排他的なソ連支配圏の樹立へとつながる不当な分野に対してまで関与を拡大することには、これまで通り反対すべきである。この状況においてもっとも困るのは、われわれがそれとなく得た感触では、どうやらソ連は正当な影響力と不当な影響力の区別がつかないことだ。影響と支配とのあいだ、あるいは友好的な政府と傀儡政権とのあいだの区別ができないことだ……。したがって、一方ではソ連政府に対し、ソ連が影響力を正当な範囲内に限定する程度に応じてアメリカの援助と協力を受けられると説明する不断の努力が必要だし、またもう一方では、正当な関与を支配と排斥に変えようとしていては、アメリカの援助と協力は外交的にも実質的にも望めないとはっきりと示すよう努めなければならない。(99)

第二次世界大戦で勝利を収めたアメリカ・ソ連両大国の戦後秩序の相容れない構想のあいだにある軋轢と矛盾はいまやはっきりと表面化し、一九四五年秋の出来事でアメリカは原子爆弾を保有しているからといって外交上の勝利が全面的に保証されるわけではない——当初はそのような希望もいくらかあったのだが——ということが明らかになった。

この時点でアメリカの政府高官たちはあいかわらず東ヨーロッパにおけるソ連の動きの意味をあれこれ考えていたが、近東でのさまざまな出来事により、ソ連が何をしているのか、なぜそうするのか、それに対してアメリカはどう対応すべきかといった問題についてのアメリカの公式見解が明確になった。一九四六年が明けて間もなく、イランにおけるソ連軍の行動は、ソ連政府がイランに攻撃をしかけ、イラン国内を不安定化する意図をもっていることを示しているように思われた。ケナンがモスクワから打電したいわゆる「長文電報」は、ソ連の行動を分析し、ソ連は内部要因によって動いており、アメリカが宥和政策をとっても効果はないだろうと主張していた。最終的にソ連軍がイランから撤退した事実は、対決的な政策ならば効果があることを示しているようだった。

そのうえ、一九四六年末には、西ヨーロッパにおける戦後の経済・政治危機の真の姿が明らかになっていた。ソ連に対する見方がはっきり変化した。いまとなっては、ヨーロッパ大陸の産業の中心地域を無秩序状態のままにしておくことは、戦略的に見て、隙をうかがっている敵を呼び込む空白地帯を設けているようなものであった。一九四六年から四七年にかけての厳しい冬は、ヨーロッパをさらなる混沌に陥れ、アメリカの高官たちは（ヨーロッパの盟邦諸国からの強い要請を受けて）精力的に動き出した。一九四七年末にはすみやかに資金を投入したうえに、トルーマン政権の高官たちは西ヨーロッパ経済の復興を後押しするべく、新たに大規模な援助計画、すなわちマーシャル・プランを立ち上げた。一九四七年初めにイギリスから、もはやイギリスはギリシア・トルコに関わる余裕はないと伝えられると、アメリカ政府はトルーマン・ドクトリンを発表し、トルコ・ギリシアに対する責任を引き継ぎ、直接・間接を問わずソ連の影響力のさらなる浸透を阻止する意図をはっきりさせた。イギリスの外務大臣アーネスト・ベヴィンが最初に提案したこのアイデアを発展させることによって、一九四〇年代の終わりまでには、トルーマン政権は北大西洋条約機構（NATO）の設立を後押しし、ソ連の攻撃からヨーロッパを防衛することになった。

こうした大胆かつ前例のない措置をとることによって、アメリカの政府高官たちは、ほんの数年前には自分たちが奉じていたものを補強したり、これに部分的な手直しをしたりして、新しい一連の関与や制度を確立し、アメリカが戦時中に計画した構想の一部を救ったのである。[100] マーシャル・プラン、トルーマン・ドクトリン、NATOは、一体となってアメリカの国益に結びつく戦後秩序の実際的な基盤となった。いったん確立されてしまうと、この秩序は戦争終盤におけるアメリカの活動の「第一弾」として設立された機構・制度のいくつか――IMF、世界銀行、関税および貿易に関する一般協定（ITOの残骸）――を活用して維持されることになった。

一九四〇年代初頭の予測とはちがい、この新しい体制はアメリカ主導の世界に限定されていた。さらにアメリカにとってこの体制は、集団ヒステリーや世界的なイデオロギー上の対立とともに、継続的な巨額の防衛費、局地戦争に巻き込まれる現実性、大戦争の脅威等の負担をともなっていた。しかし、このような不安な条件がいくつもあったため、アメリカ勢力圏内の団結が強まり、また幅広い国際的役割に対する国内の支持も強固なものとなった。このような強力な国内的支援は、そういうことでもなければ得られなかったかもしれない。ローズヴェルト政権の夢――平和、繁栄、自由のアメリカ勢力圏を少しずつ世界全体に広げる――への回帰には、さらに四〇年という歳月と、第二次世界大戦中にアメリカが提携していた厄介な国の瓦解を必要とした。

のちにローズヴェルト・トルーマン両政権は、この戦争の終盤での処理において戦略的なまちがいを犯したとして多くの非難を浴びることになった。しかしながら現時点ではっきりしていることは、左右どちらの立場からであれ、そうした非難のなかで現在も通用するものがいかに少ないかということである。無条件降伏は戦闘を長引かせた愚かな政策ではなかった。あれは、ソ連とのもろい提携を維持して全面戦争を戦うための賢明な対応だったのだ。東ヨーロッパはヤルタ会談でソ連に引き渡されたのではなかった。東ヨーロッパは、西側連合国が夢にも思わないような大きな犠牲を払って赤軍が奪ったのだ。アイゼンハワー元帥がソ連とのベルリン攻略競争を拒絶したのはまちがっていなかった。アイゼンハワーは慎重で賢明だった。トルーマンが冷戦を始めたのは、彼が不器用だったからでもなければ、好戦的だったからでもないのだ。トルーマンとその補佐官たちは、冷戦が差し迫っていることをしぶしぶ認め、結局のところ適切に対応した。一九四〇年代に生じたさまざまな出来事について、節目節目にアメリカの指導者たちが実際とは異なる戦略的選択をしたとする膨大な数のコンピューター・シミュレーションをおこなったとしても、結果の大部分は実際に達成された結果よりはずっと魅力の乏しいものになるだろう。

しかしながら、よくある型通りの非難は簡単に退けることができても、そうはいかないあまり知られていない非難もある。ローズヴェルト政権は実際、国内・国外で不都合な不測の事態が生じた場合にそなえた代替計画を用意していなかったという怠慢の罪を犯している。戦争が終結してからもソ連との大同盟を維持しようと努めたことは、安全保障についてのソ連の不安を緩和しようと懸命に努力したことと同様、賢明だった。だが、この大同盟が崩壊した場合にどうするのかについての計画を立案し、そうした努力を補強できない理由はなかったはずだ。

ジョン・ルイス・ギャディスは冷戦の原因についての最新の分析のなかで、聡明な人であれば「そうなることは正確に予測すべきであった。そのような予測をした、国際関係論の理論家が一人ぐらいいてもよかったのではないか」という理由で、なぜ誰もが戦後の不和に驚いたり不安を覚えたりしたのかといぶかっている。[101] これは公正さを欠いたものである。実は一九四五年初めにアメリカ国内の非常に真面目で現実的な考え方をする国際関係の理論家たちの数人が、まさにこの問題に取り組み、検討の余地は残るものの、一応の結論を出していた。「歴史には『今日の友』は『明日の敵』だったという実例が多数あるとしても、ソ連との戦争は『避けられない』と誤解して、勝利を収めた瞬間に戦時中の提携関係を投げ出すのは愚の骨頂である。アメリカは安全保障やきわめて重要な国益をソ連の思い通りにさせるような譲歩をしないだけの余裕はあるが、どんな譲歩をしたところで安全保障の維持に関してソ連の協力を確実にすることはできない」と、彼らは国防省への報告書に書いている。[102] 冷戦が最終的にはどれだけ高くついたかということを考えると、アメリカの指導者たちが戦時の提携関係の継続を望み、それに向けて計画を立てたことは少しも驚くべきことではないし、不適切なことでもない。本当に不思議なのは、彼らがほかには何もしなかったことだ。

ドイツ占領地域をめぐる議論をみると、このような独りよがりの驚くべき例が出てくる。一九四四年・四五年、ローズヴェルトとアメリカ軍は、アメリカの担当地域と沿岸のあいだ、つまりイギリスの担当地域を通って軍が移動したり補給品を運んだりするための取り決めをあらかじめ明確にすることばかり考えていた。だがドイツが無条件降伏する日まで、ソ連軍が万一協力的でなかった場合にどのようにしてベルリンの西側地区——ソ連の担当地域に深く入り込んでいた——に必要なものを供給するか、いやそれどころか、たどりつくかという問題は、ほとんど考えられていなかった[103]。軍の高官たちは、ソ連との取り決めはあとからでもうまくいくだろうと思い、あらかじめ通行権について徹底的に議論して合意をつくりだしておく必要があるとは考えなかったのだ。これについて責任のあったある将校は、のちに面目なさげにこう書いている——「正直に言って、連合国管理理事会で満場一致の原則を設けたとき、ソ連が拒否権を行使してわれわれの今後の取り組みをすべて妨害できるようになるのだということを理解していなかった[104]」。

提携が崩壊した場合にそなえて代替計画をつくるようなことをすれば、それこそソ連の疑いを招き、提携が本当に崩壊してしまう危険を冒すことになると主張する人がいるかもしれない。たしかに婚前契約書は、恋愛の助けにはまずならない。だが、便宜的政略結婚は恋愛結婚ではないし、関わっていた利害はなりゆき任せにはできないほど重要なものだったのだ。だから不測の事態にそなえた計画立案は必要ではなかったのだという想像力に欠けた議論には納得できない。

当時のアメリカの政府高官たちはそのような代替計画を立案することに精神的な拒絶反応を起こしていたのではないかというのはありそうなことである。第二次世界大戦は人類の歴史において最悪の戦いであり、二番目にひどい戦いが終結してからわずか二五年で勃発している。イギリスの政府高官たちは第一次世界大戦での経験によって大きな精神的衝撃を受けたので、彼らの多くはドイツ軍と現実に再び交戦することを考えたくなかった。一方のアメリカの政府高官たちが全面的に戦争に没頭したのは第二次世界大戦からであり、心の非常に深いところで第二次世界大戦に続いてソ連との地政学的争いをすることは同じように考えたくもなかったにちがいない。唯一の選択が大国間協調か三度目の悲惨な世界戦争かの二者択一だと考え、彼らは心から前者に専心したのであり、中間的な選択——結局、現実に出現したものがそうなのだが——が起こりうるとは考えもしなかったのである。

同じように精神的な拒絶反応が働いて、ローズヴェルトとその側近たちは、ローズヴェルトが死を免れないという見通しを直視できなかったにちがいない。大統領としてあまりにも長くアメリカの政治を掌握し、さまざまな危機を巧みにくぐり抜けてアメリカを導いてきていたので、ローズヴェルトのいない日常を多くの人は想像できなかった。したがって一九四四年の一年間および四五年の初めにかけて、ローズヴェルトの健康状態が目に見えて悪化したときですら、誰も大統領が死去した場合の準備をしていなかった。トルーマンは世界史上稀に見る危機的状況のなかで突然大統領になり、困り果ててしまった。対応しなければならないさまざまな難問について、ローズヴェルトから腹の内を一切打ち明けられていなかった。「大統領から戦争や外交問題、戦後和平についての考えを親しく聞いたことはなかった」と、トルーマンは娘に打ち明けている。[105] 当時、そして後世においてトルーマンを批判する人々は、彼の凡庸さを軽蔑し、大統領としての適性を欠いていたのではないかと考えている。だが、本当に非難されてしかるべきは、無責任にも自分の死後に大統領に昇格する人物に引き継ぎをしなかった、表向き偉大な前大統領である。

一九四五年五月八日、この第三三代大統領は母と妹に手紙を書き、大統領になって最初の数週間がどんなものだったかを説明している——「四月一二日以降、こちらではすごい勢いで物事が動いている。とにかく、毎日何かしら重要な決断を下さなくてはならない。これまでのところはついている。このままうまくいくといいのだが。そうはいっても、いつまでもつきが続くわけはない。そのうちへまをするだろうが、修正できないような大失策でないことを願っている」[10]。

地味で謙虚、勤勉なトルーマンは、自分が大統領としての責任を果たせないのではないかと心配したが、彼には多くの友人がいた。実際のところ、アメリカも世界もついていた。大部分はこの新しい大統領のごく当たり前の徳目と良識——と同政権のその場その場をうまくしのぐ能力——のおかげで、それから数年間、西側同盟国が戦争中に得た利益は確保され、さらに拡張されたのである。

第4章　第二次世界大戦――太平洋

一九四五年八月一五日未明、阿南惟幾陸軍大将は、日本酒をたてつづけに二杯あおり、「これから自刃する」と言った。「切腹するのに刀を正しくつかえなくなったら困りませんか」と義弟の竹下正彦陸軍中佐が尋ねた。「剣道五段の腕にやりそこないはないよ」と阿南は答えた。「酒がまわると出血が多くなって、死ぬのが確実になる。だが、やり損なったらお前が介錯してくれ[1]」。

阿南は四カ月前、日本帝国の陸相に任命された。これは、日本の国策のすべてに対して拒否権を有する地位であった。戦局の悪化は承知していたものの、日本軍はいずれ来るアメリカの日本本土進攻を粉砕するべく背水の陣を敷くことができると確信していた。そうすれば妥協による和平をまとめるのに十分な時間を稼げるかもしれぬ。稼げなければ、陸軍だけは最後まで戦うだろう。陸軍参謀総長を務める同僚の梅津美治郎は、次のように述べている――「降伏という字は日本の軍人の辞書にはないのだ。軍隊教育では武器を失ったら手で戦え、手がダメになったら足で戦え、手も足も使えなくなったら口で喰いつけ、いよいよダメになったら舌を噛み切って自決しろと教えてきた[2]」。

日本の首にまかれた輪縄がますますきつく絞られ、次から次へと押し寄せるアメリカ軍の爆撃機に日本国民が焼き殺されていても、阿南はこの夏のあいだずっと自分の立場を固守してきた。先週には、アメリカ軍が四日間のあいだに二発の原爆を投下し、ソ連軍が満州国における日本軍陣地に奇襲攻撃をかけてきていた。これらの強烈な痛手にもかかわらず、事態への対応をめぐって最高戦争指導会議における六人の構成員の意見は割れていた。「穏健派」はポツダム宣言に盛り込まれた条項にしたがう降伏を、一つの条件——天皇制の存続——をつけて、選択していた。阿南・梅津とほかの一名は、さらに三つの条件をつけることを強硬に主張していた。だが、この前例のないなりゆきに直面し、天皇自身が意思決定過程に介入し、穏健派の提案を支持すると言明した。阿南とほか二名の強硬派はその主張を取りさげ、八月一〇日、降伏する旨の通知がアメリカ政府へ正式に送られた。

日本側の申し入れに面食らったアメリカ側の回答は、戦後の天皇の地位について明確にするようにという日本側の要請をはぐらかした形になっていたため、御前会議はまたも三対三に割れた。再度、天皇が穏健派の意見を支持すると発言して局面が打開されたのは、まさに一四日の午前中であった。午後、天皇と側近たちが降伏を国民に告げるラジオ放送の原稿を準備しているさなか、阿南は幕僚たちにそのことを知らせた。

三時間前、天皇陛下は敵の条件を受け入れるよう命じられた。軍はご命令にしたがうように。陛下はここに足を運び、親しく説き諭してもいいとおっしゃった。わたしは、それには及びません、軍は日本国民と同様、陛下のご命令にしたがうでしょうと申し上げた……。何が日本にとってもっともよいことか、陛下や日本政府以上に知っている者はいないだろう。日本がどうなるのかはこれではっきりした。だが、楽な未来ではないだろう。諸君ら将校は死んでも義務から解放されないことを理解しなければならない。生き抜いて、わが国の復興への歩みを手助けするべく最善を尽くす、それが務めだ。たとえ草をかみ、泥を食い、野に臥しても![3]

一四日の真夜中も過ぎたころに竹下が義兄宅を訪ねると、阿南は在宅だった。あれほど言い聞かされたにもかかわらず、狂信的な一部の青年将校は降伏受諾を拒否し、これを阻止するべくクーデターを起こそうとしていた。阿南は数日前からこの企てを知っており、自分が主導しようかとふと心が動くことがないわけでもなかったが、天皇の至上命令に背くのは気がすすまず、土壇場で手を引いていた。竹下は首謀者たちから、最後にいま一度阿南の参加を懇願するべく送り込まれて来たのだった。阿南の決心が変わらぬのを確認したあとは、酒を酌み交わし、話をするだけであった。

午前二時過ぎ、皇居付近から銃声が聞こえてきても、阿南は顔色一つ変えなかった。自分その他の上級将官抜きのクーデターは失敗すると予測していたが、はたしてその通りだった。青年将校たちは皇居に侵入し、警護の人間を何人か殺害したものの、天皇を拘束できなかった。また正午に放送予定の、天皇が読み上げた終戦詔書の録音盤も隠されていて破壊できなかった。

午前四時過ぎ、数年前に天皇から拝領した白のルーズシャツを着用した阿南は、漆塗りのさやから短刀を引き抜いた。警察の方が報告書をもってみえました、という女中の声に、竹下が応対に立った。玄関から戻ると、割腹して血に染まった阿南が膝をついており、それから短刀を首に突き立て前に倒れた。竹下はまだ息があるのに気づき、とどめを刺した。遺書――神州不滅を確信しつつ、一死を以て大罪を謝し奉る――には、「大君の深き恵に浴みし身は言ひ遺すべき片言もなし」という辞世の句が添えられていた。

それからおよそ八時間後、アジア各地でラジオのまわりに集まった日本の軍民は、初めて天皇の肉声に接した。「朕が一億衆庶の奉公各最善を尽くせるに拘わらず、戦局かならずしも好転せず。世界の大勢、亦我に利あらず」。その結果、天皇は、「時運のおもむく所、堪へ難きを堪え、忍び難きを忍び、以て万世の為に太平を開かむと欲す」と述べた。それから三週間たたぬうちに太平洋地域における戦争は終結した。

第二次世界大戦中、ヨーロッパ戦域と太平洋戦域とのあいだのつながりはあまりなかったことから、アメリカが一つの地球規模の戦争を戦っていたのだと見るよりも、二つの関連する戦争を同時に戦っていたのだと考えるのがわかりやすい。どちらの戦いも、同じアメリカという国の人的・物的資源や備蓄品に頼ったものであったが、それぞれの戦域に投入されたアメリカの陸海軍および航空戦力の構成・特質は異なったものであったし、アメリカ軍兵士およびアメリカ市民はそれぞれの戦争に対して異なった感情を抱いていた。また、アメリカの政策や利害に対して、それぞれの戦争がもつ意味は異なるものだという判断が支配的であった。

日本軍の真珠湾攻撃を受けたことがきっかけとなって、アメリカは両戦域で軍事行動をとるようになったのだが、その後まもなくローズヴェルト政権はまずナチス・ドイツ撃破に専念するという方針を再確認し、以降、おおむねこの姿勢を保った。一九四五年初頭、アメリカの戦略家たちは、太平洋戦域での戦いはヨーロッパ戦域での戦いが終結してからも一年は続くだろうと考え、その予想にしたがって計画を立てていた。だが、陸上・海上そして空から猛攻撃によって、ヨーロッパで銃声が鳴り止むのと同時に、太平洋戦域における戦いの最終局面が本格的に始まり、ドイツ敗北から一〇〇日足らずで天皇の降伏放送がなされた。ヨーロッパ戦域での戦いの最終局面におけるアメリカの行動は、主として四つの問題に依存していた――ナチスと妥協的和解を試みるかどうか／ドイツ国内の反体制派との提携を試みるかどうか／最終的な軍事作戦が展開されているあいだ、ソ連と引き続き協力するかどうか／アメリカが好ましいと考える戦後秩序構築に向けた下準備をどのように進めるか。第三章で述べたように、最初の二つの問いについては、無条件降伏をめざして戦うという決定により、答えはノーだった。三つ目の問いについては、一九四四年・四五年におけるベルリン攻略競争の放棄という決定で、答えはイエスであった。四つ目の問いに対する答えは、多国間資本主義とグローバルな安全保障を促進するべくつくられた国際機構——ブレトン・ウッズ体制と国際連合——であった。

太平洋戦域の戦いの最終局面でも似たような問題が事態を動かしていたのだが、二つ目と四つ目の問題は手短かに論ずることができる。ドイツと異なり、日本には反体制派の人間が非常に少なかったため、反体制派と取り引きする可能性が議論されたことはなかった。また、戦後計画は両戦域に幅広く適用された。さらに、一九四〇年代後半にアメリカが政策を転換すると——アジアよりもヨーロッパや近東での出来事によってこの転換が推進されたのだが——、被占領国日本に対するアメリカの政策は被占領国ドイツに対する政策と同様の変更を受けた。すなわち、民主化と非軍事化を柱とした日本改革計画から離れて、かつての敵を資本主義・反ソ連・アメリカ主導の同盟体制に組み込むという新たな目標に向かったのである[4]。

したがって、太平洋戦域における最終局面でのアメリカの行動を決める重要な問題は、一つ目と三つ目のものだった。すなわち、アメリカは依然として強い力を維持している天皇制下の日本帝国体制と取り引きをするべきかどうか、またアメリカは太平洋戦域での戦いの最終局面において、ソ連との協力を継続するべきかどうか、であった。だが太平洋戦域における終局は、新たに出現した三つの要素——日本の指導者たちが全面的な降伏にいたる手前で交渉によって戦争を終結させようとしたこと、アメリカとソ連の考えのちがいがますますはっきりしてきたこと、そして原爆が利用できるようになったこと——によって複雑になった[5]。

こうしたことから一九四五年夏、アメリカ政府内では太平洋戦争をどのように終結させることができるか、終結させるべきか、に関して白熱した議論が交わされるようになった。ヨーロッパ戦線の場合と同様、アメリカ政府は現実政治にもとづく打算ではなく、何よりもまず自分たちの過去の教訓や国家理念を指導原理とした。そのうえ、日本軍による真珠湾攻撃や人種差別にあおられたアメリカ世論が、太平洋戦域においてかなり大きな役割を果たした。すなわち、日本に対して強硬路線をとるよう求める声が高まっていたのである。しかしながら、アメリカ側のさまざまな決定の背後にある重大だがしばしば見落とされている要因――政策決定者たちの断固たる方針と野心的な戦後構想を保証していたもの――は、この戦争においても、史上空前の強大なパワーであった。結局のところ、この長期にわたった戦争における破壊、意思決定、そしてドラマに関するもっともきわだった局面は、興奮のなかにあった終戦直前の最後の一週間のなかに凝縮されていたのであり、その結果明確な停戦がもたらされたのだが、この一週間は今日多くの人々が理解しているよりもずっと不確実な一週間だったのである。

◉太平洋戦争の経過

一九四一年一二月、日本軍は、東南アジア・太平洋全域にある西側連合国の領土や拠点に対する奇襲攻撃を開始した。攻撃対象にはハワイの真珠湾に停泊していたアメリカ海軍の主力艦隊も含まれていた。(6) これらの襲撃は短期間のあいだに広大な領域を日本の支配下に置くことになったが、結局日本は本来の軍事目的を達成する手前で頓挫してしまった。一九四二年前半、太平洋地域に残存していた連合軍は、インドおよびオーストラリアへの日本軍の進撃を阻止するのに懸命であったし、そのうえ各国で新たな兵力動員がおこなわれた。六月には、アメリカ海軍がミッドウェー海戦で日本海軍に大勝し、その年の後半には、連合軍――実質的にはアメリカ軍のみ――は日本軍を押し戻し始めた。

日本政府が徹底抗戦の姿勢をとり続けても、アメリカ政府は完全勝利を求めていく方針を決めていた。したがって、アメリカの物的優位を生かして日本の戦争遂行能力を系統的に破壊していくにはどうすればよいかということが、アメリカ政府高官たちに突きつけられた課題となっていた。早い段階で基本計画が策定され、日本本土に向けては二つの主要な攻撃がおこなわれることになった。一つは陸軍のダグラス・マッカーサー大将が率いる連合国南太平洋方面軍によるもの、もう一つは海軍のチェスター・ニミッツ提督が率いる中部太平洋方面軍によるものである。それと並行してアジア大陸ではアメリカの支援を受けた中国軍が戦い、さらには中国や太平洋上の島を飛び立った戦略爆撃機が空襲によって日本の産業を破壊し、士気を打ち砕くことになっていた。

戦時中の日本の政治組織は、君主制、軍国主義、議会政治が合わさったものであった。一八八九年に発布された明治憲法では現人神としての天皇が国家組織の頂点とされているが、その立場は実際の意志決定行為には関与しない君主ということで、象徴的なものにとどまっていた(7)。日本の二院制立法府である帝国議会はあまり機能していなかった。政治に関わる重要な判断は、陸相、海相、陸軍参謀総長、海軍軍令部総長を含む（この四人はいずれも陸軍・海軍により任命された）主要閣僚による満場一致の決定をもってなされた。閣内の意見がまとまらない場合にはその内閣は総辞職し、新たな内閣が組閣された。首相は首相経験者たちからなる重臣会議によって選定されたのち、天皇により大命を降下された。一九三〇年代に入ると、文民閣僚たちは右翼国粋主義者たちによる野放しの政治的暴力におびえ、また政策は軍首脳部に牛耳られていた——その軍首脳部は準ファシズム的な領土拡張主義にとりつかれてますます過激になってきた下士官たちを怒らせないよう用心していた(8)。

一九四一年秋、陸軍大将東条英機が首相となり、太平洋戦争の最初の数年間、国を率いた。一九四四年七月、アメリカ軍が重要拠点サイパン島を占領すると、東条内閣は総辞職した。代わって陸軍大将小磯國昭が首相になったが、九カ月の在任期間中、戦局は好転せず、アメリカ軍は日本軍を全戦線において徐々に押し戻していった。一九四四年秋には日本本土がアメリカ軍の爆撃圏内に入り、軍事施設や産業基盤、中枢都市をねらった攻撃が開始され、次第に有無をいわせぬ攻撃になっていった。一九四五年初め、小磯と外相はひそかに中国・スウェーデンを介して連合国側と交渉する道を探ったものの、その場かぎりで終わり、また連合国側からの返答もなかった。三月、アメリカ軍は空爆を新たな段階に進め、東京を空襲し焼夷弾を投下した。この空襲では八万を超す市民が死亡し、首都の四分の一が破壊された。四月、アメリカ軍が沖縄本島に上陸したのを受けて小磯内閣は総辞職した。退役海軍大将鈴木貫太郎があとを引き継ぎ、戦争は続行された。

日本側の姿勢に変化の兆しが見られないため、アメリカの指導者たちは複数の軍事作戦を並行して進めた。飛び石作戦は、必要ならば日本本土四島へ進攻するための、最後の一跳びの可能性を論理的には含んでいた。しかし、海上封鎖と空襲——別々にであれ一緒であれ——で、本土進攻前に日本軍を降伏させられるかもしれないと考える人々もいた。アメリカの陸軍・海軍・航空部隊はそれぞれ自分たちの働きをもっとも重く見る傾向があり、自分たちこそがこの戦争をうまく終結させる鍵を握っていると考えていた。一方、ひそかに進められていたマンハッタン計画について知っているごく少数の幹部たちは、原子力兵器——一九四五年の夏には完成する見込みだった——も何らかの役割をはたしてくれるだろうと考えていた。にもかかわらず、日本の激しい抵抗に遭って誰もが浮き足立ち、ソ連の対日参戦など、日本を降伏に追い込むための追加策を求めるようになった。

一九四五年一月、統合参謀本部はこの戦いの最終局面に向けたアメリカ政府の公式計画をまとめたが、これは陸軍・海軍・航空部隊それぞれからの提案を取り入れた妥協案であった。

日本に無条件降伏を迫るには、

一、広範な空爆をおこない、日本の空・海戦力を粉砕し、制空権と制海権を握り、日本の抗戦能力と抵抗意志を低下させること。
二、日本の産業の中心地にある目標を進攻のうえ奪取すること。[9]

日本本土四島の南端、九州への上陸は、一一月に予定された。この上陸作戦の立案者たちは、硫黄島の戦いや沖縄への上陸作戦時に優るとも劣らない激しい抵抗を予想した。これらの島では、日本軍は事実上最後の一人まで戦った(女性・子どもを含めて島の住民の多数が死亡した)。この進攻作戦によるアメリカ側の戦闘犠牲者数は、作戦完了までにかかる期間次第で数万から数十万と予測された。[10]

一九四五年二月のヤルタ会談において、ドイツ敗北から数カ月以内にソ連が太平洋戦争に参戦することが決まった。四月には、ソ連が翌年に期限が切れる日ソ中立条約の更新をしない意志を日本に伝えた。この通告と戦況悪化を受けて五月、日本の内閣の「六巨頭」――最高戦争指導会議を構成する首相、外相、陸相、海相、陸軍参謀総長、海軍軍令部総長の六人――は、次の三つの目標を段階的に追求するためにソ連政府との協議を始めることにした。すなわち、「第一、『ソ』聯を参戦せしめないこと、第二、『ソ』聯をなるべく好意的態度に誘致すること、第三、和平に導くこと」であった。[11]

六月八日、日本政府は「今後採るべき戦争指導の基本大綱」と題する政策を正式に承認した。ここには日本の総合的な国防について猛々しくまとめられていた。だが、それから二週間足らずののち、日本政府はソ連に対して交渉による和平の仲介要請を一段と強化した。アメリカの暗号解読者たちは数年前に日本の外交暗号を解読していたため、その年の夏に日本政府と在モスクワ日本大使館とのあいだで交わされた、次第に緊迫の度合いを高めてゆく電信文を読むことができた。たとえば七月中旬、アメリカ軍は日本の外相から駐ソ大使に出された以下の指示を解読している。

……アメリカとイギリスが日本の名誉と存在を認めさえすれば、われわれとしては戦争を終結させ、人類を戦禍から救いたいが、敵があくまでも無条件降伏を迫るならば、わが国と天皇陛下は一体となって最後まで徹底抗戦する決意を固めることになるだろう……。ソ連に停戦調停を要請せよ。ただし、無条件降伏はこのなかに含まれない。この点を特に理解されたし。[12]

それから数日後、アメリカ政府高官たちは日本の外相が出した追加命令を入手した――「いかなる場合にも……無条件降伏は受け入れられない。戦争が長引けば双方の戦闘犠牲者が増えるのは明らかだが、敵が何としても無条件降伏を要求するならば、われわれは一体となって立ち向かうだろう。だが、われわれがソ連の手を借りて達成したいと考えているのは無条件降伏を含まぬ和平である……[13]」。

それからさらに数日後、

……いかなる場合にも無条件降伏は受け入れがたいが、大西洋憲章にもとづく和平に対していささかの異議もないということを、適切なルートを通じて連合国側に伝えたい。難しい点は、無条件降伏という形式にこだわり続ける敵の姿勢だ。アメリカ・イギリス両国があいかわらず形式にこだわるのであれば、それだけの理由で、われわれとしては全滅するまで妥協しないという以外現状に対する解決策はない……。わが国の存在と名誉を守り、維持するための、穏当な条件のもとで戦争を終わらせようとしていることを、何としても両国に理解してもらわねばならない。[14]

◉太平洋戦域の最終局面

一九四五年の夏に入るころには、太平洋戦域で交戦中のいずれの国々も、逆転が望めないほど形勢が日本に不利になってしまっていることを理解していた。問題はもはやどちらが勝つかではなく、どのように戦争が終結するか、いつ、どんな条件で終結するかということになっていた。アメリカは日本軍の電信のやり取りから東京で秘密裏に何かが進行中だとわかったが、それが何かは不明だった。陸軍情報部G－2の副参謀長ジョン・ヴェッカーリング准将は、七月一三日の時点で状況を次のようにジョージ・マーシャル陸軍参謀総長に手短かに報告している。

これまでの電信のやり取りを調べた結果、興味深いことがいろいろと考えられる。

一、天皇がじきじきに発言し、軍部の反対にもかかわらず、和平を望む意志を表明した。
二、天皇に近い穏健派——このなかには、陸軍および海軍の高官も何人かは入っている——が、長期にわたる徹底抗戦を主張する軍国主義的分子たちを抑えた。
三、日本政府は、（a）しかるべき対価を払えばロシアが和平調停に乗り出し、（b）日本の魅力的な和平提案はアメリカ国内の厭戦派の心にとどくと考え、敗北を回避するべく一体となって力を尽くしている。

これらのなかで東京に見られる動きの背景としては、（一）はほとんど考えられず、（二）は考えられることであるが、おそらく（三）であろう。グルー氏もこの結論に賛成している。[15]

日本軍の電信のやり取りを傍受した結果、一部のアメリカ政府高官たちは、日本に「無条件降伏」がかならずしも天皇制の廃止を意味するものではないことを理解させてやればこれ以上犠牲を出さずに戦争を終結できると確信した。この考えを特に声高に主張したのは太平洋戦争勃発前までの駐日大使ジョセフ・グルーで、国務長官代理を務めていた一九四五年春、トルーマンにその旨を再三進言している。グルーは五月にはこう語っている――「日本人が無条件降伏をしぶっている最大の理由は、無条件降伏をすれば必然的に天皇および天皇制が永久に廃止されることになると彼らが信じていることです。全面的に敗北し、将来戦争を遂行する能力を奪われても、日本人は自分たちの将来の政治構造を自分たちで決めることを許されるのだという何らかの示唆を与えられないものだろうか。日本人がその面目を保つやり方を提供してやるべきで、さもなくば降伏はしないでしょう[16]」。

問題となっていたのは、つまるところ「無条件」降伏を取り巻く諸条件だった。連合国側――少なくともアメリカとイギリス――は、枢軸国側を併合したり、あるいはその国民を絶滅させたりするつもりはなく、さまざまな声明でもそう述べていた。グルーをはじめとする穏健派は、このような声明のほかに、日本が天皇に象徴される独特の「国体」を維持できるだろうという、敗戦国に対する寛大な取りあつかいに関するもう一歩踏み込んだ声明を出した方がよいと考えていたのである。

七月二七日、連合国側の指導者たちはポツダム宣言を発表し、再度、日本に無条件降伏を勧告したが、これには日本が今後期待できる寛大な取りあつかいについても例がいくつか明示されていた。この宣言では天皇のあつかいについて明確に触れていないものの、いずれ連合国が「日本国国民の自由に表明せる意思に従ひ」樹立された政府を容認すると述べていた。この宣言は「迅速かつ完全なる壊滅」という威嚇の言葉で結ばれていたが、二つの新しい要素——ソ連の対日参戦が迫っていること、原爆を使用する攻撃がすでに予定されていること——には言及していなかった[17]。ポツダム宣言への対応をめぐって閣内の意見は割れ、鈴木首相は黙殺という言葉を口にした——この宣言を無視し、「取り合わない」ことにしたのだ。この不適切な表現は、日本・連合国側双方の新聞で取り上げられ、アメリカは宣言受諾拒否とみなし、この時点でトルーマンは原爆投下許可の最終判断を下した[18]。

八月六日、広島が原爆で破壊された。八月八日にはソ連が対日宣戦を布告し、満州の弱体化していた日本軍要地に進攻し、ソ連に和平の仲介を求める最後の望みも絶えた。翌九日、二発目の原爆が長崎に投下され、ポツダム宣言受諾をめぐって意見がまとまらない最高戦争指導会議にさらなる暗い影を投げかけた。鈴木首相、東郷茂徳外相、米内光政海相が、天皇に害が及ぶことがないと保証することだけを条件としてポツダム宣言を受け入れてよいとしたのに対して、阿南陸相、陸軍参謀総長、海軍軍令部総長はさらに三つの条件（武装解除は日本軍が自主的におこなうこと、連合軍が日本を占領しないこと、戦争犯罪に関する裁判はおこなわぬこと）が受け入れられなければ戦闘を続行することを願った。八月九日の夜、内大臣・宮中顧問官や内閣穏健派による結束した画策がおこなわれ、この問題は天皇に上奏された。日本の近代史上において、天皇が特定の行動方針を強く主張したのは、実際問題としてこのときが初めてであったのだが、天皇は内閣・軍部に対して戦争を中止するようじきじきに求めた。強硬派はその言葉に衝撃を受けながらも、天皇の意志にしたがった。日本政府はポツダム宣言には「天皇の国家統治の大権を変更するの要求を包含し居らざることの了解の下に」、同宣言を受諾する旨をスイス政府を通じてアメリカに申し入れた。

日本からの申し入れは無条件降伏の概念に対する挑戦だったので、アメリカ政府は困惑し、天皇の地位を存続させるかどうかをめぐって再び政権内で議論が始まった。トルーマンはジェイムズ・F・

バーンズ国務長官に回答を作成するよう指示した。グルーをはじめとして、求められてもいないのにいろいろと進言する者もいた。結局、八月一一日にスイスを経由して日本側に伝えられたアメリカの回答は、「降伏の時より天皇及日本国政府の国家統治の権限は降伏条項の実施の為其の必要と認むる措置を執る連合国最高司令官の制限の下に置かるるものとす」というものであった。

アメリカの回答の解釈をめぐって今度は日本側が困惑し、またしても六巨頭は三対三に割れた――穏健派が天皇制の維持はアメリカ側の回答に読みとれると主張したのに対して、強硬派は明確な保証を要求した。最終的にこの論争は、前回と同じように、天皇の直接介入によって八月一四日に決着した。すなわち、天皇は強硬派に対してアメリカの回答を甘受するよう切に求めたのであった。冒頭で述べた場面は、この結果としての降伏を目前にした狂気の時間に繰り広げられたものである。

◉リアリズムと天皇をめぐる議論

国家が戦争終結に向けて動く場合、国家はほかの国家安全保障問題の場合と同様、自分たちが得るものから失うものを差し引いた収支を最大にすることを目標にするというのがリアリストの考えである。この論理でいけば、勝利を目前にするとその国は和睦した場合と戦いを続行した場合の利益および費用を比較する必要がある。実際、太平洋戦域の最終局面を研究した初期の著名な学者のなかには、そのような見方をした人がいる。たとえば、ポール・ケチェケメティは次のように述べている。一九四四年末ごろには、太平洋戦争の趨勢は日本・アメリカ双方にとってきわめて明白なものであった。しかし日本は、自分たちに残っている戦闘力がアメリカ軍の日本本土進攻作戦においてアメリカ軍に大規模の損害を与えうるものであり、このことがアメリカ軍との取り引き材料になる、と考えていた。

アメリカはそのような取り引きが成立する余地があることを認めようとはしなかったが、暗黙のうちには認めていたのであり、そのことは攻撃を続ける一方で天皇の取りあつかいに関してなりゆきによっては妥協もありうるとしていたことからもうかがえる――「日本の降伏は、敗れながらも残存している兵力を島国という地理的条件および徹底抗戦の意志と結びつけて、降伏の見返りに政治的譲歩を引き出す目的に使うということを意味している(19)」。だが、結局のところそのような妥協はなかったのであるから、こうした解釈には問題がある。

開戦当初、日本の指導者たちは、この戦いを交渉による講和で終結できると心底思っていた。しかしそのような講和は士気をくじかれた連合国側から申し入れてくるものと考えていたので、相手側の断固とした対応に仰天した(20)。太平洋戦争のさなか日本側は、軍事上の失敗からもたらされるであろう政治的な結果を認めようとせず、いっそうの軍事的な取り組みを強化する以外の可能性を真剣に探らなかった。戦後におこなわれた尋問から明らかになったのは、海軍の要人たちが「ミッドウェー海戦あるいはガダルカナル島をめぐる争奪戦を形勢逆転の転換点と考えていることだった……。サイパン島の陥落――これも時々言及されるが――は、転換点をとっくに過ぎた段階と一般的には考えられている。ミッドウェー海戦後もまだ望みをもっていた人々も、サイパン島陥落後には希望が完全についえたことを理解した」。陸軍の連中はもっと楽天的だったが、悲観論者たちですら和平交渉を強く求めなかった――「勝利を期待できる物理的根拠が少しずつなくなるにつれて、日本の指導者の多くは……日本精神――日本の心、魂、精神――の重要性を再び強調するようになった。彼らの言い草は単純だった――『日本はたしかに資源は乏しいかもしれないが、その精神は強い。これが国民を勝利に導く！』(21)」。

日本の軍首脳部はアメリカ軍に大損害を与えられると考えていたが、それは正しかった。アメリカ戦略爆撃調査報告書は、太平洋戦争終盤のカミカゼ特攻戦術について次のように述べている――「これは死に物狂いの手段ではあったが、これが収めた戦果は相当なものであり、もしこのカミカゼ戦法がより大規模であったならば、アメリカの戦略計画はこれを引っ込めるか修正することを余儀なくされたかもしれない[22]」。しかし日本は、かなりの戦闘能力を保有していても、それを背景として和平合意への政治的行動をとることはなかった。強硬派が実権を握り、何らかの戦果――初期のころには「決定的な」戦果、末期のころには「起死回生」の戦果――を単に待ち望むだけで、交渉を拒否して戦争遂行を強いたのである。日本陸軍の情報・謀略活動の頭目だった陸軍中将有末精三は次のように語っている。

> 非常に困難ではあるが、戦いを継続するだけの兵力はあると考えていた。あのころ、陸軍はまったく被害をこうむっていなかった。少なくとも本土決戦は可能だ。われわれはそう考えていた。アメリカ軍を撃退したりマルタ（出典は有末のインタビューだが、誤記の可能性がある）や沖縄を奪還したりできるとは考えていなかった。ある意味では日本は戦いを続ける力をもっていたのであり、またある意味ではもっていなかった。一般的に言って、あの戦争に参加していた人々は、少しでも兵力が残っているかぎり何かをしたいと思っていた[23]。

日本軍のなかには、和解すべきだと主張する軍人たちもわずかながらいたが、無力だった。たとえば一九四三年夏、海軍少将高木惣吉は海軍上層部から「今次の戦争の教訓」を研究するよう命じられ、周囲に気がねなく情勢を評価した。一九四四年二月にしあがった衝撃的な報告書は、日本に勝つ見込みはなく、妥協による和平を求めるべきで、このためには少なくとも中国・満州・樺太から撤退しなければならないとしていた。上層部にこれらの結論は受け入れられないと考えた高木はこの報告書を極秘にして表に出さなかった。それから間もなく、陸軍参謀本部所属の先見の明のある大佐が、「大東亜戦争終末方策」について報告書をまとめ、日本はドイツが降伏した時点で戦争を終結させるべきだとし、具体的に妥協案をいくつか提案した。これがたたってこの大佐は、中国に派遣されている部隊に再び送り出された。

日本政界の長老や内大臣・宮中顧問官たちは、交渉による講和の可能性を探ることに結局は賛成するようになった。たとえば一九四五年二月、元首相近衛文麿は天皇に対して、日本は戦局を検討し早期にこれを終結させなければ、敗戦にともない国内で共産主義革命が起きる恐れがあるとする上奏文（天皇に対する正式な提案）を奏上した。[24] だが、勝つ見込みがなくなり、本土が焼夷弾攻撃を受けて焼け野原になったあとも、政府が一体となって組織的に戦争を終結させようとも、交渉による和平の可能性を探ろうともしないまま、一九四五年の晩春を迎えた。この時点でも、政府はソ連が和平の仲介をしてくれるかもしれないと――この考えを一笑に付すモスクワ駐在の日本人外交官たちの報告をはねつけ――望みを抱き、原爆が投下されるまでアメリカと直接交渉をすることはなかった。[25]

日本の指導者たちが現実を見すえることをしなかったのだとしても、対するアメリカの指導者たちはどうだったのか？　彼らは戦争の最終局面において、何よりもまず彼我の実体的力の差の問題に焦点を絞っていただろうか？　一九四五年夏には、日本はアメリカにとりさしあたっての脅威ではなくなっていた。アメリカの政策立案者たちが頭を悩ませたのは、すでに勝ちが決まっている戦いをいかに終結させるかであった。彼らはとるべき策として五つの選択肢について検討した――日本本土に進攻する（陸軍が支持）／引き続き空爆をおこなうとともに日本本土を海上封鎖する（海軍および航空部隊が支持）／原子爆弾を使用する／ソ連を参戦させる／早期降伏につながるような将来の日本の立場を明確にする声明を出す。最初の二つは正式な軍事計画のなかで組み合わされ、原爆が利用できるようになると三つ目の選択肢もそのなかに簡単にはめ込まれた。軍首脳部はソ連を参戦させるという四つ目の選択肢を、太平洋戦争が実質的に終わり、満州で日本軍が生み出した脅威をアメリカの軍事行動が十分に減じたと判断するまで、声を大にして唱えた。グルーは五つ目の選択肢に賛成し、これに天皇の地位の保証を盛り込めば日本は降伏するかもしれないと考えた。陸軍長官ヘンリー・スティムソンも同じ意見だったが、降伏を強要する最後通牒のようなものをさらに高く評価していた。

そのような声明を出してはどうかと言い出したのは、ウィンストン・チャーチルだった。ヤルタ会談の際に開かれた合同幕僚会議でチャーチルは、

無条件降伏せよ、さもなければ四大国のすべての部隊の圧倒的兵力にさらされる、という最後通牒を四大国が日本に対して共同で発することは……非常に価値のあることだろう、と述べた。現在の状況の下では、この最後通牒を受諾したら無条件降伏の厳格な適用がどの程度緩和されるのかと日本が尋ねてくるかもしれない……。日本に対する無条件降伏をなにがしか緩和することが一年でも一年半でも戦争の短縮に役立つならば、ある程度の条件の緩和は考慮に値するのではなかろうか。戦争は多くの生命と財貨を犠牲にするのだから。[26]

この提案に関心を示したのは、アメリカ軍のなかで無条件降伏にこだわるのは現実的ではないとつねづね考えていた人々だった。このため一九四五年の春の初めから夏の終わりにかけて、軍の計画立案者たちはアメリカが何を要求しているのか公の場で明らかにするよう、穏やかに、だが粘り強く求めた。四月に軍の上級計画立案者たちが報告書のなかで述べているように、本当の無条件降伏が「何

とかすればもたらされうる」ものなのかどうかは明らかではなかった。だが、

達成できるのは、日本の決定的な軍事上の敗北と、ドイツの現況と似たような無条件降伏に相当する結果である。今日にいたるまで、今次の戦争において、組織された部隊として降伏した日本軍はいない。「無条件降伏」という概念は、日本人にとって異質のものである。このため「無条件降伏」を日本人に理解できる言葉で定義しなければならない。無条件降伏とは国の滅亡や国家的自滅行為を意味するものではないと、日本人に納得させなければならない。このことは、日本人の将来の運命を握っている無条件降伏がどういうものであるのかを日本人に伝える「意図の宣言」をアメリカ政府として発表することによって成し遂げられるであろう。敗北は必至であると納得すれば、降伏文書に署名し、降伏条件を履行する内閣がつくられるだろう。日本人が受け入れられる無条件降伏の定義を下さないかぎり、彼らは全滅するまで戦うだろうし、また完全な破壊をおこなうという脅しが降伏をもたらすという保証もない[27]。

アメリカ軍も日本に降伏条件を履行させたり戦後の占領にかかるコストを軽減したりするのに天皇が役立つかもしれないと考えるようになったが、このことはアメリカの天皇制廃止の決意に疑義をさしはさむものであった。このため六月下旬に作成されたある報告書では、次のように述べられている——「現時点で陸軍省は、日本の降伏はありうると見ており、また日本の降伏は、太平洋地域において和平をめざすわれわれの現実的な目的に悪影響をおよぼさない範囲において、日本人の目に魅力的に映るかもしれない何らかの譲歩をしてもよいと思うくらい魅力的なものであると考えている」[28]。ある重要な会議の場で、大統領の上級軍事顧問であるウィリアム・D・リーヒ提督は次のように発言し

ている――「日本から無条件降伏を勝ち取らないかぎりアメリカは戦争に負けたも同然、と言ってくる連中もいますが、これには同意できません。無条件降伏を強制することに成功しなくても、当分のあいだ日本からの脅威を感じません。それよりもわたしが恐れるのは、アメリカが無条件降伏に固執し続けると日本国民を絶望的にし、アメリカ側の戦闘犠牲者数を増やすだけの結果になることです。無条件降伏に固執する必要はないと考えています[29]」。これはまさに現実を見すえた考え方にもとづく、戦争終結に向けた計画的な取り引きである。唯一の問題は、ここで討議の対象になっている重要な譲歩――戦後の天皇の地位の保証――がなされていなかったことである。七月下旬に連合国がポツダム宣言を発表したが、ここには天皇制に関する言及は含まれていなかった。

天皇制に対する沈黙は、イギリス・ソ連双方がこの点は譲歩してもよいとしていただけに、いっそう目立つものであった。敵の抵抗が激しくなるかもしれないという理由から無条件降伏政策を繰り返し公表することに熱心でないスターリンとチャーチルには、アメリカの立場は理解できなかった。五月、ハリー・ホプキンズはモスクワからトルーマンに次のように打電している。

スターリンは、ソ連が無条件降伏およびそれが意味するところをすべて成し遂げたいと考えていることを明らかにしました……。しかし、われわれが無条件降伏に固執すれば、日本人は抵抗をあきらめず、われわれはドイツの場合と同じように日本を破壊しなければならなくなる、と思っています……。連合国側は、これまで公表してきた無条件降伏の方針から離れて、条件つき降伏を受け入れる準備をしておくべきでしょう。われわれの意志を占領軍の手で日本に押しつけることにより、無条件降伏がもたらすと予想されるものと実質的には同じ成果を得ることになる、とスターリンは考えています……。つまり、より穏やかな和平条件で合意して、ひとたび日本に入り込んだら、その条件に可能なかぎり手を加えるつもりでいるように思われます。[30]

これはスターリンのいつものやり方のようだ。ユーゴスラヴィアのチトーは、一九四四年六月におこなわれたスターリンとの会話の内容について、次のように語っている――「スターリンが戦争終結後にユーゴスラヴィアのペータル王を復位させる必要があると言い出したので、わたしはよくもそんなことが言えるものだとかっとなった。どうにか気を静め、それはできないと答えた……。スターリンは黙り込んだ、と思うと一言こう言った――『何もずっと復位させておく必要はない。ほんのいっときだ。国王の地位に戻してやったら適当なころ合いを見はからって背中にナイフを突き立てればいい[31]』」。

チャーチルはスターリンほど冷酷ではなく、回顧録のなかで七月におこなわれたトルーマンとの会談について次のように述べている。

われわれが日本に「無条件降伏」を強制するならば、アメリカ側の人命、そしてそれよりは小さいながらもイギリス側の人命、の莫大な犠牲を払わなければならないということを特に強調した。われわれが将来の平和と安全保障のためのすべての必要条件を獲得し、しかも日本人が征服者にとって必要なあらゆる保障に応じたあとは、日本人の軍事的名誉を救うという何らかの表明となり、日本人の国家の存続を認めるという何らかの確証を与えるような、何か別の表現は考えられないものだろうかと。大統領からは、真珠湾以後日本には軍事的名誉などない、というそっけない返事が返ってきた。いずれにせよ連中はそのために大勢の国民が死んでもかまわないという何かをもっている。そしてこれは、われわれにとっては日本人にとってほど重要ではないのですがね、とわたしは述べてよしとした。[32]

いまだからいえることだが、日本政府内の溝の深さを考えれば、将来の天皇の地位を明確に保証したからといって戦争終結が早まりはしなかっただろう。鈴木首相が側近に語ったポツダム宣言に対する所感をみれば、穏健派ですら戦況に絶望しておらず、全面的な降伏など考えてもいなかったことがわかる——「そういうことを敵側がいうということは、向う側に最早戦を止めねばならない実情が出来たのである、左様な実情でこちらに無条件降伏を言つているのだ、そういう時期こそ此方はしつかりと構え居れば、向うが先にへこたれるから、そういう宣言をラジオ放送したからといつて何も戦争を中止する必要はない、内閣の顧問は考えろと言うかも知れませんが、私は中止する必要はないと思う(33)」。二発の原爆とソ連の満州侵攻のあとも、最高戦争指導会議を構成する実力者たちのなかには、降伏条件というよりはむしろ休戦条件に近いような寛大な降伏条件を断固要求する者がいた。しかし、天皇の地位を保証するという方針をアメリカがとっていれば戦争終結を早めるという目的が達成されたかどうかという問題は別として、そのような方針が実際には一度も日本側に対して提案されなかったのはなぜなのかということは、標準的なリアリズムの観点からは説明するのが難しい問題である。

◉天皇の取りあつかい

アメリカの意思決定権者たちは、なぜ天皇の将来の地位を保証することによって日本を降伏へ誘い出そうとしなかったのか？　それは彼らが天皇の地位の保証をしたくなかったからであり——またそうしなくても十分うまくやれると考えていたからである。天皇の地位に関する決定に直接影響をおよぼしたものは、思想的な観点からの考察、歴史的な背景からの教訓、そしてアメリカ国内の世論であった。トルーマンとその補佐官たちは、天皇制が日本の侵略行為の大きな原因であると思っていた。天皇の権力を、完全とまではいかなくとも、抑制したいとの強い思いがあったため、戦後の日本の改革に関してあらかじめ制約を設けるようなことはしたくなかったのだ。こうした意向はアメリカ国民の強い反日感情によって支持された。真珠湾を奇襲攻撃した悪党と妥協すれば、国民の多くが政府を非難するにちがいなかった。

だが、決定的に重要なのは、アメリカの指導者たちが自分たちのこういった姿勢を自由にとるだけの力をもっていたことだ。イギリス・ソ連両国に比べて、アメリカは一九四五年夏には勝利にわきたち、国力がとてつもないことを意識し、世界史上圧倒的な破壊力をもつ兵器を保有していることを誇らしく思っていた。注意深く現実を見すえて提案されてくる現実主義的な政策にはお構いなく、アメリカの指導者たちは自分たちが憎み、改革が必要だと考える敵と取り引きをしないだけのゆとりがあり――実際に取り引きをしなかった。

もちろんポツダム宣言に天皇制の維持を保証する文言を入れるかどうかの最終的な決定権はトルーマン大統領にあった。が、大統領はこの判断をバーンズに任せた。国務長官になって日の浅いバーンズはどうしていいか自信がなく、前任のコーデル・ハルに意見を求めた。ハルは、どのような保証も含めないようバーンズに助言した。その理由としてハルは、「そのような文言は日本に譲歩しすぎているように見える。天皇と日本の支配階級からあらゆる過度の特権を取り去らねばならない。そして、彼らは法の下ですべての人々と同等の位置におかれねばならない」と言っている。[34] バーンズはハルの助言を受け入れて、いかなる保証にも反対した。トルーマンはバーンズの意見にしたがった。

アメリカ国内世論の政治的な関心がこの決定を手助けしていた。アメリカ国内で天皇の評判は非常に悪かったし、また概して、国民はヨーロッパ戦域での戦いよりも太平洋戦争に対する思い入れが強かった。歴史家のジョン・ダワーは次のように述べている。

アメリカやイギリスでは、日本人は真珠湾攻撃の以前でさえドイツ人以上に反感をもたれていた。この点については現在議論の余地はない。日本人は自分たちとは異質な民族、異種の人類であるとさえみなされ、そのうえ、圧倒的な一枚岩の国民と考えられていた。連合国側の人々の意識にある「よいドイツ人」に対応する概念は、日本人についてはまったく存在しなかった。少なくともアメリカでは、人々のドイツ人に対する恐怖感や怒りが日本人に向けられる感情に匹敵するようになったのは、ナチスの死の収容所の存在が暴露された一九四五年五月になってからである。そしてそのころには、ドイツ軍はすでに降伏していたのである。[35]

一九四四年一二月におこなわれた世論調査では、「戦争が終結したら日本国に対してどのような処置をとるべきだと思うか?」という設問に対して、一三パーセントの回答者が「日本人をすべて殺す」ことを望み、三三パーセントの回答者が国家としての日本を破壊することを支持していた。ドイツに関しても同様な世論調査がおこなわれているが、第一の選択肢に相当する「ドイツ人の全員殺害」の項目はなかった。[36]

一方、一九四五年六月に実施されたギャラップ調査では、戦争が終わったら天皇をどう処置するべきかという設問に対して、処刑を是とするものが三三パーセント、戦争犯罪裁判にかけるべきとするものが一七パーセント、投獄すべきとするものが一一パーセント、国外追放すべきとするものが九パーセントだった。名目上の指導者だからという理由で容赦すべきだとしたのはわずか四パーセント、戦後の日本の管理に利用すべきだとしたのはわずか三パーセントであった。[37] アメリカ国民は日本に対して譲歩することのない政策をとることによって、自分たちが耐えるべき負担が大きくなってもよいと覚悟していたようでもある。一九四五年六月におこなわれた調査ではこう尋ねている——「われわれが占領軍を日本本土に上陸させないと約束したら、日本は降伏を申し出て、外地の日本兵を復員させるかもしれない。機会があればそのような和平提案に応じるべきか、それとも日本本土で日本を徹底的に叩きのめすまで戦うべきか？」。これに対して八四パーセントの回答者が戦い続けることを希望し、和平提案の受け入れを支持したのはわずか九パーセントだった[38]。八月一〇日、日本が天皇の地位を保証することを条件にポツダム宣言を受諾する旨を初めて表明すると、アメリカの世論はこのような取り引きに強く反対した。ギャラップ調査では、日本の申し入れの受け入れに反対する人と賛成する人の割合は、ほぼ二対一だった。『ワシントン・ポスト』紙は、議会の空気は日本側の申し入れ受諾に三対一に近い割合で反対だと推測していた[39]。

だが、同時にアメリカ国民は戦争にうんざりもしていた。実際、陸軍の戦略家たちが太平洋の周辺地域に対する戦略のために海軍がつくった計画を嫌った大きな理由に、なかなか結果が出ないからということがあった——「長期にわたって包囲攻撃をおこなうなどという計画は、移り気なアメリカ国民をいらだたせるだけだ[40]」。このことを念頭において、マーシャルと計画立案担当者たちは両立しないことが明らかであるにもかかわらず、無条件降伏政策の緩和**および**日本本土への直接侵攻を支持した。政府高官たちに対する国内世論の政治的制約の性格については、レオン・シーガルがうまくまとめている——「このような政治状況においては、アメリカが掲げてきた戦争目的を一方的に変えようとする者は誰であろうと、世論の圧倒的な支持を得ている既定の方針を覆す者とみなされ、左右両方からの攻撃に身をさらすことになった……。だが、世論が掲げるスローガンがそのまま政策になるというわけではなかった。アメリカの勝利が近づくにつれ、戦争終結に向けた計画を練る政府高官たちに無条件降伏政策をとるよう求める声は小さくなった」。

世論に非常に敏感な政策立案者たち——官僚主義的な理由からであれ（たとえば、広報・文化担当国務次官補アーチボルド・マクリーシュや議会担当国務次官補ディーン・アチソン）、政治的野心にもとづく理由からであれ（たとえば、バーンズ国務長官）——は、いかなる譲歩にももっとも強く反対したのであるが、彼らが国内世論を気にしていたというだけの理由でそのような非妥協的な姿勢をとっていたのだと断言することはできない。アチソンは、「天皇は戦争を要求する軍部に屈した弱い指導者であり、頼りにならない以上、取り除くべきだ」と主張していた(42)。自由主義者のマクリーシュは、主に思想的な理由で本当のところは天皇制を廃止したいと考えていたが、手段として天皇制の維持を支持したため、国内世論の強い反発という亡霊を呼び出してしまった——少しでも譲歩が表現されているような方法では世論のすさまじい反発を招くことをマクリーシュは理解したのであった(43)。

それでも、妥協に対する国内世論の反発を多くの人が気にしていたのは明らかだ。ポツダム会談用に作成された国務省の簡潔な報告書は次のように結ばれている——「中国が天皇制の廃止を支持する可能性があり、アメリカの国内世論もますますこの方向に傾いているようだ(44)」。ハルはポツダムに到着したバーンズに、グルーを介して「連合国側の勝利のあかつきには天皇とその君主制が維持されるという声明を、連合国が出すようにとの提案」に反対するようにとの手紙を渡した……。「わたしはこの意見をかなり無遠慮に述べているのですが、おおかたの世論はまちがいなくわたしと同じ考えでしょう。妥協的な提案をしている人々は、そのような措置が戦争を早く終わらせ、連合国の人命を救うと確信しています……。しかし正直なところ、そのような声明がどんな結果をもたらすか、誰にもわかっていません。そのような提案をしたところで、日本の軍国主義者たちは降伏交渉を激しく妨害してくるでしょう。譲歩した挙句の降伏交渉がうまく進まなければ、奴らが元気づくだけで、逆にわわれわれは議会や世論からの猛烈な反発を受けることになるでしょう」[45]。トルーマン自身は、譲歩の妥当性についてリーヒのくわしい説明を受けた際、「無条件降伏に関して議会が適切な行動をとれる余地を残しておいたのは、譲歩のことが念頭にあったからだ。しかし、この時期にこの問題についての世論を変えるような行動を自分がとれるとは思わない」と述べている[46]。

しかし、アメリカの議会や世論が指導者たちを動かしたのだとしても、それは指導者たちがあらかじめ考えていた方向に、であった。第三章で考察したように、アメリカは第二次世界大戦を善と悪の衝突とみなし、侵略者たちを罰することが自分たちの務めだと思っていた。第一次世界大戦のときには、連合国側は過酷な条件のヴェルサイユ条約を締結する前に、単なる休戦協定を結んでしまった。このような手順を踏んだことは、二枚舌を使った交渉のような印象を与えたため、「背後の一突き」の伝説がもっともらしく聞こえるようになり、その結果としてナチスの報復主義が台頭した。前駐米ドイツ大使がアメリカに対して述べているように、「ウッドロー・ウィルソンの約束があったがために、本来ならば単なる軍事的敗北の結果にすぎなかったヴェルサイユ条約は……約束違反となった」[47]。アメリカの指導者たちがこの経験から得た教訓は――ドイツ国民の好戦的な傾向を抑制するためにはドイツ国内の体制を徹底的に改革しなければならない、そしてドイツ国民にとって苦い薬となるこの改革を十分におこなうには、ドイツ国民全体が自分たちの敗戦を停戦前に納得することが必要――という二点からなるものであり、どちらを欠いてもだめだというものであった。

「日本に関しては」と、アーネスト・メイは書いている――「先の戦争は何の指針も与えなかった。というのも、あのときには日本は連合国の一員だったからである。したがって、日本の敗戦に向けた計画はドイツに向けた計画を模倣したものであった」[48]。ヨーロッパ戦域での教訓が太平洋戦域へ単に移されただけであった。ローズヴェルトは、この方法の妥当性を簡潔に表現している――「事実上、全ドイツ人が、ドイツが先の戦いで敗北した事実を否定したが、今度はそれを思い知ることになるだろう。それは日本人も同じだ[49]」。第一次世界大戦終結後から第二次世界大戦が勃発するまでのあいだのドイツの状況は、戦後日本の改革をめぐる議論の背景として不可欠だった。一九四五年一月、アジア問題のある専門家は、「第一次世界大戦後にドイツがたどったのと同じ道を日本にたどらせてはならないし、また文民の実力者たち――独占的大企業の経営者、官僚、政治家、貴族――が、これまで通り権力を握っていると、日本が法を尊重する国家へ転換することが必然的に危うくなり、日本の好戦性を復活させる恐れもある」と強調した[50]。

一九四三年秋、ローズヴェルトは議会に対して次のように述べた――「一つだけはっきりさせておきたい。ヒトラーとナチスが敗れたら、プロイセン軍国主義の輩も一緒に消えなければならない。将来の平和について本当に保証を得ようとするならば、戦争で国に繁栄をもたらそうとする軍国主義者の一群をドイツから――そして日本からも――排除しなければならない[51]」。ローズヴェルトはヤルタ会談後、アメリカで再びこの点を繰り返し強調した――「日本の無条件降伏はドイツの敗北と同様、絶対に必要である。このことは、世界平和に向けたわれわれの計画を成功させるためにとりわけ重要なことであるという思いを込めて、わたしは熟慮したうえでこの発言をしているのだ。日本の軍国主義はドイツの軍国主義と同様に一掃されなければならない[52]」。

一九四五年夏、多くの人はあいかわらずマクリーシュ、アチソン、ハルに賛成していた。そのマクリーシュの覚書には次のように記されている。

過去に日本を危険な存在にし、もしそれを容認するなら将来においても日本を危険な存在にするであろうと思われるものは、主として日本国民の天皇崇拝である。これこそが日本の支配階級

――軍閥――軍国主義者、産業資本家、大地主、官僚たちの連合体――が日本国民を支配するのを可能にしているものである……。天皇制は時代錯誤的かつ封建的な制度であり、日本国内の時代錯誤的で封建的な考え方をする一群によって操られ、利用されている。こうした制度に手を触れずこれを残しておくのは、今日までに利用されてきたのと同様、将来も利用される重大な危険を冒すものである(53)」。

天皇制廃止が最終的に決定される方針となる可能性があったとしても、アメリカの指導者たちはその選択肢を排除しようとはしなかっただろう。アメリカの指導者たちは、ポツダム宣言をウィルソンの一四カ条の二の舞いにはするまいと決心していたのである。そして占領について研究しているアメリカの第一線の研究者が出した結論は、アメリカの指導者たちの判断を擁護しているようだ。

占領開始から間もなく国務次官補ディーン・アチソンは、アメリカの構想を率直な言葉で明確に述べた。占領の目的は、「戦争の意志をもたらす現在の日本の経済と社会の仕組みが、戦争の意志が継続しないように変わること」を確実なものにすることだ……。戦争の勝者がこのような大胆な企てに乗り出すことは歴史的に見ても前例のないことであったし、国際法的に議論されたことのないものであった。その合法性や妥当性にはほとんど思いをめぐらすことなく、アメリカ軍はこれまでどんな占領軍もやったことがないことにとりかかった――この敗戦国の政治・社会・文化・経済の網の目を編み直し、しかもその過程で一般大衆のものの考え方そのものを変革する……。このような占領政策の急進性は、敗戦時に権力を握っていた人々に衝撃を与えた。もしも天皇以下の権力者たちがこれまでと同じ地位のままにおかれていたら、これらの改革に少しでも似たものを空想することさえなかったであろう。そして、もしも日本政府が戦争の最終局面で「有条件」降伏を認められていたら、日本政府はアメリカから来た改革者たちを無力化できたかもしれない。(54)

◉リアリズム、ロシア軍、原爆

太平洋戦争の最終局面のもう一つの特色、つまり原爆を投下するという決定の裏には、リアリスト的な理由があったと主張する人々がいる。たとえば、修正主義の歴史家ガー・アルペロヴィッツは、「広島と長崎に原爆が投下されたのは、恒久平和のためのアメリカの計画――つまり、主としてヨーロッパのためのアメリカの計画――を受け入れる必要を世界に深く認識させることを主目的としたものであった」と述べている。(55) この見方によれば、――一九四五年の晩春から夏にかけて、トルーマン政権はソ連の力を抑えようとはっきり決めていた。日本との戦争は実質的に終わっており、原爆を投下せずに勝てるとわかっていても、アメリカの指導者たちはソ連を威嚇し、彼らが利を得る前にこの戦いを終結させるべく原爆を投下した――ということになる。

一九四五年の夏ごろにはアメリカの政府高官の多くが、ローズヴェルト政権がとったソ連との協調政策について異議を唱え始めているので、この説明は根拠がないわけではない。アラモゴードでの原爆実験成功の報告がこうした異議の根底にあったのはまちがいない。実験成功の報告は、ポツダム会談中にトルーマンのもとに届いた。スティムソンはそれから間もなく交わしたチャーチルとのやり取りを次のように記している。

チャーチルの話では、昨日の首脳会談においてどういうわけか大統領は非常に強硬になってい て、ソ連に対しても強い語気の断固たる態度で立ち向かい、ソ連側のある要求についてそれは絶対に認められない、アメリカは全面的に反対だと言っていたそうだ。チャーチルの話は続いた――「何が起きたのか、昨日はさっぱりわからなかったが、やっとわかったよ。原爆実験成功を知らせる電報を読んだあと、トルーマンはまったく別人だった。ソ連に対して何から何まで指示し、首脳会談全体を牛耳っていた」。[56]

アラモゴードでの原爆実験が成功したと知り、日本側の和平の打診についてスターリンと話し合ったあとで、トルーマンは日記にこう記している――「ソ連が参戦する前に日本は手を上げるだろう。マンハッタン（最初の原爆開発計画の暗号名）が自国の上空に出現したら、奴らが降伏するのはまちがいない」。[57] それから数日後、チャーチルはイーデンに「いまとなってはアメリカがソ連の対日参戦を望んでいないのは明らかだ」と書き送った。[58] 七月二八日、ジェイムズ・フォレスタル海軍長官は日記に、「バーンズの話では、大統領はロシアが参戦する前に日本問題を、特に大連と旅順について片づけたがっている。いったんロシア軍がなだれ込んでしまったら追い出すのは容易ではない」と書いている。[59]

にもかかわらず、現在ではこの修正主義的な解釈に同意する専門家はほとんどいない。それはこの時代に関する証拠の多くがそうでないことを示しているからである。つまり、ソ連に対する疑念が日に日に強まっているにもかかわらず、アメリカの政府高官たちは戦争が終結するまでソ連と協調する政策をこれまでと変わりなく遵守することにして、日本を打ち破ることを当面の主要任務とみなし、そのような状況のなかで原爆使用に向けた取り組みを進めていたのである。

軍の上層部は以前からアメリカとソ連の協力を大いに主張していた。たとえば一九四五年四月におこなわれたある重要な会議で――ソ連外相モロトフに対するその直後のトルーマンのとげとげしい言葉からこの会議はときに冷戦の始まりとみなされている――、マーシャルはローズヴェルトの政策を少しでも変更することに反対した。マーシャルは「ソ連には、ソ連参戦がこちらの役に立つあいだに参戦してもらいたいと思っている。連中はわれわれが汚れ仕事をやり終えるまで、わざと極東での戦いへの参加を遅らせているのだ……。ソ連との同盟関係を断つ可能性は慎重に考慮しなければならないというスティムソンの意見に賛成だ」と述べている。[60] 熱意は徐々に冷めていったものの、ソ連との協調を維持するという基本的な姿勢はその夏いっぱい続いた。歴史家のマイケル・シェリーは次のように書いている。

アメリカ軍最高司令部は、最後まで日本本土侵攻を一つの可能性として考えていたし、原爆の効果を十分に見抜いていなかったし、日本がいまでは難しくなっているソ連を介しての和平工作にしがみついているのをあざ笑っていた……。軍首脳部が、原爆の使用がソ連の指導者たちに警告を発し、少なくともアメリカの対ソ政策を強化するという副次的な利益をもたらすかもしれないと推測していたのはまちがいない。だが、……ソ連の野望がどれほど恐るべきものか判断しかねていたし、日本やドイツがまだ危険な力をもっているかどうか判断しかねていた。[61]

日本の抵抗は夏に入ってもこれまでと変わらなかったため、「アメリカ軍は、ソ連の参戦が日本に降伏を迫る手段として必要不可欠なものと考えていただけでなく、日本の指導者たちを降伏する気にさせるありとあらゆる手段を集めたいと思っていた」。[62] 七月二四日には、アメリカ・イギリス両国の参謀総長が、「ソ連に対日参戦をうながすように。さらにそれに関連して、ソ連の戦闘力に対して必要かつ実際的な強力な援助を与えるように」という希望を文書化することを承認している。[63]

では、ロシアを威嚇する目的で原爆が投下されたのではないとすると、なぜ原爆は使用されたのか？それは、総力戦としての戦いが続行中であったことと、関与していた人々の思考が官僚的かつ惰性的になり、また過去の経験や考えに固執するようになっていたため、何かほかの方針をとることなど想像もできない状態になっていたからである。原爆の使用は、利用できる戦力はすべて動員するという既存の方針の単なる延長にすぎなかったのである。スティムソンはのちに「一九四一年から四五年にかけて、大統領や誰かアメリカ政府内の責任ある人が、原子エネルギーを戦争に利用すべきではないと言うのを聞いたことがない」と書いている。[64] この新兵器が実戦使用可能になると、「原爆を投下し、突出した軍事的・外交的利益を得ることを思いとどまらせるほどの、道徳的・軍事的・外交的・官僚主義的考慮はどこかへいってしまった[65]」。まさに日本が降伏しようとし、またアメリカ・ソ連の結びつきが切れかけているときに原爆が実戦使用可能になったのは歴史のいたずらである。たとえいつ完成されようと、原爆はすぐに利用されただろう。

当然のことながら、原爆の実戦使用を強く主張したのは、マンハッタン計画の指導者たちや、二〇億ドルもの経費を計画に注ぎ込んだ政治家たちであった。マンハッタン計画の責任者レスリー・グローブズ陸軍少将は次のように述べている――「計画の責任者に任命されて以来……、できるだけ早く原爆を開発・製造し、実戦で利用できるようにするのが自分の務めであることにいささかも疑問を抱かなかったし、その任務を達成するために全力を傾けたといえる」。グローブズは内輪の議論において強硬に官僚的・政治的な論陣を張っていた。

連中はこの爆弾を使わないわけにはいかないだろうとわたしは言ってやった。なぜなら、もしそれを使わなければ、多くの非難をローズヴェルト氏が浴びることになるのだ——そんなに莫大な金と労力を費やしておきながら、完成したのになぜ使わなかったのかと。投下可能なのに原爆を使わなかったとすれば、いずれこの一件はどこよりもまず議会において審問を受けることになるだろう。アメリカの政治を知っていれば、選挙において、戦死した息子をもつ母親の力がいかに強いかをみなさんもわたし同様よく分かっているはずだ。原爆を使用しないとすれば、原爆投下が可能になった日以降に流された血に対する責任は、すべてそのような決断をした大統領にあるのだ[66]。

グローブズ以外の軍関係者は原爆の使用に関心を示さなかった。原爆の使用がこの戦争を終わらせるのに必要であるとか、決め手となるとは思っていなかったことと、兵器に革命的な変化がもたらされると今後自分たちの役割の重要性が低下してしまうと考えたことがその主な理由だった（たとえば、アーネスト・キング海軍作戦部長は回顧録のなかで、「事を急がなくてもかまわなかったら、海上封鎖の効果が出て日本を降伏に追い込めたのに」と残念そうに述べている[67]）。

原爆二発がほとんど間をおかずに投下されたが、これは日本に二度打撃を与えることを意識しておこなわれたのでもなく、それぞれの投下決定が個別になされたわけでもなかった。これは、原爆二発が実戦利用可能となったことと、「原爆が実戦利用可能となれば、中止命令が出るまですみやかに順次投下する作戦が最初に計画されていたためである。だから二発目を投下するのに命令は不要だったのだ。命令が必要になるのは、投下しないことになった場合だけだった[68]」。これはマンハッタン計画の責任者たちの希望および利益と合致していた。彼らは二種類の核兵器を開発していた。砲身型（「リトル・ボーイ」）と爆縮型（「ファットマン」）である。「二種類の原爆を組み立てる必要があったのかというアメリカ国内でもちあがっている疑念を抑えるには、日本の都市に原爆を二発投下するしかなかったのだ[69]」。

原爆投下目標都市の選定は、戦略的配慮と、マンハッタン計画の指導者たちの偏狭な関心に左右された。どちらもこの新兵器の晴天の霹靂の如き破壊力を見せつけるべきだと主張していた。つまり、それまでの通常爆撃で比較的被害を受けていない都市で、なおかつ、はっきりわかっていない原爆の爆風効果をはっきりさせるのに適した規模や地形の都市を選定するということだった。文化的遺産・皇室関係遺産を救済するために、京都を原爆投下目標から除外するというスティムソンの感傷的な決断は建前論を展開する独善的な官僚主義的連中から何度も反対された。これは原爆製造に関わり、その性能に責任をもつ連中が、京都を標的としては完璧だとみなしていたためである——「京都は大都市で、ここに落とせば原爆の威力について全面的な情報を得られる。この点、広島は申し分のない目標というにはほど遠い」とグローブズは主張した[70]。

実際、この太平洋戦域では、原爆に関する決定の細々としたところのみならず、一般的な戦争方針の多くにおいて、縄張りにこだわる官僚主義的な傾向が見られた。この戦域におけるアメリカの主要な戦略として、南太平洋地域軍（マッカーサー陸軍大将）と中部太平洋地域軍（ニミッツ海軍大将）による二方面作戦がとられたのは、統一された組織としての「アメリカ軍」がその政治的・軍事的目標を達成するためにはこの作戦が最善であると考えたからではなかった。当時、陸軍と海軍の指揮官たちは、いずれも自分たちの軍だけでこの戦争に勝利できるし、そのための機会を与えられてしかるべきだと考えていた。この二方面作戦はこのような陸軍と海軍の指揮官たちをなだめるための妥協策としてとられたものだった。日本の陸軍と海軍のあいだにも同様の競争意識があったが、どちらかといえば日本軍の方がひどかった。そのうえ、関係者たちが戦争終結の問題に関してどのような立場をとるかは、彼らがその戦争にどのくらい深く関与しているかということからおおよその見当はつくのである。アメリカ・日本の双方において、陸軍は――戦闘の矢面に立つつもりでいたし、戦争終結の舞台での主役を務めるつもりでいた――日本本土での決戦を望み、主張していた。アメリカ海軍は、特に自分たちが二次的な役割しか果たせないという理由から、そのような侵攻に反対していた。日本海軍は一九四五年ごろまでには、その実兵力を失っており、したがってもはや戦争に参加できない状態であった。このため日本海軍の上層部の人々は、アメリカ海軍に比べてもずっとおとなしかった。そして、この戦争のあいだに実質的な独立を獲得したアメリカ陸軍航空隊は、戦略爆撃――彼らが独立した組織であることを正当化できる唯一の戦闘行為である――を声高に主張していた。

それでも、官僚主義的な縄張り意識にとらわれない重大な例外もあった。官僚主義的な考え方をすれば、国務長官としてのバーンズは国務省内の外交専門家たちの見解を大事にすべきで、グルーを支援すべきであった。しかし、グルーの意見を尊重したのは、陸軍長官のスティムソンであった。国務長官を辞任していたハルは、官僚たちとの関係のなかで一つだけつながりを残していた。それもまた、グルーとの関係であった。さらに日本・アメリカ双方において、指導者たちは最終的な選択の決定をかなり自由におこなっていた。日本の天皇は太平洋戦争の最終局面でこれまでの慣例を破り、政府の方針を決定する過程に介入した。トルーマンは自分が選んだ補佐官たちの意見をよく聞いたうえで、誰に気がねすることもなく彼らの進言に賛成あるいは反対した。

官僚政治の観点から見れば、トルーマンは原爆を使う以外の選択肢がない立場におかれていたことになる。というのも、原爆使用はすでに高級官僚の手を離れて下級官僚たちが進めているプロセスのなかで手続きが進んでおり、トルーマンにとっては唯一現実的な選択肢だったからである。グローブズ陸軍少将の言葉を借りると、一九四五年の七月ごろには、大統領は「すでにそりに乗せられている小さな子どものようなものだった。『この爆弾を落とそう』と口にする機会は彼にはなかったのだ。できたのは『投下しない』と言うことだけであった」[71]。しかしグローブズの言い分はトルーマンが日本は全面的な敗北によって罰せられるべきだと誰よりも強く考えていたという事実を体裁よくごまかしている。長崎に原爆を投下してから数日後に書かれた手紙のなかで、トルーマンは自分の気持ちを整理して次のように述べている——「原爆の使用についてわたし以上に心をかき乱されている者はいないが、わたしはかつて日本軍の真珠湾奇襲攻撃によって非常に心をかき乱された経験をもっている。日本が理解できそうな唯一の言葉は、日本を爆撃することだけだ。野獣のような人間とつきあう場合、相手を野獣としてあつかわなければならない。非常に残念だが事実だ」[72]。

◉歴史と歴史学

たいていの戦争の最終幕は、ほかの局面に比べると史実的にわかりにくいところがあり、無視されてしまうのだが、第二次世界大戦の太平洋戦域における最終局面は大いに注目されてきている。しかし主要な歴史学的な論争は、この最終幕を明らかにするよりもわかりにくいものにしてしまっている。というのも、ほとんどの研究がこの最終盤におけるアメリカ側の動きに過度に焦点をあてているからである。つまりそれらは、広島と長崎への原爆投下をその当時の状況をしっかりと認識していないための妄想がもたらしたものだと決めつけ、戦争終結に必然的にともなうものについて政治的な状況を無視した単純な考えをしているのである。

たとえば、日本本土進攻を思いとどまるために原爆投下が「必要」だったのか否かという議論は、あとから当時を振り返ってみたときに多くの人が原爆使用を深く後悔しており、太平洋戦争のその他の部分から切り離してそのことに焦点をあてているから意味をなしているのだ。この戦争全般を知りつくし、責任を負っていた人々から見れば、問題は必要性ではなく期待される有用性――日本人に降伏を納得させるのに役立つだろうか？――であり、その答えは明確にイエスだったのである。

原爆以外にもさまざまの悲惨な苦難が人々に押しつけられ、それを人々がこうむっていたことを考えると、原爆は、当時、今日ほどきわだったものではなかったし、何であれ手もとにある武器は何でも使って戦うのが戦争であるという一般的原則の驚くべき例外になるほどのものでもなかった[73]。戦後、焼夷弾投下よりも原爆投下に、大量の非戦闘員を殺害するうえでのより大きな罪悪感が付加されたのは、両者のあいだの重要な道徳的基準のちがいというよりも、焼夷弾投下が戦争中日常的に起きていたのに対して、原爆投下は時間的に戦争終結と見事なまでに一致していたからである[74]。あの当時、爆弾とそれ以外の戦略は、排他的なものではなく、互いを補完し合うものと考えられていた――長崎以後の原爆の戦術的使用の議論からわかるように、アメリカ軍首脳部は次の原爆が完成したら侵攻計画に組み込むつもりでいた[75]。

同じように、ソ連を威嚇するために原爆が投下されたのか否かについての議論は、アメリカとソ連とのあいだの精神的・戦略的協調関係が敵対的なものへと変わっていったことはさておくとしても、原爆投下後のアメリカのソ連に対する姿勢を戦時中の意志決定過程にまでさかのぼらせて考えようとするものである。太平洋戦争中のアメリカ軍の行動は激烈で、その戦略が人々にもたらした結果は不快の念を引き起こさせるものであった。だが、あらゆるカテゴリー――被占領民、捕虜、自軍の兵士、自国民――の人々に対して、日本軍とロシア軍がおこなっている行為は、規模の大小にかかわらずもっとひどかった。一九四五年には、戦争が終結するまでのあいだに、日本軍は毎月アジア全土で一〇万から二五万人の非戦闘員を殺していたことになる。[76] 原爆投下によってソ連の参戦前に日本が降伏する可能性はアメリカ指導層の大部分にとっては二次的な興味でしかなかったが、一部の政府高官たちは重要視していた。しかし、まったく冷酷な理由のために参戦するべく、真の意味で「日本の降伏決断と時間的に競争していた」のは、ロシアだけであった。スターリンは、戦利品を刈り取る立場を得られるよう、ソ連軍司令官に満州侵攻の日取りを早めるよう指示した。また、より多くの領土を占領するべく、日本の降伏後も数週間にわたって戦闘を続けさせた。日本降伏の報告を受けたトルーマンは、攻撃作戦を一時停止するようアメリカ軍にただちに命じている。ソ連軍は進撃を継続しただけでなく、その進撃速度をあげた。[77] 戦争終結時におけるソ連のこれらの軍事行動はほとんど研究されていないのであるが、これによる人的損害は原爆による人的損害を小さく見せるものであった。参戦後、ソ連軍はおよそ二七〇万人の日本人を捕らえ、そのうちの三五万から三七万五〇〇〇人が最終的に死亡し、もしくは行方不明になった。一九四五年八月にソ連軍に捕らえられたおよそ六四万人の日本人捕虜は、ソ連各地の強制労働収容所に送られた。[78]

日本降伏のきっかけが原爆投下だったのかソ連参戦だったのかという問題は、大いに議論されてきているが、たしかなところは知る由もない。というのも、この二つはほぼ同時に発生しているし、また関連する反実仮想分析は、重圧下にある数名の主要人物の心理に関する主観的な仮定に大きく依存しているからである。どちらか一方だけでも同じような結果が出たかもしれないし、どちらもなかったとしても、何かほかの要因があらわれて本土決戦が阻止されたかもしれない。多臓器不全患者のように、日本帝国は複数の原因が重なって死に瀕していたのだ。どちらが決め手になったのかは、たぶんに偶然によるものであった。[79]

最後に、天皇の取りあつかいに関する決定について述べよう。英語を母国語とする評論家たちは、この問題についてのアメリカ側の動きには膨大な時間を費やして徹底的に調査しているのに対し、日本の動きについてはほんのわずかしか調査していない。前章で述べたように、無条件降伏は第二次世界大戦末期に西側連合国とソ連の大同盟を束ねる合理的な仕組みであると同時に、敗北した枢軸国を戦争終結後に政治的に再建する際の自由裁量許可書であった。トルーマン政権は日本に関して無条件降伏という方針を捨て去るつもりはなかったが、これを修正するつもりはあった。したがって結局のところ、アメリカ側における天皇問題は、どのような修正をどの程度おこなうべきかということに要約されていた。アメリカの政府高官たちは、この問題に穏健に注意深く取り組むべきであったのにそうしなかったということで、評論家たちは嘲笑してきている。しかしながら、この問題にはもっと重要なもう一つの側面があり、これは非常に注意深く論じられた。そしてこの点については、戦後何十年もたつのに正しく認識されないままになっている。

アメリカにとっての天皇の問題は、日本にとっては国体――英語では「国家の政体《ナショナル・ポリティ》」とでも訳しうるもの、の問題だった。だが、この言葉が実際に意味しているところははっきりしなかった――というよりむしろ、日本のさまざまな政治的党派がそれぞれ異なる解釈を唱え、自分たちの正当性を主張していた。[80] 敗戦直前の一〇年間において、日本帝国を以下のいずれの視点から見ても妥当である――民族意識・歴史・地理的条件によって結ばれている均質な社会として／特定の信条によって結ばれている宗教的、あるいは思想的社会として／また、特別な一連の制度や手続きをもつ政治体制として。国体の概念は、こうしたものをすべてごた混ぜにしたまま感情的に共鳴する一つの統一体のなかに放り込み、太陽の女神である天照大御神から数千年以上続く直系だと主張する現人神（天皇）に象徴され、この天皇が日本の国民と体制を代表するというものであった。[81] 一九四五年の夏に問題となったのは、単にどのように太平洋戦争を終結させるのかということではなく、この概念をどの程度解体するか、解体したらどうなるかということであった。

アメリカ側から見れば、これは、日本の好戦性の根がどの程度深いのか、そしてそれを取り除くために何をしなければならないかをじっくり考えることであった。日本人の好戦性は遺伝子的な要因によるという解釈を支持する指導者はいなかったし、日本国民がこれまで通り日本に一つの共同体として今後も存在することを保証するつもりでいた。しかし、好戦性が共同体の信条に由来するものなのか、それとも制度に由来するものなのかについて、アメリカの指導者たちの見解は割れ、信条・制度のいずれも改革する選択の自由を残して用心することにした。これがポツダム宣言の条件とその後のバーンズ回答の意味だった――「日本人を民族として奴隷化せんとし又は国民として滅亡せしめんとする」つもりはない。日本人は、引き続き日本本土を領有する。軍国主義と権威主義的統治に終止符を打ち、自由な民主主義体制の確立を保証するために、一時的に占領がおこなわれる。細部はいずれ「日本国国民の自由に表明せる意思」にしたがい決定される。

日本側から見れば、国体という概念の解体は、国体の根本が国民なのか、観念なのか、制度なのかを決めることであった。日本の指導者たちは、時折主張してきているにもかかわらず、国民のことを国民としてあまり気にかけているようには見えなかったし、功利主義的な打算で動いているようでもなかった。彼らは自分たちの観念的・宗教的・政治的な理想像を守るために、無数の一般市民の命を犠牲にするつもりでいた。[82] 閣内の強硬派とその下にいる軍部内の狂信的過激派は、国体を、主権が天皇にあり天皇に代表される独立国家としての日本という、本質的に神秘主義的な概念として定義していた。この観点から見ると、占領と民主主義は国体と相容れないものであり、一九四五年には日本は真に屈従するか、あるいは全面的に最後まで戦うかしかなくなっていた。だから閣内の強硬派は原爆が投下されソ連が参戦して以降も戦いを継続するよう主張し、また熱狂的な下級軍人たちが天皇に降伏の決断をさせまいとクーデターを起こしたのである。一方、閣内の穏健派はアメリカが天皇制の基本的な外形は維持するだろうと覚悟を決めてこれに賭けた。広がりつつある閣内の意見の相違を考えると、これが国体を自分たちの我慢できる形で保持することが許される残された最善の機会であると判断したのである。[83] 閣内の強硬派の立場が本質的に「アメリカよりは死ぬ方がまし」だとしたら、穏健派の立場は「死ぬよりアカより、アメリカの方がまし」であったといえるだろう。

裕仁天皇自身は穏健派の意見に賛成したが、この決断には、皇位のしるし——八咫鏡《やたのかがみ》、天叢雲剣《あめのむらくものつるぎ》、八尺瓊勾玉《やさかにのまがたま》、すなわち三種の神器。これらを所有することで皇位継承が正統なものとみなされ、天皇の祖先が神であることの象徴となる——の運命について不安を募らせていたことがある程度影響していた。数カ月後に天皇が述べているように、閣議の行きづまりを打開するためにおこなわれた天皇の介入の背景にあった主要な動機は次のようなものであった——「敵が伊勢湾付近に上陸すれば、伊勢熱田両神宮は直ちに敵の制圧下に入り、神器の移動の余裕はなく、その確保の見込が立たない、これでは国体護持は難しい[84]」。

日本とアメリカの最終的なやり取りのなかで、日本政府内における国体の内容についての議論は危機的な状況に陥った。強硬派はあくまでもアメリカの「交渉空間」の外側に位置し、穏健派は戦争終結の数日前になってこの「交渉空間」に入り込んだばかりであり、そして日本政府はこのように閣内が二分された行きづまりを打開するための確立された仕組みをもっていなかったためである。原爆投下とソ連参戦は、天皇とその側近たちに穏健派の立場（天皇の地位について一つだけ条件をつけてポツダム宣言を受諾する）を支持して政府の意志決定に介入する口実を与えた。しかし、八月一〇日に日本側が発した連合国側への申し入れ（保守的な平沼騏一郎男爵が作成した）に記されたその条件の表現には非常に問題があった。というのは、それは穏やかな言葉ではなく、強硬派が用いる国体という過激な言い回しが用いられていたためである。したがって、宣言受諾を伝える申し入れ本来の目的を達せられなかった。関係者全員にとって幸いなことに、八月一一日のバーンズ回答はこの問題を慎重にあつかい、八月一四日に天皇が再び内閣の意志決定に介入するための舞台をととのえ、これによりこの戦争は比較的たくみに終結できた。

歴史家のハーバート・ビックスはこうした経緯をうまく表現している――「天皇とその戦争指導者たちは、敗北したことを客観的にわかっていたが、彼らがそれまでに混乱に陥れたアジア・太平洋・ヨーロッパの人々の生活はおろか、日本国民に負わせている苦難についても無関心で、降伏後に起きるであろう国内の非難を和らげ、自分たちの権力構造を存続させながら降伏する糸口を探っていた」。だから米内海相は八月一二日、同僚に対して「私は、言葉は不適当と思うが、原子爆弾の投下とソ連の参戦は、ある意味では天佑であると思う。国内情勢によつて戦争を止めると言うことを出さなくて済むからである」と語ったのである。[85]

◉既定の方針にとどまったアメリカ

一九四五年夏、交渉による講和を求めるという日本の決定は、総力戦と全面勝利に向けたアメリカ政府の計画を妨害する恐れがあった。ローズヴェルトがドイツの反体制派に関するあらゆる情報を隠すよう命じたのは、アメリカ国民にこの戦いを面倒で不愉快な取り引きを必要としない単純な争いだとみてもらいたいと考えたからだった。[86] しかし日本の和平へ向けた動きやソ連との大同盟の緊張の高まりを受けてトルーマン政権は、太平洋戦争の終結に関する方針を変えるべきなのか、少しは考えざるをえなくなった。

だが、既存の方針の背景には多くの理論的・官僚的・政治的しがらみがあったため、方針転換はできれば避けたいことだし、難しかっただろう。方針転換は不要であるとしたのは次の三つの要素だった――日本に対するアメリカ国民の感情、利用可能な兵器としての原爆の出現、アメリカの国力に対する認識。八月九日、ポツダム会談についてアメリカ国民に報告するトルーマンは、二度にわたる原爆投下の理由を次のように述べた。

われわれは原爆を手に入れました。真珠湾で警告なしにアメリカ軍を攻撃した相手に対して、アメリカ人捕虜を殴りつけ、飢えさせ、処刑した相手に対して、見栄も外聞もかなぐり捨てて国際的な戦争法規を守らぬ相手に対して、原爆を使用しました。戦争の苦しみを減らし、多くの若いアメリカ兵の命を救うために、原爆を投下したのです[87]。

このなかでトルーマン大統領は、おそらくは無意識のうちに、三つの独立しているが互いに補完し合う理由をつなげている。既定の方針にこだわる官僚主義的政治からすれば、原爆が「手に入った」ときにはいつでも使用するように命じて当然であった。とはいえ、このような大量破壊兵器を使うことに対して覚えるかもしれない良心の呵責には、大統領もアメリカ国民も、攻撃対象が卑劣で野蛮ですらある「他者」だという事実で打ち勝つ必要があったのだ。さらには、軍隊の代わりに科学技術を用いるというのが事実上アメリカの戦争の特徴になってきており、原爆は既存の戦略ドクトリンと自国の利益追求に合致したのである。

だが、たとえ原爆が開発されていなかったとしても、一九四五年の夏におけるアメリカの方針は本質的には同じだっただろう――アメリカには、悪の軍勢とみなされている相手に後味の悪い譲歩をしないだけの力があった。八月九日の演説のなかでトルーマン大統領は次のように続けた――「間もなくこの戦争は終わるでしょう。アメリカは最強の国家、おそらくは史上最強の国家になったのです。これは事実なのです……」。アメリカの力の物的な基盤はすでにととのっていたのだが、アメリカが掲げる究極的な目標はよりいっそう重要だと大統領は主張し、「この力とわれわれのもてるすべての資源や技術を正義と恒久平和という大義のために使っていこうではありませんか！」と締めくくった。前大統領はその前年に同じような内容をもっと雄弁に語っていた――「この国が獲得した力――政治的な力、経済的な力、軍事的な力、そして何よりも道徳的な力――は、われわれに、国際社会で指導力を発揮する責任と、またその機会をもたらしたのです。これはわれわれのためになることであり、また平和と人類の名の下にアメリカはその責任を避けることはできないのであり、避けてはならないのであり、避けるつもりもないのであります[88]」。

たいていの人と同じようにドワイト・アイゼンハワーはぐっすり眠っていた――また、激務をこなすアメリカ大統領は普通の人以上に休息が必要だった。そのため大統領補佐官たちは、大統領が寝てしまったら起こさない方がいいとわかっていた。だが、一九五三年六月一八日未明、起こりつつある国家安全保障上の危機に対処するべく、大統領をベッドから起こさざるをえなかった――八年にわたる任期中、アイゼンハワーが夜中に叩き起こされたのは、あとにも先にもこのときだけである。

危機を引き起こしたのは、大韓民国の李承晩大統領だった。李は、外交専門家たちのいうところの「友好的な暴君」――アメリカの地政学的利益に役立つ野蛮な田舎の独裁者――の典型であった。俗にいう「SOB《野郎》」だが、あくまでもわれわれの側のSOBなので、アメリカの指導者たちは李の数ある欠点に目をつぶってきた。だが一九五三年の春には、アメリカとその同盟国である韓国の目的がひどくずれてしまっていた。アメリカ政府は、朝鮮戦争が膠着状態に陥っている事実と、旧状を部分的に修正した状態を受け入れて戦争を終結することがもっともダメージの少ない選択肢であることを心ならずも認識し始めていた。しかし、熱烈なナショナリストである李承晩は国が分断されたままで戦争が終わることに愕然としつつも、北朝鮮に全面的に勝利して朝鮮半島を統一するという夢をあきらめようとはしなかった――独力でその夢を達成するための現実的な見通しがないにもかかわらず。だから夏のはじめに和平合意の骨子がまとまりかけたとき、李はそれを反故にしようとした――負けそうになっていると思ったゲーム盤を、足で蹴ってひっくり返すことにしたのだ[1]。

李は韓国領内にある国連が管理している捕虜収容所の扉を開けて、捕虜を韓国領内で釈放した。これは、重大な事態をもたらすことになるとんでもないやり方のように見えたかもしれないが、当時の状況を考えるとまったく賢明なやり方であった。捕虜問題は一年半近くにわたって休戦交渉の大きな障害となっており、関係者が交渉に交渉を重ねた末、複雑きわまりない協定を結んで処理する流れがようやくまとまったところであった。休戦協定の調印式（休戦協定が締結されたのは一九五三年七月二七日）が迫るなか、李の行為は、いってみればパズルの解決の鍵を持ち去って隠してしまったようなものであった。『ニューヨーク・タイムズ』紙が述べているように、アイゼンハワーのチームは「国連に対する韓国のこの怒りの抵抗によって消え去るしかないと閣僚の一部がみなした、朝鮮戦争の休戦協定を救うべく」緊急に行動せざるをえない破目になった。「この出来事は、一九五〇年六月二五日――共産主義者たちが韓国に侵攻した日――以降、最大の危機をはらんだものである、と当局は表現した[2]」。

アメリカ政府は李の行動と、「宥和政策推進者の勧告が幅を利かせている」という非難にひどく腹を立てた。朝鮮派遣国連軍最高司令官マーク・クラーク大将は、南朝鮮大統領の李に対して、「自分で決めた協定を、今回大統領が一方的に反故にしたことに大きな衝撃を受けたと言わざるをえない」と公式に伝えた。内輪での発言はもっと痛烈で、この一件から数週間後にクラークが友人に出した手紙には、「李は古来かつてない破廉恥な独裁者だ……成立しかけていた休戦協定を二枚舌と陰険な手段でぶち壊しにした……。あいつが休戦協定の成立を妨げているあいだに、国連側は二万五〇〇〇人の戦闘犠牲者を出したんだ」とある[3]。

アメリカの保守派のなかには、異なる見方をする人々もいた。たとえば、ウィスコンシン州選出のジョセフ・マッカーシー共和党上院議員は、「世界各国の自由を愛する人々は、李の行動を称賛するだろう」と述べた。カリフォルニア州選出のウィリアム・F・ノーランド共和党議員――上院多数党院内総務――は、「あの男は信用できないと言われるようなことを、李は一切していない」と述べ、「自分が李だったら、『朝鮮を統一』せずに戦いに終止符を打ったりしないだろう」とつけ加えた。[4]「人々を悲惨な状況に追い込み、戦争を拡大する可能性が高いこの絶望的な行きづまりが、いつどのようにして最終的に解決されるかということは誰にも予測がつかない」と、評論家として名高いさすがのアーサー・クロックも淡々と述べるだけだった。ワシントンの「空気は」と、『ニューヨーク・タイムズ』紙は伝えた――「救いがたいほどの不安と失望に満ちている。誰も正しい答えをもち合わせていないし、心の底では誰もがアイゼンハワーにすべてを任せたいと考えている」。[5]

大統領としてもどうすればよいのかわからなかった。真夜中に叩き起こされてから二日後になってようやく、かつてノルマンディ上陸作戦を指揮したこの大統領は、次のような所感を出す気になった――「この二日間ほど、自分より賢い人の助言を必要としたことはない」。[6]李のしかけたことに対して中国がどう反応してくるかを待ちながら、大統領と補佐官たちは、この好戦的なパートナーを大統領の座から引きずりおろす綿密な計画（一年前にトルーマン政権も熱心に考えていた）を実行に移すか、あるいは朝鮮から完全に手を引くかを、半狂乱で話し合った。[7]

幸い中国の反応は、厳しいものだったが、はっきりと抑制がきいていた。アメリカと韓国のあいだ、およびアメリカと中国のあいだで付随的な駆け引きがあったものの、数週間後に朝鮮戦争は事実上終結した。だが、この休戦協定成立は危ういところだったのであり、なぜそのような事態が生じることになったのかを理解することは、朝鮮戦争の最後の二年間を理解し、また、二〇世紀中葉にアメリカが手にしていた空前のパワーが実際に与えた影響を理解する鍵である。

壮絶な規模となった第二次世界大戦と、アメリカ国内にトラウマをもたらしたヴェトナム戦争のあいだに挟まれた朝鮮戦争は、当時の人々の関心を引かなかったし、歴史家にも人気がないままである。さらに朝鮮戦争を思い起こす場合、どうしても最初の年の衝撃的な出来事に目がいってしまう――北朝鮮軍の侵攻／釜山防御線での防衛／仁川／中国の参戦／トルーマンとマッカーサーの対立。国連軍の戦闘犠牲者のほぼ半数は、一九五一年七月に休戦交渉が始まって以降のものであるが、この最後の二年間がこの忘れられた戦争の忘れられた面を象徴している。一九五三年七月に、実質的に二年前とほとんど立場に変わりがない決着を受け入れるまで、交戦国はなぜこれほど長い時間待ち続け、これほど激しく戦ったのか？　このような重要な疑問を問う人がほとんどいないというところに、この戦争の特徴がある。

戦争に関する定評のある概念的アプローチは、この重要な疑問に答えを出すのに大して役に立たない。当時においてはI・F・ストーンのような因習打破主義者たち、のちには修正主義の歴史家たちが展開した左翼的解釈は、朝鮮戦争をアメリカの帝国主義的膨張を企てたものとみている[8]。彼らは、朝鮮戦争の終結が二年遅れになったのは、アメリカの新型兵器による軍備一新を国民に認めさせるための苦肉の策であったという見方をしている――「この戦争は長引かせる必要があったのだ」と、ある研究者は書いている。「NSC68（冷戦初期の国家安全保障戦略）を発効させる時間を稼ぐためだった。国内世論の気まぐれによってNSC68を無効にすることはできないように制度化しておくためであった」[9]。この主張の問題点は、当時のアメリカの政府高官たちは本当に朝鮮戦争を終結させたいと思い、またそのために力を尽くしていると自負していた（とはいうものの、ほかの目標も追求していたが）証拠が山積みであることだ。そのうえトルーマン政権のはじめた朝鮮戦争から抜け出せないことが大きな要因となって、民主党は一九五二年の大統領選挙で敗北を喫している。国防政策の特定の考え方を確実なものにするだけのためにそのような敗北に平然と耐えたのだとしたら、政策偏重による自己犠牲の異常例だ。

当時、マッカーサーや多くの共和党員たちによる右翼的見解は、朝鮮戦争は共産主義者たちの膨張政策に対しアメリカが手をこまねいていた結果だとし、そのことはトルーマンが戦争への取り組みにブレーキをかけることを容認したところによく表れているとするものであった[10]。しかしながらこの考え方では、一九五一年夏という早い時期に休戦交渉が提案された時点で兵士や物資の投入削減が決定されていたにもかかわらず、トルーマン政権が兵士や物資を戦争に注ぎ込み続けた理由を説明できない。

最後に、中道的な見解を述べておこう。これは当時のトルーマン政権およびアイゼンハワー政権内の当事者たちや多くの歴史研究者たちが示している見解であり、右翼的見解を頭からはねつけ、朝鮮戦争を局地戦争の段階に抑えたことを冷静なリアリズムにもとづく行動とみなしている。ここで問題になるのは次のことである。すなわち、休戦協定の締結を大幅に遅らせた争点――共産軍の捕虜をその意志に反して本国に送還すべきか否かということ――に関するアメリカの姿勢は、リアリズムとは無縁のものであり、少なくとも表面上は考えられるかぎりのもっとも利他的な理想に関係するような姿勢ばかりとったということだ。

それでは、この戦争の最終局面においてアメリカの政策方針を導いていたものは何だったのだろうか？　アメリカは何のために戦っていたのだろうか？　そしてそれが、アメリカ軍から何万もの戦闘犠牲者を出しても構わないだけの価値があり、政権の命運を賭けるだけの価値があり、グローバルな核戦争が起きる危険を冒すだけの価値がある、と考えられたのはなぜなのだろうか？　その答えは、二〇世紀半ばにアメリカが国際社会に対して確立していた圧倒的な覇権を背景にして唱導された人道

主義と、関与した人々の無能ぶりと頑固さとの微妙な絡み合いのなかにある。(11)

◉朝鮮戦争の経過

一九五〇年六月、北朝鮮軍が北緯三八度線を越えて怒涛のように押し寄せてきたとき、トルーマン政権の高官たちはこれを緊張の度合いが高まりつつあった冷戦における本格的な一斉攻撃とみなした。トルーマン政権はただちにこの挑戦を受けて立つと決め、韓国を防衛するべくアメリカ軍を派遣することを約束し、また国連がその動きを支援するよう一週間以内に手はずをととのえた。

一九五〇年の夏、北朝鮮軍は朝鮮半島を南下し、最終的に国連軍を半島南東部釜山港周辺の狭い領域に追いつめた。国連軍が各地で敗北しているにもかかわらず、トルーマン大統領とアチソン国務長官は和平交渉の一環として必要な共産主義陣営に対する政治的譲歩を拒み、戦闘を終結させようとするイギリス・インドの取り組みに抵抗した。

九月に入り、敵軍の背後にある仁川港に部隊を上陸させるマッカーサーの作戦が成功すると戦局は逆転し、国連軍が北朝鮮軍を押し戻していった。この時点で、アメリカ・国連の戦争目的のあいまいさが明らかになった。そもそも六月に立てられた方針は、「敵の武力攻撃を撃退し、この地域の国際平和と安全保障を回復する」というものだった。だが一〇月初旬になると、勝利に酔ったアメリカとイギリスは韓国主導で朝鮮半島を統一する好機と考え、「朝鮮全土の情勢の安定を確保するため……あらゆる適切な措置をとること」を求める新たな国連決議案を強引に採択した。アメリカの指導者たちはマッカーサーに北朝鮮領内深くまで軍事行動を遂行する自由裁量権を与え、マッカーサーは即座にこれを活用し、さらにはその限度を超えるまでに利用した。

一一月に入ってからも国連軍は北上を続けていたが、中国軍が北朝鮮の支援に乗り出し、わずかな期間で国連軍を南へ後退させ、再び戦況が逆転した。新たな戦争の規模の大きさが明らかになると、イギリスとインドは再びアメリカに対して、中華人民共和国の国連加盟を認め、台湾（中華民国）を国連から追放するという条件を含む取り引きを基本とする停戦交渉を始めるよう迫った。だが、トルーマン政権は拒否し、アメリカ軍が朝鮮半島で足場を維持できるか否かはっきりするまで今後の計画を保留しておく決定を下した。

新たに地上軍司令官に任命されたマシュー・リッジウェイ中将は、壊滅寸前の国連軍の態勢を立て直し、再び戦況を逆転させた。一九五一年初頭にはリッジウェイ率いる国連軍が半島をゆっくりと北上し、やがて両陣営は、膠着状態を脱しようとすれば非常に大きな損害を出すことになると気づいた。このためアメリカの指導者たちは、ほぼ旧状に戻すことを基本とした、交渉による戦争終結の方向に進むことにした。

マッカーサーはこの政治的選択に異議を唱え、国連の和平打診を妨害しようとした。これを受けて四月、トルーマンと統合参謀本部はマッカーサーを国連軍最高司令官職から解任し、リッジウェイをその後任に任命した。それから二カ月にわたり、朝鮮半島において国連軍は中国軍の大規模兵力による攻勢を打ち砕き、その一方で、アメリカ本国においてトルーマン政権の高官たちは、マッカーサー解任を調査するために招集された聴聞会を利用して、膠着状態についての自分たちの考えを議会や国民、そして広く世界に説明した。六月二三日、ソ連のヤコフ・マリク国連大使がラジオ演説を通じて、両陣営に北緯三八度線での休戦に同意するよう呼びかけた。外交的な急展開が何度かあったのち、七月一〇日、中国軍の最前線に近い北朝鮮の都市、開城で停戦交渉が始まった。

傍目には、合意は時間の問題にすぎないように思われた。最初に交渉に臨んだアメリカ側の代表者は、調印式にそなえて礼装を持っていくよう指示された。中国側の代表は、夏用軍装のみ持っていくよう上層部から指示されていた。「会談は三週間程度続くだろうが、彼らは軍人たちだから現実主義的にならざるをえないだろう。それでも六週間もあれば、休戦が実現するだろうと、統合参謀本部は考えていた」[12]。統合参謀本部の予測は、一〇〇週間ほどずれていた。

◉トルーマンの下での最終局面

休戦交渉が始まって間もなく、両陣営には意見が合わない大きな問題がいくつかあることが明らかになった。国連側はまず協議事項について同意し、それから休戦ラインについて話し合い、さらに休戦協定の条項をと、順序だてて事を進めていくことを想定していた。これに対して共産側は、三八度線に沿っての停戦をすみやかに受け入れ、その後朝鮮半島からのすべての「外国」（つまり非北朝鮮軍・非韓国軍、非中国軍）の部隊の撤退を進めることを想定していた。しかし、双方はすぐに、協議事項になっている最終的な休戦ラインはあいまいにしておき、「政治的」な問題は後回しにすることで合意し、その結果、七月末には残りの交渉は四つの段階にわけて一つずつ順を追っておこなうことで合意した――軍事境界線の設定、停戦の取り決め、捕虜に関する取り決め、（「政治的」問題に関する）関係国政府への勧告。

軍事境界線に関する話し合いは、単純だが白熱した。国連側は、これを両軍の接触線上におきたいと考えていた。そうすれば国連軍司令部は初夏に攻略していた三八度線のちょうど北にある堅固な防御陣地を維持できた。これに対して共産側は、戦争勃発前の国境線を復活させたいと考えていた。双方とも譲らず、共産側の代表は悪態までつく始末で交渉は徒労に終わった。たとえば、一〇月一〇日の交渉は、顔を合わせておざなりの挨拶がすむと、あとは二時間一一分、双方とも一言も口をきかず黙って座っていた（非常に重要な場であるにもかかわらず、やっていることは信じられないほど子どもじみていた。沈黙が続くなか、北朝鮮側は韓国側を挑発しようと、相手方に見えるよう大きなハングルで書かれた紙を内輪で回した――『帝国主義の使い走りどもは、死体保管所の犬よりも卑しい』）。結局八月二四日、交渉地帯周辺ででっち上げた一連の「偶発事件」を口実に、中国側は正式な交渉を打ち切った[13]。

会談が中断されるにともない、朝鮮半島のなかほどにある尾根に陣地を得ようとする両軍の戦いは再び激しさを増した。今後「偶発事件」が起きぬよう、リッジウェイは交渉の再開は本当の中立地帯でおこなわれることを要求した。一〇月、共産側がこの要求に応じ、板門店に場所を変えて話し合いが再開された。数日のうちに共産側は三八度線に関する主張を取り下げ、軍事境界線は基本的に両軍の接触線とするという国連側の主張を受け入れた。リッジウェイとしてはもう少し有利な陣地を要求したかったのだが、トルーマン政権の高官たちはリッジウェイの提案を却下し、境界線問題はほぼ片づいた。

一二月初め、国連側の代表は、停戦の条件と捕虜の問題については次席代表が並行して話し合い、交渉の速度をあげるよう提案した。最後の重要な事項である「政治的」勧告は少し時間をおいてこの組み合わせに加えられた。停戦条件についての話し合いは、煎じつめると、休戦が成立したら両陣営の行動の自由にどのような制限が加えられるのか、またどこの国がその協定の履行を監督するのかをめぐる討議だった。激しいやり取りの末、翌年の春には大まかな妥協点に達し、五月には正式に承認された。一方で勧告問題は早急に処理され、三週間足らずの交渉の末、二月半ばに合意に達し、あいまいな表現の声明が出された。このため一九五二年二月八日、アチソンは次の一文で始まる手紙をトルーマンに宛てて書いた――「朝鮮休戦交渉で最後まで残る唯一の根本的な問題は、捕虜問題になりそうです[14]」。実際この問題はそれから数週間にわたって交渉の中心的位置を占め、そのような状態はほぼ一年半後に休戦協定が結ばれるまで続いたのである。

しかし、捕虜問題は世間が考えているものとは少しちがった。「鴨緑江にある複数の死の収容所」における国連兵捕虜に対する残忍なあつかいやそこでの「洗脳」、そして洗脳に対しアメリカ兵捕虜が時折手を貸していたことに、アメリカやヨーロッパの人々は憤慨した。この洗脳については、『影なき狙撃者』のような小説や映画など大衆文化を通じて広く知られるようになった。国連軍に捕らえられた親共捕虜の処遇も当時新聞の見出しになった。特に彼らがソ連や中国の宣伝戦の一環として絶好のタイミングで暴動を起こしたときはそうだった。だが、アチソンが問題にしていたのは、国連軍の保護下にある反共捕虜の処置だった。

簡単に言えば、中国および朝鮮の内戦において育成されたイデオロギーが絡んだ感情的対立が国連軍管理下の捕虜収容所内での日常にもいちじるしく影響をおよぼし、捕虜収容所自体が、中国と朝鮮全体の反共対容共の重要な戦場となっていたのである。いずれの側も外部からの支援と激励を受けており、蔣介石と李承晩の支持者たちは捕虜兵卒たちの忠誠と彼らへの支配をめぐって共産主義支持者たちと戦っていた。一九五一年から五二年にかけての冬、休戦交渉が四つの協議事項の四項目めに達するころには、アメリカの意思決定者たちの目には共産側が捕虜全体の送還を主張しているのに対して、捕虜の一部は北に送還されることに断固抵抗しているのがはっきりしてきた[15]。

国連側は捕虜を宣伝の武器として利用すべきだという意見は、仁川上陸作戦以降、朝鮮半島におけるアメリカの戦略の一部となっていた。たとえば、一九五〇年九月一一日にトルーマンに承認された国家安全保障会議（ＮＳＣ）のある指令の一部には次のように述べられている。

北朝鮮の人々を再教育し、北側兵士を戦線離脱させ、朝鮮の統一をめざす活動に参加するよう北朝鮮の人々を訓練するには、以下のような段階を踏むことが適切であろう。

a．収容所への移送後の捕虜の取りあつかいは、心理戦のためと、右記で特定された任務のために彼らを訓練し活用する方向で考える、という原則を確立すること。

b．現在、韓国内にいる捕虜を……尋問し、教化し、訓練する施設を早急に用意すること……。[16]

こうした方針に沿った初期の取り組みは、二カ月後の中国の参戦によって挫折したが、一九五一年春、国連は着実に数が増えている捕虜を「民主主義に適応させる」ための新たな計画をスタートさせた。この計画の責任者は次のように述べている。

われわれは規律を守り、信頼でき、進歩的で平和を愛する民主主義的な社会をめざす、イデオロギー的入門指導をおこなうつもりだ。捕虜たちが民主主義の概念や制度、そしてその実践についての理解を深め、民主主義を信頼するようになってくれればよいと思っている。こうした入門指導を受けた彼らが、周りの人々とともに、全体主義ではなく民主主義のもとでこそ、社会的にも、政治的にも、経済的にもずっとよいものがもたらされるのだという確信を深めていくことを特に期待している。また、彼らが独立した、民主的な、統一朝鮮国家への支援の輪を広げていくことも期待している。[17]

朝鮮戦争中、捕虜の「心」をつかむために両陣営が用いた手段は質的にちがっていた。中国や北朝鮮の収容所では、食糧配給が操作され、虚脱状態にある捕虜を「再教育する」一環として暴力が用いられた。ソ連の強制労働収容所で編み出された手段のアジア版である。これとは対照的に国連軍の管理下にある収容所では、捕虜はある程度の健康管理の機会と、食糧や衣服を与えられた[18]。だが、両陣営の捕虜教化手段には共通する面もあった。中国や北朝鮮の収容所では、捕虜は「世界の平和陣営を率いるソ連」、「トルーマン、マッカーサー、ダレス・ファシスト閥の手先チャーチル」といった大演説を聞かされた。国連側の収容所では、『三十四丁目の奇跡』『二人の青春』といった映画を見せられ、「世界平和のために働くアメリカ人」や「友人である警官と消防士」といったトピックについて教えられた[19]。

共産軍兵士の捕虜の多くは意志に反して強制的に中国軍・北朝鮮軍に徴用されていたため、トルーマン政権の高官たちは、戦争終結時に捕虜が帰国を希望しない場合でも本国に送還するのがはたして適切かどうかを――宣伝および道義両方の問題として――議論した。一九五二年一月二日、国連側の代表団は板門店で、捕虜の処理については「個人の選択の自由を尊重し、その意志に反する強制的本国送還はないことを保証する」という案を正式に提示した[20]。共産側はこの案に強固に反対し、全体の交換を主張した。アチソンが二月八日にトルーマンに宛てた手紙のなかで説明している問題はこのことだった。

二月二七日、ホワイトハウスで開かれた閣議で、交渉方針について指示を求めるリッジウェイからの電報に答える形で、重大な決定がなされた。「大統領が表明した決断は」と、国務省の担当者が記録している。「捕虜の強制送還には同意しないというのがアメリカの最終的な立場であり、国務省と国防総省はリッジウェイ大将に対する適切な指示を起草し、大統領の承認を求めることとする、というものだった[21]」。

その後数週間、アメリカの政策立案者たちは、会談を中断せずにこの決定を実行する方法を探した。中国側の代表団は、国連軍が捕虜の「帰国希望調査」をおこない、その後内々で本国送還に激しく抵抗する者を厳選していくという妥協案を受け入れる可能性をほのめかした――この手順を踏めば、一三万二〇〇〇人の捕虜のうち一一万六〇〇〇人は帰国するだろうと国連側代表団が推測した結果出してきた譲歩である。そこで四月初旬、国連軍は送還に強固に抵抗する捕虜の数を正確に把握するための調査をおこなった。

その結果は、関係者全員を困惑させるものであった――約二万一〇〇〇人いる中国兵捕虜の帰国希望者五〇〇〇人を含めても、一三万二〇〇〇人の捕虜のうち帰国を希望したのは七万人だけであった[22]。四月一九日に国連側が板門店でこの数字を通告すると、共産側は傍目にもわかるほど動揺し、即座に一時間の休会を求めた。やがて戻ってきた彼らは、怒りをかろうじて抑えながら、文書にしてあった声明を慎重に読みあげた――「……この数字は今後の話し合いの叩き台にはならない。もし貴側が公正かつ筋の通った論拠にもとづいて捕虜に関する問題の解決へ向けた交渉をおこなう用意があるならば、この推計値を再検討するよう要求する。繰り返して言うが、この数は今後の話し合いの共通の土台にはならない[23]」。

帰国希望者があまりにも少ないため、近い将来に休戦協定が結ばれる可能性はないと判断したものの、譲歩する気がないトルーマン政権は国連側代表団に、捕虜問題とその他二つの未解決の問題をひっくるめた「包括提案」を共産側に提示するよう指示した[24]。共産側は包括交渉を拒否し、捕虜問題以外の二つの問題をまとめて交渉することは受け入れた。捕虜の送還問題は唯一合意に達しない重要な問題となり、五月七日に会談は決裂した。この行きづまった状態は八カ月後にトルーマンが任期満了で政権の座を去るまで大きな変化もなく続いた。

◉アイゼンハワーの下での最終局面

一九五三年一二月にバミューダで開かれた極秘会談において、イギリス・フランスの指導者たちと話をしたジョン・フォスター・ダレス国務長官は、七月二七日に成立したばかりの休戦協定について次のように述べた――「朝鮮で休戦を実現できた大きな理由は、われわれがもっと激しい規模の戦争を辞さぬ覚悟をしていたからだ。このような内輪の席では、原爆投下の準備はすでに現地でなされていたと話しても差し支えないだろう。このことは優秀な諜報筋を通じて中国共産党の知るところとなったし、われわれとしても彼らがその事実を知ればいいと考えていた」。

それからおよそ一〇年後、ヴェトナムでアメリカの目的を達成しようと悪戦苦闘していたリンドン・ジョンソンが、ドワイト・アイゼンハワーに朝鮮戦争の最終局面の概要を話してくれるよう頼むと、この前大統領は同じことを言った。さまざまなルートを通じて「中国側に対して、戦争が継続されれば戦闘地域および使用する武器に関する制限を解除することにしているので休戦に早急に応じるよう求める」と伝えた。これはうまくいった。だからヴェトナムでも同じように強硬な姿勢を貫けばうまくいくはずだ[25]。

しかし、アイゼンハワー政権の関係者がどう言おうとも、朝鮮戦争の現実はかなりちがっていた。一九五二年の大統領選挙中にほのめかしていたにもかかわらず、アイゼンハワーは大統領就任後もアメリカの対朝鮮政策を変えなかった。前任者を悩ませた、食欲をそそらない三つの選択肢とあいかわらず向き合っていた――戦闘を拡大してグローバルな紛争に発展する危険を冒すか、このいらだたしい金のかかる局地戦を最後までがんばり抜くか、それとも捕虜送還問題に関してアメリカの要求を取り下げるか。

当初からアイゼンハワーは三つ目の選択肢を除外していた。大統領選から二週間後、アイゼンハワーはトルーマンとアチソンに会い、前政権の方針をアメリカの方針として支持するよう説得された。それから数カ月後に述べているように、アイゼンハワーの考えでは「国連軍司令部の立場には基本的かつ変更されることのない固有の一定の原則があるのだ。捕虜は誰も強制的に送還されない。捕虜は決して強制されたり脅迫されない。捕虜である期間には、明確な期限が必要である。捕虜の取りあつかい手続きは、こうした原則を反映したものでなければならない」。その結果、大統領に就任後数カ月でアイゼンハワーは、二つ目の選択肢――「トルーマンの戦争」を継続する道――を選んだのであるが、その一方で、最初の選択肢、すなわち戦闘の拡大という脅しもかけていたのである。[26]

一九五三年五月に入るころには、アイゼンハワーはこの戦争をすみやかに終結させることができないのであれば、中国に対して原爆を使用する可能性も含めて、アメリカの政策を抜本的に見直すこともやむをえないと考えるようになっていた。だが結局、アイゼンハワーは同政権がいよいよ頻繁に激しくかけている無言の脅しを実行に移すか否か決断しなくてすんだ。中国側が捕虜問題について譲歩し、合意への道を開いたからである。

一九五三年三月五日のスターリンの死が、交渉の行きづまりが打開されたもっとも重要な要因であったことはいまとなっては明らかなように思われる。スターリンは朝鮮をめぐってアメリカと戦う気はなかった――一九五〇年に北朝鮮に対して韓国への侵攻を容認したのは、ひとえにアメリカが介入しないだろうと確信していたためだ――が、一九五一年末には、スターリンはこの戦争が一つの限定戦争として続く状況を容認し満足していた。キャスリン・ウェザビーは次のように述べている。

一九五一年八月に交渉による解決の機会が失われてからスターリンは、アメリカ・国連軍が再び北朝鮮に進撃する危険がないかぎり、戦争継続はソ連の利益になると考えていた。膠着状態に陥ってからは、この戦争はさまざまな点でソ連の役に立った。アメリカ軍は朝鮮半島に釘づけとなり、アメリカはヨーロッパでの軍事行動をあまりとれなくなった／この戦争はアメリカの経済資源を消耗させた／この戦争はトルーマン政権にとって政治的な難題となった。この戦争のおかげでソ連はアメリカの軍事技術や軍事組織に関して情報を収集するまたとない好機を得た。朝鮮における戦争は中国とアメリカのあいだに強い敵意を生み出し、その結果、中華人民共和国をこれまでよりもソ連と固く結びつけることになった。(27)

そこでスターリンは中国の尻を叩き(そして援助を促進し)、その結果、中国が北朝鮮と共同戦線を張ったのだ。だがスターリンが死去すると、ソ連政府の後継者たちはより一般的な国際「平和攻勢」の一環として、これまでよりも宥和的に休戦交渉に取り組むことにしたのである。

スターリンが死去した結果……朝鮮戦争に対するソ連の姿勢が一変し、それまでソ連の支援に頼り、そのためソ連政府の命令にしたがっていた中国や北朝鮮の立場も急激に変化した。大きな不確実性と不安を抱えながらも、集団指導体制をとり始めたソ連政府は、朝鮮戦争を終結させるべく迅速に動いた。三月一九日の閣僚会議は、朝鮮戦争に関する冗長な決議案を採択した。それには……三国の共産党政府が、休戦協定を結ぶべく懸案の問題を解決する意志のあることをほのめかすことを要旨とした声明を出すべきであるとする、毛沢東および金日成宛ての文書が添えられていた。(28)

国連軍司令部がおこなった、慣例となった感のある提案に応じて、共産側はこの三月中に傷病兵の交換に同意し、この交換が「戦争捕虜に関する問題全体の順調な解決の糸口となり、それによって世界中の人々が待ち望んでいる朝鮮における休戦が達成されることを」望むとつけ加えた。[29] それから二日後、周恩来中国首相は、送還を希望しない捕虜を中立国へ引き渡す案を提唱した。四月二〇日に傷病兵の交換が始まり、その一週間後に板門店における交渉は順調に動き出した。

会談における共産側代表団による最初の声明のなかに戦争捕虜に関する新しい提案があり、それは本国送還を拒む捕虜は休戦後に中立的な第三者へ引き渡すというものであった。交戦各国政府は半年かけてそれぞれの捕虜に帰国をうながし、どうしても帰国を拒否する者については、休戦後の開催がすでに予定されている政治的協議で決着をつけることになった(そのような協議が何かにけりをつけることができると思う人はほとんどいなかったが、その一方でこの協議でけりがつかない場合には戦争が再開されるだろうと考える人もほとんどいなかった。さまざまな問題を休戦成立後の政治的協議の場にゆだねるということは、基本的に現状が続く可能性が高いことを認めることを意味していた)。国連側の代表団はこの案を拒絶したが、交渉はこれを基本的な枠組みとして始まり、四月末には議論の焦点は以下のことがらに絞られた。帰国を希望しない捕虜の身柄をゆだねる中立国の選択/その中立国が捕虜をどこに収容するか/帰国を納得させるための期間はどの程度か/最終的に帰国を拒否した捕虜はどうなるのか。

五月七日、共産側はそれまでの主張から大幅に譲歩した新たな提案をおこなった。ところがそれから一週間後、国連側代表団は攻撃的な対応をとった。すなわち、これまでの議論で懸案となっていた問題をテーブルの上に広げ、さらにはすでに決着のついている問題まで蒸し返そうとしたのだ。アメリカ陸軍公刊戦史の表現によれば、「国連軍司令部は共産国のやり方をまねて、相手の譲歩を受け入れたうえでさらなる譲歩を強要した」のである。[30] 共産側は激怒し、会談は再び中断しかけた。

やりすぎたと気づいたものの、期待外れの交渉にこれ以上我慢する気がないアイゼンハワー政権は、小規模の譲歩をつけてこれが国連側の最終的な立場であるという声明を出すことにした。これは、何の進展もなければ戦争の拡大も辞さないということであり、四つの行動でその決意を強調した――インドのジャワハルラール・ネルー首相との会談でダレス国務長官がおこなった最後通牒の提示[31]／「最終的」な案として提示するようにという国連代表団への指示／この指示に関する認識を強めさせるような共産軍上級司令官たちへの手紙の発出／モスクワ駐在のアメリカ大使チャールズ・ボーレンによるソ連指導部への示唆。[32] ローズマリー・フットが書いているように、五月末には「こういった脅しはすべて完了しており、共産側は状況を承知していたようだった。また、アメリカは、あと一週間で進展がなければ、朝鮮戦争の新たな、そしてより危険な段階に進む覚悟をしていた」。[33] だが六月四日、共産側が態度をやや軟化させて国連側が提示した「最終案」の大半に同意し、六月八日には両陣営の交渉担当責任者が捕虜交換協定に調印した。

李が本章の冒頭で述べたような行動を起こしたのは、このときであった。すなわち、迫りつつあった休戦を頓挫させるべく、収容所の警備にあたっている韓国兵に反共の北朝鮮兵捕虜を釈放させた。手に汗握る二週間が過ぎ、アイゼンハワー政権は中国側から、基本的に今回の違反行為は大目に見るが、今後同じような事態が起きないとの保証がほしいと求められ、いささか安堵した。[34] 中国側は特に、休戦協定成立後に李が協定を一方的に破らないという保証を要求した。このためアメリカは現状を受け入れるよう李を脅したりすかしたりして、最終的に李も、休戦協定に署名はしないが、協定を尊重することに同意した。共産側の最後の大攻勢（李承晩が反共捕虜を釈放したことに対する報復として始められた）が撃退されたのち、一九五三年七月二七日、敵対関係を終結させる休戦協定に両陣営の司令官がそれぞれ署名した。これで少なくとも実際の戦闘に関しては朝鮮戦争は終結した。

◉最終局面について

トルーマン政権に休戦交渉を始めようと最初に決断させたものは、アメリカの国力を無駄使いしているという現実認識であった。アチソンらに言わせれば、朝鮮戦争はその戦略的重要性をはるかに越える人的犠牲と国家資本を浪費していた。仁川上陸作戦成功後にもたげてきた、武力で朝鮮半島を統一しようとするご都合主義的な試みは、中国の介入を招き、戦況は惨憺たるものとなった。リッジウエイにより前線が固定され、ほぼ戦争勃発前の状態で和平を結べるように思われると、トルーマン政権はそのチャンスに飛びついた。アメリカの指導者たちは、このような冷戦のあまり重要でない戦場で引き分けを受け入れずに戦いを拡大すれば、オマー・ブラッドレーがマッカーサー聴聞会で述べたように、「まちがった時にまちがった場所で、まちがった相手とのまちがった戦争」を招くことになると考えた(35)。

そして一九五一年七月、トルーマン政権はこれ以上こじれないうちに朝鮮戦争から手を引こうとした。国連軍司令部の目的についてある上院議員から尋ねられたアチソンは次のように答えている——「われわれの目的は敵の攻撃を阻止し、韓国政府に対する侵略をやめさせ、平和を回復し、再度の侵攻にそなえることである。こうした軍事目的のために国連軍は戦っている(36)」。

それから数カ月間、国連軍はまさに次のような物的目標だけのために、戦場と交渉の場で激しく戦った——国連軍が堅固な防御陣地を維持できるような境界線／休戦成立後の共産軍の兵力増強の制限

／今後長期間にわたって国連軍が兵員を再補充し、交代させられるようにできる規定。国連軍がこうした事項を戦いと交渉の焦点としたのは、北朝鮮が再び侵攻してくる事態を心底恐れたからである。アチソンがイギリスの外務大臣に打ち明けたように、トルーマン政権はこの話し合いが真の平和をもたらすなどという幻想を抱いてはいなかった。

……交渉が成立する可能性についてだが、わたしは楽観的というより、慎重にみている。さまざまな兆しはロシア側が戦闘を終結させたがっている事実を示しているという、あなたの意見に賛成です。が、わたしは、共産側はある意味で自分たちの目的達成の妨げにならないような条件をつけて戦闘を終わらせたい、と考えていると思います……。ロシア・中国いずれも、朝鮮半島を共産政権下におきたいと考えている……。朝鮮において、一般的な政治的合意が達成される見通しはありません。休戦が成立したとすれば、われわれはその休戦協定と今後長くつき合っていかねばならないと考えるべきだと思っています。したがって、休戦協定はそのような観点から見たときに適切なものでなければならないと思います[37]。

話し合いが始まってから最初の数カ月、国連側内部は戦略方針についていろいろと意見が割れていた（国務省高官たちと国防省高官たちのあいだ、国連軍司令部と統合参謀本部のあいだ、さらには各組織の内部でさえも）が、それはあくまでも伝統的な現実主義の枠内での不一致であった——交渉を先へ進めるためにもっと圧力をかけるべきか、堅固な防御線を築くためにはどこの陣地がどの程度重要か、休戦成立後の安全保障のためには相手側にどのような規制をかけるべきか、等々。これらの意見の不一致は、交渉の妨げになる前に解消しておく必要があった。交渉者たちのスタイルや立場にいかなる実績があろうと、一九五一年後半におけるトルーマン政権の基本的姿勢は、非共産主義の南朝鮮を守ることができる条件さえ満たされるのであれば、この戦争から手を引きたいというものであった。この目的と衝突することがらはすべて排除された。

一九五二年の二月下旬には交渉議題の大半は妥結しており、捕虜送還問題が交渉を行きづまらせ始めたのはちょうどこの時点であり、結局、戦争終結を遅らせてしまったのである。うわべだけを見れば、この問題は理想主義が率直に示された例のように思われる――トルーマン自身そのように了解していたし、またアチソンたちもそのように吹聴していた。だが、真相はもっと複雑だったのであり、それには二つの理由があった――第一に、国連側の捕虜収容所の実態は、国連側代表団の交渉上の立場の道義性を傷つけるものであったこと。第二に、強制送還に反対する姿勢を最初に表明したとき、アメリカの指導者たちは、そのことがこれほど高くつくものであるとは夢にも思っていなかったこと、である。あとになって初めて彼らは、自分たちが休戦交渉を妨害したと理解したのである。

これは、朝鮮戦争の最終局面は三つにわけられるということを示している。まず膠着状態の容認、それから任意送還を主張する決断、そして何があってもその主張を引っ込めないという段階だ。第一の段階は、当時は非常に物議をかもしたが、いまにして思うとそれしかなかったように思われる。膠着状態を容認することは現実には非常に重々しいことであったかもしれないが、現実を見すえて実際的に動くのは当たり前のことであり、特別興味深いことではない。第二の段階は、当時は少々物議をかもし、少なくともアメリカ政府内部では議論が交わされた。任意送還の主張は、この戦争より前に起こった第二次世界大戦や、のちに起こるヴェトナム戦争における捕虜に関する通常の慣例から外れたものであるから少し議論する必要がある。その根本原因が、当時の意思決定者たちそれぞれの性格および時の政治状況にあったことははっきりしている。第三段階は、当時ほとんど物議をかもさなかった。このような歴史的に考えて例のない目的のために莫大な犠牲を払った事実を考えると、物議をかもさなかったこと自体が、いま考えると異常に思える。言いかえると、当時の人々の注意を引かなかったことこそが、振り返ってみて大変不思議に思われるのだ。

◉なぜ捕虜のことで騒ぎ立てるのか？

心理戦を担当する参謀であったロバート・A・マクルーア准将が一九五一年の夏に、国連側は亡命を希望する捕虜に対しては亡命を認めてはどうかと最初に提案した際、自分の提案は第二次世界大戦終結時、連合国側がナチスに捕らえられていたソ連兵捕虜を強制的に本国に送還したときに起きたような人的惨事を回避する措置になると考えていた。強制送還された者の多くが、本国に到着後、処刑されないまでも、自殺したり投獄されたりしたのだ。ソ連兵捕虜の送還を実施したアメリカ人の多くにとって苦い経験であり、そのような経験は二度としたくないとマクルーアは考えていた。亡命が認められる可能性があるとなれば、今後、戦争が起きた場合に共産軍兵士が脱走してくるかもしれないことにもマクルーアは言及している[38]。

統合参謀本部は、マクルーアの具体案には問題がいくつかあると考え、早々に退けた。だが、統合参謀本部も捕虜を強制送還するという考えには違和感を覚えていたため、このような案をほかの案とともにトルーマン政権に提出することにした。彼らは八月初め、国防長官になっていたジョージ・マーシャル宛てに手紙を書き、「軍事的観点から、統合参謀本部は提案された方針（『捕虜たちの同意なしには彼らを共産党政権の支配下に送還しないというもの』）に異存はない……。あらゆる点を考慮した結果、心理戦上非常に有効であるため、この案を支持したいと思っている」と伝えた[39]。

だが、マーシャルからこの手紙を回送されたアチソンは眉をひそめた。アチソンは、統合参謀本部は共産側の手に落ちている国連軍兵士を無事に帰還させることも望んでいることに言及し、これら二つの目標は相容れないだろうと指摘した。彼はマーシャルに次のように返答した――「国務省は、提案された方針をとれば、共産側に捕らえられている国連軍および韓国軍兵士の即時送還を難しくしかねないことになるのを非常に懸念している」。そして次のようにつけ加えた。

提案された方針を採用すれば、心理戦で優位に立てるかもしれないが、それでもそのような方針を一九四九年のジュネーヴ捕虜条約に抵触することなく実行する方法がなかなか見えてこない……。条約はとりわけ、停戦が成立次第、捕虜全員の即時送還を要求している……。またわたしの考えでは、米国の国益や、将来起こりうる紛争が求めるのは、ジュネーヴ条約の条項を厳守することだろう[40]。

(ほとんどの人が時と場合でその立場を変えるところが捕虜送還問題の皮肉なところである。ほんの二年前にジュネーヴ条約について議論が交わされていたころ、問題となっていたのは意志に反してソ連によって強制労働に従事させられ、ソ連国内にとどめおかれていたドイツ人捕虜であり、アメリカが本国送還を強く迫ったのに対して共産側は本国送還に断固反対した。実際、ドイツ人捕虜問題は朝鮮戦争で捕虜問題が大きな争点となってからも未解決のままで、ついに国務省内のドイツ問題専門家たちは、朝鮮問題の専門家たちに朝鮮では捕虜全体の交換を支持するよう助言までした[41])。

アチソンがもちだした類いの異論を聞き、特にリッジウェイが、いかなる捕虜であろうとこれを早まって釈放することは誤りであり、捕虜問題が和平への唯一の障害であるならば強制送還の方針をとるべきだと主張して譲らないため、統合参謀本部は考え直した。一〇月、リッジウェイは次のように率直に具申している。

送還を望まない中国兵捕虜や北朝鮮兵捕虜を共産党政権下の本国に送還しないことについて出されているさまざまな提案には、人道主義の観点から賛成する……。しかしながら、いまのところ、そして交渉中にはいかなる行動もとるべきではない。行動を起こしたら、国連兵捕虜および韓国兵捕虜の釈放を得るという基本的目標を危険にさらしかねないし、国連軍司令部代表団は共産側にわれわれの基本的目標の達成を危うくするような例外や特別規定を休戦協定に盛り込むよう迫るべきではない……。

捕虜の全体交換は、最大限の数の国連兵捕虜および韓国兵捕虜の釈放を確実にするために必要であると思えるのであれば、あるいは休戦交渉の決裂を回避するために必要であるならば、承認されるべきである。さらに全体交換をする場合には、以下のような人々であっても釈放する必要がある。

a. 戦争犯罪容疑者および戦争犯罪目撃者。
b. 諜報員と思われる者。
c. 国連軍司令部を自発的に支援した者。
d. 共産党政権下の本国への帰還を望まない者。(42)

リッジウェイの態度は、数年前にアイゼンハワーとローズヴェルトがとったそれとまったく同じだった——敵に捕らえられているアメリカ軍兵士の運命を気づかったことが、第二次世界大戦終結時の捕虜強制送還につながった。浴びせられる非難をかわすために、あるいは良心の呵責を和らげるためにのちにどんな言い訳を口にしようと、一九四五年の終戦時、アメリカの指導者たちはアメリカの方針を推し進めれば本国に送還されるソ連兵捕虜が不幸な目に遭うとわかっていた。実際、高名な歴史家マーク・エリオットはこの件について次のように語っている——「アイゼンハワーとマーシャルが、強制送還を求めるロシア政府の主張に同意したのは、彼らがロシアの無慈悲さを冷静な目でとらえていたからであり、東ヨーロッパに取り残されているアメリカ軍兵士が無事に帰国できなくなることを恐れていたからである」[43]。そのような現実を見すえた実利的な計算は無情に思えるかもしれないが、戦争が生き地獄だといわれているのには理由があるわけで、どんな司令官にとっても、戦後送還される敵兵捕虜の運命などさしたる関心事になりえなかったのである。

　だが、統合参謀本部が態度をひるがえしたように、アチソンも姿勢を一八〇度変えた——特にトルーマンがこの問題についてはっきりした考えをもっていると知ったためである。リッジウェイの電報が届いてからほんの数日後、捕虜問題についての覚書を渡された大統領は、「自分としては、投降してわれわれに協力している捕虜を送還するつもりはない。送還すれば、彼らはただちに殺されるだろう」と述べた[44]。極東問題担当国務次官補代理U・アレクシス・ジョンソンは、この会議の議事録の写しに「捕虜問題に関しては少しばかり大統領を教育する方法を考えなければならない」と記している[45]。だが、国務長官はどうやら大統領を「教育」するのではなく、むしろ大統領に協力することにしたようだった。というのは、その後数カ月間、アチソンはわざと強制送還に対するトルーマンの苦悩が深まるような言葉を使って繰り返しこの問題を提起しているからである。たとえば、一九五二年二月八日、自ら書いた重要な覚書にアチソンはこう記している。

帰国したら殺されると信じている共産兵捕虜たちを力ずくで送還することをアメリカ軍に要求するような協定は、個人の尊厳についてのわれわれのもっとも基本的な道徳的規準と人道主義の原則に反するし、また共産主義の圧政に反対する心理戦でのアメリカの立場を非常に危うくするだろう……。したがって、大統領がアメリカの現在の立場の維持を是認することを勧める。つまり、現在国連軍司令部に拘束され、本国送還に強く抵抗し、またそのため帰国後は殺される恐れのある共産兵士捕虜を力ずくで送還するよう要求する共産側の提案を受け入れないことを勧告する……。

アチソンは一九四五年秋、難民をソ連に送還することに反対し、大統領に就任してまだ間もなかったトルーマンのこの問題に対する不安をかきたてるのに手を貸している（それにもかかわらず、アチソンは戦争中にドイツに協力したソ連兵捕虜を、投獄・処刑されるとわかっていながらソ連へ強制送還することは黙認している）[46]。それから七年後に起きた朝鮮戦争では、二人はともに、つねづね道徳性に欠けていると考えていた強制送還という方法を破棄しようと決心したのである。

トルーマンが本気でそう考えていたと信じる理由は十分にある。トルーマンの一九五二年の日記の内容は、彼が公に表明してきたことと齟齬はなく、またトルーマンの性格がここに明白ににじみ出ている[47]。アメリカ側が提出した「包括提案」が五月に共産側から拒否され、交渉が中断すると、トルーマンは次のような公式声明を出した――「強制送還に同意することはありえない。同意したら……苦悩と流血の惨事を招き、アメリカと国連にとっていつまでも消えない不名誉となるだろう。捕虜が虐殺されたり奴隷にされたりすることと引きかえに休戦を買うようなまねはしない[48]」。非公式の場では、共産側の執拗なでっち上げの宣伝に憤慨してもっと感情的になり、本音を明かしている。

ソ連に抑留されているドイツ兵捕虜一〇〇万人はどうなったのか？　カティンの森で虐殺されたポーランド将兵のように殺されたのか？　お前たちは一体どれだけの数の韓国兵捕虜・国連兵捕虜を理由もなく射殺したのか？……。お前たちが協定に署名しても、それは協定内容が記されている紙ほどの価値もないだろう。お前たちはテヘラン、ヤルタ、ポツダムで結んだ協定をことごとく破った。お前たちには道義も廉恥心もない……。話し合いで嘘をつくのはもういい加減にしろ。われわれの公正な提案を受け入れなければ、完全に打倒するまでだ。

日記のなかで国連側の交渉代表団に次のような指示を出したと書いているときにトルーマンが完全に誠実であったわけではないと考えるのは、まったくの皮肉屋だけである――「孔子が道徳について語っている部分を連中に読んでやれ。仏典を読んでやれ。独立宣言を読んでやれ。自由と博愛についてのフランスの人権宣言を読んでやれ。権利章典を読んでやれ。マタイによる福音書の第五章、第六章、第七章を読んでやれ。ヨハネの第一の手紙のなかの反キリスト者についての予言を読み、通訳させろ[49]」。

しかし側近たちは、たとえ理想主義を信奉していたとしても、自分の感情を戦略の衣で包まなければならないと感じるときがあった。たとえば、いくつかの資料から明らかになっていることだが、チャールズ・ボーレン――ヤルタ会談でローズヴェルトの通訳を務めた――は、第二次世界大戦後、ソ連兵捕虜を強制送還した罪悪感に苦しみ、二度と再びそのような事態が起きないようにしたいと考えていたようだ[50]。だが、任意送還に疑問をもつ人々との話し合いでは、ボーレンは「より反対しにくい」

理論的根拠を前面に出した。ある会議で海軍作戦部長のウィリアム・M・フェクテラー海軍大将は次のように不満を述べている。

東京や朝鮮にいる同僚たちの多くは、アメリカ政府が多くの中国人に対する価値のない利他的な関心を放棄しさえすれば、捕虜についての問題は解決するのにと感じている。ボーレン氏はこれに反論し……自分たちの方針に利他的なところはないと言う。……もし……いま、この問題でわれわれが譲歩すれば、この先たとえどんなに重要なことであろうとも、切羽つまればこちらが譲歩するだろうと共産側に確信をもたせてしまうことになるだろう。この問題で譲歩すれば、西側の弱さを示すものと連中は受け取るだろう、と言うのだ。(51)

アチソン――トルーマンに対して絶大な影響をおよぼしていた男であり、その気になれば思うままにトルーマンの考えを左右できたかもしれない男――の感情や言動を決めていた要因は特に複雑だった。それは一九五一年秋に立場を変えたという事実や、美辞麗句で飾った自分の言葉が現実と乖離していると気づいても以前の考えに戻ろうとはせず、自分のまちがいを隠そうと嘘をついたという事実からわかる。任意送還支持を強く決意した当初、アチソンは捕虜問題は費用をかけずに道義的宣伝戦の勝利をもたらすものかもしれないと思っていた。たとえば、一九五二年初めにチャーチルとイーデンから和平の見通しを尋ねられると、「まあ、いずれ休戦になるでしょう。一月の末ですかな」と答えている。(52)この推測は、未解決のままになっている重要な案件は捕虜問題だけであるという認識、および三月中ごろに書いているように「共産兵士捕虜の大部分は本国に送還されるのを喜んでいる」という確信にもとづいていた。(53)四月に入って、送還を拒否する者がどれほどいるかを調べる捕虜の帰国希望調査が始まっても、アチソンはあいかわらず、一カ月もすれば和平協定が締結されるだろうと考えていた[54]。だが残念ながら五月に、回想録のなかでアチソン自身が遠回しに述べているように、「予期せぬ厄介な出来事が起きた」のである[55]。

◉捕虜収容所の実態

捕虜の帰国希望調査の結果には誰もが啞然とし、休戦交渉は中断された。当時、またのちに国務省がこの一件に与えたひねった解釈は、これは共産党の暴政に人々が不満を抱いている実体を反映しているにすぎず、その不満は誰もが予想しないほど大きかった、というものだ。国連軍に兵士を派遣していたオーストラリアは、「民間人捕虜を含めておよそ七万人の捕虜が、帰国したら生命の危険にさらされるというのは信じられない」と、この結果に懐疑的であった。このような外交上の大失敗をオーストラリアに弁明しようとしてアメリカ政府高官たちは次のように主張した――「送還されることに抵抗する捕虜がこれほど多いとは、われわれ自身仰天している。ジョン・D・ヒッカーソン国務次官補は、この数字は中国国内の状況について、われわれが理解している以上に重要な意味をもっていると述べている[56]」。だが実際のところ、捕虜の帰国希望調査の結果が語っているのは、共産党政権下の中国についてではなく、アメリカの無能な官僚主義的捕虜収容所管理についてだった。

組織理論は次のように示唆している――官僚機構は確立された手順にしたがって利を図る／名目上の上司から実質的に独立しており、政策の実施については特にそれが当てはまる／その結果、往々にして混乱が生じる。これこそまさに韓国の捕虜収容所で起きたことだ。収容所は、上層部の無頓着と無能の結果として、適切な管理・監督がなされず、劣悪な状態になるがままになっていたのである（それから約六〇年後にイラクのアブグレイブ刑務所で起きた事件を考えてみればいい。写真もある)。

共産側に捕らえられているアメリカ軍兵士に対して報復行為がおこなわれるのではないかと懸念するアメリカ陸軍は、「全派遣部隊、特に『些細なことで捕虜を虐待または殺す傾向のある』韓国兵がジュネーヴ条約を遵守することを確実にする目的で」、仁川上陸作戦が成功した直後から国連軍指揮下にある韓国内の捕虜収容所の管理を自分たちの手でおこなっていた。[57] だが、官僚組織としての軍隊の中核任務は、やはり戦闘である。捕虜の世話をすることほど、この中核任務からかけ離れているものはない。このため捕虜収容所の警備任務は、軍の組織からつねに無視され、野心のある意欲的な兵士たちからひどく嫌われている。朝鮮戦争でも事情は変わらなかった。国連軍の捕虜収容所に勤務したある衛生兵は次のように回想している――「前線で役に立たない者はみな、巨済島の中国兵捕虜収容所の任務にまわされた。最後はくずのような連中――酔っ払い、麻薬常用者、変人、なまけ者ばかりになった」[58](リッジウェイはこう書いている――「捕虜収容所の管理任務に割けるのは、戦線で求められる注意力と緊張感のない連中だけだ」[59])。

多数の捕虜が狭い収容所につめ込まれ、囚人密度はアメリカ連邦刑務所の法定基準の四倍という過密ぶりで、「アジアの田舎者にふさわしいとアメリカ兵が考える日常を送っていた……。西洋人の朝鮮人や中国人に対するあつかいは、連中は自分たちのような人間ではなくむしろ動物に近いという根深い確信に影響されていた」[60]。わずかしかいないアメリカ兵はやる気がなかった。「警備兵は勤務時間中に居眠りをしたり、持ち場を離れて隣接する難民収容所で売春婦を買ったりしていた。将校たちの士気は低く、収容所長は頻繁に交代していた。アメリカ第八軍のなかで巨済島は『墓場』と考えられていた」[61]。

驚くにはあたらないが、このような手ぬるい管理と、朝鮮戦争および中国の国共内戦でつちかわれた思想的な激しい感情が結びついて、大惨事が発生した——アメリカ軍は捕虜の運命を心配しなかったかもしれないが、李承晩、蔣介石、毛沢東、金日成はまちがいなく心配していた。たとえば、李は自分の政権に対する北朝鮮兵捕虜の支持を広げようと、陸軍省に特別部門を設置した。また、台湾の中国国民党は国連のさまざまなプログラムを隠れ蓑に、中国兵捕虜に反共主義を売り込んだ。一方、北朝鮮および中国の共産党は最初から捕虜を宣伝活動に利用し、工作員に密命を授けて収容所に送り込み、適当なところで「事件」を起こした。反共勢力に共鳴して援助するアメリカ兵もいた。しかし、アメリカ軍は基本的にこの大混乱を無視するという立場をとり、事態をますます悪化させたというのが、巨済島におけるアメリカ軍の真の役割である。

このためちょうどトルーマン政権が捕虜の強制送還について最終決定を下そうとしていた時期に、巨済島の捕虜収容所は朝鮮半島中央部の尾根同様の戦場となりつつあった。リッジウェイは、少なくとも首尾一貫していた――捕虜収容所の状況にはほとんど関心がなかったが、送還後の捕虜の運命を大きな問題とすることは望んでいなかった。さらに、この問題をいったんもち出すと引っ込みがつかなくなるだろうと警告していた。一方、アチソンとその側近のU・アレクシス・ジョンソンは、強制送還しないことをアメリカの神聖な政策とするよう迫ったにもかかわらず、その代価がどれほどになるかをあらかじめ考えようともしなかった。彼らは、自分たちの主張を押し通しても休戦交渉は成就できると考えていたのであり、自分たちの提案した行動が早い時期に休戦が成立する見込みを台なしにしてしまうかもしれないというような心配はまったくしていなかったのだ。

一九五二年初め、帰国希望調査によって明らかになるであろう送還を希望しない捕虜の数についてさまざまな推測が政権内で飛び交い、一部の推測は中国側が受け入れに前向きである可能性を示唆した数値の範囲内に収まっていた。二月に国連軍捕虜収容所をざっと視察していたジョンソンは本国の懐疑的な人々に、帰国希望調査後に判明する帰国希望者の数は中国側が受け入れられる範囲になるだろうと請け合った――駐韓アメリカ大使ジョン・H・ムーチョから正確な報告を受けて、もっと正確な情報を知っておくべきであったにもかかわらず[62]。たとえば、一月には国務省の政策立案担当者の一人が次のように警告を発している――「国務省の人間の現地からの報告によると、中国兵用の強制収容所は、収容されている捕虜たちが事実上管理している。その管理の方法……は、直接的で血なまぐさい野蛮なもので……要するに恐怖政治である」。

三月、ムーチョはジョンソンに上記の警告に具体的な肉づけをした報告書を何度も手渡した。

中国兵捕虜を管理している連中は、捕虜たちによって自由に選ばれたのではなく、アメリカ軍の捕虜収容所担当者によって反共産主義的に見えるという理由で指名されたその場しのぎの捕虜管理受託者たちである……。この連中は、大勢の中国兵捕虜に対する食糧・被服・燃料・医療について差別的な統制をおこなっている。台湾の息のかかった……この連中は、数カ月にわたり、台湾移送の申請書を集める運動をおこなっている。この宣伝活動は山場にさしかかっており、凶暴な力にものを言わせて署名を集めている。彼らは強引な手段で中国兵捕虜収容所を支配している。殴打・拷問・懲罰の脅しを利用して、多数の中国兵捕虜を威嚇している……。これは台湾へ強制的に移住させようとする企てであり、板門店で国連軍司令部が主張している捕虜の任意送還という立場と明らかに矛盾するものである[63]。

この報告書を読んでジョンソンはどのような反応を示したか？「中国兵捕虜問題について知らせてくれた手紙に感謝する。いまのわたしにできるのは、うまくいくようひたすら祈ることだけだ[64]」。

五月一二日にムーチョからアチソンに送られたもう一つの報告書から、この捕虜収容所内のさらにくわしい状況が明らかになった。報告書には次のように記されていた――「帰国希望調査の最大の特徴は、中国国民党寄りの捕虜が……オリエンテーションおよび帰国希望調査の各段階で、『台湾に行くことは拒否する』の項目を選択した捕虜を組織的に脅迫し、暴行を加える（このことは中国国民党寄りの捕虜により好戦的に宣伝されている）ことによって、この手続きを牛耳るということが広くおこなわれているということだ。捕虜を手ひどく殴打したり拷問にかけたり、ときには殺す場合もある」[65]。

ムーチョは帰国希望調査が再度おこなわれる前にこの問題が解決されるようにと、その後も引き続き情報を送った。その年の夏、「帰国希望調査が始まる前にもその最中にも、組織的な殺人・殴打・脅迫などを含む手あらな恐怖統治がおこなわれてきている」という実態を電信で繰り返し訴えた[66]。国務省内のほかの報告書も、ムーチョの調査結果を裏づけていた。たとえば、国務省の情報調査局が七月に提出した長文の報告書は次のように結ばれている――「帰国希望調査に先立つ数カ月間、収容所管理を任されている中国国民党寄りの捕虜たちは、台湾の中国国民党およびアメリカの支援を得て、主な中国人捕虜収容所に警察国家のような支配体制を確立していた。これは、本国送還反対に向けて帰国希望調査に絶大な影響をおよぼす基盤と手段を提供していた……」。この報告書には、「帰国希望調査中にこの連中によっておこなわれた、捕虜の体への反共スローガンの刺青入れの強制や手あらい暴力的な強要」とともに、「このような事態を予想して対処する準備をしておく先見の明が国連軍に欠けていたこと」がくわしく書かれていた。報告書は、収容所でのこうした問題が完全に解決されれば、現在一万四〇〇〇人いる中国兵の『送還を拒否している捕虜』のうち、四〇〇〇人ないし一万人程度は共産側に転向するかもしれない」と推測していた[67]。

国連の交渉代表団もこの問題を承知していたが、沈黙を守った。たとえば、休戦交渉における国連側首席代表のC・ターナー・ジョイ海軍中将は、四月の帰国希望調査終了直後、日記に次のように記している。

国民党寄りの捕虜管理受託者がいる収容所は彼らに完全に支配されているようで、帰国希望調査の結果も捕虜の本当の選択を示しているわけではない。ウー中尉とメイ中尉およびその中国語通訳たちは、国民党寄りの捕虜の支配下にある収容所で、捕虜教化期間中、この連中を隔離すれば、中国への帰国を希望する者の割合が一五パーセントから八五パーセントに増えると考えている……。彼らの話では、正式な帰国希望調査がおこなわれるのに先立ち、第九二棟で模擬調査がおこなわれた。捕虜管理受託者たちに中国帰国を希望する者は前に出るよう言われ、言われるままに前に出た連中はあざだらけになるほど殴られるか、殺されたそうだ。中国兵捕虜の帰国希望調査の現場を監視した経験をもつウーとメイは、中国兵捕虜の大部分はおびえていて、本当の希望を口にできないと確信したとも語っていた。彼らはどこに行きたいか尋ねられたら、「台湾」と答えるほかなかったのだ。(68)

だが国務省の幹部たちは、そのような実態を考慮して人道的と称している方針を考え直すのではなくて、問題をはぐらかすことにした——帰国希望調査をめぐる問題を隠し、捕虜送還問題に関する国連の方針を一般に向けてこれまで以上に雄弁に語ることにしたのだ。一つには、捕虜収容所内の状態が実際の状態よりもひどく見えるような共産側の宣伝に信憑性を与えないためであった。たとえば、『プラウダ』紙は、「半裸で柱に縛りつけられ血だらけになっている捕虜を描いた『アメリカの慈悲心』という題の風刺漫画を特集していた。捕虜の正面にはアメリカ軍少将が血のこびりついたリボルバー、大きな針のついた皮下注射器、血まみれの手錠、太い鞭を手に立っている。少将は捕虜の血だらけの手をあげ、『見ろ、こいつは帰国を希望していないぞ』と言うのだった」[69]。

ソ連の新聞は事実無根のばかばかしいつくり話を何度もでっち上げ、国連軍の収容所をナチスの死の収容所になぞらえたりもした。

巨済島！　マイダネクの陰気な影が再び世界をおおい、死臭が漂い……痛めつけられた人々の口からうめき声が漏れている。どうやら「洗練された」アメリカ人は、残虐なヒトラー主義者たちよりも冷酷かつ破廉恥になれるようだ。ダッハウは死の収容所だった。マイダネクは死の工場だった。巨済島は、全体が死の島だ……。アメリカの絞首刑執行人たちはそこで武装解除された兵士たちを拷問にかけて、傷めつけ、殺している。捕虜たちを毒薬の人体実験に利用している。ヒトラー主義者以上だ。捕虜をモルモットにして自分たちの細菌「兵士」――病原菌――の威力を調べている[70]。

一方、親共捕虜の勢力が強い収容所棟には、警備兵たちも怖がって立ち入らないので、ここの捕虜たちは反共捕虜の勢力下にある収容所棟の捕虜たちほどひどいあつかいは受けていなかった。この親共捕虜たちに対して、暴動を起こして収容所長を拉致するよう指示が出された。この騒ぎとソ連紙の特集記事によって、国連軍管理下の捕虜収容所の実態が世界中に知れわたった。

このことでアメリカとその同盟国とのあいだの溝はさらに深まった。同盟国の本音は、オーストラリア首相ロバート・メンジーズ卿の言葉に要約されている――「もし同盟国が戦争の続行か捕虜の強制送還か二つに一つを選ばなければならないとしたら……迷わず後者を選ぶだろう」（皮肉なことに新たに捕虜収容所長に就任したアメリカ軍の准将も同じように考えており、単独で——上司たちに内緒で——送還拒否の動きがこれ以上広がらぬよう「抑える」方針をとり始めた。のちに、「わたしとしては戦争を拡大させたくなかった。あと少し多くの捕虜が反共産主義者だと主張していれば、戦争は拡大しただろう」）と書いている。[71]

事態の危機回避をねらって「とるべき手段と、捕虜およびそれに関する問題から生じている熟慮すべき事項」を話し合うために、一九五二年四月二〇日、国務省で会議が開かれた。議事録には、国連軍司令部の行動を擁護するための広報活動の概略を議論したにもかかわらず、捕虜に関して、「われわれも国防省も、現在の状況について、すなわち今回発覚した、いずれ厄介なことになる可能性のあることがらについて、詳細を知らない」と記されている。さらに、この議事録は次のことについても慎重に言及している。

この時点で全面公開することが望ましいかどうかは若干疑わしい事実（ポール・ニッツェはこれを「テーブルの下の爆竹」と表現した）。

a．中国人捕虜に対する帰国希望調査に先立っておこなわれる中国国民党の活動。
b．帰国希望調査が始まる前および調査期間中におこなわれている捕虜間の残虐行為。[72]

この隠ぺい工作は所期の効果を収めた——トルーマンが自分の重視する方針の裏にあった真実を知っていたという証拠はないし、主流派の歴史学者たちがこの捕虜問題を詳細にあるいは疑いの目で論じるようになったのは、それから三〇年ほどが経過して関係資料を自由に閲覧できるようになってからである。さらに、一九五二年五月以降、捕虜問題に関するアメリカの立場は基本的に戦争が終結するまで変わらなかった。トルーマン政権は任意送還という主張をずっと繰り返し、統合参謀本部までもが政権の考えを支持するようになった。トルーマン政権は共産側にはいかなる譲歩もしたくないと漠然と思っていたし、膠着状態になるのを覚悟のうえで任意送還という決着の強要を望んでいたのである。

◉アメリカ国民は何を望んでいたか？

一九五二年七月、共産側は、「国連軍司令部が中国人捕虜を全員強制送還すれば、休戦の取り決めをおこなう」と発表した。[74] その後も同様の申し入れが繰り返されると、大きな謎が生まれた——なぜアメリカの政権は二代にわたって、戦争終結に向けての、やろうと思えばできるはずの行動をとらなかったのか？

一つの考えられる答えは、議会と世論の影響である。たとえば一九五一年にリッジウェイは、「捕虜を庇護することは人道的な感情に強く訴えるので、いったん広く世間に知れると、その提案を支持しろというアメリカ国民の要求は、その立場を放棄することを阻むかもしれない」と警告していた。[75] だが、トルーマンのときにはそのような世論の動きはなかったし、アイゼンハワーのときには一部でそのような動きがあっただけだ。

たしかに議会では、右派の共和党議員たちは強制送還しないという方針を強く支持していた。たとえば一九五二年二月、トルーマン政権が方針を決めつつあった時期に、ウィリアム・ジェンナー上院議員が主導して任意送還に関してアメリカ政府が確固とした姿勢をとるように求める上院決議を提出し、これにかなりの数の上院議員が同意している。[76] このころはトルーマン政権に対する支持率がどん底まで低下していた時期でもあり――その月のギャラップ調査では大統領の支持率は二二パーセントまで下がり、三月末には大統領は再選をめざさないと発言した――批判的な人々を満足させるために強硬な反共産主義者としての実績をあげる方法を思案していたというのはもっともな話だ。捕虜の送還問題に関して強い態度に出れば、短期的には大統領のイメージアップになるだろう。だが一方、悲鳴をあげ、泣き叫び、自殺しかねない捕虜を、待ち構えている共産側に送り返す決断を下せば、世論との関係は悲惨なことになるだろう。

二月八日のトルーマン宛ての手紙のなかでアチソンが述べているように、「国内外の世論は強制送還をしないという方針を望ましいものとして支持すると期待できるだろうが、この方針を貫くと朝鮮半島における交戦状態が続き、おそらくは拡大することになるとわかれば、支持は……しぼむだろう」。翌月に開かれた会議で陸軍参謀次長はこの問題を取り上げた――「捕虜問題に関するアメリカ国民の態度に本当に疑問はないのか？　自分がどちらの立場を強く支持しているのか、誰もわかっていない。アメリカ国民は、アメリカ軍兵士を共産主義者の手にゆだねておくことを支持するのか、それとも強制送還はしないという原則をあくまでも主張したいのか？」[77]。

トルーマン政権が任意送還という原則を主張する以前、アメリカ国民は国連軍の管理下にある共産捕虜については関心が薄く、気にかけるのはもっぱら共産側に捕らえられているアメリカ兵捕虜についてのみで、[78] そのことが戦争中に劇的に変化することはなかった。共産兵捕虜を強制送還しないという方針に異議を唱えるような大物政治家はいなかったし、主要新聞各社もこの方針を支持していたが、世論は複雑かつ流動的で操作可能だった。トルーマン政権が望んでいたら、これとは正反対の方針への支持を勝ち取ることもできていただろう――このことは、国務省の世論調査局からあがってくる報告書を読んだ指導者たちにはわかっていたことだ。送還問題に関する国内事情と、トルーマン政権が何を知っていたかということについての全体像をつかむために、これらの報告書をある程度くわしく引用しておく価値はある。

一九五二年三月三日

捕虜問題に関して、時事問題解説者たちは……憂慮し……意見がわかれている……。この問題がニュースになったときから一部のラジオ番組の解説者や雑誌編集者たちは、国連軍の管理下にある反共捕虜が強制送還されないようにすることよりも、共産側の管理下にあるアメリカ兵捕虜の解放を確実なものにすることの方がはるかに重要だと強調してきている。だが世論を見ると、世界の主要な自由主義諸国は、まずまちがいなく死ぬ——処刑されるかもしくは自殺する——反共捕虜を共産側に引き渡した以前のあやまちを繰り返してはならないとの意見が支配的である……。先週一週間ぐらい、捕虜問題に関して国連側の交渉担当者たちを悩ませているこの「深刻なジレンマ」についてかなりの議論がなされているが、当たり障りのないものばかりだ。この状況は、以前は国連の姿勢を支持するとしていた世論が少し変化してきていることを示しているのかもしれない。(79)

一九五二年八月一三日

朝鮮戦争をさっさと終わらせたいという点ではアメリカ人の意見はまとまっており……。この戦いをいかにうまく終結させようかと頭を悩ませている。国民の二五パーセント程度は、アメリカ軍を撤退させる案に賛成するだろう。四〇パーセント程度は、現在の困難な事態にひるまず突き進む案に賛成するだろう……。とりわけ捕虜の送還問題に関する国連の立場は、新聞や世論によって再確認されている。七月におこなわれた世論調査では、国連の姿勢を支持する割合が五〇パーセントから五八パーセントに増えている。以前捕虜問題に関して「妥協すべき」と書いた有力紙でその主張を繰り返しているところはほとんどないが、ラジオ番組の解説者のなかにはあいかわらず「妥協すべき」としている者もいる。大多数の新聞は国連の立場を支持するとの従来の主張を繰り返している。もちろん一般大衆はこれまで通り、共産側の捕虜となっているアメリカ兵の帰国を実現させるために必要になった場合は譲歩すべきだと考えている。[80]

一九五二年九月一五日

停戦協議の現段階においては、合意に達するために「譲歩」することを支持するような意見はほとんどない……。捕虜問題に関して、任意送還を求めるという立場を撤回してもよい、あるいはそうすべきだと考えている解説者はほとんどいない……。だが一般大衆は、アメリカ兵捕虜を取り戻すために国連軍の管理下にある共産捕虜全員を送還するべきだという感情的に説得力のある主張を前にすると、捕虜問題で任意送還に固執せず譲歩すべきだという考えを支持する。一九五二年七月におこなわれた世論調査の結果は次の通りだった。

三一パーセント　捕虜全員の即時送還を支持する。

四〇パーセント　アメリカ兵捕虜を取り戻すために必要ならば、捕虜全員の送還を支持する。
二〇パーセント　反共捕虜の送還は「絶対にすべきではない」。
九パーセント　どちらともいえない(81)。

つまり、条件つきを含めれば、七一パーセントが全員送還を支持していた。世論はトルーマン政権の姿勢を一応黙認していただけであって、世論が政権に対しそのような姿勢をとるよう求めていたわけでないことはまちがいない。

トルーマン政権は国内世論をほとんど気にしていなかったが、その一方で世論を積極的に支配しようとし、捕虜問題を自分たちの政権の目的のために利用したのである。この主題に関する優れた研究のなかにこのあたりの事情をうまく説明しているものがある。

あくまでも任意送還方式を求めていくと決定したホワイトハウスと国務省は、その方針を国民にどう売り込むかという問題に直面した。自分たちの提案を国民はほとんど支持していないと確信した政府高官たちは、この提案を盛り上げていく必要があると判断した。国民が戦争のすみやかな終結とアメリカ兵捕虜の即時帰国を好ましいと考えるだろうとの認識の下、潜在的な反対意見を無力化しなければならないと結論づけた。

国民の支持を集める一つの方法は、この戦争を人権擁護の道徳的聖戦に変えてしまうように任意送還を利用することであっただろう。政権が朝鮮半島統一という明確な目的から後退して以降、国務省の広報室も非公式には認めているように、国連の目的は「アメリカ国民の目から見て、次第にはっきりしない、真意のわからないものとなっていった」。だが、いまや政権はこの戦争を単に敵を殺す以上の何かに変える好機を得たのだ。[82]

トルーマンの配下たちは自分たちの好機と考え、賭けに出たのであり、その結果としてイデオロギーの対立があおられることになったのである。

アイゼンハワーの立場は少しちがっていた。アイゼンハワーは、アメリカの有権者から朝鮮で何か新しいことをする権限と、その新しいことが何になるかをある程度自由に決める権限を与えられたと考えていた。任意送還という主張の撤回を本気で考えてはいなかったが、国内政治的な理由と、戦争を継続すれば今後も巨額の軍事費がかかるという理由から、早急に朝鮮戦争を終結させなければならないと思っていた。たとえば、一九五三年春になって捕虜の送還方式をめぐる共産側の態度がようやく軟化し始めたとき、国務長官ジョン・フォスター・ダレスはこの変化をうまく利用して北朝鮮から領土をもう少し多く獲得したいと考えた。国家安全保障会議（NSC）の記録には次のようにある。

状況の変化と、休戦に対する共産側の願望が強いものであるらしいことを考えると、ダレス長官には以前合意した休戦のほかの条項に現在も拘束されるべきかどうか疑わしく思えたようだ。長官は、北緯三八度線を境とする単なる休戦よりも、もっと満足のいく解決を実現することが十分に可能であるとの考えを述べた……。個人的には、北緯三八度線よりも北側の半島のくびれのところで分割するのでなければ休戦を中止するぞと共産側に言いたかったのだろう。[83]

だがアイゼンハワーは、休戦交渉に対する国内世論の反応についての自分の考えをはっきり説明しながら、ダレスの提案を簡単に片づけた——「いまになって休戦を中止するわけにはいかないし、朝鮮半島で戦争を再開するわけにもいかない。アメリカ国民はそのような動きを決して支持しないだろう、と大統領は自分の考えを述べた」。

それから一カ月後、休戦の見込みに現実味が出てくると、ある側近が次のような疑問を提起した——「休戦交渉が二年間も中断し、その間『激烈な戦闘』が続いていたにもかかわらず、和平交渉の席でも戦場でもほとんど戦果がないままということであれば、休戦は国民から強い抗議を受けるのではないでしょうか」。アイゼンハワーは持ち前のかんしゃく玉を爆発させて言った——「もし国民が文句を言ったら、戦闘が続いている朝鮮戦争の最前線に志願する覚悟はできているのかと言ってやれ[84]」。政治的理由と経済的理由から何としてもこの戦いを終結させなければならないという強い思い、そして、捕虜の送還問題について妥協を嫌う明白な姿勢（第二次世界大戦末期にとった彼の行動とは雲泥の差である）を考えると、共産側が軟化していなかったらアイゼンハワーは一体どうしていただろうかというのは、答えられないとしても、大変面白い問いである。

◉アメリカのパワーと捕虜問題

では、一体なぜアメリカの指導者たちは捕虜問題に長期的にかつ深く関わったのか？　結局のところ、そうすることができるだけのパワーをもっていたからである。朝鮮戦争の最終局面におけるアメリカの政策決定は、そのころのアメリカの国力抜きには理解できない。一九五〇年、アメリカの国民総生産は世界第二位の国の三倍、世界第三位の国の五倍で、それから二年後の朝鮮戦争の最終局面でアメリカはこれほど大きな経済力のかなりの部分を軍事力に回していた[85]。体重八〇〇ポンドのゴリラはどこで寝るのか——寝たいところで寝る、という小話のように、アメリカは座りたいところに座れた。この場合には、かつて敵だった兵士たちの個人としての運命に関心を示す道を選んだという意味だ。大国がそのようなことのために戦うのは、人類史上まれな話である――しかしまた一方では、他国と比較してそれほど強大なパワーをもつ国の存在自体がきわめてまれなことであり、だからこそ、軍事力のかなりの分をあまり重要でない目的のために使うという贅沢なことがやれたのである。

トルーマン政権は中国の参戦により劣勢となった戦況を何とか挽回すると、朝鮮戦争から撤退する方向で動き出した。北朝鮮の併合というような戦略地政学的につまらない目的のためにこの戦争をグローバルな紛争に拡大する危険を冒したいと考える高官はほとんどいなかった――彼らがかつて北朝鮮を手に入れようとしたのは、それが金もかからず簡単に成功することだと信じていたからであった。リッジウェイがうまくやって戦線を固定させると、国連軍は少なくとも引き分けにはもち込めると思った。トルーマン政権の高官たちは、少なくとも今度の場合は、この引き分けを、自分たちの分別が戦場における剛勇を抑えた結果であると見ていた。

しかし、トルーマンとその側近たちはこの結果を強要されたわけではなく、意図的に選択していたのであるから、朝鮮戦争勃発以前の状態に何がしかのプラスアルファを獲得するまで協定の署名を延期するつもりでいた。ある評論家は次のように簡潔に述べている――「休戦交渉がすみやかに進まない大きな原因は、アメリカの姿勢にあった。アメリカには、基本的には分断された朝鮮というもとの状態を回復することではあっても、韓国の将来の安全を保証するために、韓国に十分有利に働く条項を協定のなかで主張する道義的な権利と責任があった[86]」。一九五一年秋、こうした問題は――話し合いと戦場で――大部分が解決され、その年の暮れには休戦が実現するものと思われた。

ところが、そこで思いがけなく捕虜の送還問題が最重要課題になった。アメリカ軍首脳部は、国連側交渉団の首席代表が激怒して主張したように、こう思った――共産側の捕虜の亡命を認めたら「アカたちは連中の捕虜になっているこちらの兵士を帰還させずに報復するだろう。要するにわれわれは、かつてわれわれに敵対し、われわれをねらって撃ってきた中国や北朝鮮の連中のために、国連軍兵士を犠牲にするのだ[87]」。国連軍側は、どんな形であれ捕虜の帰国希望調査をおこなえばその結果は絶対的なものとなるだろうから、調査は「国連軍司令部の立場からみると、現実的ではなく、望ましくなく、不必要で危険である」と考えていた[88]。

だがトルーマンとアチソンは、第二次世界大戦終結時の苦い経験を繰り返したくなかった――二人の心に「ヤルタの記憶、一九四五年に何十万もの不運なロシア兵捕虜が、西側連合国によって残忍なスターリンのもとに送還されたという記憶が重くのしかかっていた[89]」。膠着状態を認めなければならないことに心を痛めながらも、あのときのような痛ましい光景を今回は目にしたくないと思うと同時に、捕虜問題はすばらしい宣伝になると二人は考えた。そこでトルーマンは専断で政権内部での討議を終わらせ、国としての政策を決定した。アチソンがこの問題をもう少し深く考えていたら、自分のやろうとしている賭けをしっかりと理解し、大統領を別の方向に導こうとしたかもしれない。だが、彼は深く考えず、この問題はたちまちおおごとになり、国際的に波紋を投げかけた。

朝鮮戦争における捕虜の強制送還問題においては、筋の通った高尚な道徳的関心があった。自分の意志で帰国した共産捕虜ですら、実際ひどいあつかいを受けたのである――戦争終結後、彼らの存在そのものが共産主義国の指導者たちから、恥、思想の汚染源、思想的にひたむきさが足りない証拠とみなされた(とどのつまりは、真の共産主義者ならば、そもそも生きて身柄を拘束されたりしないだろうということだ[90])。それでも、単純な博愛主義だけではアメリカの行動を十分に説明できない。その当時もそれ以降も、多くの評論家がそのような説明をしているが。

なぜ説明できないのか? 第一に、この道徳上の問題はアメリカが提示したような単純明快なものではなかった。送還を希望しない者の数は、李承晩や蔣介石の手先たちによる収容所の厳しい管理の結果、劇的に増加していたし、また韓国および台湾における独裁政権（結局、送還を希望しない捕虜たちはここに送られたのである）は、真実や正義やアメリカ流の輝かしい前線基地ではなく、共産国よりは少しはましというだけだった[91]。第二に、捕虜たちをめぐるドラマが展開していたのとちょうど時期を同じくして、アメリカ軍は捕虜の何倍もの数の南北両朝鮮の兵士、市民の命を平然と犠牲にし——北朝鮮のかなりの領域を故意に冠水させることまでしていた[92]。博愛主義なり理想主義が本当にこの時期のアメリカの外交政策を決定した主要因だったとすれば、多くの局面で事態はまるきりちがっていたはずである。

そのうえ、朝鮮戦争での国連軍の戦闘犠牲者の四五パーセントは、休戦交渉が始まってから生じている。そのうちアメリカ兵の死者九〇〇〇人を含む一二万四〇〇〇人以上は、捕虜の送還問題が合意に達しない唯一の議題となって以降の犠牲である。任意送還の姿勢を貫いたことによりかかった金銭的な経費を算出するのは難しいが、一九五二年当時で少なくとも数十億ドルかかっている（現在の価値に換算すると何百億ドルにもなる）。実利的でない利害のために重い負担に耐えるのは嫌だという国が多いことを考えると、朝鮮戦争の捕虜問題が本当に単純な博愛主義の実践だったとすれば、それはアメリカの純粋さが明白に表れた結果だというよりも、世界史上まぎれもない例外とみなされるべきだろう。

同じことは、ポスト修正主義派の学識者のあいだで一般的に共通して見られる考えについてもいえる。捕虜問題に関するアメリカの立場は、宣伝戦で勝ちたいという欲求に駆られてのことだったのだと彼らは考えている。たしかに主な意志決定者たちはそう考えていたが、冷戦のあまり重要でない戦場と誰もが認めるところで実利的でない利害のために高い犠牲を払うことをいとわないという積極的な意志は、アメリカのとった立場の説明になっているというよりも、歴史的な基準から見てそれ自体が異様なことだったのだ。

　何がこのような例外的で異様な状況をもたらしたのか？　朝鮮戦争中のアメリカの行動に本当に影響を与えていたのは、他国に比べあり余るほどの強い国力だった。強い国力をもっていたからこそ、アメリカの指導者たちは、あれはまちがっていたと考える第二次世界大戦終結時の行動を繰り返さずにすむと同時に、明白な勝利を勝ち取れない戦争のなかで厄介な問題に心ゆくまで関わることができたのだ。交渉中、国連側の首席代表ジョイ海軍中将が共産側の首席代表に、「どうやら貴官には、強く誇り高い自由主義諸国は、強いがゆえに、主義のために高い犠牲を払うということを理解できないようだ。誇り高いから、罵声を浴びせられてもだまされても毅然としていられるし、自由であり、真実を恐れないから、正直に話ができる」と語った。[93] 国連側の態度が毅然としたものであり正直だという主張は、相手との比較のうえでの意味でしかなかった。しかし、アメリカの国力と、それがもたらした歴史的に考えて並外れた行動の自由に由来する、強いからできるのだという主張は文句なしに正しいものであった。

　皮肉にも、これをアメリカ人よりもよく理解していたのは中国政府だった。中国政府は捕虜を人間として気にしていたのではなく、象徴として気にかけていたのだ。彼らにとって重要なのは共産主義の躍進であり、数千人の徴集兵たちの人生の将来ではなかった。中国が望んだのは、憎むべき敵が歴史の流れについてとんでもないメッセージを送ることをこれ幸いと受け入れながら、捕虜の一部に公然と資本主義を拒絶させることだった。[94] 中国政府にとっては、面子も大事であった。捕虜の全体交換ならば、双方が対等の立場にあることが正式に認められるだろう。板門店でアメリカ側が捕虜交換に対する独特の考えを明らかにすると、中国側はこれを卑劣な行為、自分たちを脅し、恥をかかせようとする「不当で慣例に反した」企てとみなした。アメリカ側は戦場ではやっと引き分けにもち込んだにもかかわらず、交渉の席では引き分け以上の顔をしている、と中国側は感じていた——これこそ独善的でうぬぼれの強いアメリカが押しつけようとしたものだ。「この交渉は勝者と敗者のあいだでおこなわれる交渉ではない」と、一九五一年一一月、共産側の交渉団主席代表は内輪で随員に語っている。

穏当な表現で言えば、この話し合いは戦場で引き分けになった両者の話し合いなのだ。それでも一方はその事実を認めようとしない。アメリカは世界一の強国である。謙虚になりそうもない。対してわれわれは、解放を達成したばかりの国だ。とはいえ、われわれを圧倒できるような国はどこにもない。敵はこちらを圧倒したいと考えているが、こちらも敵の抑圧を甘受する気はない……。向こうは交渉でありとあらゆる策略をめぐらせている……連中はわれわれと簡単に折り合うつもりはないのだ。(95)

この言葉は、それまでの数カ月間の事情（この間、両陣営は似たような戦略をお互いにめぐらせていた）を正確に伝えているものではないが、その後生じることになる情勢の特徴をよくとらえたものであり、まったくの見当ちがいな発言ではない。

アメリカが捕虜について任意送還方針をとったため、紛争が低級な神経戦・消耗戦となり、彼我の国力の差が交戦各国の行動に影響をおよぼした。北朝鮮はもっとも国力が弱く、そのため一九五二年中に手を引こうとしたが——中国に反対された。その中国が次に手を引こうとすると——今度はロシアに反対された。ロシアは、スターリンが死ぬと、自国の負担を打ち切る決断をした。結局このことが一九五三年春の休戦交渉打開へとつながったのである。一九五三年六月、李承晩韓国大統領は韓国軍警備隊が警備していた捕虜収容所から捕虜を釈放するという大胆なまねをして、そうでもしなければ得られなかったであろう安全保障をアメリカ政府から引き出した。最終的に世界最強のアメリカは、その国力を利用してほかのどの国よりも忍耐強く待ち、冷戦の最中に何万もの共産兵捕虜が反共産側に逃れることを敵に認めさせた。これが強力なパワーの賢明かつ計画的な行使であったか否かは、これまでほとんど議論されたことのない問題であった。

第6章　ヴェトナム戦争

ヘンリー・キッシンジャーとその側近ウィンストン・ロードは、いましがた耳にした言葉がまだ信じられない思いだった。「やったな！」と二人は握手を交わし、交渉の休憩時間中、公園をそぞろ歩きながら、ついさっき北ヴェトナムが提示してきた協定案について話し合った。これでこの戦争で戦い死んでいった兵士たちの名誉が守られると思ったと、アレクサンダー・ヘイグは語っている。ジョン・ネグロポンテは、南ヴェトナム政府がどう思うか気にしたが、彼が愚痴をこぼすのはいつものことだ。「さまざまな劇的な出来事に関与してきたが」と、のちにキッシンジャーは書いている──「深く感激したその瞬間は、涼しい秋の日曜日の午後だった。のどかなフランスの風景に夕暮れが迫りつつあり、静物画がいくつかかけられている広い部屋は静かで、双方の代表団が向かい合うグリーンのベーズがかかったテーブルだけが照明で明るく照らされていた。これで、インドシナにおける流血、アメリカ国内での混乱に終止符が打たれる、とわれわれは思った(1)」。

それから四日後の一九七二年一〇月一二日、ワシントンに戻ったキッシンジャー国家安全保障問題担当大統領補佐官は大統領に、今回の進展について説明していた。大統領首席補佐官のH・R・ホールデマンは日記にその模様を記している──「キッシンジャーは、大統領、これで三つがそろいましたよ（中国、ソ連、そして今回の北ヴェトナムとの合意のこと）と言って話し始めた……。大統領は当初いささか懐疑的で、ヘンリーに少しばかり尋ねた。ヘンリーは極秘書類用の赤い紙ばさみから取り出した協定書の概要の説明を始め、全体的に予想していたものよりもはるかによい取り引きができたと強調した。肝心のところはサイゴンのチュー次第ということである。一〇月三〇日ないし三一日に停戦にもちこむ予定となった。南北は協力して『民族融和と和解に関する委員会』を立ち上げることで同意する必要があるが、この委員会は満場一致の票決を義務づけられているからチューにとっては痛くもかゆくもないだろう。停戦が成立したらアメリカ軍は六〇日以内に撤退を完了し、共産側に捕らえられているアメリカ兵捕虜も六〇日以内に帰国できるだろう。今年中にすべて片がつくだろう。本当の問題は、つまるところチューにそれを受け入れさせることができるかどうかである……。全体としては、こういったことがらがすべてうまくいけば、今晩は歴史的に非常に重要な夜だということになる。そしてヘンリーは、いまやそうなると確信している。話は決まったと考えているのだ。少しは希望を持てるかもしれない[2]」。

悲観的な見方も楽天的な見方も同じように成り立つと思われた――この協定をチューに納得させるのは難しそうであったのだが、ニクソン政権のアメリカ国内世論に向けた政策としてはまずまずだろうと思われた。

キッシンジャーは自分が最善の協定を成立させたとわかっていたが、それと同時にこの協定が南ヴェトナム政府の長期的な存続にとって不利になることも承知していた（キッシンジャー自身の補佐官は、「チューをあざむくことになるとして」ほんの一週間前まではこの取り引きに反対していた）[3]。このため南ヴェトナムの異議申し立てを避けるべく、キッシンジャーはこの交渉の最終局面について伏せておき、南ヴェトナム政府が既成事実として認めざるをえなくなるようにした。しかし、チューがためらうと、この策略は裏目に出た[4]。

およそ二〇年前の韓国大統領・李承晩同様、グエン・ヴァン・チューはヴェトナムで膠着状態に陥っている内戦を終わらせるための交渉を前に進めることを認めていたが、それは交渉がうまくいくとは夢想だにしていないからこそであった。ところが、事態打開のくわしい内容がもれ、この南ヴェトナムの指導者に簡潔な状況説明がなされると、彼はアメリカ軍がついに撤退する覚悟を決めたのだと悟り衝撃を受けた。そして、もっと南ヴェトナムに有利な条件を断固要求するよう、アメリカ政府に涙ながらに懇願した。この厄介な事情を知ったニクソンがチューに署名を無理強いしなかったため、キッシンジャーは取り決めたばかりの協定を延期すると北に通告せざるをえなくなった。北ヴェトナムはキッシンジャーの口車に乗せられ何の見返りもなしに譲歩させられたのではないかと疑い、報復として一〇月二六日に、協定の草案およびアメリカ側がこれに署名すると約束した事実を暴露した。

ご破算になりかけている協定をなおも何とか守ろうとするキッシンジャーは、自らラジオやテレビに出演して、「もうすぐ平和になります」と陰鬱な声で世界中の人々に伝えた。[5] それから三カ月後──アメリカでの選挙、さらに難しく骨の折れる交渉、チューへの密約、ヴェトナム戦争を通じての特に激しい爆撃ののち──の一〇月半ば、あらかたの合意が成った。そして二六カ月後、南ヴェトナムは消滅した。

戦争の最終局面で、勝ちが見えている側は難しい選択を迫られる。敗北がほぼ確実な側は、もっと難しい選択を迫られる。ほかの戦争の場合もそうだが、ヴェトナム戦争でも、負けている側は自分たちのとるべき行為に優先順位をつけなければならなかった──まだ戦争を続ける価値のある目的は何か、どのようにすれば優勢な敵を向こうにまわしてその目的を達成できるか。アメリカの場合、同盟国である南ヴェトナムとはちがい、戦争に敗れても自国本土の安全あるいは自国の主権が直接脅かされるわけではなかった。だが、それでもこの戦争を終結させるのには大変な苦しみがともない、最終局面から戦争終結に要した時間、また戦闘犠牲者数も、アメリカが介入したすぐ前の戦争（朝鮮戦争）に匹敵するほどになったのである。(6)

一九六〇年代、アメリカの指導者たちは南ヴェトナムが共産主義者たちの手に落ちればアメリカ国内外でとんでもないことになると考え、そのような事態を阻止するべく必要な手を打とうとした。当初、これは南ヴェトナムに援助の手を差し伸べ、顧問団を派遣するという意味であった。やがて、それは南ヴェトナム大統領ゴ・ディン・ジエム追放促進へと変わり、その後、北爆および共産軍と直接戦うためのアメリカ軍地上部隊の派遣へと変わっていった。

ケネディ・ジョンソン両政権時代、アメリカ政府の政策立案者たちはもっとも厄介な問題――どのような対価を支払ってでも勝つべきか否か――に取り組もうとしなかった。星に願いをかけ、アメリカが徐々に戦争への関与の度合いを高めていけば共産側は戦闘を中止するだろうと期待した。(7)しかしアメリカ国民の忍耐が限界に近づくと、そのような方策は許されなくなった。一九六八年にはこの戦争が原因でアメリカ国内が混乱し、多くの人命・財産が失われ、南ヴェトナムが共産主義者に乗っ取られるのを阻止するという介入当初の目的では戦いを正当化できなくなった。当初の目的が重要であることに変わりないものの、この戦争から撤退する方法を見つけることが重要になり、そしてその時点からこの戦争の最終局面が始まった。

リンドン・ジョンソンはヴェトナムでの敗北を決して認めなかった――執務室における最後の一年のあいだ、この戦争の拡大に歯止めをかけたときでさえジョンソンは、サイゴンの体制は保護されるし、また保護すべきであり、戦争を継続すべきであるという自分の基本的信念を変えようとはしなかった。だがジョンソンがアメリカ軍に課した制約および彼が宣言した一方的爆撃停止は、次の大統領の選択肢の幅を狭める政治的事実となった。ジョンソンのあとを継いで一九六九年以降この戦争の最終局面をとりしきった大統領たちは、新しい冒険をするような政治的ゆとりはほとんどない状態で、戦争を終わらせるという基本的義務を引き継いだのである。

リチャード・ニクソンは大統領就任前から「ヴェトナム後のアジア」について考えをめぐらせており、単なる超大国間の関係以上の問題に焦点をあわせていた。[8] ニクソンもキッシンジャーも単純にヴェトナム戦争を投げ出そうとはしなかったが、終結させなければならない、それも早急に、ということは理解していた。二人が立てた最初の戦略は、力と欺瞞とはったりを組み合わせて当初の目的を達成しようとするものであった。新しい戦略の四つの構成要素――攻撃と脅しで北ヴェトナムをおじけづかせる、ソ連と中国の仲介を引き出す、南ヴェトナムの支援は資金や軍需物資の援助と南ヴェトナム軍の訓練という形にする、アメリカ軍を一部撤退させてアメリカ世論をなだめる――によって、アメリカ軍と北ヴェトナム軍の同時撤退につながる協定が正式にまとまれば、と考えたのだ。だがこの戦略はうまくいかず、戦争はだらだらと続いた。

一九六九年の秋にはニクソン政権のヴェトナム戦略は振り出しに戻っていたが、アメリカ軍の撤退はすでに始まっていた。再度の試みとして、ニクソン政権はサイゴンの現体制に対する肩入れは継続するが、アメリカの軍事的な関わりを徐々に減らしていく離脱戦略を採用した。方針や交渉が紆余曲折した末、ようやく協定がまとまり、アメリカ軍は撤退し、共産側に捕らえられているアメリカ人捕虜を取り戻し、同盟国を表向きには裏切らずにすむことになった。それでも、この協定は二年後の南ヴェトナム滅亡の糸口となった。

ニクソン政権が最初に立てた戦略は、政策立案者たちが朝鮮戦争の最終局面で得た教訓を下敷きにしていた――共産側との交渉をスムーズに進めるには、軍事行動を継続し、戦いを全面的に拡大させると脅せばよい。この戦略が思うような効果をあげなかったので、ヴェトナム戦争から撤退すべきであるという国内の政治的要請が背景となって、同政権の二番目の戦略が生まれた。だが、世論は複雑かつ矛盾していたため、政権には駆け引きをする余地が生じた。最終的にニクソン政権は政治的に好ましく思われる中道を選び、南ヴェトナムの崩壊を何とか阻止しながら、地上戦におけるアメリカ軍の役割を減らした。

アメリカ政府がこの戦争からの撤退にあたって最後まで気にかけ、断固として譲らなかった方針は、チュー体制の崩壊に関わらないということであった。ニクソンとキッシンジャーは、自分たちでチューを大統領の座からおろせば、世界各地でおこなわれているアメリカの介入の信頼性を低下させることになると考えていた――アメリカ政府は、このことに特に心配を募らせていた。というのも、政治的・軍事的・経済的な面でのアメリカの影響力に広く陰りが見える傾向があったからである。キッシンジャーはアイゼンハワー元大統領の葬儀で、「歴史の力が、アメリカの地位を唯一の超大国から主要国の一員へと変えつつあるこの時期に、ニクソン政権は発足した」と述べた[9]。さらに、キッシンジャーが続けて触れているように、唯一の超大国という地位は客観的な力の強さを反映したものだが、主要国の一員という地位を保つためには、ほかの主要国の主観的認識に気を配る必要がある。したがって、国際社会におけるアメリカの相対的な地位の低下により、アメリカの政策立案者たちは自国の介入の信頼性が各国にどう受け止められるかについてこれまでよりも注意を払わざるをえなくなった――というのも、自分たちが慎重に計画した包括的な戦略的撤退がご破算になるのを恐れたからである。

ニクソン政権の二番目の戦略は、少なくともしばらくのあいだは意図した効果を収めた――パリ協定で真の平和は達成できなかったが、これでアメリカは戦争からの離脱が可能となった。ウォーターゲート事件によりニクソン政権が打撃を受けていなかったらインドシナ半島における一九七三年の状態がそのままずっと続いたか否かは大変面白い問題であるが、はっきりした答えが出ないことは誰もが認めるところである。

ヴェトナム戦争に関する研究者の立場は千差万別だが、ニクソンやキッシンジャーに批判的な人々は、二人を野蛮で勝ち目のない戦争を長引かせた嘘つきの怪物であるとし、二人を支持する人々は、戦いに負けそうになりながらも何とか勝ちを収め、その果てに国内の敵対勢力に足をすくわれた高潔な大物政治家として見ている。いずれの見方も当たっているが、どちらも事実を一部しか伝えていない。ウィリアム・サファイア（ニクソン大統領のスピーチライターを務めていた）――ユダヤ人の自由至上主義者《リバタリアン》でニクソンを支持していたが、ヴェトナム戦争末期に長年支持してきた大統領が反ユダヤ主義者であり自分の電話を盗聴していたと知った――は、逆説的な表現でニクソンのことをうまく描写している――「一人の人間としてのリチャード・ニクソンは、ウッドロー・ウィルソンやニッコロ・マキャヴェリ、テディ・ローズヴェルト、シェイクスピアの作品に登場するカッシウス（カエサル暗殺の首謀者の一人）をいっしょくたにしたような人物で、考えすぎるきらいがあるものの、刻苦勉励の人生を彷彿とさせる理想主義者……。ニクソンは偉大であると同時に平凡、大胆であると同時に優柔不断で、驚くほどの先見の明のなかに大きな盲点をもつ」[10]。キッシンジャーについても、だいたい同じことがいえるだろう。

このわかりにくい二人が一緒にアメリカの外交政策を掌握し、独断と偏見で指揮し、最後まで構想を練り、人を丸め込み、そして手順をはしょった。しかし、非常に皮肉な話ではあるが、ニクソン政権の機能不全と手続き上のさまざまな不法行為にもかかわらず、同政権の基本的な外交政策は健全かつ穏当なもので、荒野を切り開いて道をつくるような、まずまずの企てだった。そしてその外交政策はほぼうまくいっていた――政権自らの瑕疵の負の影響がすべてをだめにするまでは。

◉アメリカによる介入の起源

冷戦たけなわの一九五〇年代初頭、アメリカ政府高官たちはアメリカが実行しているグローバルな封じ込め政策にとってインドシナ半島は非常に重要であると考えていた。インドシナ半島が共産主義勢力の手に落ちた場合、周辺の国々に影響がおよぶ恐れがあるというのがその理由だ。このためアメリカはヨーロッパの植民地主義に反対していたにもかかわらず、フランスの植民地支配からの独立を求めてインドシナ共産党を中心として設立されたヴェトナム独立同盟（ヴェトミン）に対するフランスの戦費を徐々に負担するようになった。アイゼンハワー政権は一九五四年のフランス敗北を座視したが、アメリカのこれまでの政策の背景にある基本的な前提を疑問視することはなかった。したがって、一九五〇年代半ばにゴ・ディン・ジエムが南ヴェトナムにおける支配権を確立すると、アメリカは兵器や資金や助言を与えてこれを支援した。「南ヴェトナムを失ったら、われわれと自由に対し深刻な結果をもたらしかねない、崩壊のプロセスに突入するだろう」と、一九五九年にアイゼンハワー大統領は再び主張している。[11]

ジョン・F・ケネディも同じ意見だった。上院議員時代に、南ヴェトナムは「東南アジアにおける自由世界の礎石、アーチの要石、堤防の穴をふさぐ指のようなものだ。共産主義の赤潮がヴェトナムに押し寄せたら、ラオス・カンボジアはいうまでもなく、ビルマ・タイ・インド・日本・フィリピンの安全保障が脅かされるだろう」と述べている。[12] ケネディは大統領に就任してからは、自分の粘り強さを何としても示そうとし、また積極的な対反乱作戦をとればソ連の指導者ニキータ・フルシチョフが「民族解放戦争」と呼ぶものに対処できると確信していた。一九五九年に北ヴェトナムが共産党の下で国を統一するための軍事闘争を再開すると決めて以降、ジエム政権を支援するというケネディの決断は、結果としてアメリカの介入を拡大させた。

一九六一年に南ヴェトナム情勢が悪化すると、政府の特別委員会は、南ヴェトナムへの援助額を増額し、軍事顧問や戦闘部隊を追加派遣してアメリカの決意を示すよう勧告した。ケネディはその他多くの穏やかな勧告とともに、特別委員会の勧告案に正当な根拠があることを認めた。しかし、ジエムをめぐって生じた混乱は収まらなかった。アメリカが派遣した顧問団が提案する改革を取り入れる気もなく、勝利するのに必要な技術や勢力、あるいは民衆を結集できないジエムは、これまで以上に国民から遊離し、国民に弾圧を加えるようになった。ケネディ政権はジエムに改革を強要したが、一九六三年、最終的に南ヴェトナムの将校グループによるクーデターを是認した。

ジエムが殺害されてから数週間後にケネディが暗殺されると、大統領に昇格したリンドン・ジョンソンが、南ヴェトナムにおける混乱と、アメリカの拡大した介入と、これまで通りの路線を主張する軍事顧問団をそのまま引き継いだ。それから一年半のあいだに事態は少しずつ思わしくない方向に進み、時折アメリカが北ヴェトナムへ報復攻撃をかけても、情勢悪化を阻止できなかった。一九六五年に入ると、アメリカの計画立案担当者たちは持続的な爆撃をおこなうことにした。「爆弾投下は、同僚たちが撤退という難しい決断を正面から話し合わなくてすむようにする、痛み止めのような行為だった」と、当時の国務次官ジョージ・ボールは辛辣な口調で述べている[13]。

新たな爆撃はほとんど効果がなく、むしろ敵の決意を固くしただけだった。爆撃機が出撃する基地は共産側の格好の攻撃目標となってしまい、このためウィリアム・C・ウエストモーランド将軍の要請に応えて、政府はアメリカの戦闘部隊に基地を守らせるようにした。一九六五年三月、海兵隊員の最初の数千人がダナンに上陸した。それから数週間のうちにその数は二万人以上となり、任務も基地防衛から、攻勢に出てもよいことに変更された。さらに数週間後、南ヴェトナムに派遣された兵員数は九万となり、一九六五年末には一八万に達していた。こうした措置が講じられた背景には、アメリカ政府のあきらめと確信があった――アメリカ軍がいなければ南ヴェトナムは共産勢力の手に落ちるだろうというあきらめと、アメリカ軍がいればそのような事態は防げるという確信である。南ヴェトナムの敗北が迫っていることは誰もが認めるところであった。撤退か、それとも戦争拡大か、厳しい選択を迫られたジョンソンと補佐官たちは、アメリカの関与が拡大することを厳しく戒めようと考えつつも、後者を選んだ。(14)

◉一九六五年から六八年――ジョンソンの戦争

ジョンソン政権による戦争の遂行と終結の計画は、当時の駐南ヴェトナム大使、マックスウェル・テイラー将軍が一九六五年六月に打電した電報にはっきりと示されている。

われわれの戦略は、ここ南ヴェトナムにおける形勢を一変させるために最大限の努力をする一方で、エスカレーション戦略の基本にしたがい北ヴェトナムに対する圧力を持続的かつ着実に高める必要がある。これは、DRV（ヴェトナム民主主義共和国＝北ヴェトナム）の姿勢に変化をもたらすためには、南ヴェトナムでわれわれが「勝た」ねばならないということを意味しているのではなく、形勢が一変したとか、あるいは間もなく一変しそうだということを、北ヴェトナムに理解させねばならないということだ。うまくいけばその時点で北ヴェトナムは戦争から離脱する手段を考えるだろうし、そうなった場合には「バンドワゴン」効果でVC（ヴェトコン＝南ヴエトナム民族解放戦線）の士気が下がって南ヴェトナムの士気が上がり、主な戦闘行為は早晩終結するだろう。[15]

テイラーの戦略は、三つの攻撃的な作戦から成っていた――北ヴェトナム（および南ヴェトナム領内で北が支配している地域）への限定的爆撃、南ヴェトナムの内陸地域における共産軍の撃破、そして南ヴェトナム中心部での「国づくり」。これらを同時に進めれば北ヴェトナムは戦いから手を引く決断を下し、アメリカ兵も帰国できるだろう。もっと強烈な選択肢として提案されたほかの二つ――北ヴェトナムに対する徹底的な爆撃と、ラオス・カンボジア領内にある共産側の隠れ家への攻撃――は、中国の介入を避け、また双方の交渉を促進させるという観点から却下された。[16]

残念ながらヴェトナム戦争に対するこのような取り組みには三つの重大な欠陥があり、それはテイラーののちの回想に要約されている――「われわれは同盟国をよく知らなかった……敵についてはなおさらであった。そして最後に、もっとも許しがたいあやまちは、アメリカ国民を知らなかったことだ」。[17]テイラーの言う一つ目は、南ヴェトナム政府に対する国民の支持基盤が弱く、政府の連中には独立心がなかったことを意味している。[18]二つ目は、ヴェトナムの革命家たちが強力な政治組織をつくり、民衆の支持を巧みに結集させていたことだ。[19]彼らは優れた不屈の戦闘員でもあった。三つ目は、アメリカ国民が、アメリカから遠く離れた土地でおこなわれている、損失が大きく、終わりの見えない紛争を支援する気を失くしてしまったことだ。最初の二つの事情によって、アメリカの戦略の目標達成はまったく手が届かぬものとなってしまった。三つ目の事情によって、この戦略自体をいつまでももち続けるわけにはいかなくなった。

一九六六年・六七年にジョンソン政権はさかんに爆撃をおこなったが、破壊を大きくしただけで結果はまったく出なかった。洞察力の鋭い人々は当初から、この戦争は長引くだろうと推測していた。しかし大統領とその補佐官たちは国内のさまざまな政治的理由から、勝利を得られる日は近いとまではいかなくても、勝利に向かって順調に進展してきているという印象を国民に与えようとしていた。したがって、一九六八年二月に共産側のテト攻勢が勃発すると、これはヴェトナムにおける軍事的均衡にはほとんど影響を与えるようなものではなかったのだが、アメリカ国内は心理的に非常に大きな衝撃を受けた。アメリカのエスタブリッシュメントたちはこうした事態を招いたアメリカの関与拡大に幻滅し、指導層の有力者たちはこの戦争から撤退するようジョンソンに忠告した。[21]

面食らったジョンソンは、これ以上の戦争拡大は不評を呼び、国民の反感を買い、かならずしもよい結果をもたらさないと判断したが、撤退も否定した。一歩も退かぬ姿勢を示したのだ。一方で、次期大統領選への出馬を断念し、軍の配備に上限を設け、北爆を制限し、北ヴェトナムに交渉を呼びかけた（この提案はすぐに受け入れられた）。ジョージ・ヘリングはジョンソンのこうした姿勢を次のように評している――「ジョンソンは任期が満了するまで自分の政策を守りたいと思い、また激しい非難を浴びても主張を曲げなかったことで歴史が自分の見識の正しさを証明するだろうと確信していたのである。このため一九六八年三月三一日のジョンソンの演説は、政策変更を語るものではなくて、激しく非難されている政策を守るための、戦術変更について述べたものである」。[22]

ヴェトナム戦争の「転換点」とされているテト攻勢以降、ヴェトナム戦争中におこなわれた戦闘全体から考えても特に激しい戦いが間断なく続いた。両陣営が膠着状態を脱し、主導権を握ろうとしたのだ。一九六八年の秋、大統領は交渉を進展させてヒューバート・ハンフリーの選挙を後押ししようと、戦略爆撃を停止すると宣言した。ヴェトナム戦争におけるジョンソン政権のこの最後の策は、それ以前の策と同様、ほとんど効果がなかった――このような手を打ったにもかかわらず、大統領選挙でハンフリーは敗れ、北との交渉は何の進展もないままずるずる続いた。[23]

◉ニクソンの第一戦略

一九六九年一月に大統領に就任したリチャード・ニクソンは、ヴェトナム戦争を何とかして終結させることが自分の義務だと考えていた。さらにニクソンとその外交政策を補佐したキッシンジャーは、国内の圧力とは切り離して超大国間の関係に重点をおき、アメリカの外交を刷新したいと考えていた。[24]とはいえ、この戦争から即座に撤退し「負けを認める」、すなわち、敵の圧力にさらされている南ヴェトナムを見捨てるつもりはなかった。そこで二人は戦争の拡大も即時撤退も除外し、ニクソンの第一戦略とでも称されるべき戦略を練った。その目的はごく普通のものであった――北ヴェトナムと交渉し、南ヴェトナム政府をそのまま残し、これを（少なくとも外国の脅威から）守る、という合意に達する。ちょうどニクソン政権発足時にキッシンジャーが『フォーリン・アフェアーズ』誌で述べたように、「アメリカがヴェトナムにどこまで介入するかということは、次の二点に要約される――第一に、アメリカは、軍事的敗北、すなわち外国の軍隊によって強いられる南ヴェトナムの政治機構の変更を受け入れるわけにはいかない。第二に、北ヴェトナムの軍事力による介入が取り除かれたら、アメリカが南ヴェトナム政府を軍事力で維持する義務はなくなる」。[25]目新しいのは、使う手段であった――インドシナにおけるアメリカの軍事行動についてのいくつかの制約を取り除き、軍事行動をさらに拡大するという脅し／ソ連政府に圧力をかけ、またそうする誘因を与え、北ヴェトナムに対する支援をやめさせる／南ヴェトナムが自分の力と責任で戦っていけるようしむける。

北ヴェトナムを自分たちの方針に協力させるようにするためにニクソンとキッシンジャーが考えた

重要な手段は、まず強力な一撃を与えておき、協力しなければその報いとしてさらに強烈な攻撃をするぞという脅しであった。この考えはジョンソン政権の「ゆっくり締めつける」戦略に似ていたが、爆撃の頻度と標的の数が増えていた。今度は北ヴェトナムもアメリカが本気だとおののき、交渉で譲歩してアメリカ軍を撤退させようとするだろうと思われた。このため一九六九年、ニクソン大統領は、ラオスとカンボジア領内にあるこれまで無傷だった共産軍基地を爆撃する統合参謀本部案を承認した(この攻撃も命令自体も、報道機関およびアメリカ国民には伏せられていた)。

ソ連が強く北ヴェトナムを説得すれば、北ヴェトナムによるアメリカに対する協調が実現できることも考えられた(ソ連の説得よりも効果は少なくとも、中国による説得でも)。超大国間の関係はニクソンおよびキッシンジャーの世界観で中心的な意味をもっていたので、彼らの頭のなかでこれを対ヴェトナム外交と結びつけるのは簡単なことだった。キッシンジャーは回顧録のなかで次のように述べている――「ヴェトナム戦争を、中東や貿易や軍備管理などソ連が関心をもっている分野に関する米ソ間の話し合いを進展させるための条件のようなものにする点においては進歩があった」[26]。この論理によれば、北ヴェトナムはソ連の圧力と援助の減少により、アメリカの提案を受け入れて交渉のテーブルに着き、ヴェトナムにおける抗争を武力によってではなく政治的手段によって解決していくことに同意せざるをえなくなるはずであった。

結局のところニクソン新政権は、南ヴェトナム政府を励ましてその軍事力を一人立ちさせ、アメリカの戦闘犠牲者を減らそうとしたのだ。戦争の負担を南ヴェトナム政府へ押しつけ、地上戦におけるこの新しい事実を北ヴェトナムに示すことによって、彼らを交渉の場に引き出そうとしたのだ。アメリカ軍の戦闘任務を減らすことは、他方では、アメリカ国内の戦争に対する反対意見を静めるだろうし、そうなればアメリカにとって持続可能な長期介入を計画立案するための時間的余裕が生まれるだろう。ジョンソン政権もその末期に同様の政策をとり始めていたが、ニクソン政権は前政権に比べていわゆる「ヴェトナム化」を非常に重視し、六月にはアメリカ軍の一部撤退を実施した。

ニクソンおよびキッシンジャーは、この新しい方策を進めれば数カ月以内に満足のいく和平合意がもたらされるだろうと信じて疑わなかった。ホールデマンは、ニクソンが北ヴェトナムに対する「度を超すほどの力による脅し」と「気前のいい財政援助の申し出」を結びつけたいと強く思っていたことについて、次のように詳述している。

強力な警告とこれまでにない寛大な措置を組み合わせれば、北ヴェトナムを――やっとのことで――正真正銘の和平交渉の席に引きずり出せるとニクソンは確信していた。鍵となったのは脅しで、ニクソンは自分の考えをわかりやすく伝えるうまい言い回しを考えだした……。「ボブ、これを『狂人の理論』と呼ぶことにするよ。北ヴェトナム側に信じ込ませるのだ。ニクソンは戦争を終わらせるためには何でもやるつもりになったと、北ヴェトナム側に信じ込ませるのだ。連中にこうもらすんだ――『困ったものだが、ニクソンの頭には共産主義のことしかない。怒っているときにはその行動を抑えられない――彼はその手に核のボタンをのせている』――、二日後にはホー・チ・ミン本人が和平を求めてパリに飛んでくるだろう」とニクソンは言った[27]。

キッシンジャーも、政権が交代したことで結果が出せるようになるだろうと考えていた。しかしNSCのあるメンバーは次のように述べている――「当初もっとも厄介だったのは、ヘンリーが相手だからといって、北ヴェトナムの連中にはこれまで一〇年間にわたって掲げてきた主張を変えるつもりはないということを、ヘンリー本人に納得させることだった[28]」。

結局、ニクソンの最初の戦略はうまくいかなかった。ソ連はアメリカの和解案を受け入れさせるほど強く北ヴェトナムに圧力をかけることはできなかったし、またかけるつもりもなかったのだ。また共産側は、新たな攻撃を受けても崩壊もせず、動じることもなかった。八月からキッシンジャーと北ヴェトナム政府とのあいだで始まったパリにおける正式の和平交渉でも秘密会談でも、何の進展も得られなかった。そのうえ、アメリカ軍の一部撤退はアメリカ国民を満足させて外交のための時間的余裕をもたらすどころではなく、逆に国民はこれに刺激されてさらなる撤退を求めるようになった（そして北ヴェトナム政府に、アメリカが完全に出ていくのを待とうという気にさせてしまった）。このためヴェトナム戦争は延々と続き、アメリカの欲求不満は募るばかりだった。

◉ニクソンの第二戦略

ニクソンが大統領に就任した年の半ば（ニクソンの大統領就任は一九六九年一月二〇日）、ニクソン政権はヴェトナムに関して振り出しに戻った。ただし、軍の一方的な撤退はすでに始まっていた。ホールデマンはその年の夏を振り返って日記に次のように記している――「キッシンジャーは、ヴェトナム戦争終結に向けた自分の計画がなかなか進まないことや、ウィリアム・ロジャース国務長官やメルヴィン・レアード国防長官から迅速な撤退を絶えず迫られることで、やる気をなくしている。この状況においてキッシンジャーは、『許された時間的余裕』は来年の夏までだ、と感じている。そして自分たちの戦略にしたがうのであれば、いまは『失敗を覚悟でやる』しかないと思っている。キッシンジャーは、六カ月以内に解決できる悪くない取り引きができるのに十分な程度に、北ヴェトナムにもう少し脅しをきかせることを望んでいる[(29)]」。

この国家安全保障問題担当大統領補佐官は、部下に北ヴェトナムを「痛打する」計画を立てるよう指示した――「信じられないのは、北ヴェトナムのような四流国がいつまでももちこたえていることだ[30]」。そのような計画を実施する必要がないことを願いながら、ニクソンとキッシンジャーはソ連と北ヴェトナムに対して最後通牒を出して譲歩を迫った。だがこの最後通牒が無視されても、二人は計画を実行に移す決断はしなかった。

北ヴェトナムに対しさらなる脅しをおこなうことを却下したのであるが、それにもかかわらずニクソン政権は北ヴェトナムに対して大きく譲歩することも拒否し、どうしていいのかわからない状態であった。この時点においてニクソンとキッシンジャーのあいだに溝ができ、戦争が終わるまで埋まることはなかった。大統領は対反乱作戦の専門家であるイギリスのロバート・トンプソン卿の、ヴェトナム化はうまくいくだろうという意見に飛びついたのだ。つまり、長い目で見れば、アメリカ軍がいなくても独力で自国を守れるほどに成長した非共産主義の南ヴェトナムを実現できるだろうという立場であった[31]。ニクソンに比べて、キッシンジャーはヴェトナム化について懐疑的であったし、一方的な撤退が続けば自分が交渉の席で成果をあげにくくなるのではないかということの方が心配であった[32]。キッシンジャーはまたニクソンに比べてチューに圧力をかけることに意欲的で、長期にわたって南ヴェトナムの独立を保証する協定を結ぶことには関心が薄かった。しかしながら考え方のちがいはどうであれ、アメリカ軍の撤退が完了するまでチューをあからさまに見捨てないし、南ヴェトナムが侵略されるのは許さないという点では、両者は一致していた。

最終的に、彼らはいわゆるニクソンの第二戦略を決定した。この戦略は、一九七二年末までにアメリカがヴェトナムから解放されることを目的としていた。その中身は、アメリカ軍の漸次撤退とチュー政権に対する形ばかりの保護、そしてあらゆる努力によりこうした要素を北ヴェトナムとの和平合意に盛り込むことであった。それは一九六九年一一月三日、ニクソンがアメリカ国民の「沈黙した多数派層《サイレント・マジョリティ》」に対して、自分のヴェトナム政策を支持する行動を起こし、政策の効果が表れるまで十分な時間を与えるよう力強く訴えたところから始まった。この離脱戦略は一九六九年末から一九七三年までのアメリカの主な軍事行動すべての指針であった——アメリカ軍の着実な撤退、ヴェトナム化、南ヴェトナムの平定、カンボジア・ラオス領内にある共産軍隠れ家への攻撃、交渉の場における——唯一の問題点以外での——全面的譲歩。

一九六九年春、ヴェトナムに駐留するアメリカ軍の兵員数はおよそ五五万であった。七〇年春には四〇万ちょっととなり、七〇年末には二八万、七一年末には一五万ちょっと、七二年春には七万を割り込んでいた。差し迫る敗北の危険を回避するべく六〇年代半ばにアメリカ軍が介入して以来、彼らは南ヴェトナムを守るという第一の目的をしっかりはたしてきた。共産側が戦闘を停止しないため、アメリカ軍の撤退がそのまま共産側の勝利に結びつかないようにするには、何かでアメリカ軍の撤退を穴埋めするしかない。穴埋めの中心となるのは、南ヴェトナム軍に対する援助と訓練であった。しかし、それだけではかぎられた時間内に共産側に対するしっかりした防波堤を築けないことは誰の目にも明らかであった。このためニクソン政権は、南ヴェトナム軍に対する援助に加えてさまざまな処置を講じ、共産側に揺さぶりをかけ、交渉による協定に引き込んだ。

一連の行動は対ゲリラ戦において効果をあげることをねらっていた。テト攻勢でヴェトコンの勢力が弱まっていたため、南ヴェトナム政府が総力をあげて取り組めば今度こそゲリラを一掃できそうだった。この機会を生かして攻めの立場をとるため、ニクソン政権は南ヴェトナムを「平定する」手段をこれまでになく重要視した。「フェニックス計画」は、南の村落に残っているヴェトコンの下部組織を標的としていた。「帰順宣伝計画」は、共産軍の脱走兵をひきつけようとするものであった。アメリカ軍は最終的にグエン・ヴァン・チュー大統領に大規模な土地改革を迫った。

基本的にこれとは別の一連の行動は、先を見越しての防御であった。共産側の指導者たちが、南ヴェトナム政府が崩壊するまで攻撃を続けるつもりでいるのは明らかであった。ニクソンとキッシンジャーは共産側の攻撃開始をおとなしく待つよりも、彼らの出撃基地がある地域を攻撃して敵を粉砕しようとした。一九七〇年春にカンボジアにおいてアメリカ寄りの政党が起こしたクーデターは、敵を分断する好機（およびアメリカ政府から見たその必要性）を提供してくれたことになり、ニクソン政権は侵攻作戦を実施することにした。その結果、カンボジア領内にある共産軍の隠れ家に対するアメリカ・南ヴェトナム両軍の攻撃は、共産側の計画をぶち壊し、南ヴェトナムの脆弱性を低下させた。しかし、このカンボジア侵攻はアメリカ国内において予想をはるかに上回る抗議を引き起こし、特にオハイオ州のケント州立大学でおこなわれた反戦デモで学生四人が犠牲になったあとは激しくなった。アメリカは翌年にも同様の作戦を実施し、ラオス領内のホー・チ・ミン・ルートに攻撃を加えた（今度は南ヴェトナムの地上戦闘部隊が主役で、アメリカ空軍は支援）が、戦果は乏しかった。

一九六九年以降のニクソン政権の軍事行動は次のように要約できる――アメリカ軍の撤退は、チュー政権の長期的な安全保障の土台を削り取るものであったのだが、アメリカがとったそれ以外の措置はチュー政権が短期的には保護されることを確実にしようとするものであった。交渉の場におけるニクソン政権の行動のなかにも、同じ傾向が見られた。キッシンジャーは北ヴェトナム側の代表とひそかに会談を重ね、ヴェトナムからのアメリカの離脱を文書による合意の形で正式なものにしようとしたが、ほとんど効果はなかった。キッシンジャーは少しずつ小さな譲歩をし続ける破目になってしまった。「発足してから九カ月もしないうちに」と、キッシンジャーは沈痛な面持ちで振り返った――「共和党のニクソン政権は、民主党ハト派の政策綱領をも越えてしまった（この綱領は一九六八年の民主党全国党大会で拒否されていた)」。

一九七〇年九月、ニクソンとキッシンジャーは、交渉がまとまれば南ヴェトナム領内にある北ヴェトナム支配地域に北ヴェトナム軍が駐留することにまで同意した。そのような形での停戦では、アメリカ軍が撤退したら共産軍は簡単に攻撃を再開できるだろう――そのような形での停戦発効を基本とすれば、どんな合意を結んでも結局は共産側が勝利を収めることになりそうであった。[34] しかし、北ヴェトナム側は舞い上がることもなく、アメリカの指導者たちが譲歩を拒絶した唯一の点――ただちにチュー政権を見捨てること――をあくまでも要求した。「北ヴェトナム政府は」と、キッシンジャーは書いている。

非共産主義側がアメリカ軍の撤退と指導層の交代による混乱によって無力化されるという状況下で、アメリカが南ヴェトナムに新政権を樹立するよう執拗に主張した……それは、アメリカが単に撤退することも、責任を投げ出すことも、さらには何の代償も払わずに突然撤退することも許さないということであった。アメリカ軍の一方的な撤退だけでは不十分なのだ。ヴェトナムから立ち去る前に、政治的な再編を画策しろということなのだ。さもないとこの戦争は終わらず、ヴェトナムにまだ残っている部隊を無事に撤退できる保証は得られないし、共産側の捕虜になっているアメリカ軍兵士を取り戻せないだろう。われわれを悩ませたのは、北ヴェトナム政府が一九七二年一〇月までこの主張を変えなかったことだった。[35]

北ヴェトナム軍に捕らえられている兵士の釈放とアメリカ軍のヴェトナムからの離脱のために、ニクソン政権としてはさまざまな条件――最終的に共産側の勝利につながりそうな条件まで――を提示する覚悟はしていたが、自分たちに依存しているチューをあからさまに見捨てるつもりはなかったのである。

◉パリ協定への道

国際情勢がめまぐるしく変化するなかで、さまざまな出来事が複雑に交錯した結果、ニクソンの第二戦略は一九七三年のパリ協定という形に落ち着いた。このプロセスは、北ヴェトナム軍が――アメリカ軍がほぼ完全に撤退したことに乗じて――南ヴェトナムに大攻勢をかけた一九七二年春に始まった。このイースター攻勢は当初はめざましい進撃を見せたが、やがて南ヴェトナム軍の抵抗とアメリカ軍の戦術航空支援および戦略爆撃により中止された（アメリカ軍はこのとき初めてハノイに爆弾を投下し、ハノイの外港ハイフォンに機雷を敷設した）。さらにこの時点で、ニクソン政権は東西の緊張緩和《デタント》とニクソン訪中を通じて共産圏の両大国と良好な関係を構築しており、北ヴェトナムにとっての重要な支援国でもあるこれらの国々は戦火をあおるよりも鎮めようとしていた。一九七二年の晩夏ごろになると、北ヴェトナムがこれ以上軍事的成果をあげられる見込みはほとんどなくなり、ニクソン大統領は再選前の方が妥協に応じる可能性が高いと判断した北ヴェトナムは、当面政治面でのみ戦いを続けるつもりのようだった。ニクソン政権としては、一期目にヴェトナム戦争を終結させたという業績を残すことを望んでいたため、チューを見捨てたくないとは思いつつも、チュー政権の長期的な存続にたとえ打撃を与えるようなものであってもさらなる譲歩をおこなう気でいた。

こうした状況の下、交渉は進展を見せ始めた。アメリカは、チュー政権（ヴェトナム共和国）とヴェトコン（南ヴェトナム解放民族戦線）と南ヴェトナムの中立的第三勢力の三者から成る委員会の結成を受け入れた。この委員会が停戦発効以降も未解決のままになっている政治問題の解決に正式に責任を負うことになっていた。北ヴェトナムはチュー政権の存続を黙認した――南ヴェトナムにおける共産派の政治的統一体である南ヴェトナム臨時革命政府（ＰＲＧ）の正当性が認められるかぎりは。一〇月半ばまでにキッシンジャーと北ヴェトナム政府の代表レ・ドク・トは、停戦後六〇日以内に南ヴェトナムに残っているアメリカ軍の撤退およびアメリカ人捕虜の釈放を求める協定案を作成していた。南ヴェトナムの政治的な将来は、三者による「和解と融和のための全国委員会」があつかうことになった。この全国委員会が選挙を実施して、協定の履行も監視することになった。キッシンジャーとレ・ドク・トは、それぞれの陣営に和平協定の内容を承諾させる責任を負うことで合意し、署名の日取りをその月の末とした。

だが、チューは協力を拒んだ。「グエン・ヴァン・チュー大統領は、これまでにヘンリー・Ａ・キッシンジャーと北ヴェトナム政府代表がパリで話し合った和平案について、すべて受け入れられないと語った」――と一〇月二五日付の『ニューヨーク・タイムズ』紙は一面で報じた。停戦を受け入れるのは、とチューは断言した――「インドシナ半島全土で戦闘行為が停止され、また南からのすべての北ヴェトナム軍撤退が保障され、実施された場合のみである」[36]。実現可能ならば、そのような北の完全撤退は、南ヴェトナム政府の今後の安全を保証する申し分のない方法だったが、事態がここまで進んだ以上は絵にかいた餅にすぎず、チューもそれはよくわかっていた（あるいは、わかっていたはずである）[37]。このため交渉は行きづまった。

アメリカの大統領選挙が終わっても、交渉は進まなかった。チューは和平案を承諾する見返りに、些細なものから大きなものまで協定内容のさまざまな変更を要求した。キッシンジャーは一応チューの要求を北ヴェトナム側に提案し、ほんの形だけ譲歩してくれればそれでいいと伝えた。しかし共産側の交渉代表団には求めに応じる気がまったくなく、和平案のいかなる変更も拒み、先に示していた妥協案の一部まで取り消した。

あとわずかのところで協定合意の見通しが立たない状況にいらだつニクソンとその補佐官たちは、戦争を終結させるために二手一組の最後の策を講じることにした。第一に、チューを取り込むべく南に対して早急に巨額の援助をおこなうよう命じ、共産側が協定を破った場合には「アメリカ軍が総力で対応する」とチューにひそかに約束したうえで、この和平に合意しなければ見捨てると脅した。「わたしが賛成している方針に沿って協力して和議を求めていくか、それとも別々の道を進むかということについて、閣下の返事をもらうようヘイグ将軍に依頼した。これはわたしから閣下に対しておこなう本当に最後の提案です」と、一二月半ばにニクソンはチューに手紙を書いた。「これまで通り同盟を維持することを望むのか、それともわたしにアメリカのみの利益になる和議を敵とともに求めさせたいのか、いま閣下は決断しなければならない[38]」。

第二に、北ヴェトナムを交渉の席に復帰させるべく大規模な空爆を命じた。この「クリスマス爆撃」は北ヴェトナムに署名を強要し、ニクソンは世論の怒りに逆らえることを示して、わずかながらも譲歩を引き出した。爆撃はまた、一〇月に話し合われた同じような協定に署名するようアメリカが南に迫った事実を覆い隠した（キッシンジャーの側近ネグロポンテは、「われわれは爆撃によって北にこちらの譲歩を受け入れさせた」と皮肉な物言いをしている[39]）。

一九七三年一月二日、しぶる当事者を引っ張ってアメリカはパリ協定に署名し、正式にヴェトナム戦争から手を引いた。ニクソン政権の政策により、アメリカは自分たちに依存している南ヴェトナムをあからさまに裏切ることなく軍を撤退させ、共産側に捕らえられているアメリカ兵捕虜を釈放させることができた。だが、この協定の内容が南ヴェトナムを最終的に消滅させることになった。

◉型破りな二人組

官僚政治理論が華やかに展開されたのがニクソン政権期だったというのは皮肉なことである。というのも、アメリカ合衆国の歴史のなかでニクソン政権の時代ほど官僚政治理論が適用されにくい時代はたぶんないだろうと思われるからである――しかしながら、だからこそ官僚政治理論の鍵となる問題とニクソン政権の外交政策の重要な側面がともに浮かび上がってくる。結局のところ、官僚政治論的アプローチの要点は、意志決定権が政府のなかで分散されてしまっており、各人が自分たちの偏狭な縄張り的利害にしたがって行動するということであり、結果として国家としての政策が脈絡のないものの寄せ集めや妥協の産物になってしまうということである。だがニクソンとキッシンジャーは、政府がこのような状況に陥るのはよくあることだということを十分に理解していた。だからこそ、自分たちの政権においてはそのようなことが生じないように異常なほど努力し、権力を大統領とその側近たちの手に意図的に集中させたのである。その結果現出したのが、秘密主義にもとづく複雑な政策決定過程であり、たいていは意図した通りの効果を収めた――が、そのうちにこの方法が機能しなくなり、結局、政権全体が崩壊した。

ニクソンとキッシンジャーはいずれもアメリカの国家安全保障を担っている官僚機構を信用していなかったが、その原因は異なっていた。大統領は、リベラルな東部エスタブリッシュメントが自分を嫌い、自分と政見を異にし、自分が決めた政策を覆そうとしていると信じていた。一九七一年には閣僚たちに次のように語っている――「政府内の大半の連中は悪党だ……。奴らはわれわれを引きずり下ろそうと必死だ……。調査したところ、官僚たちの九六パーセントがわれわれの政策に反対している。奴らはわれわれの邪魔をするためにここにいる悪党だ[40]」。

一方、キッシンジャーは、官僚組織を凡人のはきだめとみなしていた。最初は独創的とか創造的に見える政策も、官僚組織の内部に吸い込まれるとヘドロとなって吐き出されてくる。重要な地位で政権入りするかなり前、キッシンジャーは官僚機構の硬直性と緩慢さ、つまり「行政的な型に適合させにくい新しい考え方に対する官僚機構の偏見」について書いている。[41]キッシンジャーが官僚機構をどうみていたかを示すものとしてよく引用されているのは次のような一文だ。官僚機構がある問題に対する解決方法について、ある程度の幅をもたせた選択肢を提案するよう求められた場合、「彼らが出してくるものには、いつも三つの選択肢が書かれている——戦うか、降伏するか、現状維持かだ[42]」。めざましい成果をあげたい指導者であれば、このような組織とは戦う以外ないとキッシンジャーは考えていた——「複雑でばらばらになっている行政機構に直面すれば、大統領府としては……官僚機構に頼らぬ決定手段をとらざるをえなくなる[43]」。

したがってニクソンとキッシンジャーは、大統領選挙後の政権移行期間中、外交政策に関して官僚機構の役割をできるだけ小さくし、ホワイトハウスの権限を極限まで拡大することにまず取り組んだ。計画を出すよう指示されたキッシンジャーは、側近のモートン・ハルペリンに協力を求めた。彼らは下から政策がわきあがってくる体制ではなく、ホワイトハウスが上から課題を組み立て、手を加えていない生の情報を求める体制をつくった。[44]ニクソンとキッシンジャーという主要意思決定者の性格——秘密主義や小細工、絶対的統制を好むところ——と結びついて、彼らがめざしていた体制がほぼできあがった。この体制の仕組みについてあるスタッフは次のように語っている。

あらゆる選択肢、あらゆる情報、さまざまな意見を収集するのは大変な仕事だった。つまり、ホワイトハウスが探し求めている情報、ホワイトハウスをひきつける情報、ホワイトハウスが耳を傾ける情報だ。それから大統領は姿を消して決断を下す。たいていは国家安全保障問題担当大統領補佐官と協力して……。ニクソンおよびキッシンジャーの下での中央集権的な大統領による意思決定は、その政策内容を人々が気に入ろうと気に入るまいと、おそらくもっとも首尾一貫した政策決定だっただろう。(45)

ニクソン政権内で起きていた長年にわたる恒常的な内部抗争の多くは、アメリカの政府高官たちがこれらの情報を入手し、有利な立場に立とうとして競い合った浅ましい策略であり、ボルジア家の人々顔負けの情け容赦のない狭量で被害妄想狂的なものであった。たとえば、ほぼ全員がお互いをひそかに見張っていた。ニクソンのホワイトハウスの録音システムについて知っているのは側近中の側近だけだった。ホワイトハウスに勤務する多くの職員の私用電話はひそかに盗聴され、軍事作戦の公式記録は作戦を隠すために歪曲された。キッシンジャーは国務省および国防総省にいるライバルたちを出し抜くためだけに、秘密の通信ネットワークまでつくった。

このような事態の深刻さをよく示しているのは、NSCに職員として入り込んでいたスパイの逮捕だろう。このスパイは、機微な会話の内容をノートに記録し、キッシンジャーの書類カバンをあさり、廃棄書類を求めて毎日捨てる「機密書類焼却袋」のなかまでくまなく調べ——情報を依頼人たちに伝えていた。そのような事件は大きな報道価値をもつニュースになるだろうと思われるかもしれない。スパイが取り調べを受けて依頼人の氏名を明かしたのだから。しかし、当日の新聞にこの国家安全保障上の侵害に関する報道記事を探しても無駄だ。というのもこのスパイは、ロシアのスパイでもフランスのスパイでもなく、アメリカの統合参謀本部のスパイだったのだ！(46)

この狂気じみた行為は、官僚機構は政権の政策決定に重要であるという証しどころか、事実はそのまったく逆であることを示している。キッシンジャーは次から次へと策を弄して国務長官や国防長官を蚊帳の外におき、政策決定過程から締め出した。つねに警戒をおこたらなかったおかげで、キッシンジャーは自分のやりたいようにやれた。政権内のほかの人々にとっては、問題はまったく逆であった。彼らの果てしない陰謀は、「国防長官の縄張りに首を突っ込み、どの点から見ても事実上の統合参謀本部議長になり、そして国務長官の職責を強奪した」男の力を、何とかして少しずつ弱めていき、何とかして政策決定に入り込むことを目的としていた。[47]

◉アイ・ライク・アイク

ニクソンとキッシンジャーは、ジョンソン政権がヴェトナムをめぐって自滅する様を見ていたにもかかわらず、何の不安も見せずに戦争を継続した。ニクソン政権が発足してから何カ月間も、二人は公の場でも内輪でも、ヴェトナム戦争は間もなく終わり、アメリカに有利な和議が結ばれると自信たっぷりに語っていた。たとえば一九六九年三月、ニクソンは閣僚に向かって、「来年にはこの戦争は終わるだろうと言い切った[48]」。「半年待ってほしい」。五月にキッシンジャーはヴェトナム戦争の行く末を心配しているクェーカー教徒のグループを前に話をした——「それまでに戦争を終結させられなかったら、ホワイトハウスを取り壊しても構わない[49]」。こうした楽観主義は、自分たちにはヴェトナムについて前政権とは異なる対応策をもっているという認識から生じていた。

国内の政治状況からではニクソンの第一戦略をうまく説明できない。ニクソンとキッシンジャーはアメリカの政治情勢からヴェトナム戦争を早期に終結させる必要性を漠然と感じてはいたが、その程度の圧力はニクソン政権の新しい方針の中身にほとんど関係なかった。結局のところ、新しい方針の決定的な要素は、カンボジアおよびラオス領内にある共産側の隠れ家に対する爆撃であり、ニクソン政権はこの攻撃が物議をかもすだろうと自覚していた。しかし、ニクソン政権は攻撃をあきらめるのではなく、攻撃をおこなったうえでそれをアメリカ国民に隠したのだ。前述したことからわかるように、この爆撃方針は官僚組織から提案されたものではないし、アメリカの価値基準から考えても理解できないものであった。もっとも好意的な解釈は、この公表されなかった爆撃が非常に実利的な理由からなされた、道徳観念を越えた作戦であったというものだが、ニクソン政権は自分たちがやっていることの中身を議会や国民に偽りながら、アメリカの信条を体現するのではなく裏切っていたのだ。リアリズムに照らしてみると、ニクソンの第一戦略はこれと矛盾していない（なぜならアメリカの国益に資する目的を追求するべく現実主義的国政術の典型的な手段を用いているから）。しかし、ほかのさまざまな政策も同じように実行されていることを考えると、この爆撃の説明にはなっていない。

　ニクソンの第一戦略を本当に説明してくれるものは、過去の教訓である。大統領に就任する一五年前、リチャード・ニクソンは共和党の大統領がアジアにおけるいらだたしく血なまぐさい内戦からアメリカを救い出す様を間近で見ていた。この体験からニクソンが学んだのは、戦争が拡大するという脅しを確実にかければ、敵を屈服させられるというものであった。したがって、一九六九年に自分が似たような立場におかれると、ニクソンは師と仰ぐ元大統領の例にならおうとした。「ニクソンはヴェトナム戦争を終結させたいと考えていただけでなく、戦争は大統領就任一年目に終結すると確信していた」とホールデマンは書いている。

　ニクソンはアイゼンハワー大統領が朝鮮戦争を終結させるためにとった行動から類推した。アイゼンハワーが大統領に就任した時期、朝鮮戦争は膠着状態に陥っていた。アイゼンハワーはこの行きづまりを簡単に打開した。休戦協定が早急に成立しなければ、北朝鮮に原爆を投下すると中国側にひそかに伝えたのだ。それから数週間のうちに中国側は休戦を求め、朝鮮戦争は終結した……。アイゼンハワーのような軍隊での経歴はないが、二〇年前から強硬な反共主義的発言を繰り返しているのだから、北ヴェトナムはアイゼンハワーのときの中国同様、自分の言葉をはったりとは思わないだろうとニクソンは考えていた。過剰攻撃の脅迫という同じ原理を利用するつもりでいたのだ。(50)

一九六八年の共和党全国党大会で代議員たちを前にニクソンは演説し、自分とアイゼンハワーの考えが似ていることをはっきりと述べた――「どのようにしてこの戦争を終わらせるのか？　朝鮮戦争が終結した経緯を話そう。われわれは朝鮮に進軍し、あの厄介な戦争を抱え込んだ。アイゼンハワーは中国軍および北朝鮮軍に、地上における消耗戦の継続を容認するつもりはないと伝えた……。それからほんの数カ月もしないうちに両陣営は交渉をおこなった。ヴェトナムにおける交渉に関するかぎり、これがわれわれのとるべき姿勢である(51)」。

キッシンジャーも朝鮮戦争の最終局面を思い返していたが、ニクソンとはいささかちがう教訓を得ていた。キッシンジャーはアイゼンハワーが一九五三年にかけた核の脅しよりも、一九五一年七月の交渉直前にトルーマン政権が下した、軍事行動を縮小するという決定に注目していた。国家安全保障問題担当大統領補佐官になる一〇年ほど前、キッシンジャーは次のように書いている――「朝鮮戦争において、休戦交渉開始早々に軍事行動を停止する――ただし、純粋に防御のための戦闘を除く――というアメリカの決定は、交渉は軍事的圧力とは独立した独自の論理で動くものだという信念を反映していた。しかし軍事行動の中止は、中国側から和議を結ぼうという気持ちをそいだけであった。二年にわたって交渉が合意に到達せず、いらだちが募った」[52]。このためキッシンジャーは、ニクソンのように二匹目のどじょうをねらうのに熱心だったというよりも、同じあやまちを二度と繰り返さないようにと考えていた。北ヴェトナム政府は「一五年前の板門店での中国のように、交渉を長引かせる危険な賭けはできないだろうから、今回は早急に決着がつくだろう[53]」。

朝鮮戦争終結に向けてアメリカがとった政策についての二人の解釈から示唆されるものは明らかである――それは、北ヴェトナムとの交渉を進展させるためには、攻撃を目的とする思いきった作戦行動をとったうえで、交渉に進展がなければ将来懲罰的な攻撃を加えるという脅しをかけることが必要だということだった。朝鮮戦争の例から考えて、アメリカの戦争目的を大きく変える必要はなく、また短期的には世論を無視しても構わないだろう――攻撃を拡大させるという脅しに信憑性があれば、敵はすぐに譲歩して、順調に和議が結ばれるだろう。

唯一の問題は、この二つの戦争は非常に重要な点で異なっていたため、実際には前述の類推が役立たないことだった。朝鮮でアイゼンハワーが達成した結果は、半永久的な停戦であり、安定したものであった。その理由は、何よりもまず朝鮮半島を二分する北朝鮮と韓国のあいだに防衛可能な境界線を引くことができたからである。ソウルの非共産主義政権には、国内の暴動を抑え、自分の領土を「治める」だけの力があり、またアメリカ軍が戦争終結後も引き続き駐留したおかげで、休戦協定署名以降も北朝鮮に攻撃再開を思いとどまらせることができた。だが、インドシナ半島は荒涼たる地形のため、ヴェトナムではそのような単純な成果を得ることは不可能であった――半島をまっすぐ横切る短い境界線のかわりに、南ヴェトナムの場合には係争中の国境線は長く、ばらばらで、しかも防御が難しかった。キッシンジャーはこの問題をはっきりと認識していた。

朝鮮の場合のように、その背後に強固な政権がひかえている前線があれば、解決策はこれまでと同様に比較的単純だろう。双方が銃撃をやめ、前線に沿って休戦ラインを定めることができるだろう。だがヴェトナムの場合、前線がないのだ。反共産系と共産系の支配が広い領域ごとに定まっているのではなく、両者の勢力圏はある狭い地域で誰が勢力をもっているかということと、そのときの情勢に依存していた。停戦によって政府軍がいつでも攻撃されることなく移動できるようになれば、南ヴェトナム政府の勝ちになる。南ヴェトナム政府がある地域に入れないとなれば、事実上の分断国家となり、ラオスの場合と同様、分断は半永久的になる。しかしラオスとちがって、対立している反共産系と共産系の飛び地がヴェトナム全土で入り組んだ非常に複雑なものになるだろう。(54)

つまりヴェトナムには、戦争の一時的な軍事的膠着状態に対応する、地政学的な根拠をもつ膠着状態を実現できる条件が存在していなかった。ホー・チ・ミン・ルートを支配するヴェトナム共産党は、そのことを誰よりもよくわかっていた。このためニクソンが大統領に就任して最初の年にはったりをかけても相手にしなかったのだ――そして、自分が決め手となるような手段をもっていないことをよく知っている抜け目のないニクソンは、おとなしく引きさがったのである。

◉解決のための必要条件

ニクソンとキッシンジャーがこの戦争のアメリカにとっての最終局面における真の難題と向き合っ

たのは、一九六九年秋になってからである。北ヴェトナム政府と南ヴェトナム政府とのあいだの埋められない溝、北の強い団結と共産党支配の下に国を統一しようという決意を考え合わせると、アメリカの政策立案者たちに操作できる変数は二つしかなかった——アメリカの軍事介入と、南ヴェトナム政府に対するアメリカの支援である。これらの変数は、次のような組み合わせが可能だった。

一．チュー体制に対する支援を継続する一方で軍事介入の度合いを高める、拡大戦略の履行。
二．チューに対する支援を継続する一方で軍事介入の度合いを一定に保つ、持続戦略の履行。
三．チューに対する支援を維持し軍事介入の度合いを下げる、離脱戦略の履行。
四．チューに対する支援を縮小し軍事介入の度合いも下げる、譲歩戦略の履行。

第一の選択肢をとれば、ニクソンの第一戦略がやるぞと脅迫していた措置を実行することになるだろう——徹底的な戦略爆撃／北ヴェトナムへの侵攻／仮定上は、核兵器の使用さえも。第二の選択肢をとれば、いまのままの状態が続き、南ヴェトナムが共産主義者に乗っ取られるのを阻止するためにいつまでも戦費を負担し続けることになるだろう。第四の選択肢をとれば、チュー体制の崩壊を黙認することになるだろう（そして最終的には共産党支配の、あるいは共産党と結びついた南ヴェトナムの出現を黙認することになるだろう）。第三の選択肢——ニクソンとキッシンジャーが選んだものだ——をとれば、地上戦におけるアメリカの直接介入の終結に力を尽くす一方で、将来南ヴェトナムの政治形態が最終的にどうなるかは、なりゆきに任せることになるだろう。

ニクソンとキッシンジャーが第一と第二の選択肢、つまり戦争拡大と持続を除外した理由は単純だ——国内世論である。ヴェトナム戦争に対するアメリカ国民の意見を簡単にまとめるとこうなる。当初は世論はヴェトナムに無関心だったが、一九六五年以降、アメリカの直接介入に対する支持が急増し、その後ジョンソン政権の政策がほとんど成果を生まないと今度は一貫して支持が減少した。ヴェトナム戦争のもっとも厄介なところは、戦闘犠牲者数が減らず、かついつまでも決着がつかないことだった。一九六七年一一月には、現在の方針を支持するとした回答者がわずか四パーセントであるのに対し、拡大を支持するとした回答者は五五パーセントであった。三四パーセントの回答者が離脱（「交渉開始や戦闘の縮小」）を支持したのに対し、完全撤退の支持者は一〇パーセントだった。[55] それから一年半のあいだに撤退という選択肢が国民のあいだで優勢になったのに対し、拡大支持の割合は減ったが、一九六九年三月の世論調査では「総力をあげて拡大する」があいかわらずもっとも人気のある選択肢で、三二パーセントの支持を集めた。[56] 爆撃をおこなって脅しをかけるというニクソン政権の第一戦略が物議をかもすことはまちがいなく、秘密にしておかなければならなかったが、当時の世論の大勢から外れたものではなかったのだ。

しかし一九六九年の後半、二つの新しい要素が政権の選択肢を狭め始めた。まず一つ目は、戦争拡大に対する国民の支持が下がり続けたこと——一二月に入ると「ヴェトナムへ派遣する兵力を増強し、戦闘を拡大する」という選択肢を選んだのは回答者の一一パーセントだけであった。[57] 二つ目として、軍の撤退という選択肢は非常に人気があることがわかった。一〇月に入って、さらに三万五〇〇〇人の兵士を撤退させるというニクソンの構想に賛成か否かを尋ねると、七一パーセントの回答者が賛成したのに対し、反対はわずか一五パーセントにとどまった。別の世論調査では、今後もこの調子で撤退を続けるという選択肢を三一パーセントが支持し、これまでよりも撤退の速度をあげるという選択肢を四五パーセントが支持した。[58] つまり、アメリカ軍の撤退開始は持続可能で長期的なアメリカの介入のための基礎を築く方向に働いたのではなく、世論のあいだでよりすみやかな離脱要求を生んだのである。

ニクソンとキッシンジャーの思惑は外れたのだ。六月、ヴェトナム化のプロセス開始にあたって、ニクソンは「得意満面であった」と、キッシンジャーは回顧録のなかで書いている。

ニクソンはアメリカ軍部隊の第一次撤退計画公表を政治的な勝利とみなしていた。これでわれわれの戦略を展開するのに必要な時間を稼げると考えたのだ。わたしをはじめとする補佐官たちも同じ意見だった。われわれはどちらの点でもまちがっていた。すでにそのような段階ではなくなっていたのだ。軍の一部撤退により、息子たちがまだヴェトナムで危険にさらされている家庭はますます戦争に反対するようになった。一部撤退は反戦運動の小休止をもたらさなかった。反戦運動参加者の多くは、自分たちの圧力によって初めて政府に撤退を認めさせたのだから、圧力を強めれば撤退の速度があがるだろうと考えた。彼らはアメリカ軍の急速な撤退が南ヴェトナムの崩壊をもたらすことになろうとも気にしていなかった――いや、それどころか、一部の人は喜んでいただろう。(59)

しかし、たとえキッシンジャーがたじろいだとしても、撤退計画の真の立案者――レアード――はまごつかなかった。ニクソン政権のなかでも特に目先がきく狡猾な政治家だったこの国防長官は、自分のやりたいようにやっており、ニクソン政権内においてアメリカ世論の一般的な動向の中継役をもって任じていた。「わたしはヴェトナム戦争をあまり支持していなかった。あそこから出ていくことを大いに支持した」と、レアードはのちに語っている。彼は自分の予言――「自分の政治的な勘では、アメリカ軍部隊の一部分でもヴェトナムから撤退させることが自分にできれば、キッシンジャーやニクソンあるいは司令官たちにはこの動きを止めることはできなくなるだろう」――を的中させるために撤退を始めたかったのだ[60]。

アメリカ国民は、自分たちが求めていないものを知っていた――戦争の続行である。しかし、敗北がもたらす政治的な結果を受け入れるか否かについては、あいかわらずはっきりと意見が割れていた。ヴェトナム戦争のあいだじゅう「両立しない目的――和平と名誉ある終結――のあいだで賛否両論がたえなかった。国民の第一の願望がはっきりしていたわけではなく、また、アメリカはどちらかを選ばなければならないと直言する勇気のある政治家はほとんどいなかった」[61]。離脱戦略と譲歩戦略のどちらを選択するかという問題が最終局面で世論調査の対象となった。調査の結果は非常にわかりにくいもので、政策立案者たちの裁量に任せるというものであった。

一九六九年一〇月には、「たとえ南ヴェトナム政府が崩壊しても」引き続きアメリカ軍を撤退させることに賛成かどうかという問いに、回答者の四七パーセントが賛成と答えたのに対して、三八パーセントが反対であった。一九七〇年四月には、同じ設問に対して五六パーセントが賛成、二七パーセントが反対であった。あれだけ抗議の声があがったにもかかわらず、カンボジア侵攻は世論の一般的な傾向にはほとんど影響を与えなかったのである。七月に入ると、同じ設問に対する回答は賛成・反対がそれぞれ五八パーセントと二四パーセントになった[62]。こうした数字は、戦争を早急に終わらせたいと大多数の人が望んでいたにもかかわらず、国民のかなりの割合が譲歩戦略よりも離脱戦略を支持していたことを示しており、このため政策立案者たちに国民の声が少し伝わりにくくなっていたと思われる。

さらに重要なことは、国民のなかでもタカ派といわれる人々がニクソン政権の政治基盤の枢要部を担っていたことである。このためタカ派の意見は特に重視され、政権はいかなる譲歩戦略もとらぬよう用心していた。たとえば一九七一年にキッシンジャーは、ニクソン政権がアメリカ軍の急激な撤退に踏み切れない理由を説明しようとした――「ニクソン政権発足初年度に政権に批判的な人々が求めることを実行していたら、一九六八年にウォレスに投票した一三パーセントは三五ないし四〇パーセントに増えることになっただろう。大統領がまず取り組んだのは、そのような内輪もめを解消することだった」[63]。撤退のあとに起きかねない世論の激しい反発を説明する際、キッシンジャーはワイマール共和国を引き合いに出すことまでした[64]。

大統領とその補佐官たちが、アメリカ軍が撤退すればヴェトナム共和国（南ヴェトナム）の安定が危うくなると本気で考えていたかどうかは定かでないが、ニクソンの行動には選挙がらみの動機がつねに見え隠れしていた。たとえば、一九七〇年にニクソンは完全撤退を検討していた（主にその宣伝上の価値のために）。ホールデマンは日記に、キッシンジャーが完全撤退案に反対したと書いている――「キッシンジャーは、来年（一九七一年）撤退するのは重大なあやまりだと考えている。その有害な副作用が七二年の大統領選挙のかなり前から表れ始めるだろうから、という理由からである。キッシンジャーは、撤退によって悪い結果が生じても選挙に影響をおよぼすのには間に合わなくなるようにするため、地上戦へのアメリカ軍の関わりを徐々に縮小していき、一九七二年の秋に撤退を開始する案を支持している」[65]。皮肉なことは、ニクソンとキッシンジャーはこのとき世論から距離を置いて議論できたが、さらにそのうえで二人は異なる戦略を支持していたということである。このことは世論の要求が――少なくとも、離脱戦略と譲歩戦略のどちらを選ぶかということに関しては――非常に漠然としたものだったことを示している。

結局ニクソン政権がとった行動は、有能な政治家は自分たちを取り巻く政治的環境にただ単に反応するだけではなく、望ましい政治的環境をつくり出すことができるということの好例になった。一九六九年秋、戦争拡大を見合わせる決断を下した際、ニクソンは迅速に撤退を進めるという譲歩戦略を明確に拒否した。一一月三日におこなった国民向けのテレビ演説では、声高な反戦運動についてはこれを簡単に退け、ニクソン流の表現による「沈黙した多数派層《サイレント・マジョリティ》」に対して支持を呼びかけた。この演説が効果をあげて政権批判は一時的に収まり、離脱戦略を支持する有権者を結集することができた。それから数カ月後、ニクソンは再び短期的には世論に逆らい、カンボジア領内にある共産側の隠れ家を攻撃するよう命令を出した。一九七二年には、ハノイ爆撃、ハイフォン港の機雷封鎖、そして最後はクリスマス爆撃などの措置を命じた。いずれの場合も、軍事行動をとれば政治的に大きな騒ぎになるとわかっていたが、自分の政治目標を達成するためにそこは何としても切り抜けるつもりでいた。ニクソンが国民に支持されない軍事行動をとっても切り抜けることができたのは、ひとえに国民の最大の要求――アメリカ軍の戦闘死傷者数および全般的な介入の度合いを着実に減らしていくというもの――に応えると約束していたからだ。

◉信頼性を試す事例

拡大戦略や継続戦略という選択肢が国内政治的理由から除外されたとすれば、ニクソンとキッシンジャーはなぜある種の条件つきの譲歩戦略ではなく、離脱戦略を推進しようと力を尽くしたのか？それは、リアリズムにもとづく二人の考え方と、アメリカの影響力が弱まっているという自覚とが結びついていたからである。

ニクソンとキッシンジャーは外交政策に関してはリアリストたることをめざし、実利が関わっているわけでもないのに困難かつ大規模な戦争にアメリカを引き込んだジョンソン政権の愚挙に疑問を抱いていた。前政権は、と一九六九年にキッシンジャーは遠慮なく言っている――「ヴェトナムの地政学上の重要性を適切に……分析しない」という失策を犯した。[66] おかげでヴェトナム戦争はアメリカ経済を害し、外交上はアメリカに恥をかかせ、本来もっと重要な課題に向けられるはずだった時間と注意をヴェトナム戦争に注ぎ込ませたのだから、リアリズムは持続戦略を除外するだろう。また、得られるかもしれない実利に見合わないほど危険が大きいという理由で、拡大戦略も否定するだろう。[67]

リアリズムは、国内対策とともに、ニクソン政権が全面的な譲歩戦略を選択しなかった理由となっている――そのような屈辱的な行動は、アメリカの世界的な立場を傷つけるからだ。軽率な突然の撤退は、アメリカの外交面に害をもたらす。離脱戦略は「大敗北を反映したものではなく、国民全体の決意を反映した形で、挫折としてではなく政策の施行として」おこなわれるべきであるとキッシンジャーは書いているが、彼は単にリアリストの自明の理を述べているにすぎない。[68]

特に興味深い問題は、アメリカ政府がなぜある種の条件つき譲歩戦略よりも離脱戦略を選んだのかということだ。離脱戦略の遂行は、アメリカの同盟公約の信頼性を維持した代わりに戦争を長引かせることになり、アメリカの軍事力・経済力を消耗させ、意志が試され、国内の調和を乱されるという高い代価を必要とした。条件つき譲歩戦略を選んでいたら、アメリカの介入の膿をもっと早く出していただろうが、それがもたらす屈辱や信用失墜によって、国内外で失ったものはもっと大きかっただろう。二つの戦略のどちらをとるかという判断は本質的に主観的なものであり、似たような前提に立って動いているリアリストたちのあいだでも意見がわかれうるのである。実際どちらの戦略に対しても、リアリストからの支持はあった。

ハンス・モーゲンソー――当時のリアリズム理論の第一人者――は、条件つき譲歩戦略を支持した。「もし」と、モーゲンソーは一九六八年に書いている。

一九六五年のアメリカの軍事介入を大失敗だったと考え、これが失敗だった以上、われわれの目の前の問題は戦争をいかに継続するかではなく、いかに有利に清算するかであると考えるのであれば、いまこの戦争を清算するのに何の問題もない。サイゴンに真の文民政府が樹立されるよう取り計らえばいいだけだ。そうなれば必然的に、その文民政府にとって、ヴェトコンと話をつけることが第一の課題となる。この文民政府は、アメリカ軍の存在を切り札にして交渉を有利に進め、交渉成立後はわれわれの支援に感謝し、別れを告げるだろう。和議の条件についてわれわれは口を出さない方がよいだろうし、その責任もない(69)。

ジョージ・ケナン――リアリズムを信奉する当時のきわめて卓越した外交官――は同じように考えていた。一九六六年にケナンは、上院外交委員会で次のように証言している。

われわれが現在巻き込まれている事態から生じてくる問題は、アメリカの威信というものをどう考えるのかということであります。その問題さえなければ、南ヴェトナムがほぼ完全にヴェトコンの支配下に入ろうと、それは残念なことであり、実際不当なことではありますが、アメリカの直接的な軍事介入を正当化するほどの危険な状況ではないと思います。多くのことが、アメリカの威信の問題に依存しています。徐々に撤退していくとか、撤退を説明しやすくするような何らかの政治的妥協をおこなうとか、いろいろあると思います。しかし、もしわれわれが単に尻尾を巻いて逃げだしたら、アメリカの威信を大きく傷つけることはまちがいありません……。南ヴェトナムにおいて、この戦争に関わっているさまざまなグループのあいだで何らかの政治的な歩み寄りがなされることがゆくゆくは必要だと思っています。

一方でヘンリー・キッシンジャー——政治家に転身したリアリズムの理論家——は、似たような世界観から出発し、最後は離脱戦略に落ち着いた。

五〇万のアメリカ兵が関与しているという事実が、ヴェトナム問題の重要性を決めている。アメリカが請け合った約束に対する信頼のために関与しているのだ。「信頼性」とか「威信」といった言葉を嘲笑する風潮があるが、それらは意味のない言葉ではない。アメリカが頼りになる国であってこそ、他国はアメリカと行動をともにすることができる。自分たちの国の安全や国家目標の達成をアメリカのコミットメントに頼っている国々は、（ヴェトナムにおけるアメリカの取り組みの挫折によって）失望するだけである。世界の多くの地域——中東、ヨーロッパ、ラテン・アメリカ、日本でさえも——における安定は、アメリカの約束に対する信頼にかかっている。したがって、一方的な撤退、あるいは意図せずして同じことになってしまいかねない和議は、抑制力の低下、さらにはもっと危険な国際情勢の生起につながりかねない……。どれほどヴェトナムに巻き込まれているにせよ……世界平和のためにこの戦争を立派に終結させなければならない。離脱戦略以外の方法は、国際秩序の見通しを複雑にするさまざまな余波を解き放つかもしれない。[71]

ニクソンとキッシンジャーにとって、条件つき譲歩戦略よりも離脱戦略を選択するということは、気まぐれな個人的あるいは知的な好みによる選択の問題ではなく、また名誉の問題（少なくとも通常定義されているような意味での）でもなかった。それは、地政学および国際的な勢力均衡についての二人がもつ大局観の直接的な帰結であった。

一九七二年のある秋の日の午後、キッシンジャーは衰退しつつある覇権国アメリカが直面している外交政策上の難問について思いめぐらせた――「どのように撤退するか？　世界中のありとあらゆる危機がどっと押し寄せてきているような状況からいかにして抜け出すか？」[72]。国際社会におけるアメリカの責任あるコミットメントを、アメリカの低下したパワーに見合ったものにする必要があるという事情は、インドシナからの撤退を求める世論に勢いを与えていた――その一方で、アメリカの関与縮少に危険がともなうことを考えると、アメリカによる他国に対する約束の信頼性を守ることはこれまで以上に重要なものとなった。

◉アメリカの相対的地位の低下とヴェトナム

アメリカが介入した前の戦争（朝鮮戦争）が終結して以降、アメリカ経済の相対的な地位は低下していた。覇権には特権だけでなく、重荷もともなう。ヨーロッパや日本の経済は急激に成長していた。ジョンソン政権は請求書をため込みながら軍事と民生に気前よく金を使い、アメリカ経済を弱体化させた。アメリカの相対的な軍事力も低下し、ソ連は核の対米均衡に近づきつつあった。ニクソン政権の判断では、アメリカにはもはや世界のリーダー的役割を果たすためのコストをすべて負担する余裕はなく、アメリカの外交・軍事政策はもっと入念に選択されねばならなかった。

「ニクソン政権の戦略を突き動かしていたのは」と、ある評論家は述べている――「関与を縮少するべしという強迫であった。すなわち、アメリカの他国に対するコミットメントやその他の利害を支える活動におけるアメリカの物的・政治的負担を軽減しなければならないという考えであった」[73]。ニクソン政権は、その行動の自由を守るために金ドル兌換停止を宣言し（一九七一年八月一五日）、核政策の指針として「卓越戦略」よりも「十分戦略」を採用し、アメリカの海外派遣軍への期待を低減するニクソン・ドクトリンを表明した。このような対外関与の縮小の結果、ニクソンおよび次の大統領の任期中、「アメリカの軍事力はソ連の軍事力と比較して、第二次世界大戦後最大の実質的削減となった」[74]。

それでもアメリカのパワーは、アメリカが切望しているものをすべてあきらめなければならないほどまでには衰えていなかった。ニクソンとキッシンジャーがねらったのは、アメリカの地位の本質的な部分を無傷のまま保つ一方で、そのための支出は抑えることだった。このためヴェトナムに関する彼らにとっての中心的問題は、いかにアメリカをあまり見苦しくない形でヴェトナム戦争から離脱させるかであった。当時のリアリストの一人は次のように述べている——「アメリカの世界的地位がこれからも準拠していく大きな利益構造を犠牲にすることなく、あるいは危険にさらすことなく、小規模かつ秩序だったアメリカ軍の退却を試みるつもりならば、ヴェトナムでの敗北の結果として撤退がおこなわれたのではないこと、あるいはおこなわれたように見えないことが肝要だ」[75]。

これは容易な話ではない。ジョンソン政権の閣僚だったカサンドラやジョージ・ボールが一九六五年の夏に議論したが徒労に終わった問題なのだ。

五〇万人の兵士を南ヴェトナムに投入し、北ヴェトナム経済を破壊しているとしよう……。長引く戦いの末、必要となる決着を得られないと結論したとしても……、まだそこから手を引くという問題が残っている——そのころにはこの問題は非常に複雑になっているだろう。ここで敗北を認めることは――あるいは条件つきの成功を受け入れることでさえも――、われわれの介入がまだ限定的であったときに慎重に実行される撤退よりも、威信を傷つけ、世界の支持を失うという点ではるかに高くつくだろう。われわれは不首尾に終わった戦争に生命や資源を浪費したことになるだろう……。そのうえ、アメリカの行動の自由を抑えようとしているさまざまな要素がそれぞれに勢いを得て圧力をかけてくることになり、アメリカは時間をかけて撤退するという方針を実行できなくなるだろう[76]。

ジョンソンの後継者たちはいつの間にかまったく同じように立ち往生していたのである。南ヴェトナムの局地的な反乱勢力はテト攻勢とその後の戦闘によって大部分が打倒されたが、この連中を支援している北ヴェトナムは別のもっと普通の方法で戦争を続ける準備ができており、戦いを続けることができた。急に撤退すれば、即、共産側の勝利に結びつくだろう。これはニクソン政権には受け入れがたいものであった。「二代にわたるアメリカの政権と五つの同盟国が関与し、三万一〇〇〇人の死者が出ている計画から、テレビのチャンネルでも変えるようにあっさりと逃げ出すわけにはいかなかった」とキッシンジャーは書いている[77]。

したがって、第一戦略でほとんど成果が出ないことがわかると、ニクソン政権はチュー政権に対する保護を継続しつつ一方的に離脱する決断を下した。少しずつの撤退であっても非共産主義の南ヴェトナムはやがて滅びることになるかもしれないが、もしアメリカが同盟国を裏切らなかったと胸を張って言えるなら、そのような結果から派生する国際的な問題や屈辱は抑えられるだろう――そして、それこそ政府上層部の政策担当者たちの最大の関心事だったようだ。キッシンジャーは次のように述べている――「ニクソン政権は何よりもまず、一方的に撤退すれば地政学上の大惨事を招くと確信していた……。アメリカの重要なコミットメントを一八〇度変えれば……同盟諸国、特にアメリカの支援に依存している国々は、アメリカのヴェトナム政策の細部に賛成しているかどうかにかかわらず、アメリカに深く幻滅するだろう[78]」。結局のところ、ニクソン政権が追い求めたインドシナ問題の解決策は、北ヴェトナムと南ヴェトナムが戦闘を小休止させ、アメリカがヴェトナムから撤退するのに十分な時間と政治的な現状維持を認めさせるという内容のものであった。現実には、まさにその通りになったのである。

◉エピローグ――パリ協定からサイゴン陥落まで

ヴェトナム国内でパリ協定は、本当の戦いはまだ続いているのにというあきらめの気持ちで受けとめられた。いたるところで人々は、アメリカが南ヴェトナムを全面的に支援し続けないかぎり北ヴェトナムが優位に立つと感じていた。

協定が結ばれた一九七三年一月以降もそれ以前と変わりなく、北ヴェトナムと南ヴェトナムはこの戦いを南ヴェトナムの支配をめぐるゼロサム・ゲームとみなし、お互い相手に軍事的圧力をかけ続けた。小競り合いは絶えず、大規模な戦闘もいずれ再開されるのは明らかだった。南ヴェトナム各地にはおよそ一五万人の北ヴェトナム軍兵士が残っており、またラオスとカンボジアを走るホー・チ・ミン・ルートは今後の侵攻にそなえて兵士や物資を事前配置できるよう近代的な幹線道路になっていた。協定署名直前の数カ月、ニクソン政権は南ヴェトナムに大規模な軍事援助をおこない、額面上はあなどりがたい兵力をつくりだした。だが実際のところ、これは南ヴェトナム軍に自分たちだけでは保守管理できない兵器を抱え込ませることになり、逆に南ヴェトナム軍を弱体化させてしまった。

アメリカ軍と、北ヴェトナム軍に捕らえられていたアメリカ兵捕虜が帰国すると、アメリカ国民はヴェトナム戦争を記憶からぬぐい去ろうとし、これをほぼうまくやってのけた。アメリカは再びヴェトナムに直接関わるべきではない、もっと言うならば、間接的な介入も縮小すべきであるという強い合意が生まれた[79]。こうした国民の考えを反映して、一九七三年六月に議会はアメリカ軍がインドシナで展開しているすべての軍事行動をその年の夏の終わりまでに停止するよう命じ、一一月には議会の許可なく軍を前線に送り込む大統領の権限を制限する戦争権限法を成立させた。さらに一九七三年には二三億ドルだった南ヴェトナムへの援助額を一九七四年には一〇億ドルに減らし、その後も削減している。心理的な痛手に加えて、こうしたアメリカ側の動きにより、南ヴェトナム政府はそれまでに提供されていた高価なハイテク兵器を使えなくなった[80]。一九七三年のオイル・ショックも南ヴェトナム政府に打撃を与え、ヴェトナム経済を完全にだめにした。一九七四年に入ると、南ヴェトナムは天井知らずのインフレ、異常に高い失業率、士気の低下に苦しんだ。南ヴェトナム共和国陸軍兵士の給料は、ヴェトナムの平均的な家族の必要生活費の三分の一にしかならなかった[81]。

一九七四年一〇月、北ヴェトナムの指導者たちは会合を開き、今後の軍事行動計画を練った。ある出席者の言葉を借りれば、「南ヴェトナム軍は、軍事的・政治的・経済的に日に日に弱体化していく一方である」のに対して、「わが軍は兵員も資材の備蓄量も増え、戦略および戦術上の道路網も完成した」ということで意見が一致した。

この会合で一つの問題が提起され、白熱した議論が交わされた——大攻勢をかけて南ヴェトナム軍が崩壊しかけた場合、アメリカには南ヴェトナムに再び兵を派遣するだけの力があるか？　誰の目にも明らかだが……パリ協定が成立して以降、アメリカは混乱の度合いを深め、以前に比べて大変な苦境に立たされていた。ウォーターゲート事件でアメリカ国内が騒然となり……ニクソンは辞任した。アメリカは景気が後退して物価の高騰が進み、失業率も上昇し、オイル・ショックも続いていた……。北ヴェトナムの指導者であるレ・ズアンは、重大な結論を決議に付した――「アメリカは南ヴェトナムから手を引いており、何かあってもすぐに飛んでくるわけにはいかない」[82]。

一九七四年末におこなわれた、サイゴンの北西に位置する州への攻撃は順調に進み、北ヴェトナム軍の力が増大する一方で南ヴェトナム軍の力が低下しているという両軍の相互関係についての北の判断がまちがっていないと裏づけられた。これを受けて北ヴェトナムの共産党政治局会議は、完全勝利をもたらすべく計画された二カ年作戦を承認した。

一九七五年初めに開始されたこの作戦の最初の攻勢は、チューが戦略上の失敗を重ねたこともあり見事に成功した。最終的な勝利はもうほとんど手中にあると認識した北ヴェトナム軍は、軍事行動の予定を早めて、一挙にサイゴンを攻略することにした。ジェラルド・フォードの下で国務長官になっていたキッシンジャーは、最後にもう一度だけ全力で南ヴェトナムを支援すべきだと進言したが、新大統領は最終的に国民と議会の反対を受け入れた。四月二三日、フォードは歓声をあげる大勢の学生たちに向かって、「アメリカにとって既に終わった戦争を再び戦っても、国家の誇りは得られない」と語った[83]。チューはニクソン失脚後も八カ月もちこたえた――一九七五年五月一日、共産側の兵士たちは、現在ホー・チ・ミン市と呼ばれているかつての南ヴェトナムの首都に自分たちの旗をひるがえらせた。

このような結果は、パリ協定やアメリカ軍撤退の結末として運命づけられた避けられないものだったのだろうか？　ニクソンとキッシンジャーは一貫してそのような見方を否定した。署名を求められている協定に対するチューの懸念を和らげるべく、一九七二年一一月にニクソンはこの南ヴェトナムの指導者に非公式に次のように保証した――「協定の内容よりもはるかに重要な……のは、万一敵が攻勢を再開した場合、われわれが何をするかということだ。北ヴェトナム政府がこの協定の条項を守らなければ、ただちにアメリカが容赦ない報復軍事行動をとることを堅く保証する」。それでも相手が煮え切らないと、一九七三年一月に再度約束した――「協定が成立した後も引き続き支援をおこない、北ヴェトナムが協定を破った場合は全力で対応すると請け合う(84)」。

のちにニクソンとキッシンジャーは、こうした約束を果たすつもりでいた、きっと果たせると思っていたと主張している。しかし突然、とキッシンジャーは書いている。「協定に署名がなされて間もなくウォーターゲート事件によりニクソンの権威が失墜し、議会の反戦決議を食い止められなくなった(85)」。議会は、ニクソンおよびニクソンの辞任後に大統領に昇格したフォードに対し、「北ヴェトナムが公然とパリ協定を破っているときに、パリ協定の内容を北ヴェトナムに遵守させるための手段を与えなかった……さらに南ヴェトナムに対する軍事援助を削減し始めた。莫大なコストを支払って勝ち取った……戦争と平和は……われわれの義務を果たすことを議会が拒んでから、数カ月もたたないうちに失われた(86)」。

この説明には妥当なところもある――ウォーターゲート事件はニクソン政権から注意力と権威を奪い、議会はアメリカの軍事行動を制限し南ヴェトナムに対する援助を削減した。こうした動きが最終的に北の勝利の土台となった。しかし、このような事態は簡単に予測できたこと、そしてニクソンとキッシンジャーが取り決めた協定が、南ヴェトナムを北から攻撃されやすくしたことを二人は忘れている。この協定に関してアメリカ国民にとってもっとも重要なのは、アメリカ軍、および北ヴェトナム軍に捕らえられているアメリカ兵捕虜が帰国することだった。ニクソンがチューに対する約束を秘密裡にせざるをえなかったのは、南ヴェトナムを支援するためにアメリカ軍の介入を再開するという保証が政治的毒薬であるということがわかっていたからなのだ。言いかえれば、ウォーターゲート事件がなくても、ニクソン政権が北ヴェトナムの軍事行動に反撃するのは難しかっただろう。そしてウォーターゲート事件が起きてしまってからは、機会はまったくなくなってしまったのである。「あの当時もそう思っていたし、いまもその考えに変わりはない」と、最近になってキッシンジャーが書いている。

パリ協定はうまくいく可能性があった。あの協定は当時の地上部隊の勢力状況を反映していた。われわれは北ヴェトナム政府の長期目標について何ら幻想を抱いてはいなかった……。四年にわたる戦争と厳しい交渉という激しい苦しみのなかをくぐり抜けてきたのは、アメリカ軍の撤退が完了するのに必要な「そこそこの時間」を勝ち取るためだけではなかった。南ヴェトナム政府がいかなる政治闘争にも打ち勝てるように、安全保障と経済発展の両面での成長を可能とするべく最善を尽くすつもりでいた。南ヴェトナム政府には、南ヴェトナムに残っている敵軍に対処するだけの力が残っていると確信していた。北ヴェトナムが協定を破ろうとしても阻止できると確信していた。モスクワ—北京—ワシントンの連携およびインドシナの経済復興という可能性から、さらなる自制の誘因を引き出せると確信していた。われわれが求めたのは南ヴェトナム崩壊までの幕間ではなく、名誉ある講和だった。(87)

キッシンジャーにとってまずいのは、この時期に彼が前記の内容とは異なることをあちこちでしゃべっていたという事実である。たとえば、一九七一年七月の中国訪問に向けたブリーフィング資料には次のような一文があった――「ニクソン大統領に代わって周恩来首相にはっきり申し上げたい。アメリカは南ヴェトナムが政治的に今後どうなるかをまったくヴェトナム人の手にゆだねる和議を結ぶ用意がある。われわれは、定められた日限までにアメリカ軍をすべて撤退させ、ヴェトナムの政治的な将来を客観的な現実にゆだねるつもりでいる……。われわれにはそこそこの時間が必要だ。約束する。」[88]

周恩来との実際の会談において、キッシンジャーはこの台本に肉づけした形で話をしている。

> ニクソン大統領に代わって申し上げますが、第一に、われわれはインドシナから完全に撤退する用意があります……。第二に、われわれは南ヴェトナムに関する政治的決着をヴェトナム国民だけの手にゆだね、なりゆきに任せるつもりです。そのような決着は、南ヴェトナム国民の意志を反映したもので、南ヴェトナム国民がほかから干渉されずに自分たちの未来を決定できるようなものでなければならないことをはっきり理解しています。われわれはヴェトナムに再び介入するつもりはなく、政治プロセスを遵守します。しかし……軍事に関する合意は、政治問題とは時間的に切り離さなければなりません。それが解決を妨げているのです……。南ヴェトナム政府が閣下の見立て通り国民に人気がなければ、アメリカ軍の撤退が早まれば早まるほど、南ヴェトナム政府の崩壊も早まるでしょう。アメリカ軍の撤退後に南ヴェトナム政府が倒されることになっても、われわれは介入しません。[89]

それから九カ月後にモスクワでおこなわれたソ連のアンドレイ・グロムイコ外相との会談でも、キッシンジャーは同じような主張を展開した——「北ヴェトナムに思慮分別があれば——思うところを腹蔵なく言わせてもらうと——いまはわれわれと協定を結び、細かいことをあれこれ言わないだろう。協定が成立して一年もたてば、状況がすっかり変わっているだろうから……。われわれは共産側の勝利を保証するような形で去るつもりはない。しかしながら、共産側の勝利が排除されないようにヴェトナムから去る用意はある……(90)」。

それから一カ月後、周恩来と再度会談したキッシンジャーは繰り返し明言した。

われわれの撤退とその後の事態とのあいだに十分な間隔があれば、この問題はインドシナ問題の枠内に収まるだろう。停戦に関する和議が成立してそこそこの時間が過ぎてから政治交渉がおこなわれるという流れが重要だ……。わたしの論理的思考から出てきた結論は、軍事的な結果と政治的な結果のあいだに時間的間隔をおくというものだ。インドシナ半島における戦争の歴史が一度の停戦で終わってしまうとは誰も思わないだろう(91)。

周はキッシンジャーとの会談の要点を北ヴェトナム側に伝えた。クリスマス爆撃の直後、周はレ・ドク・トに率直に語った——「ニクソンは国内外の課題を抱えている。アメリカはあいかわらずヴェトナムとインドシナから逃げ出したいようだ。そちらはアメリカとの交渉の席で柔軟な態度を示しつつ、あくまでも原則を主張するといいだろう。一番重要なことは、アメリカに撤退してもらうことだ。半年か一年もすれば状況は変わるだろう(92)」。

次のように言う人がいるかもしれない——しかし、ニクソン政権は単に中国やソ連を利用して和議を早くまとめるために根拠のない言質を与えていただけで、最初からどんなことがあろうと南ヴェトナム政府を支援するつもりでいたということは考えられないのか？　そのような回りくどいやり方をするのはニクソンとキッシンジャーにとっては特異なことではないかもしれない。しかしそれだと、大統領執務室で二人きりで面と向かって（そして暗がりのなかで自動的に回っているテープを通じて歴史と向きあって）話し合っているときに、ニクソンとキッシンジャーがもっと直接的な言葉を使った理由を説明できない。たとえば一九七二年八月三日――交渉が大きく進展する数カ月前――二人は問題の核心をずばりと突いていた。

ニクソン――この問題に関しては絶対に感情を交えないようにしよう……。歴史の流れを考えると、この先南ヴェトナムはまず生き残れないだろう。思うところをずばり言っているだけだ……。これから一年ないし二年先に北ヴェトナムが南ヴェトナムを飲み込むとして、われわれに実行可能な外交政策はあるか？　それが本当の問題だ。

キッシンジャー――いまから一年ないし二年後に北ヴェトナムが南ヴェトナムを飲み込むとした場合、それが南ヴェトナム政府の無能力の結果と見えるような、実行可能な外交政策はあります。そうですね、三、四カ月のあいだチュー大統領を瀬戸際まで追いつめておいてから裏切るのです――われわれ自身で。その機会はあると思いますよ――たとえ中国が協力してくれなくても。つまり、連中は何か言ってくるでしょうが――連中は何か言うのが好きなのだから――。

ニクソン――しかし、そんなことをすると、連中は困るだろう。

キッシンジャー――しかし、みんなが困るでしょう。先のことを考えると国内政治的にはそれほどわれわれの役に立ちません。向こうはどうして三年前にやらなかったのかと言うでしょうから。

ニクソン――わかっている。

キッシンジャー――ですから、一年か二年南ヴェトナムが崩壊しないような処方箋を見つけておかないと。そのあとは――一年もすれば、ヴェトナムは時代に取り残された場所になるでしょう。この一〇月に問題を解決したら、七四年の一月にはもう誰も関心をよせなくなりますよ。(93)

しかし、それでも……たとえニクソンとキッシンジャーが真実を歪曲していたとしても、それは彼らを激しく批判する人々も同じである。アメリカ政府は「そこそこの時間」ののち南ヴェトナムが崩壊することを容認する可能性に対して覚悟を決めていたかもしれないが、その結果が好ましいことだと思ってはいなかっただろうし、またそうなることは前から決まっていたとも思わなかっただろう。ニクソンやキッシンジャーとしても、そのような事態はできれば避けたいと思い、また阻止するためにできるかぎりのことをするつもりでいたのだ。(94) 北ヴェトナム自身でさえも、戦争はまだ数年続くと考えていた――最終攻勢のための計画には不測の事態にそなえた一九七七年まで続く計画が立てられていた。(95) ワシントンでの出来事がちがう展開を見せていたら――ウォーターゲート事件によってニクソン政権が打撃を受けず、アメリカ軍地上部隊が撤退したあと議会がドアをぴしゃりと閉めるのに躍起にならなかったら――ニクソンはチューを政権の座にとどめるのに必要な援助や砲弾を送ることができたかもしれないのだ。(96)

ニクソンとキッシンジャーはたしかにさまざまなあやまちを犯していたが、ヴェトナムに関するかぎり彼らにとって最悪だったことは、まずい時にまずい場所にいたことである――無責任きわまりない前任者たちからどうしようもない状況を受け継いだのだ。実はヴェトナムにおいては、四分の三世紀にわたり、地方の有力者たちはさまざまな理由から、お互いの均衡を保ちながらも彼らが言うところの「独立闘争《レボリユーション》」を戦ってきていたのである。その現実を変えることはアメリカにもできなかった──つまり物理的に阻止されないかぎり、北は初めからヴェトナム戦争に勝つと決まっていた。ケネディ・ジョンソン両政権は、何年か敗北を食い止める政策を選択し、アメリカをこれ以上ない窮地に陥らせてしまった。ケネディ・ジョンソンの後始末をさせられる破目になったニクソンは、どうにかアメリカをヴェトナム戦争から救い出し、南ヴェトナム政府に存続のチャンス──それ以上でもそれ以下でもない──を残したのである。

ニクソン政権の政策に対する右派からの非難は、南ヴェトナム政府への裏切り行為とされているものに焦点をあてているが、そういった非難は皮相的に見える。一九六八年の段階で誰が政権の座につこうとも、現実のニクソン政権よりも強硬にアメリカ国内世論の基本的な動向に抗して戦争を長引かせ、うまく戦い、南ヴェトナム政府にもっと有利になる合意を得ることはできなかっただろう。

一方、左派からの厳しい非難は、ほとんど出なかった成果のための、戦争の不必要な長期化に焦点をあてている。一九九二年、ジョン・ケリー上院議員はキッシンジャーに対して次のように言っている──「一九七三年にあなたが決着させたものは、一九六九年に棚上げにされた計画に非常によく似ている」[97]。この主張は、真実性を欠いた表現でもあり、また正当な表現でもある。要するに、真実性を欠いているというのは、ケリーが一九七三年の決着は一九六九年に達成できていた可能性があると言っているところだ。これはまったく事実に反している。なぜなら一九七三年の和平協定の重要な要素──チューの短期的、ことによると長期的生き残り──は、それ以前では得られなかったのだから。正当な表現でもあるというのは、一九七三年の協定は一九七五年の結末を暗示しており、一九七五年の結末は一九六九年に実現できた可能性がある（し、また実現すべきだった）という受け取り方ができるからである。このような表現にすれば、本当の問題が明確になる。つまり、ケリーの主張に同意するかどうかは、時間をかけたアメリカ軍の撤退においてアメリカ政府が（理由はともかくとして）南ヴェトナムにてこ入れをしたことをどの程度重要だと考えるかということに依存している。

　アメリカ国民はニクソン政権のヴェトナム政策をめぐる内輪もめで頭がいっぱいであったため、この問題を北ヴェトナム側の立場で考える人はほとんどいなかった。北ヴェトナムが一九七三年に得た合意が、北ヴェトナムにそれほど有利であり、かつ一九六九年に得られた可能性のあるものによく似ているのであれば、なぜ共産側は一九六九年にその似たものを手にしなかったのだろうか？　このような疑問については、ニクソンお気に入りの対反乱作戦の専門家ロバート・トムソン卿が南ヴェトナムを訪問する直前に書いた手紙のなかで率直に答えている――進行中のヴェトナムの抗争は、アメリカ軍が撤退したあと南ヴェトナムに広がるだろうと誰もが予想していたのであるが、そうなったとき北ヴェトナムを支援する十分な兵力を南ヴェトナムに配置することは、一九六九年という早い時期には北ヴェトナムにはできていなかったからである。それからトムソンは古傷に触れた――「北ヴェトナムがもっと早い時期に一九七三年の条項あるいはこれに似た条項による和平案を受け入れることができなかったのには、もっと深い、しかし非常に単純な、一つの理由があったのだ。アメリカのパワーが徐々に衰退して、協定の条項を北ヴェトナムに強要できなくなるまで、また協定成立後に南ヴェトナムに対するアメリカの支援が少なくとも疑わしくなるまで、北ヴェトナムは戦い続ける必要があったというわけだ。一九六九年の時点ではそのような見通しはまったくなかったし、一九七〇年の時点でもまだどうなるかわからなかった[98]」。

　しかしながら、一九七三年には大多数のアメリカ人がヴェトナム戦争全体をどこかにやってしまいたいと思うようになっていた――それによって南ヴェトナムが崩壊しようと、気にする人はほとんどいなかった。

二月二八日（木）

午前六時ごろ、数機のアパッチが敵を探してイラク領内砂漠地帯の交差路へと飛び立った。湾岸戦争はほぼ終結し、数時間前には第一歩兵師団に攻撃停止命令が出ていた。しかしその後、戦闘活動を再開してクウェート国境のすぐ北のいずこともしれぬ場所へ向かうようにとの新たな命令が出た。何が起きているのかさっぱりわからん、と現場の指揮官たちは思った。イラク軍に関して言えば、まだ戦っている部隊もあれば被害を免れようとする部隊もあった。おそらくリヤドの多国籍軍最高司令部は、交差路がイラク軍の逃げ道になるのではないかと心配しているのだろう。このため攻撃用ヘリコプターが地上のイラク軍を探しながら確認に出た。北に向かう車を数台確認したものの、大きな動きはない。空からの偵察結果を報告し、アパッチは飛行を続けた[1]。

それから一時間半後、友軍による誤射・誤爆が起きたとの報告が入った。多国籍軍の司令官たちはこの類いの事故が予想以上に多く発生している事態に頭を抱え、これ以上起きないよう力を尽くしていた。このため交差路奪取に向けた地上作戦は大事をとって一時中止となった。その後報告があやまりだったと判明し、交差路への飛行再開命令が出た。午前八時、これを最後に前進を停止するよう命令が出て、湾岸戦争は終結した。

三月一日（金）

朝の大変早い時刻に、第七軍団第一歩兵師団大隊の司令官フレッド・フランクス中将は電話の音で飛び起きた。上官である第三軍司令官ジョン・ヨーソク中将だった。ヨーソクは停戦交渉をおこなう場所を用意するよう伝え、交差路について尋ねた。驚いたフランクスが戦争終結直前の混乱のなかでまだ占拠できていないと答えると、一瞬の間があり、それはまずいことになるとヨーソク。交差路を占領せよとの命令が出ていて、こちらが任務達成の報告を出していたため、多国籍軍最高司令官ノーマン・シュワルツコフ将軍が本国政府に、停戦会談の会場として交差路近くの小さな飛行場を提案してしまったのだ。関係部署と責任のなすりつけ合いをしつつ、フランクスは眠気の覚めていない部下たちに新たな任務を伝えた――騒ぎを引き起こさないように、飛行場、交差路、付近の町を占領せよ。

夜明けとともに出発した歩兵第一連隊の部隊はほどなく飛行場に着いたものの、先客がいた――イラク軍の精鋭、共和国防衛隊の装甲旅団である。困惑した表情のイラク軍の大佐が出てきて、ここで何をやっているのか、道に迷ったのかと尋ねた。移動を求められると、大佐はそのような命令は出ていないと言い放った。緊迫したやり取りの末、イラク側は撤退し、そこから三〇マイルほど北にあるイラク第二の都市バスラに向けて前進を始めた。

近くでも同じようなやり取りがなされていた。第一歩兵師団の別の部隊が、やはり敵――この場合はサダム・フセインの故郷ティクリット出身者で構成された歩兵中隊――と遭遇した。この中隊も移動を拒み、強制するなら抵抗するとの構えを鮮明にした。日が高くなっても膠着状態が続き、シュワルツコフの怒りは次第に高まっていった（午後一時半、第三軍の作戦将校は日記に次のように記している――「最高司令官はさっきから何度も、フランクス、ヨーソクたちを首にしてやると息巻いている」）。とにかく強引に決着をつけろとの命令がコリン・パウエル統合参謀本部議長からじきじきに出た。この命令が現場のアメリカ軍上級将校トニー・モレノ大佐まで伝わったときには、指示内容は簡潔になっていた――「午後四時までに退かなければ攻撃し全滅させるまでだ」とイラク側の指揮官に言ってやれ。モレノは相手を威嚇するように兵を配置し、指示された通りの言葉を伝えた。ここは動いた方が無難だと判断したイラク側は撤退に同意し、日が暮れるころにはアメリカ軍が飛行場一帯を占拠し終えていた。

三月三日（日）

アパッチの群れが砂漠の交差路に向かって飛んでいた。今回は停戦会談に出席するシュワルツコフと随員を乗せたブラックホーク三機も一緒だ。一団は殺風景な空港に着陸した。滑走路には多国籍軍による急ごしらえの会談用テント村が立っており、その周りには砲門を内側に向けたアメリカ軍の装甲車両が並んでいた。会談に出席するため陸路でやってきたイラク側代表団の将官たちは、数マイル手前でアメリカ軍のハンビー（高機動多目的装輪車）に移されていた。この停戦会談は、多国籍軍が圧倒的勝利を収めた事実をイラク側に伝えるべく演出されたものであると同時に、多少の騎士道精神的な含みもあった。シュワルツコフは副官に「彼らに恥をかかせるのも、きまりの悪い思いをさせるのも無用」と語ったと伝えられている。実際、イラク代表団が武器を隠し持っていないか検査される際もシュワルツコフはまず自分を検査させた。

テント内に置かれたテーブルにシュワルツコフはサウジ軍司令官ハリド・ビン・スルタン将軍と並んで座り、勝ち誇ってはいるものの疲れ切った表情の多国籍軍司令官たちがそばに陣取った。二時間におよぶ会談では、ほとんどの時間が双方の兵力の分離と捕虜の取りあつかいといった実務的なことがらにあてられ、イラク側は提案された条件におおむね同意した――特に自分たちの壊滅的敗北をいまさらのように痛感すると。会談でイラク側は、イラク領内での飛行禁止について、ヘリコプターにかぎって例外として飛行できるよう求めてきた。イラク国内では陸路による移動が難しくなっている状況を踏まえ、また会談でのイラク側の協力的な態度に報いる意味も込めて、シュワルツコフはこの要求を承諾した。会談終了後シュワルツコフはハリドとともにイラク代表団を車まで送り、握手して別れた。それから記者団に告げた——「イラク側は前向きな姿勢で話し合い、協力するつもりでやってきた。われわれは恒久的和平に向かって着実に進んでいると、率直に言ってよいだろう」。

三月三日（日）～三月七日（木）

当初、停戦会談は土曜日におこなわれる予定だったが、イラク側代表団が会談場所まで出頭するのにてまどり、日曜日にずれ込んだのである。「彼らが身の安全を心配しすぎているとは思わない。イラク国内は混乱し、暴動が起きているのだから」と、多国籍軍のスポークスマンは語った。これはあとで判明したのだが、実際にイラク代表団は途中で暴徒たちに銃撃され、車両の両側に共和国防衛隊の戦車を走らせて何とか無事に目的地にたどりついたのだ。

この不穏な状況は金曜日から各地に広がり、クウェートから撤退してきたフセイン政権に不満を抱くイラク兵たちは、これまで当局に弾圧されてきたシーア派の蜂起に加わった。二週間前、ジョージ・H・W・ブッシュ大統領がイラク軍やイラク国民に対して、サダムを打倒するよう呼びかけていた。それぞれのやり方、それぞれの理由から、イラク軍の幹部も反フセインの行動に出ていた。シュワルツコフがイラク軍代表団と会談中、反乱勢力はバスラだけでなく、ナジャフやナーシリーヤその他南部の都市を制圧するべく、フセイン政権支持者たちを処刑しながら移動中だった。

だが、サダム配下の軍隊はすぐに猛烈な反撃を開始し、壊滅を免れた共和国防衛隊の部隊をかき集め、シュワルツコフに飛行を認められた対地攻撃用ヘリコプターを展開した。火曜日、フセイン政権支持者と反政府勢力の戦車がバスラで直接撃ち合った。水曜日には反政府勢力が総崩れとなり、人々は交差路周辺を支配しているアメリカ軍のもとへと列をつくって南に向かい始めた。木曜日、悲惨な格好をした難民たちが報道関係者に、息を吹き返した共和国防衛隊がイラク国民を何百人も公開処刑していると訴えた——「防衛隊の兵士は人々の手を縛って戦車に縛りつけ、撃った。両手首を縛られた死体がまだ放置されている」、「多国籍軍にはここにとどまってほしい。多国籍軍が撤退したらフセイン政権は盛り返して、抗議する人々をひどい目に遭わせるだろう」と言葉を続けた。

しかし、アメリカ軍はイラクに駐留しなかった。水曜日にディック・チェイニー国防長官が述べたように、「イラクに新政権が誕生すれば」ブッシュ政権は歓迎しただろう。しかしサダムの支配継続よりも悪い結果——国の分裂というような——が生じ、アメリカは混乱にかかわらないことにした。「イラクの内政を処理するために特定の行動をとるよう多国籍軍をまとめるのは非常に難しいと思う。それに現時点ではイラク領内に進軍する権限はわれわれにはないと思う」とチェイニーは述べている。このためアメリカ軍はイラク軍が火を放ったクウェート領内の油田については消火作業をしたが、イラク国内の油田については燃えるに任せた。

交差路付近の町は、サフワンと呼ばれていた。湾岸戦争がなければ歴史の表舞台に登場することもなかっただろうが、一九九一年の晩冬の一週間にはさまざまなことが起きた。飛行場の占拠をめぐる争いは厄介だったが、その戦略的重要性は乏しかった。停戦協議自体も、結局は重要性は乏しかった（ヘリコプターに関連する取り決めをはじめ、会談で決定された合意事項はいずれもあとで調整可能だった）。しかし、戦闘の最終局面とこの地域における多国籍軍の戦後の役割をめぐる混乱状態は、注目に値するものであると同時に啓蒙的である——アメリカ政府が何を目的として戦っていたのかということと、どのようにしてその目的を達成したのかということに関するアメリカ政府の両面性を、この混乱は端的に示している。

あれだけ慎重に計画され、一方的な勝利を収めた戦いでも、あれだけずさんで不満の残る結末を迎える可能性があるということが、以来ずっと第三者を困惑させてきている。だが、このような結果になる可能性は最初からあったのだろう。一九九〇年八月にイラクがクウェートに侵攻して六日後、ブッシュは演説をおこない、今後の対応策をくわしく述べた。サウジアラビアにアメリカ軍を派遣すると表明し、この危機が解決されるまでのあいだアメリカの政策が準処する「四つの端的な根本方針」がどのようなものであるのかを説明した——「第一に、われわれは全イラク軍にクウェートからの即時・無条件・全面的な撤退を求める。第二に、クウェートの正当な政府は復活されなければならない。第三に、ブッシュ政権はペルシャ湾岸地域の安定と安全保障を確約する。第四に、海外に暮らすアメリカ国民の生命を守り抜く決意である」[2]。二番目と四番目の方針は、その後の出来事において大した役割をはたしていないが、一番目と三番目の方針は重要だった。クウェートからの「即時・無条件・全面的な撤退」は、イラクに対するアメリカの要求の中心となり、ブッシュ大統領は一切譲歩しなかった。しかし、「湾岸地域の安定と安全保障」を確約するという言葉が意味するもののあいまいさは、ブッシュだけでなく、それから十数年間にわたって歴代大統領を悩ませることとなった。

明確さとあいまいさとのあいだの兼ね合い——いわゆるクウェート問題とイラク問題とのあいだの兼ね合い——は、この危機を通じてつねに存在していたことがはっきりとみてとれる[3]。このため湾岸戦争の終結はつねに厄介な問題だったのであり、はっきりとした決着をつけるというものではなく、難しい事態の解決を先延ばしにするだけのものだったのである。だが、ブッシュ政権は、戦争から和平への転換を滞りなく進めるための計画を慎重に練ることをおこたり、さまざまな出来事が自分たちの手に負えないほど劇的に変化するがままにしてしまい、その過程でアメリカの誇るべき危機処理能力を低下させた。

振り返ってみると、湾岸戦争は、中東圏の安全・安定化にひたむきに取り組むアメリカの、グローバルな覇権の新たな一章における最初のエピソードとしてとらえればわかりやすい。一九八〇年、ジミー・カーター大統領は次のように明言している――「ペルシャ湾岸地域を支配下に置こうとする外部勢力の試みは、アメリカの重要な利益を侵害するものとみなし、またそのような挑戦は武力を含むあらゆる必要な手段で撃退される」。カーターの国家安全保障問題担当大統領補佐官ズビグニュー・ブレジンスキーは、この新しいコミットメントをこれまでのアメリカのコミットメントの理論的拡張と考えていた。「一九七〇年代までは」と、ブレジンスキーは回顧録に記している。

アメリカの外交政策は、西ヨーロッパとの、のちには極東との、相互依存の原則と強く結びついていた。トルコ、イラン、パキスタンによって構成される地帯はソ連の勢力が中東におよぶのを防ぎ、また中立的なアフガニスタンも緩衝地帯としての役割をはたしてきたおかげで、中東は準中立的な地域とみなされていた……。しかし、イランの崩壊、ソ連のアフガニスタン侵攻は……この地域一帯に国家安全保障上の切実な問題を引き起こした。アメリカは一九八〇年には、アメリカにとって戦略的に重要な安全保障上の相互依存地域は二つではなく三つ――西ヨーロッパ、極東、中東――であると認識するようになった。(4)

カーターとブレジンスキーが自分たちの断固とした意志表示をおこなったとき、彼らの頭にあったのはソ連だった。次のロナルド・レーガン政権は、中東地域の覇権を握ろうとする別の試み――このときはイランによるもの――をさまざまな手段で打ち砕くため、似たような論理にしたがった。ブッシュ政権が発足するころには、敵対勢力による湾岸地域の支配阻止に向けたアメリカの意思表示は、政策的に慣例となっていた。しかし、ソ連が消滅し、またイランは抑制され、この政策は休眠状態となっていた――換金を待つ小切手のようなものだった。したがって、サダムのクウェート侵攻は、金日成の南朝鮮侵攻がトルーマン・ドクトリンやNSC68に対する挑戦であったように、カーター・ドクトリンに対する挑戦だったのである――アメリカ政府はその言葉を行動、すなわち軍事力で裏書きする破目になり、中東地域にアメリカ軍を恒久的に駐留させるようになったのである。

湾岸危機のあいだ、ブッシュ政権の高官たちはこういった背景をある程度理解しており、だからサダムが思いがけない行動に出ても迅速かつ着実に対応できた。八月初め以降の彼らの選択はおおむね賢明で理にかなっていた――全体として、急進・保守いずれの側の批判的な人々が提案した選択よりもはるかによかった。だが、ブッシュとその補佐官たちは、この戦争そのものの必要性を政権内の人々、アメリカの同盟諸国、アメリカ国民に認めさせるのに非常に苦労したため、アメリカ政府があとで負わなければならなくなる負担の真の規模についてほとんど考えようとしなかった。すばやく強烈な攻撃をおこない、すみやかに撤退するつもりの大統領とその補佐官たちは、自分たちの軍事目標を狭く限定してしまい、サダム本人が中東から退場することがいかに重要かをあらかじめ考えようとはしなかったのである。クウェート問題に対処するにはそれで十分だったが、イラク問題は宙に浮いたままうやむやになってしまった――多国籍軍が攻撃を終了して数週間後、ブッシュ政権は遅まきながらそのことに気づいた。このためブッシュはもう自分は戦争とは関係ないと考えた矢先に、イラクに引き戻された――しぶしぶためらいながら戻ったものの、思惑通りに戦後体制をつくる絶好の機会はすでに失われていた。

　ブッシュは「アメリカ国民に、砂漠の嵐作戦はペルシャ湾版のヴェトナムにはならない」と約束し、「大統領は約束を守った」と、のちにパウエルは書いた。[5] それはまちがいない。しかし、ある泥沼にはまらないようにしようと決意して、結局、別の泥沼にはまってしまい――そして歴史の痛烈な皮肉により、結局このヴェトナムの悪夢が息子を襲うところを見ることになるのであった。すなわち、それから一〇年後にブッシュの息子はイラク問題を一刀両断のもとに解決しようとして失敗し、アメリカをまた別の戦争に引きずり込む破目になったのである。

◉危機と対応

　一九九〇年八月二日木曜日早朝、イラク軍が国境を越えてクウェート領内になだれ込んだ。この戦術的奇襲は両国の軍事力の大きな不均衡とあいまって侵攻を一方的なものとし、木曜日の夜にはイラク軍がクウェート全土を支配下においていた。[6]
　イラク軍の行動にほとんどの人が衝撃を受けた。サダムは野蛮だが現実的な考え方をすると思われていた。[7] イラン・イラク戦争が終息したのち、見るべき成果は何も得られず、膨大な負債だけを抱えていたサダムは、クウェート・サウジアラビアその他湾岸地域の裕福な君主国に対する圧力を一段と強め、イラクの戦時債務を免除し、イラクの唯一の外貨獲得手段である原油の価格を引き上げ、イラクを苦境から救うよう要求していた。一九九〇年の春が過ぎ夏に入ると、サダムの行動はさらに好戦的になり、七月にはクウェート国境に大軍を集結させた。だが人々は、彼が威圧的な駆け引きをしている、近隣諸国から譲歩を引き出そうと揺さぶりをかけているのだろうと考えた。最終的には標的にされた国々が屈服して要求された額を支払い、サダムはそれを受け入れると予想された。せいぜいちょっとした土地を奪い、領有権を争っている沖合いの小島か、イラクとクウェート両国の地下でつながっている油田のクウェート領有分を手に入れようとするぐらいだろう。

ワシントンではブッシュ政権が事態を横目でながめていた。アメリカはイラン・イラク戦争でイラクを支援し、その後もイラク政府と良好な関係を保ってきた。サダムは取り引きできる支配者とみなされていた。たしかに、他国に侵入し、多くの自国民を毒ガスで殺害し、一党独裁の警察国家を支配している奴だ。だが、それは中東でのことであり、アメリカは選り好みなどしていられなかった。サダムは石油輸出を継続し、イランの対抗馬であり、アメリカから兵器や農作物を購入し、宗教に関しても狂信者ではなかった。中東各地にいるイスラム教スンニ派の独裁者たちと大差ないように思われた。「この男の本性はわかっていた」と、ブレント・スコウクロフト国家安全保障問題担当大統領補佐官はのちに語っている――「しかし、だからといって一方的な侵略意図をもっている危険な男とは考えていなかった(8)」。

サダムの挑発行為が激しくなるにつれ、アメリカの政策立案者たちは自分たちのイラクに対する協調的姿勢が効果をあげていないことを実感していた。しかしながら、世界各地で起きている事態――冷戦の終結、共産主義の崩壊、天安門広場の虐殺の余波、パレスティナの第一次インティファーダなど――を考え合わせると、イラク政策の練り直しは外交政策分野の最優先課題にはなりえなかった。このため七月、国務省は中東地域に駐在するアメリカの外交官たちに、この危機について型通りの方針を電信で伝えた――「争いは武力を行使しての威嚇ではなく、平和的手段によって解決しなければならない……。アメリカは、イラク・クウェート両国間の問題に関していかなる立場もとらない。われわれとしてはこれまで通り湾岸地域から石油が滞りなく輸出されるようにし、また湾岸諸国の主権や国家保全を支援する」[9]。七月二五日、イラクに駐在するアメリカのエイプリル・グラスピー大使とサダムの緊急会談がおこなわれ、この席で彼女はこうしたアメリカの方針を伝えた。会談を終えて、今度の危機はこれ以上拡大せず収束に向かうだろうとの感触を得た大使は、本国政府にその旨を報告し、数日後に休暇をとる予定を変更しなかった[10]。

グラスピーの見方は決して特異なものではなかった——中東内外からブッシュ政権の上級補佐官たちのもとに入ってくる情報と一致していた。したがって、イラク軍が国境を越えてクウェート全土を制圧するとほとんどの人が驚いたが、驚きはすぐに次に何が起きるのかという心配に変わった。

時差の関係で、クウェートが侵略されたという情報がアメリカ政府に入ったのは水曜日の夜だった。政府高官たちはただちに行動を起こした。この攻撃の図々しさもあって、数時間後にはクウェート侵略をくじくための国際的な幅広い連合を動員できた。木曜日の朝四時半、スコウクロフトはブッシュを起こし、アメリカ国内にあるイラク・クウェート両国の資産を凍結する大統領命令に署名をもらった。この侵略の主たる果実の一つをサダムが手にすることを防いだのだ[11]。午前六時過ぎ、国連の安全保障理事会は今回の侵攻を非難し、「イラク軍の即時無条件撤退」を求める決議を一四対〇で採択した[12]。

こうしたイラクへの一連の対応を調整するべくスコウクロフトは、真夜中に「副長官級」、つまりブッシュ政権のNSCに関わる主要組織の副長官たちを集めて会議を開いていたのだ。朝、政権の「長官級」、すなわちこれらの組織のトップたちがブッシュを囲んで情勢を検討したが、いつまでたっても結論が出なかった。会議終了後、大統領はコロラド州アスペンへ飛んだ。そこで冷戦後の国防政策について演説する予定になっていた。スコウクロフトは大統領専用機のなかで会議に出席していなかった組織の責任者たちと協議し、コロラドではイギリスのマーガレット・サッチャー首相と今回の危機についで意見を交わし、その夜遅くワシントンに戻った。
ブッシュは金曜日の朝一番に各組織の長官たちと再び会議を開いた[13]。スコウクロフトとその側近たちは、前回の会合で方向性がまったく定まらなかったことに腹を立てていた――アスペンへ向かう飛行機のなかで大統領とさまざまな課題を話し合っていたスコウクロフトは、大統領が自分と同じ意見であること、「必要になればサダムをクウェートから追い出すために武力を行使するつもりでいること」を実感していた。このため二人は次のNSC会合ではすぐに本題に入ることにした。舞台はブッシュ自身がととのえた。

サウジアラビアのファハド国王、ヨルダンのフセイン国王、エジプトのホスニ・ムバラク大統領、イエメンのアリ・アブドラ・サレハ大統領とじっくり話し合った。いずれも今回の件に深い憂慮を表明した……。しかし、彼らの反応は、手をもみ絞って絶望するだけだ……。サダムに手を引かせる外交努力がなされている。奴は残虐で強力だ。アラブ世界のやり方ではイラク軍を撤退させ、もともとの統治者たちをクウェートに戻せないかもしれない。われわれとしては、この事態に直接取り組んだ場合の影響を考慮する必要がある。現状は容認しがたい。

それからCIAが最新情報を伝え、そのあとでスコウクロフトがこの会議の目的をはっきりさせた。

CIAの意見と発言に感謝する。結局のところ、われわれはこの状況での妥協を黙認せざるをえないかもしれないという響きがあった。わたしの個人的見解は、今回の事態において、イラクと妥協するような政策をアメリカはとるべきではない、というものだ。危険にさらされているものが多すぎる……。妥協に代わるもう一つの選択肢として、魅力的とはいえないが、サダムのクウェート侵攻の成功をわれわれは許容できないのだということを示せる方策を考慮せねばならないように思われる。

ローレンス・イーグルバーガー国務副長官とチェイニー国防長官もスコウクロフトの発言に沿って話を進め、外交および経済上の制裁について少し話し合い、それから話は軍事的な問題に移った。しかしパウエル統合参謀本部議長はブッシュ政権がとれる選択肢を説明しつつ、話をスコウクロフトの思惑とは別な方向にもっていこうとさえした。

予期せぬ緊急事態への軍事的対応策は二つある——第一に、イラクによる今後のサウジアラビア侵攻を阻止するためには、アメリカの地上軍が必要になってくる。もっとも慎重な選択肢はこれだ……。サダムは南をうかがうのだが、そこにアメリカ軍がいるのを知る……。第二は、サウジアラビアを防衛するべく、クウェート領内のイラク軍に向けてアメリカ軍を配置する、あるいはイラク攻撃を準備する。この選択肢はパナマやリビアに対するものよりも厳しい。小競り合いではなく、激しい対決になるだろう。アメリカ軍の大部隊が長期にわたって支援しなければならなくなるだろう。サダムは本物の悪党で誇大妄想癖がある。だが、状況は彼に有利だ。八年にわたるイラン・イラク戦争での経験もある。

今回のＮＳＣ会合は重要な決定がなされないまま終わったが、主な出席者たちの考え——および意見の対立——は明白になっていた。[14]

危機への対応の鍵となるのがサウジアラビアであることを出席者全員が理解していた。イラク軍の次の攻撃目標としても、侵攻軍を押し戻すための軍事行動の基地としても。そこで会合終了後、スコウクロフトはサウジアラビアの駐アメリカ大使バンダル・ビン・スルタン王子と状況について意見交換をおこなった。サウジアラビアが危険にさらされているという点はバンダルも認めた。また、サウジアラビア政府が軍事的にきわめて脆弱で、イラクから自国を守れないのは誰の目にも明らかだった。それでもサウジアラビア防衛のためにアメリカ軍を自国内に駐留させたいとは思っていなかった。板挟みとなった大使は、アメリカの軍事的な約束はいつもたいしたことがないと本音をもらした。ちょうど一〇年前にイラン革命が起きた際、アメリカはサウジアラビアを防衛する決意を示すべく、F-15戦闘機一個中隊を派遣した――だがカーター政権は論争を避けようと、中隊がまだ目的地に到着もしないうちに戦闘機は武装していないと発表して、関係者に恥をかかせていた。それから数年後、レバノンで海兵隊の兵舎が爆破されると、アメリカは軍を撤退させてしまった。今回だけアメリカの言葉を真剣に受け取るのは無理がある、とバンダルは言った。

スコウクロフトは、「今回ばかりはわれわれも真剣だ」と端的に答えた。そしてバンダルを国防総省へ連れて行き、チェイニーとパウエルにブッシュ政権がどのような部隊を派遣するつもりでいるか、手短かに説明してもらった――この時点では、第一段階として一〇万の兵員展開が考えられていた。この数字に圧倒されたバンダルは、アメリカ政府を代表する高官が自分のおじであるファハド国王と会い、アメリカ軍派遣について正式な承認を得るのが賢明だろうということに同意した。

翌八月四日土曜日、ブッシュ政権の高官たちはキャンプ・デイヴィッドに集合し、軍事的選択肢についてくわしい説明を受けた。数日前にフロリダ州タンパの中央軍司令部から飛んできていたシュワルツコフは、木曜日のNSC会合にも出席していた。シュワルツコフはどのような軍事行動をとるか、計画を四日の会合で提示するよう命じられていた。

ぶっきらぼうでがっちりした体つきのシュワルツコフ将軍には、イラクを念頭に置いた緊急事態に対応するための計画づくりを数カ月前から始めるだけの深慮があり、イラクのクウェート侵攻が起こるとシュワルツコフの幕僚たちは似たような筋書きに沿った机上作戦演習を実際におこなっていた。[15]この計画を急いで更新・変更し、シュワルツコフとチャック・ホーナー中央空軍司令官は自分たちの苦労の結晶を大統領とその上級補佐官たちに披露した。サウジアラビアを防衛するための部隊展開の概要を述べ、展開完了までには三カ月程度かかるだろうとつけ加えた。それからシュワルツコフはもう一歩踏み込んで、攻撃を継続し「イラク軍をクウェートから叩き出す」のに必要な軍事力の規模を推測した――この二倍以上の部隊が必要になり、それを展開するには八カ月から一〇カ月程度必要だろう。[16]

サダムが次にどう出るかは誰にもわからなかったが、その気になればサウジアラビアの主な油田をクウェート同様簡単に制圧できるので、これを阻止するのが第一の課題だった。土曜日の午後いっぱいかけてアメリカとサウジの政府高官たちが電話でやり取りした末、チェイニーを団長とするハイレベルの代表団が、大規模なアメリカ軍地上部隊をどのようにサウジアラビアに展開させるかを協議するべくサウジアラビアに飛ぶということで話がまとまった。これはどちらにとっても前例のないことであり、またどちらにとっても国内的に問題があった――特にサウジアラビアにとっては。[17]

次のNSC会合に出席するべく、日曜日の午後にホワイトハウスに戻ったブッシュは、ヘリポートでNSCの上級スタッフで中東問題の専門家であるリチャード・ハースの出迎えを受けた。情勢の進展――何をなすべきかに関してのアラブ諸国による内容のない話し合いも含めて――についての最新情報に目を通しながら、大統領はいらだたしい思いで何日も前から考えていた考えを報道関係者に明言した——「クウェートに対する侵略行為、これはこのままではすまされない[(1)]」。月曜日の朝、チェイニーが訪問先のリヤドから、サウジアラビアからの正式な支援要請があり、アメリカ軍の展開が午後から始まったと報告してきた。同日、国連安保理はイラク軍が撤退するまでイラクへの包括的な経済制裁を維持するとの決議を一三対〇で採択した。アメリカ軍の軍用機がすでにサウジアラビアに到着し始めていた八月六日水曜日、ブッシュはサダムの軍事行動を契機として実施される多岐にわたるアメリカの政策をテレビを通じて世界中に発表した。

◉「砂漠の盾」作戦

イラクがクウェートに侵攻してから一週間もたたないうちに、今後の台本ができあがっていた——アメリカは動員できる政策手段をことごとく利用して、サダムを押し戻すために広範な国際的結集を図ることになった。チェーホフの有名な言葉にあるように、第一幕に出てきた銃が最終幕で発射されることになる。しかしながら、実時間で動いている政策立案者たちには、物事はそんなに明快ではなかった。外交的提携を保持し、経済制裁を科し、武力を行使する——あとから考えればそうではないかもしれないが、簡単な手段、確実な手段は一つもなかった。

さっそく制裁の実施をめぐって最初の問題が出てきた。八月九日に国連安保理は加盟国に対してイラクとの経済的取り引きの大半を禁じたが、制裁をどのように実施するかは保留になっていた。問題は二週間後、イラク産の石油を積んだ二隻のタンカーが、ペルシャ湾に駐留していたアメリカ艦船から発射された警告弾をものともせずイエメンのアデン港へ向かったことで表面化した。スコウクロフトとサッチャーを中心とする西側の政策立案者の陣営は、国連憲章第五一条を根拠に軍事行動をとってタンカーをただちに停止させるよう主張した（五一条は加盟国に対して「個別的ないし集団的自衛権を認めている」）。対して、ジェイムズ・ベーカー国務長官を中心とする陣営は、軍事行動をとればソ連政府の機嫌を損ねることになるとしてこれに反対した。

反サダム連合へのソ連の参加は微妙な問題だった。歴史的に見てソ連はイラクへの主要な支援国であり、ソ連の外交・国家安全保障関係の官僚機構内部の多くの人々が、これまでソ連に依存してきた国に敵対するアメリカの側につくという考えに仰天していた。そのうえ、東ヨーロッパにおけるソ連の勢力圏の崩壊と、共産主義に対する信用の全般的失墜によって、ソ連政府は神経をとがらせていた。ブッシュ政権はソ連政府のこういった過敏さにうまく対処し、冷戦ができるだけスムーズに終結するように配慮していた。政府高官たちはこのような観点からイラク危機に取り組んでいたのである。[19]

イラクのクウェート侵攻が発生した際、ベーカーはたまたまソ連のエドゥアルド・シュワルナゼ外相とシベリアを訪問中だった。二人はすぐにイラクを非難する共同声明を書きあげた。ソ連もイラクの軍事侵攻後ただちに、国連安保理に提出されたサダムを非難する決議に賛成はしていた。しかし、ベーカーはシュワルナゼの偏見にとらわれない自由な考え方がソ連外務省全体を代表するものではないこと、またソ連のミハイル・ゴルバチョフ大統領——彼自身は改革者だ——がアメリカと共同歩調をとることに反対する多数の助言を受けていることを知っていた。そこでタンカー問題が出てくると、ゴルバチョフが支持できないような対応を避けようと懸命であった。

ソ連の支持を失いたくないベーカーと、弱気とためらいを見せたくない強硬派。決着はブッシュに任され、大統領は折衷案で処理することにした。ベーカーはソ連に対して、サダムを説得するための三日の猶予を認めるが、三日たっても片がつかない場合にはアメリカとイギリスが独自に行動する、と伝える権限を与えられた。この方策はうまくいった——サダムが譲歩を拒むと、ゴルバチョフはアメリカと協調する方向で同意し、制裁を実施するにあたって武力行使を認めるとする決議にソ連も賛成した[20]。

それから数週間後、アメリカ軍が中東地域に着々と集結するのにともなって、イラクがサウジアラビアを攻撃するのではないかとの懸念は収まり、ブッシュ政権はいよいよ北に注意を向けた。ブッシュとその補佐官たちは、外交的圧力と経済的圧力を同時にかければサダムもクウェートから撤退するだろうと考えたがそうはいかず、それどころかサダムはさらにクウェートにかぶりついた。八月八日、サダムはクウェートを公式に併合し（ただし国際社会には認められなかった）、それから数週間にわたってクウェートのアイデンティティを根絶し、この国の資源を略奪する野蛮な軍事作戦を実行した。このため季節が夏から秋に変わるころには次の一手をどうするか、アメリカ政府は頭を悩ませるようになった。

パウエルその他の穏健派は、戦争への道を踏み出すことに難色を示し、時間をかけて制裁の効果が出るのを待つべきだと主張した。これに対して、反フセイン連合の団結が徐々に弱まるのではないかと不安を感じるスコウクロフトその他の強硬派は、イラクに対する圧力を強めるよう主張した。ブッシュはクウェートで繰り広げられているサダムの破壊行為を重要視して、スコウクロフトの意見を支持した[21]。

八月半ば、パウエルはブッシュに、アメリカ軍を三つの任務に対応させ、三段階にわけて中東地域に展開できると語っていた。九月初旬には、サダムにサウジアラビアへの攻撃を思いとどまらせるのに十分な部隊と物資が現地に到着するだろう。一二月初旬には、攻撃を防げるだけの部隊が到着するだろう。しかし、攻勢に出る――対イラク戦争を始める――となれば、もっと部隊が必要になるだろうし、一〇月中に展開予定位置に部隊を配備し始める必要がある。

九月下旬、パウエルは、着々と——そして不必要に——三段階目の任務に向かって弾みがついているのではないかと不安を募らせ、ブッシュに直接この心配をぶつけてみたが、何の役にも立たなかった。九月末、シュワルツコフは、一段階と二段階の任務のために展開した兵力を使って攻勢に出る計画を政府高官たちに説明するよう命じられた。計画のなかの航空戦の部分は受けがよかったが、地上戦の部分は評判が悪かった。地上戦の計画は、密集しているイラクの防御陣地に突撃していくというもので、独創性に欠ける、あるいは多大な戦闘死傷者が出そうだとして、相手にされなかった。シュワルツコフの支援に回ったパウエルは、現時点で動かせる兵力でできる最善の計画であり——空軍・航空戦力だけではこの任務は遂行できないと主張した。言いかえれば、本当の選択肢は、守勢に回り制裁の効果が出るのを待つか、派遣部隊を増強するかだった。あとどの程度部隊を増強する必要があるのかと尋ねられたパウエルは、すでに計画されている兵力の二倍が必要だと答えた——ヨーロッパからのもう一個軍団の派遣である。政府高官のなかには目をぎょろつかせる者もいたが、一〇月末、大統領はパウエルとシュワルツコフに電話をかけて二人の要求を聞き入れるとして、全員が納得できる攻撃計画を示すよう命じた。

必要ならばサダムをクウェートから押し出すと決めたブッシュ政権は、国内外でこの方針への支持とりつけにかかった。アメリカの政府高官たちは、国内よりも国際社会の支持を集める方が重要で、また国際社会の方が物わかりがいいと考え、まずは国際社会を相手とする支持取りつけに専心することにした。制裁実施をめぐる決定の場合と同様、ベーカーは新たな決議を提出するために安保理を再開したいと考えたが、チェイニーやスコウクロフトらはその必要はないと考えた（思惑通りにいかず恥をかくような危険を冒す理由はなかった）。ここでブッシュは再度ベーカーを支持し、一一月末にはブッシュ政権は望んでいたものを手に入れた——国連安保理決議第六七八号であり、一九九一年一月一五日までにイラク軍がクウェートから撤退しない場合にはイラク軍を排除するために「必要なあらゆる手段」をとることを認めたものである。

国内で支持を得るのは大変だった。議会では民主党が多数を占め、国民の大多数は戦争をする必要があるとは思っていなかった。ブッシュはここでもベーカーの助言を受け入れ、最終的な決断をする前にサダムに話し合いの場を提供することで、アメリカ国民に自分が戦争を最後の手段とみなしていることを納得させようとした。結局、一月九日にジュネーヴでベーカーとイラクのタリク・アジズ外相が会談した。この会談でも問題の解決にはいたらず、また安保理のお墨つきを得ていたため、一月一二日、民主党から造反した上院議員の支持を得て、大統領の軍事力行使が議会で承認された。

◉「砂漠の嵐」作戦

サダムが八月二日から翌年の一月一五日までのあいだにクウェートから無条件・全面撤退をしていたら、戦争は起きなかっただろう。アメリカ政府および各国政府の政策立案者たちは、イラク軍の撤退を強制外交の成功例としてポケットにしまい込み、全面的な軍事衝突のコストや危険を回避していただろう[22]。だが、サダムはあくまでも撤退を拒否し、ブッシュ政権は強制的にサダムを立ち退かせるための計画に着手した。国連が設定した撤退期限が切れた直後、アメリカ軍はイラク軍陣地に空爆を開始した。

八月の第一週目に軍事計画を立て始めた時点から、司令官たちは三軍のあいだの相違を尊重しつつ、共通目的を達成するためにそれぞれの活動を調整していた。ブッシュ政権は、アメリカの外交・経済・軍事政策を組み合わせたように、空からの攻撃、地上からの攻撃、海上からの攻撃を組み合わせるつもりであった。実際のところ、空軍に何が達成できるのかという議論ほど、経済制裁で何が達成できるのかという議論に似ているものはなかった。空軍を支持する人々は、適切な時間をかけて適切に使えば、空爆がすばらしい力を発揮する特効薬だとみなしていた。空軍を誹謗する人々は、空爆は前戯のようなもので、空軍の活動の主要な目的は、もっと明確な結果につながる手段である地上戦のための環境づくりだとみなしていた。いずれの場合も、上級政策立案担当者たちが下した決断は、二つの立場の中間をとるというものであった。すなわち、それぞれのやり方でそれぞれが独自に機能する機会を与え、機能しない場合にはエスカレーション・ラダー（戦争規模拡大梯子）を上るという段階的アプローチを選んだのである。

開戦当初の航空戦計画は、湾岸危機が勃発した第一週にジョン・ウォーデンという先見の明のある将校がつくりあげていた。現代の科学技術を利用すれば、空軍の活用を熱心に唱える人々の長年の期待に沿う能力が得られると彼は考えていた。ウォーデンの主張によれば、航空作戦の適切な目標は「敵の重心」――敵勢力を支えている大黒柱――に直接攻撃を加え、敵を降伏に追い込むことだった。したがってクウェート領内のイラク軍を攻撃するよりもまず、イラクのフセイン政権の指導層、通信機関、軍産能力、交通網、社会に――この順番で――襲いかかりたいと彼は考えていた。ウォーデンおよび彼と考えを同じくする人々の目から見ると、イラク軍のクウェートからの撤退を確実なものとするには、バグダッドに直接攻め込む方が、クウェート領内にいる占領軍を全滅させるよりも効果的かつ時間がかからない方法のように思われたのだ。

八月二〇日にウォーデンの計画について説明を受けたホーナーは、なかなかいいがまだ不完全だと考えた。ホーナーは、ウォーデン自身のことはさっさと追い払ったが、その部下を何人かとどめおき、最初の計画に数カ月かけて手を入れて発展させた。できあがった最終計画では、まず制空権を確保することに専心し、それからあらゆる標的を同時にかつ反復して攻撃することになっていた。

実際には、この航空作戦は計画者たちの予想以上にうまくいった面もあれば、そうでない面もあった。あれだけの火力を正確に集結させて攻撃をおこなった作戦行動における技術面・兵站面での妙技は驚くべきとしか言いようのないものであり、計画は予想よりもはるかに少ない損失で実現できた。その一方で、イラク軍およびイラクの社会構造基盤に対して多大な損害を与えたけれども、イラク政府の機能を麻痺させることも、イラク軍を撤退させることもできなかった。また、この航空作戦は、イラク側の重要な対抗手段を制圧することの難しさを予想していなかった。イラクは連合側が抱える「矛盾を浮かび上がらせようと」スカッド・ミサイルをイスラエルに向かって発射したのだ（この攻撃がもつ危険性に気づいたアメリカ政府の上級政策担当者たちは、これに反撃するべくすばやく動き、シュワルツコフに対してミサイルの迎撃になおいっそうの努力を払うよう求めると同時に、外交上の手腕を発揮してイスラエルに反撃をひかえさせた）[23]。

空爆開始から一カ月後、ブッシュとその補佐官たちは一〇月の経済制裁実施時とまったく同じ状況に陥っていた。このまま航空戦のみを続行するよう迫る意見もあれば、地上攻撃を開始するよう迫る意見もあった。さらにソ連による和平工作は、サダムが面子をつぶされずにこの窮地を脱することを許しそうな気配だった。反サダム連合が崩壊する前に主要な目的を達成したいという思いに再度駆られた大統領は、サダムが二月二四日までに無条件・全面撤退を開始しなければ地上戦に踏み切ると明言した。一カ月半前にジュネーヴでベーカーがアジズに手渡した書簡と同様、この最後通牒はポツダム宣言の現代版であった――「非を認めろ、さもなければただちにひどい目に遭わせるぞ」。そしてサダムがかつての日本のように定められた期限内に要求に応じないと、その言葉通りイラクに対して厳しい処置がとられた[24]。

シュワルツコフと計画立案者たちはやっとのことで、すでに与えられていた増強兵力を使った、地上作戦の大胆かつ創意に富む計画をつくった。イラク軍は自分たちの防御線中央部への大攻勢と、クウェート市近くへの上陸作戦にそなえた体制をとることに焦点を絞っていたが、実際には多国籍軍は二方向からの異なる攻撃をおこなう準備をととのえつつあった。すなわち、東から海岸線に沿って北上する直進的攻撃のジャブと、西からクウェートをぐるりと囲むように進み、イラク軍の側面と背後を攻撃する大規模な左フックであった[25]。この作戦はねらい通りに運び、どちらもイラク軍に強烈な打撃を与えた。実際には、ジャブがあまりにも鮮やかに決まったため、側面から攻撃できるよう適切な場所にイラク軍を「固定」するどころか、イラク軍陣地を貫いてしまい、イラク軍は北に向かって撤退を始めた。このため左フックを構成する部隊がそれぞれに割り当てられた標的に激突し始めるころには、イラク軍部隊の多くはすでに敗走していた。

一方的な勝利を収めているとの報告を受けて、主要閣僚たちは二月二七日、ホワイトハウスで大統領と会合を開いた。そこでパウエルは次のように主張した――イラク軍が敗北してクウェートは解放されたのだから、同盟国の目的は達成された。敗れた敵をこれ以上攻撃すれば多国籍軍の名声は地に堕ち、逆に世界の反発を招くだろう。そして、翌日をもって戦争を終結してはどうかと提案した。ブッシュはその晩のうちに戦争を終結する可能性をもちだした。出席者のあいだから反対の声があがらないため、午前零時――湾岸地域では翌朝八時――に戦闘停止命令が出た。

◉クウェート奪回

湾岸危機に際してアメリカの要求の中心となったものは、イラク軍のクウェートからの撤退――即時・全面・無条件撤退——であった。終始一貫してこの目的を容赦なく追求するというアメリカ政府の決意が、重要な局面を動かした。アメリカはなぜそれほどまでクウェートのことを心配したのだろうか？

自分の考えや気持ちを人に伝えるのが下手で、かつては面前のキューカードを読みあげていたような人物を首班とするブッシュ政権は、湾岸戦争中、その軍事行動に対していくつものちがった論理的根拠をもちだし、多少の混乱を招いていた。しかしながら、リアリストにとってはブッシュ政権の考え方はわかりやすく明白なものであった。八月三日に、チェイニーは重大な会合で次のように述べている——「サダムは明らかに、OPEC、ペルシャ湾、アラブ世界を支配するためにしなければならないことをした。サダムはサウジアラビアから四〇キロメートルのところに位置し、そこからサウジの油田まではほんの数百キロメートルだ。サダムが物理的にサウジの油田を占領しなくても、クウェート侵攻で得た富があれば強い影響力をもつだろうし、核兵器を含めて新たな兵器を手に入れられるだろう。事態は悪化することはあってもよくはならない」。

ブッシュを批判する人々はよく、アメリカはクウェートが石油の生産国ではなく、バナナの生産国だったら、その防衛にかけつけなかっただろうと論じた。このような批判はたしかに当たっているが、一方で同政権のクウェートに対する配慮を矮小化しすぎている。ブッシュ政権のクウェートに対する配慮は、一〇年ほど前にアメリカが明言した政策を反映していたのである。政策立案者たちは、半世紀以上にわたってアメリカが促進し、とりしきってきたグローバルな資本主義経済体制は安い石油という海に浮かんでいるもので、この海が干上がったら世界経済が破綻するとわかっていた。当時、イラクは世界の確認石油埋蔵量の一〇分の一を握っており、クウェートも一〇分の一、サウジアラビアはおよそ一〇分の二を握っていた。サウジアラビアは世界最大の産油国で、世界最大の石油埋蔵量を誇るだけでなく、世界の余剰生産能力の大半を有し、これを利用して石油価格を支配していた。言いかえれば、八月の第一週にブッシュとその補佐官たちが何をすべきかを話し合っていた時期、サダムはすでに世界の石油の五分の一を支配し、さらにもう五分の一を支配しようとしていたのである。たとえフセインがクウェート国境で停止しても、サウジアラビアは「フィンランド化」され、事実上イラクの保護領となるだろう。サダムの暴挙を野放しにすれば、彼に全世界に対する支配力を与えることになるだろう。

また、サダムがそのような力をもつことだけが問題なのではなく、そのやり方も問題だった——今後のイラクの行動を暗示しているという意味でも、ほかにもまねをする国が出てくるかもしれないという意味でも。イーグルバーガーは八月三日の会合で、石油問題がもつより広い地域的、そしてグローバルな文脈について概説している。

これはポスト冷戦体制が迎えた初の試練である。アメリカ・ソ連間の緊張が緩和すると、両超大国の関与を心配せずにすむため、冷戦時代に比べて気がねなく行動できるようになった連中がいる……。サダム・フセインはいまやまったく傍若無人にふるまっている……。彼のクウェート侵攻が国際社会に黙認されれば、まねをしようとする連中が出てくるかもしれない。悪い前例になるだろう。石油問題についてだが、いずれ奴はOPECを支配するだろう。おそらく次にねらわれるのはサウジアラビアだ。ときがたてば、OPECと石油価格を支配しようとするだろう。それが成功すれば、次はイスラエルが標的になる。

大統領およびその上級補佐官たちの多くにとって、なりゆきははっきりしているように思われた

——アメリカの種々の重大な国益を守るためにサダムの行動に反撃し、このような危機を引き起こすことによってサダムが利益を得ることがあってはならず、彼はこの舞台から退場させられなければならないのだ。不思議なことは、アメリカがイラクによるクウェート侵攻を押し戻すためにその軍事力を使う選択をしたことではなくて、そうするという決断が物議をかもしたことである。

◉湾岸地域の安全を確保する

アメリカが湾岸戦争を戦ったのは主としてイラクをクウェートから追い出すためだったかもしれないが、目的はほかにもあった。侵攻を押し戻すのは面倒でコストがかかり、リスクも高い——定期的にやりたくなるような類いのものではない。ブッシュ政権はイラクに無理やりクウェートを吐き出させるだけでなく、この先この小さな国が二度と隣国に飲み込まれないようにする方法を探した。

理論的には、この目的を達成するために三つの方法が考えられた——イラクの分不相応な望みを身の丈にあったものに変える。そうすれば再び攻撃しようとは思わなくなるだろう／イラクの行動を変える。そうすれば再攻撃という道を選ばなくなるだろう／イラクの戦闘能力を変える。そうすれば再度の攻撃はできなくなるだろう。外交政策にリアリストの手法を多々取り入れているブッシュ政権は、一番目と二番目の方法をそれぞれ不可能なもの、あてにならないものと考え、三番目の方法をとることに全力を注いだ。

こうしたことがらに対する同政権の考え方は、一二月にアメリカの駐サウジアラビア大使チャールズ・フリーマンがベーカーに宛てた電信によく表れている。「イラク軍に対する軍事行動の目的は、次の二つにわけられる」とフリーマンは述べている。

A. 国連安保理とアラブ連盟のいずれによっても言明されているもので、多国籍軍に参加している各国政府にはっきりと支持されているもの。
B. アメリカ政府内で幅広く意見が一致しているもので、多国籍軍に参加している国のうちのほとんどの政府（すべてではない）に暗黙のうちに（明確にではない）支持されているもの。

第一の区分には、イラク軍のクウェート領内からの立ち退き、クウェートの主権回復、イラクに占領される前にクウェートを統治していた政府の復活が含まれる（このころにはイラクはすでに西側の人質を解放していた）。第二の区分は、さらに次のようにわけられた。

一. イラクが保有する大量破壊兵器を、その運搬手段や製造能力も含めて、廃絶あるいは実質的に縮小する。
二. ペルシャ湾岸諸国一帯に、以下のプロセスにもとづいて安定と安全保障を確立する。

A. イラクの侵略戦争遂行能力を無力化する。ただし、自衛のための戦争を遂行する能力についてはこのかぎりではない。
B. イラン、シリア、国際社会に復帰したイラクのあいだの勢力均衡を復活させる。
C. アメリカとサウジアラビアおよびその他の湾岸協力会議参加国（GCC）との経済・政治・軍事各分野での協力を強化する。
D. 今後、イラクがクウェートとの国境地帯に軍を集結させないと取り決める。

この第二の区分に入るものの目標は、とフリーマンは言葉を続けている――「クウェートの解放よりもイラクの弱体化に焦点をあてるものであり、湾岸において回復された安全保障と安定のなかでわれわれの基本的な長期的利益の中心であり……、イラクに対するわれわれの戦争計画の中心でなければならない[26]」。

フリーマン以外の政府高官たちも同様に考えていた。だから、この戦争の正当性を正式に認めた文書――一月一五日に発出された国家安全保障指令第五四号――は、この戦いの軍事目的を次のように定めている。

a. サウジアラビアおよびその他のGCC国家をイラクの攻撃から守る。
b. 近隣諸国や友軍に対してイラクが弾道ミサイルを発射できないようにする。
c. イラクの化学・生物・核の各分野の能力を破壊する。
d. イラクの指揮・統制・通信能力を破壊する。
e. 実動戦闘部隊としての共和国防衛隊を排除する。
f. クウェートからイラク軍を駆逐するべく計画された軍事行動をとり、イラク軍の戦意をくじき、イラクに化学兵器・生物兵器・核兵器の使用を思いとどまらせ、イラク軍兵士の脱走を奨励し、現政権に対するイラク国民の支持を弱める[27]。

ブッシュ政権は、単にイラク軍をぶちのめすことだけを求めたのではなかった。まちがえようのない屈辱的なメッセージをイラクに伝えるような方法で、ぶちのめしたかったのである。この考えは、敗北という圧倒的な心理的重荷によってイラクの戦闘能力の弱体化をいっそう確実にしようとするものであった。侵略は罰せられなければならないし、また、罰せられたように見えなければならなかった。そうすれば、誰もイラクに対しておこなわれた軍事行動に疑問をもちえない。

強調しておかなければならないが、こうした目的はイラクの国内政治とはほとんど関係がなかった。国際関係論におけるリベラル理論を信奉する人々ならば、問題の根本原因をイラクの体制あるいは指導者の性質にあると考え、その体制なり指導者なりを変えることに焦点をあわせただろうが、ブッシュ政権の高官たちは、将来のどんなイラク政府にもあてはまる物的誘因を操作することに焦点をあわせたのだ。副長官級委員会のために準備された「湾岸危機後の安全保障構造」に関する論文は次のように述べている――「サダム・フセインの動機の如何にかかわらず、湾岸地域の勢力均衡が崩れていたため……イラク軍のクウェート侵攻が起こることになった。よって湾岸戦争後にアメリカが掲げるべき安全保障上の主な目的は、今後イラクなりイランなりがGCCに対して攻撃的な姿勢をとらないよう勢力均衡を回復することである」[28]。イラクの戦闘能力が減殺され、クウェートを奪おうとした試みが大きな犠牲をともなう失敗であることが示され、そのことをイラク政府が納得すれば、今後、誰がイラク政府の指導者になろうとも、面倒を引き起こす前にじっくり考えるようになるだろう。

アメリカの高官たちにしてみれば、サダム自身が舞台から消えてくれれば申し分ないのだが、それは湾岸地域の長期的な秩序維持の必要条件ではなかった――長期的地域秩序は、結局、均衡した勢力、対立する連合といったリアリストの手段によって保証されるのだ。ベーカーは二月二四日、湾岸戦争後に関するブッシュ政権の取り組みについて提起された疑問に対し公式に次のように述べている。

サダムとその指導部がイラクの権力を握っていなければ、湾岸地域の和平と安定の回復は非常にたやすいだろう。しかし、いまのところ……この戦争がどのような結末を迎えるのかは定かでない。サダムたちが権力の座に居座り続けるのであれば、われわれとしてはこれまで通りの主張、たとえば、この地域に不釣り合いな軍事力を再建し、われわれが破壊した大量破壊兵器を再び製造しようとする動きに対抗して、前にも言ったように、国際的な武器禁輸などの主張を続けていきたい[29]。

この類いの公式見解はいろいろな形で述べられていた。政府高官たちは、サダムが失脚しても「泣かない」、サダムが倒れても「心を痛めたりしない」、それどころかサダムが政権の座から引きずりおろされることを「望む」と言っていた。だが、ベーカーが述べているように、彼らは「それを戦争目的・政治目的にしないよう気をつけて」いたのである[30]。

この慎重な言い回しは、自分たちに課せられている法的制約についてのブッシュ政権の解釈ともある程度関係していた。法的制約により、軍事目標を攻撃することは許されたが、外国元首の暗殺は禁じられていた。ベーカーはのちに次のように説明している。

われわれは、外国元首の暗殺につながるような軍事行動を禁じる大統領命令に従うよう、細心の注意を払った。その一方で、法律専門家は軍部に対して、戦争においてイラクの指揮・支配に関わる人間を殺しても合法的で法にはまったく触れないだろうと話していたと思う。つまり、サダムがイラク軍の最高司令官であるのだから、戦闘中に殺されても大統領命令違反とはならないだろうというわけだ[31]。

サダムは「名前を言ってはならないあの彼」になった。戦争計画はサダムを標的にしていたが、誰もその事実を公に認めたがらなかった。たとえば、ウォーデンのチームが航空作戦の目標を最初に示した際、「政府高官たちの許可」を得て「サダム」と走り書きした。二日後、彼らはそれを「フセイン政権の孤立化および無力化」に変更した。[32]

だが、サダムに関する政権の論点があいまいになる理由はもっと複雑で、サダムの運命がどの程度重要かについての相反する考え方と、サダムの運命を左右するために必要なことをすることへの嫌悪感を反映していた。忘れてはならないのは、アメリカがついこのあいだまでサダムと直接取り引きをしていたこと、そしてアメリカは湾岸地域で民主主義の観点から見て好ましくないさまざまな政権と同盟関係を結んでいる事実だ――まさにクウェートのような抑圧的な君主国がそうだし、アメリカはそのクウェートのために戦争を始めたのだ。八月のクウェート侵攻で変わったのは、サダムの正体に対する政権の認識だけだった。サダムはこれまで考えられていたようなプラグマティストではなく、身のほど知らずの望みを抱く誇大妄想狂というその正体を暴露していた。このためサダムを追放できれば――特に、今後面倒を起こしそうな連中へのメッセージとなるため――それに越したことはないが、高官の多くはサダム追放を重視しておらず、たとえサダムが湾岸戦争後も政権を維持するとしても今度のことで懲りて御しやすくなるだろう、トップの首をすげ替えても大したちがいはないだろうと考えていた。国家情報評価書には次のように述べられている。

サダム・フセインはイラクの政治文化の産物であり、そこから特に逸脱しているというわけではない。少なくとも短期的に見れば、誰がサダムのあとを継ごうと、イラク国家に対する国内外の脅威については同じように考え、また――よく知られている敵やうわべだけの友人について

――疑うことが当たり前どころか疑うよう求められ、暴力が正当な政治手段とされている文化のなかで育っていくだろう。イラクの政治の本質を変えるには長い時間が必要で、サダム・フセインが失脚した程度ではそのような変化は達成できないだろう。(33)

そのうえ、サダムの破滅が重要だと認めることには厄介な意味合いがあった。ブッシュ政権はサダム追放を戦争目的にすることの問題について慎重に考えたが、検討すればするほど慎重になった。スコウクロフトは次のように述べている。

問題は、サダム個人を標的にすることに加えて(空爆ではそれ自体非常に難しいし、また暗殺は選択肢に入っていなかった)、それを達成する術を知らないことだった。サダムを標的にすることはわれわれを統制している国連決議の埒外であるため、多国籍軍の正式な目的にするわけにはいかなかった。目的にしようものなら、多国籍軍が分裂するかもしれない。もしアメリカがこれを一方的に目的とし、またそのように明言したら、政治上も作戦上も苦境に陥るだろう。われわれが――われわれだけで――、ある体制を排除し、別の体制を導入するという言質を与えることになるだろうし、イラク国民が自分たちで問題を解決しなければ、われわれは敵国をいつまでも占領し、あやしげな「国づくり」に直面する破目になるだろう。現実的にはサダムが失脚したとしてもイラクは民主国家にはならず、おそらくサダムよりはあつかいやすい独裁者が出てくるだけだろう。

要するにブッシュ政権の論法は次の通りである――目的を明言して達成できなければバツが悪い／

サダムを追放するのは難しく、またそれにはコストがかかる。したがってサダム追放を目的として明言すべきではない（本音の部分では成し遂げたいと思っていたとしても）。このためブッシュ政権は、希望も計画になりうると判断したのだ――「最高の解決策は、イラク軍にできるだけ損害を与え、バース党政権の崩壊を待つことだ。われわれはクウェートをできるだけ早く解放し、湾岸地域から離れることに専念する――国連の設定した目的を果たし、アラブ同盟国に対する約束を果たし、サダムの権力基盤が破壊されることを望む[34]」。

◉ノーモア・ヴェトナム

ブッシュ政権の政策立案者たちには、バグダッドへ進みたくない理由がいくつもあった。だが、そうした理由――特に制服組にとっての理由――を強固なものにしているのは、過去の亡霊だった。第三軍の公刊戦史には次のように書かれている――「大統領以下の指揮系統全般にわたるあらゆる行為に、ヴェトナム戦争の亡霊がつきまとっていた。司令官たちは過去のあやまちを繰り返すことを避けようとしていた……今度の戦いはヴェトナム戦争とはまったくちがったものになるだろう[35]」。

湾岸危機に関わった上級将校たちにとって、ヴェトナム戦争は自分の軍人人生を定義づける経験だった。目の前で同僚や部下が次々に死んでいき、組織は機能不全状態になり、アメリカは初めて軍事的敗北を喫したのだ。その後、彼らは過去を乗り越え、アメリカの軍事能力と名誉の回復に人生を捧げてきた。湾岸危機において彼らがとったあらゆる行動はそうした目標の達成をめざしたものであり、またその観点から見ると理解できる。

ヴェトナム戦争で二度の軍務をこなしたパウエルは、湾岸戦争が勃発して間もない時期の重要な会合で次のように述べている――「ヴェトナムはつねにわたしの心のなかを駆けめぐっている」。ヴェトナム戦争で左足を失った第三軍司令官のフレッド・フランクスは、「ヴェトナムがいつも心のなかにあった……今度はまちがいのないようにやろうと全員が思った」と言っている[37]。航空作戦の方針を立てたウォーデンは、インドシナで戦闘任務について二六六回出撃していた。自分の立案した計画がヴェトナム戦争でおこなわれた「ローリング・サンダー作戦」の逆をねらうものであることを強調しようと、「インスタント・サンダー作戦」と名づけた。ウォルト・ブーマー海兵隊司令官は、「ヴェトナムは、ヴェトナム戦争に従軍した人間すべての背後につねに潜んでいた。わたしは二度ヴェトナムへ行った。海兵隊の司令官はみな、少なくとも二回はヴェトナムへ行っている。われわれはヴェトナムでやったような愚かなまちがいを繰り返さないよう特に気をつけた。当時若手の士官として強制的にやらされた愚かなことをここでやるつもりはなかったし、我慢するつもりもなく、また実際に我慢しなかった[38]」。

軍部にとってヴェトナム戦争のあやまちと教訓は明らかだった。不用意に始めてしまい、その後、広範囲にわたるあいまいな政治目的のためにずるずると中途半端に戦われた戦争とみなされていた。同じあやまちを繰り返さないということは、決断を下すときにヴェトナム戦争とは逆のことをするという意味だった――絶対に必要でないかぎりごたごたを避け、何かをやれと命じられようと軍事目標を限定的で達成可能なものにとどめ、これに対して圧倒的な兵力で迅速に戦う。湾岸戦争に関して言えば、ヴェトナムの教訓を生かすということは、イラクのクウェート侵攻を開戦の理由とすることについての懐疑、制裁から戦争への移行に対する抵抗、与えられた任務を遂行するための圧倒的兵力の要求、戦争目的を限定して終結後はすみやかに帰国しようという決意、を意味した。

軍のヴェトナム強迫観念は、「砂漠の盾」作戦および「砂漠の嵐」作戦を実施中、ほとんどではないにしても、多くの点で有益な影響をおよぼし、戦術上・作戦上の技量を非常に高めた。しかし、この強迫観念は明確な期限が定められていない長期にわたる軍の関与が求められることに対するアレルギーを引き起こしていたのであって、戦略の観点から見ると、そのような過敏症はこの場合適切なものではなかったし、有用でもなかった。というのも、ペルシャ湾岸地域の現実とはまったく関係ない理由のために、軍関係者の誰もが砂漠の泥沼ともいうべきイラクの政治について少しも考えることをしなかったのである。アメリカ人司令官に関するかぎり、戦闘が終結したあとのことは自分たち以外の誰かの問題だったのである——彼らはディズニー・ワールドに行くつもりでいたのだ。

ヴェトナム強迫観念は、制服組以外の人々にも同じように影響を与えていた。すなわち、罪であると考えられている政治的マイクロ・マネジメントを避けたいという欲求である。東南アジアにおける不愉快なことすべてに対する責任を誰かの肩の上にのせようとするかのように、アメリカの軍首脳部はヴェトナム戦争における一つの側面——リンドン・ジョンソンが爆撃目標を決めていたこと——を何よりも大きな問題とした。ジョンソンの軍への介入は、背後からの一突きではないとしても、後ろ手に縛った人間を刺したようなもので、その記憶は何十年もたったいまでも心を痛めつけるものであった。ジョンソンによる軍への介入に価値を見出さないという点では、ブッシュも同意見であった——「ヴェトナム戦争の問題を繰り返したくなかった。ヴェトナム戦争では、政治指導者が軍事行動の分野に手出しした。わたしは軍を細かい点にいたるまで統制するようなまねはしないようにした」[39]。

したがってブッシュ政権は、大統領と国家安全保障問題担当大統領補佐官がホワイトハウスからすべてをとりしきっていたニクソン政権とはまったく対照的であった。ブッシュ政権内の実情は、サミュエル・ハンチントンが言うところの「客観的文民統制」——文民指導者は国家目標を定めたら、それをどのようにして達成するかはほとんど軍人たちだけに任せる——に近かった[40]。理論上はこれによって、専門知識分野に関する各集団の優位に応じた分業が生まれる。しかし実際は、戦後計画の立案が視野の狭いものとなり（偏狭な官僚的経路で処理され）、政治と軍事は分業していない場合よりも調和がとれず、その弊害は戦争が終わりを告げようとするときになってようやく顕在化するということになる。

◉戦闘停止がもたらしたもの……

綿密に検討していたら、ブッシュ政権の高官たちはクウェートに関連した目標の単純さとイラクに関連した目標の複雑さが一対のものであることを認識していたかもしれない。彼らは戦後の湾岸地域に安定した勢力均衡を生むべく、今後クウェートやサウジアラビアが脅かされない程度に、かつイランがそれほど行動の自由を得ない程度に、イラクの軍事力を低下させようと考えていた。また、イラクを内政上穏健な国にしようと考える彼らは、イラクの現体制が崩壊するとか、あるいはイラクが分裂するほどではないにせよ、長きにわたって忘れられない教訓を学ぶ（理想を言えば、今回の一件で面目を失った指導者を追放する）程度に大きな打撃を与えたいと考えた。そのような中間的な成果が、手に入る一番ましなものだという点で、政策立案者たちが正しかったとしても――特に彼らは正しいと思っていたのだから――そのような結果に達することがいかに大変かということを真剣に考えるべきであった。湾岸戦争をうまく終結させることは、バンカーやハザードに四方を囲まれた狭いグリーンに向かって難しいアプローチショットを打とうとするようなものだったのだ。

たとえば、イラクの軍備をどれだけ縮小しようとも、戦争終結後の湾岸地域に安定した勢力均衡を生み出すには、アメリカの大規模で無制限の介入が必要だったのである。のちにパウエルが次のように指摘している――「人口二〇〇〇万のイラクは、人口一五〇万の小さな隣国クウェートに対していつでも脅威になりうる。サダムがいようがいまいが、共和国防衛隊がいようがいまいが、クウェートの安全保障はこの地域の友好国およびアメリカとの取り決めにかかっている。それが戦略的現実だ[41]」。

アメリカがサダムの失脚を重大問題ではないと考えていたのは奇妙な話で、ブッシュ自身は日記に繰り返し書いていた。二月一五日、サダムが撤退に同意したと思い込んでいたほんのつかの間、この問題についてはっきりと述べている――「さて問題は、次に何が出てくるかだ。しかし、喜ばしいという気持ちはない。まだやり残した仕事がある。どうやってそれを解決するか？　どのようにして将来の平和を確保するのか？　サダムが権力の座にあるかぎり、将来の平和を確保するのは難しいだろう。用心するに越したことはない[42]」。二月二〇日、ブッシュは繰り返し不安をつづった――「サダム・フセインが実権を握っているイラクが国際社会でうまくやっていけるとはとても思えない……。問題は、何が勝利か――『何が完全な勝利なのか？』だ。われわれはサダム・フセイン抹殺を目標としているわけではないが、イラクが国際社会のなかで新たなスタートを切るためには多くの点から見てそれが唯一の答えだ[43]」。ちょっと気がゆるんだ拍子に、パウエルは本音をもらしている――「思うに、湾岸地域の利益という点から考えると、サダム・フセインが権力の座を失うのが望ましいし、またイラクが分裂しないことが望ましい。しかし、そこへもっていく方法がわからない[44]」。

しかしながらブッシュ政権は、いずれ勝敗が明らかになった時点でイラク軍将校の誰かがサダムを殺害するだろう、そうなればイラク問題はひとりでに解決するだろうと納得することにして、自分たちが骨を折らなければならないのではないかという不快な考えをどうにかはねつけた。ブッシュ政権の高官たちの頭のなかに存在した魔法のイラク人は、古代ギリシア演劇の終幕に舞台に奇跡的に登場してみんなの問題を解決するデウス・エクス・マキナの役を務めるだろう。ブッシュは一月三一日の日記にこう記している。

ずっと考えているのだが、イラク国民がイラク軍と一緒になってサダムの始末をするはずだ。軍が壊滅し兵器が破壊されれば、何か手を打つだろう。われわれがやりたいところだ……。これは戦争なのだから、サダムがイラク軍司令部で爆弾にやられてもそれは運が悪かったまでだ。しかし、イラク国民が味わっている苦しみが増せば増すほど、誰かが立ち上がってずっと前にやるべきだったこと――あの男をイラクから排除すること――をやる可能性が高まるだろう。サダムを国外に追放するとか、政権の座からおろすとか。(45)

クウェートで軍事的敗北を喫すればイラク国内でサダムは失脚すると考えたのは、何も大統領一人ではなかった。情報機関はいうにおよばず、アメリカおよび同盟国の政府高官の多くも同じ意見をもっていた。チェイニーは『ニューヨーク・タイムズ』紙の記者マイケル・ゴードンに食事を賭けて、「サダム・フセインは半年もすれば死んでいるだろう」と言い切っている。(46) 次のようなＣＩＡのジョークまで広まった――「サダムの後継者のラストネームは言えないが、ファーストネームなら言える」「何だそれは？」「ジェネラルだ」（ジェネラルには、将軍のほかに一般大衆の意味がある）。

このような状況だったから、地上戦が迫るにつれてアメリカの軍および政界の首脳部は、戦闘のあとにどうなるかよりも、実際の戦闘の方をはるかに心配していた。彼らは、自分たちがしかるべき注意を払って適切に行動し、過去のあやまちを確認し、いかにして同じあやまちを避けるかじっくり考えてきたのだと、自分たちに言い聞かせていた。シュワルツコフの幕僚には、戦争終結に関する専門家がいた。パウエルは戦争終結をあつかった著名な本を同僚たちに配った。政府は、イギリス政府と戦争終結についての考えをすり合わせた。ハースはブッシュとスコウクロフトのために戦争終結に関する覚書を書いては直した。(47) しかし、アメリカの戦車部隊が前進し始めるとイラク軍はたちまち敗走し、こういった配慮や用心はすべて吹き飛んでしまった。

そうなってしまった原因はいろいろあるが、一部は戦争につきものの混乱により、司令部と前線が戦況についてまったくちがった見方をしていたことによるものだった。一部は思い上がりで、多国籍軍が圧倒的勝利を収めたのだからすべてにおいてかならずや望み通りの結果になるとアメリカの高官たちが思ってしまったことによるものだった。一部は単なる不注意によるもので、関係各省の長官たちは重要な電話をせかせかとかける一方で、決定事項を十分検討せず、または結果がどうなるかをよく考えなかったのだ。こうしたことが一体となって、戦争終結時にアメリカの取り組みは政治と軍事とをつなぐ縫い目からほつれて裂けた――ジェイムズ・ボンドに死の罠をしかけて立ち去る悪役のように、アメリカ政府は機知に富む敵を逃したのである。

地上戦は二月二四日に始まった。二月二六日には、サダムは援護活動にあたる一部の部隊を除く全イラク軍にクウェートからの撤退を命じていた。二月二七日夜、シュワルツコフは記者会見を開き、勝利を報告した。「われわれの目的はクウェートからイラク軍を立ち退かせ、クウェートに侵攻したその軍事力を破壊することだった」、そしてその目的は達成されたと述べた。「今日までのところ、二九個を超える師団を壊滅させた――いや、壊滅ではなく、軍事行動不能にした、だな……。壊滅したと言うと一人残らず殺したような印象を与えてしまうが、そうではないので壊滅という言葉は使いたくない。しかし、イラク軍の師団を二九個以上、徹底的に無力化して国境を封鎖した。クウェート国外へ出る道はない……。クウェート作戦地域内のイラク軍の攻撃能力はほぼ完全に破壊された」。任務を完了したと認められるかどうか心配しているかと尋ねられると、こう答えている――「みなさんにはっきり申し上げていたと思うが、わたしとしては戦争を始めたくなかったし、ここで一人だって死者を出したくなかった……。われわれは任務を完了した。大統領たちが停戦すべきだとの判断を下したら、わたし以上に喜ぶ者はいないだろう」[48]。記者会見を開く前にシュワルツコフはパウエルと話し合い、停戦の瞬間が急速に迫っていると判断していた。「明日の夜で戦闘を打ち切れば、地上戦はちょうど五日間続いたことになるのに気づいたか？『五日間戦争』というのはどう思う？」とシュワルツコフは言った。パウエルはくすくす笑い、その気のきいた名前をみんなに伝えておこうと返した[49]。

シュワルツコフの会見が終了して間もなく、主要閣僚がホワイトハウスでブッシュと話し合った。パウエルはまず軍事状況を簡単に説明し、「大統領、予想以上の戦果があがっています。イラク軍は総崩れとなり、彼らの頭には逃げることしかありません……。殺戮のための殺戮をしていると見られるのは本意ではありません……。勝利はほぼ確実です。シュワルツコフ将軍と話し合いました。明日中には片がつくものと思われます。攻撃停止命令を発令していただくよう、大統領にお願いすることになるでしょう」。

ブッシュは「そういうことなら今日終わらせてはどうだ？……殺戮の場面がテレビに映し出され、広報的・政治的に好ましくない影響が出始めている。任務を完了したのなら、停戦してもいいだろう」と言った。パウエルはシュワルツコフと相談したいと答え、リヤドに電話した。何の不都合もない、というのがシュワルツコフの答えだった。午前零時に戦闘を停止すれば地上戦は開始からちょうど一〇〇時間で終結することになると、ジョン・スヌヌ大統領首席補佐官が指摘した。イスラエルの圧勝に終わった六日間戦争をもじるよりも、一〇〇時間で終結した戦争と言った方が世間から注目されるように思われたので、それで話はまとまった。ブッシュと補佐官たちは多国籍軍に兵を出している国々や、議会に事前に説明するべくすぐに席を立ち、その日の午後九時、大統領はテレビを通じて自らの決断を明らかにした。

クウェートは解放されました。イラク軍は撃破されました。われわれの軍事目的は達成されました……。チェイニー国防長官、コリン・パウエル統合参謀本部議長および多国籍軍に兵を派遣している国々と相談した結果、東部標準時で今夜一二時をもって、地上戦開始からちょうど一〇〇時間、「砂漠の嵐」作戦開始から六週間で、アメリカと同盟国の軍は攻撃的戦闘作戦を停止することをお知らせします。(50)

ブッシュが演説した時点では、勝利は迅速・容易・完全に達成されたと思われた。しかしながら、戦闘停止決定が何の準備もなく突然なされたこともあり、それから数日のうちに完全な勝利という点があやしくなってきた。たとえばシュワルツコフは、前線の司令官たちに一言の相談もせず、敵・味方の軍の正確な状況の確認もせずに、戦争を終結するというブッシュの決断に同意していたのだ。当然予測できていたはずの混乱と連絡不足のため、シュワルツコフは、多国籍軍が実際よりもずっとイラク領内深くにまで進撃していると思い込んでいたし、また敵が十分に撃破され、動きがとれなくなってしまっていると思っていたのである。(51)

一方、アメリカ政府各省の副長官たちは、長官たちが戦争を終結する決断を下したことを二月二七日午後になって知り驚いた。軍の政策立案者たちとちがい文民の政策立案者たちの多くは、迅速な撤退よりも戦後の湾岸地域の安定化に向けた取り決めに関心をもっていた。文民の政策立案者たちは、もう一日戦争を続けてイラク軍を完全に包囲して、徹底的に撃破するのだと思っていた。彼らは戦争の最終局面での殺戮が報道されることから生じるかもしれない世論の反発についてはほとんど気にしていなかった。それでも、大統領の決断に異議を唱える者はいなかった――大統領、関係各省の長官たち、軍首脳部がその決定に満足しており、またこれだけの勝利を収めたのだからこちらの願い通りの結果が出るだろうと誰もが思っていたためだ。[52]

あとになって現地の状況とシュワルツコフの状況認識との食いちがいが明らかになると、「国境」が本当に封鎖されていたのか、アメリカの軍事目的が達成されていたのかをめぐって論争が起きた。しかし、このような議論はほとんどが的外れであった。というのも、本当に議論されるべき問題は、戦術的あるいは作戦的な観点からのものではなく、戦略的観点――この戦争の本当の軍事目的は何だったのか、あるいは何であるべきだったのか、またそれは政治目的とどう関連づけられるべきだったのか――からのものであるべきだったからだ。

面白いことに、パウエルとシュワルツコフのそれぞれの回顧録では、戦争終結に関する重要な電話についての記述が異なっている。戦争を終結させてはどうかという大統領の提案を伝えたパウエルは、シュワルツコフから「われわれの目的は奴らを追い出すことで、それはもうすみました」との返事をもらっている。シュワルツコフは同じ電話のやり取りを次のように引用している――「われわれの目的は敵兵力の撃破であり、事実上この目的は達成した」。

パウエルは危機勃発の当初から軍の任務について限定的に考えており、イラクどころかクウェートをめぐっても戦いたいとは思っていなかったのであるから、パウエルがこの時点で目的を狭く定義したのは当然だ――だが、パウエルよりもタカ派的傾向のある各省長官たちが、戦闘停止を急ぐパウエルの衝動に反対しなかったのは驚きである。

シュワルツコフは、自分の所定の目的が完全に達成されたか否かを十分確認しなかっただけでなく、目標を明確に定めて作戦を立てることをしていなかった。湾岸戦争中におこなわれた各種の議論のなかで、イラク軍を「撃破する」という場合、それが意味するところはまちまちだった。「イラク軍を一方的にぶちのめす」ことを意味する場合もあれば、「兵力を半分に減らす」ことを意味する場合もあったが、たいていは特にいつまでと期限を設けずイラク軍を戦闘不能の状態に置くということだった。この最後の用法は、現在進行中の戦いについて議論しているときには意味をなした――したがって「撃破された」イラク軍部隊は、多国籍軍にもはや抵抗できなかった。だが、戦後の地域的安全保障について考える場合、これはあまり意味をなさなかった。というのは、この撃破された部隊が再編成され、別の場所で役割を果たすかもしれないからだ――これこそまさに三月に起きた事態であり、「撃破された」共和国防衛隊は力を盛り返し、イスラム教シーア派住民やクルド人の蜂起を鎮圧したのだ。[53]

だが、ブッシュ政権のより一般的な失敗は、その軍事行動をイラク国内の政治体制変革という目的に結びつけなかったこと、そして戦後に起きそうなさまざまな展開にそなえて計画を立てていなかったところにある。イラク側が軍事的に大敗北を喫した以上、軍部がクーデターを起こし、あつかいにくいけれども弱体化した、そしてサダムよりもプラグマティックなイラク政府が、しっかりと機能するようになるだろうと誰もが思っていた。したがって、戦後のイラク南部および北部における住民の反乱に対するサダムの反応はブッシュ政権を驚かせた。[54] 敗北して面目を失ったはずのサダムが立ち直り、大手を振ってイラク国民を大量に虐殺しているのを傍観するのは気が進まなかった――が、それ以上に、砂漠のヴェトナムともいうべきところに閉じ込められたくないという思いの方がブッシュ政権には強かった。結局、イラク各地で起きた反乱が弾圧されるのをただじっと見ているだけで、何の行動も起こさなかった。

戦闘停止命令を出してから数時間後、状況はいずれ好転すると自分に言い聞かせながら、ブッシュは日記に暗い思いを書き留めている。

どうも気持ちがはずまない。その理由はわかっている。昨夜の演説のあと、バグダッド・ラジオは、多国籍軍が降伏せざるをえなくなったという放送を始めた。テレビではヨルダンやバグダッド市内の街頭でインタビューを受けた市民たちが、自分たちが勝ったと答えていた。でたらめもいいところだが、これこそまさにわたしが心配している事態だ。今回の戦いには明確な終結がない――戦艦ミズーリ号の甲板での降伏の儀式がない。それが欠けているから、今度の戦いは第二次世界大戦とは似ていないし、クウェートは朝鮮やヴェトナムともちがっている……。見出しはすばらしい――「われわれは勝った」。テレビはサダム・フセインの味わった屈辱を正確に映し出し、アメリカ国民に要点を理解させている。だが、国際的にはまだそこまでいっていない。少なくとも、サダムと提携してきているアラブ世界では。サダムは国外へ去らなければならない。サダムを殺す最後の試みとして、地下塹壕施設を破壊できる弾頭を搭載してバグダッド空港に向かったとされる二機がうまくやってくれるといいのだが。イラク軍が装甲車を失い、打ちのめされ、五万人、いやそれ以上の戦闘犠牲者を出してまとまりなく帰国すれば、イラク国民にもはっきりとわかるだろう。(55)

ブッシュ大統領の戦闘停止命令で緊張から解放された政府高官たちは、それから数日のあいだに生活を元の状態に戻し、湾岸戦争終結を正式なものとする安保理決議採択に向けた取り組みや、のちにマドリード中東和平会議に発展することになる交渉など、てまのかかる外交を実行に移し始めた。サフワンでの停戦会談は、アメリカ政府内では真剣に受けとめられなかった――それは軍事についての実務的なつまらない話し合い、つまり現場の司令官たちに大部分委任できるものであり、また委任すべきものと考えられていた。ホワイトハウスはサダム本人がサフワンに出向くよう要求すべきか否かをめぐり議論を重ねたが、結局そのような要求は危険性の方が潜在的利益を上回る恐れがあると判断された。サダムの運命はもう決まっていると考えられていたため、サダムに対する要求という選択肢は信じがたいほど重要視されなかった。(56)

その後、イラク南部でシーア派住民が突然反乱を起こしたものの、たちまち鎮圧された。(57)シーア派の反乱から数日後に今度はクルド人が立ち上がったが、三月下旬までに反乱は鎮静化された。クルド人やシーア派に対するサダムの徹底的弾圧に関する報道によってブッシュ政権は新聞で非難されるようになったが、それでもアメリカ政府には介入する気はなかった。ある「政府高官」は『ワシントン・ポスト』紙に、ブッシュの考えでは、として次のように語っている。

　サダムが一連の反乱を鎮圧し、その混乱が静まったころ、戦争のみならず反乱鎮圧でも死と破壊をもたらしたとして、バース党軍事組織の上層部の人々や中枢の人々がサダムを非難するだろう。そういった人々が表に出てきて、新しい指導者を大統領にすえ、新しい指導層による新しい時代の始まりのときが来たと唱えるだろう。彼らはイラン・イラク戦争、湾岸戦争、内乱を経験して、教訓をしっかり学んでいるものと期待している。(58)

ブッシュ・チームは不愉快な事態をさっさと過去にしてしまいたかった。「これは聖戦ではない」と、別の高官が語っている。「ある現実を受け入れるには、いくらか痛みをともなう。できるだけひかえめな方法で対処し、切り抜けられるようにと思うものだ」。
だが、四月初旬にはサダムがイラク北部を奪還し、二〇〇万近いクルド人が家を捨てて、着の身着のまま山中に逃げ込んだ。憎らしいイラン人の仲間で無視してもいい存在とみなされているシーア派住民とちがい、クルド人は罪のない犠牲者とみなされていた。さらに土地を追われたクルド人がNATO加盟国でやはりクルド人問題を抱えるトルコに流入すると、トルコの国内情勢が不安定になった。最終的にこのクルド危機は報道機関に広く取り上げられて大きな問題に発展し、ブッシュ政権は面目を失い、ヨーロッパの自分本位の政策立案者たちが脚光を浴びるようになった。このためブッシュ政権は不本意ながら方針転換し、救援物資袋を空から落下傘で投下することにした。四月七日、クルド人が暮らす難民キャンプを視察したベーカーは、目にした光景に動揺した。ベーカーは帰国後に関係各省のトップたちを説得し、何らかの人道的介入をおこなう方向で賛成をとりつけた。その結果生まれたのが「安寧提供作戦」であり、クルド難民が故郷に戻るまでのあいだ生活する避難場所としてイラク北部に「保護区」を設けた。[60]
五月、サダムが権力の座から引きずりおろされることはなさそうだとようやく認めたブッシュ政権は、これまでの姿勢を変え、サダム追放をアメリカの公式の政策目標とし、安保理で一カ月前に可決されたばかりの停戦決議を一方的に解釈し直した。国家安全保障問題担当大統領次席補佐官のロバート・ゲイツは五月七日、方針を転換すると発表し、アメリカは「サダムがいなくなるまであらゆる制裁措置を維持する。制裁の緩和は、新政権が樹立された時点で検討する」と宣言した。[61]それから三週間後、大統領はCIAに、「サダム・フセインを権力の座からおろすための環境をととのえるよう」正式に指示した――絶好の機会が過去のものとなって、すでに二カ月が過ぎていた。[62]

◉中途半端な結末

湾岸危機におけるアメリカの対応はアメリカの国内政治事情によるものであったという説明は成立しない。アメリカの方針に関する重要な決定は、ほんの一握りの人々によって、イラク軍がクウェートに侵攻してから数日のうちにおこなわれたのであり、全体として、議会あるいは国民はほとんど関わっていなかった。こうしてなされた決定が政府内で物議をかもすことは特になかった。というのも、そこでの決定事項はペルシャ湾の安全保障にアメリカが関与するという方針に合致していたからであり、この方針は一〇年ほど前に宣言され、アメリカの主な同盟国に承認されていた。しかし、アメリカ国民の大多数はアメリカによる湾岸地域への関与の歴史をほとんど知らず、また地政学にはほとんど関心がなかったため、ブッシュ政権は国民に許可を求めることなく簡単に事を進めた。六カ月後の議会による武力行使容認でさえ、軍事行動をとるうえでの必要条件というより、思いがけない贈り物とみなされた[63](イラク軍のクウェート侵攻は一九九〇年八月二日、アメリカ議会の武力行使容認は一九九一年一月一二日)。

アメリカ国内の価値基準に照らしても、アメリカの戦略を説明できない。政府高官たちのなかには、公の場でアメリカの行動を大げさな言葉で飾ったり、感情的に高揚していた人がいたかもしれないが、政権全体の姿勢はいたって冷静で、現実に即したものだった。スコウクロフトは次のように率直に述べている――「われわれの議論の中心は、長年保持してきた安全保障上の利益および経済上の利益にあった――ペルシャ湾岸地域の勢力均衡を保持し、他国への正当な理由のない侵攻を食い止め、アメリカに敵対する勢力が世界の石油供給の大部分を人質にしないようにすること。イラクによる残虐行為の証拠を見て動揺したブッシュ大統領は、ヒトラーやホロコーストを引き合いに出して、道徳上の論拠をつけ加えた[64]」。アメリカ政府が戦ううえでの目的として掲げた世界秩序は新しいものではなく、数百年前のものだった。ブッシュ政権の一大戦略を貫く根本方針——安全保障・主権・内政不干渉・勢力均衡——は、ウェストファリア条約にもとづく保守主義であり、アメリカの信条にもとづく革命的な理想主義ではなかった[65]。

ブッシュ政権がとった政策のめざす全体的な方向性には、政権の組織としての秩序立ったものは見えないが、それらの政策の実施は組織的にきわめて手際よくおこなわれた。政府の対応はアメリカ軍の業務処理手続きに範をとって進められ、イラク軍が国境を越えてクウェートに侵攻してから五日後にはアメリカ軍の展開が始まった。晩夏から初秋にかけて、サウジアラビア防衛を目的とするアメリカ軍が次々と湾岸地域に入り、その後も晩秋から初冬にかけて途切れることなく攻撃部隊が現地入りした——八月半ばにパウエルがブッシュに述べた計画のあらまし通りだった。攻撃部隊の準備がととのったところで、サダム・フセインのクウェートからの撤退期限が一九九一年一月一五日ないしはそれ以前と設定された。期限内にイラク軍が撤退しなければ、戦争に踏み切ることになる[66]。航空作戦は地上軍の態勢が十分にととのうまで一カ月程度続くと予想され、実際そうなった。二月下旬、地上軍の出撃態勢がととのい、地上攻勢が開始された[67]。

イラク軍の撤退あるいは予期せぬ出来事によって、これらの準備が途中で不必要になる可能性はつねにあった——が、結局そうはならなかった。航空戦も地上戦も非常に順調だった。このため、八月から翌年二月にかけてアメリカの政策立案者たちがいかにストレスにさらされて、いらだち、疲れていようと、彼らはそこそこ固定されていて、予測できる環境のなかで動いていたのである。しかしいったん銃声が止むと、彼らはわけもわからず行動した。行動からそれがわかる。アメリカの政策の大きな原動力となっているもの——アメリカの国際的地位と過去の教訓——が前面によみがえってきたのは、湾岸危機のなかでまさにこのときであった。湾岸危機はアメリカと国際社会との関係が良好な時期に勃発した。一方でアメリカは、アメリカの衰退についてのポール・ケネディの説が人気を得ている現象に象徴される、定期的に訪れる自信喪失の危機のただなかにあった。全般的に、国際社会におけるアメリカの相対的パワーはヴェトナム戦争以降低下していた。一九九〇年には、世界の国民総生産に占めるアメリカの割合は二〇パーセントをかろうじて超える程度にまで下がっており、また景気後退の影響を受けて、湾岸戦争中アメリカ経済は失速してきていた。さらに、そのころアメリカは世界最大の債務国になっており、同盟諸国に戦費負担を要求しなければならない状況に陥っていた（そして実際に要求した）。

その一方で、アメリカはこれまでと同様に世界一の強国であり、アメリカの競争相手の力はアメリカを上回る速度で下降線をたどっていた。ソ連は冷戦での敗北をちょうど認めたところで、存在自体が忘却の彼方へ向かっていた。振り返ってみると、アメリカが前例のない首位を達成した時代の冒頭で、この戦争は始まった。しかし当時、アメリカの指導者たちは特に自信をもっていたわけではなかった。一九九〇年代の好景気はまだ始まっていなかった。アメリカは、アメリカ軍がいかに群を抜いたものであるかをはっきり示すのに、湾岸戦争を利用しようとしたのだ。

この混然とした状況の結果として、アメリカ政府高官たちは、湾岸地域を安定させその安全を保障することがグローバルな共通利益の観点から必要であると認識していたし、自分たちにそれをおこなう力があることもわかっていた。しかし、彼らはアメリカが単独で、直接的に、あるいは予断をもって行動することには慎重であった。ブレジンスキーがカーター・ドクトリンを考案した際、彼の頭にはトルーマン・ドクトリンがあった――また、一九四〇年代後半のアメリカ政府高官たちとまったく同じように、ブッシュ政権の高官たちはまず湾岸地域におけるアメリカの行動に制限を設けることにし、アメリカ軍の撤退によって危険の発生が明らかになったときにのみ、この地政学的に重要な地域を守るために十分なアメリカ軍をこの地に残留させるということで合意していた。

問題がさらに複雑になったのは、軍を政治に仕えさせることの難しさを認識して問題に取り組むことをしなかったからである。文官たちは戦争終結後の湾岸における計画をいろいろと立案し、その計画から生じる問題について公の場で都合のいいことを口にすることまでしていた。[68] しかし、軍の司令官たちは戦争そのものにかかりきりで、戦争が終結したらできるだけ早く部隊を帰国させたいとしか考えていなかった。[69] 戦争終結後の事態の複雑さが十分理解され、文官と軍関係者の考えのずれが表面化したのは、三月に入ってからだった。第三軍の湾岸戦争の公刊戦史はこの問題の核心をずばり次のように述べている。

欠けていたのは、この戦いの焦点とエネルギーを政治の舞台へ滞りなく移すためにアメリカ軍をどのように地上に配置するかについての、明確な共通のビジョンであった。また、撃退され、バスラおよびその近郊へ後退したイラク軍に対して……どのような軍事行動をとるのかについての共通した考えも欠けていた。こういった欠落が生じたのは、一つには、疑いもなく、攻勢が予想以上に早く終結してしまったためであった。またこれは、軍としての戦争遂行と政治としての戦争遂行はトップレベル以外では分離できるという、アメリカの伝統的な考え方に内在する根本的な弱点を反映している。文官と軍人の関係についてのこの考え方によれば、軍人は任務を与えられ、軍事上正しいと認められているところにしたがって戦う——たとえ政策によって定められた範囲内であろうとも。軍人は戦闘という技術的な仕事をして軍事目的を大まかに達成し、外交官が戦争の根本原因の解決にすみやかに到達できるようにするのだ。そのあとで、軍人は紛争の始末を文官たちの手に任せるのである。[70]

実際、湾岸戦争に関わった将官たちはまさにこのように状況を目にしていたのである。空軍司令官を務めたホーナーは、のちに次のように述べている──「率直に言って、われわれは作戦計画を策定するのに手一杯で、和平構想は誰かほかの人々が練っていると思っていた。サフワンについては、文官たちが誰もジェット機に飛び乗ってイラクとの交渉に臨もうとしていないのでみな驚いていた[71]」。海兵隊のブーマー司令官はいまだに憤慨している──「なぜ国務省の人間が作戦のこの部分を引き継ぐために、つまりこの軍事作戦の最終局面に参加し、次の必要な手段をとるために飛んでこなかったのかわからない。誰もまだそのことについて説明していないし、謝罪の言葉もない[72]」。

軍の将校たちが戦争から和平への移行処理は文官たちがやろうとしているのだろうと考えていたのに対して、文官たちは、そうした問題については軍がぬかりなく考えているだろうと思っていた。ヴェトナムの亡霊が関係者全員の耳に二つのメッセージをささやいていたのだ。いずれも裏目に出た──一つは、アメリカは厄介な紛争に巻き込まれないようにすべきだというもの、もう一つは政治家は後ろに引っ込み、軍に好きに戦わせておくのがいいというものである。二月半ば、ブッシュは日記に次のように記している──「地上戦の開始を命じたことに良心の呵責は感じていない──いささかも……。その理由は、先日コリンとチェイニーからあらましについて説明を受けた行動方針をとるということで、軍部の意見が一致しているからだ。わたしは先読みはしていない。攻撃すべき標的は彼らに任せてある。使用する兵器の量、使用可能な兵器について、一切彼らに任せてある。わたしがヴェトナムから学んだことは……[73]」。イラク相手の混乱の局外に立っていたブッシュは、三月に入っても同じように考えていた──「高官らによると、ブッシュがもっとも納得している点は、彼の軍事顧問たちが期限つきの明確な軍事目標を要求していることであり、これは第二のヴェトナム化を避けようとする大統領の熱意に合致していたのだ[74]」。

もちろん、問題はイラクがヴェトナムではないことと、「砂漠の嵐」作戦が読み切り小説ではなく、長期連載小説の一回分にしかすぎないことだった。政権内にはそのことを理解している人もいたが、そうでない人々を納得させるのは難しいことであったし、あるいは率直に言ってそのことの本当の意味を自分自身で納得するのも難しいことであった。手探り状態であったNSCの八月二日の会合と、八月三日の決定的な会合とのちがいをあとになって回想しながら、ハースはうまいことを言っている――「はっきり言ってわれわれが最終的にやったこと――五〇万の人間を地球の向こう側へ派遣することと、それにともなう結果――は、八月二日の会合の出席者には重大すぎて考えることさえできなかったのだ。だから……いかにすればこの侵攻と共生できるかを話し合ってもらった[75]」。翌年の春、「湾岸地域の安定と安全保障」に必要なものが実際どのようなものかということが政府高官たちに徐々に理解され始めると、これとまったく同じ動きが生じたのだ。

サフワンでの会談の数日後、事態が期待していた方向に進んでいないと気づいた関係各省の副長官たちは、作戦を変更するべく即席の政策を提案しようとした。多国籍軍の支配下にあるイラク国境地帯にアメリカ軍をこのまま駐留させるような興味深い計画を検討し始めたのだ。イラク国内の情勢に対してある程度の影響力をもち、情勢をアメリカ政府に有利にするために、現在進行中の軍の駐留を利用するというものであった。しかし、軍首脳部は何としても早急に部隊を帰国させようとし、文官たちの提案に目もくれなかった。マイケル・ゴードンとバーナード・トレーナーは次のように述べている。

特別警戒区域に関する計画に致命的な打撃を与えたのは、シュワルツコフ本人だ。彼はとにかくできるだけすみやかに撤退したいと思っていたのだ。イラク側に多国籍軍はいずれ撤退すると請け合っていたこともあって、この中央軍司令官は非武装地帯に対し真っ向から反対した。ベーカーに会ったシュワルツコフは、特別警戒区域には軍事的価値がなく、湾岸地域からのアメリカ軍の撤退を遅らせるだろうと主張した。会談後、ベーカーは側近たちとひそかに協議した。ロバート・キミットとポール・ウォルフォウィッツはシュワルツコフの考えに賛成しかねたが、軍のトップが反対の意思を明らかにした以上、文官としては異議を唱えにくかった。(76)

もちろんそれから六週間後、イラクに自由にやらせた結果が徐々に明らかになると、アメリカ軍はイラクに戻るよう命じられた。イラク領内でアメリカ軍は事実上のクルド人保護区に駐屯し、最終的にはイラク北部および南部の「イラク軍機飛行禁止区域」をパトロールするようになった。そして五月下旬、何万もの人々が殺される結果となった、各地で起きた反サダム・フセインの動きが封じ込められてから、ようやくブッシュ政権は後戻りした形で湾岸戦争後の最終的な位置についたのだ。イラクに対する広範な制裁とサダム抹殺に向けた秘密活動に加え、湾岸地域に大規模なアメリカ軍を恒久的に駐留させて湾岸地域を守ることになったのである。

遅ればせながら組み立てられ、承認されたこうした政策は、予想をはるかに超えて長く、数カ月や数年どころか一〇年以上も継続された――そして最後は別のジョージ・ブッシュ政権によって捨てられた。ジョージ・ブッシュ政権は封じ込め政策を続けるのが嫌になり、根本的な問題を決定的に解決しようと、歴代政権が踏み入れるのをためらった場所へ向かった。ジョージ・ブッシュ政権がぶつかったさまざまな問題を思うと、ブッシュ政権がイラクを占領しようとしなかったことをあざ笑うわけにはいかない。チェイニーは一九九二年に次のように述べている。

もしバグダッドまで進み、サダムをとり逃していたら——奴を発見できるとしても——、大規模な部隊を投入して捜さなければならなかっただろう。サダムを捕まえるのはそう簡単にはいかない話だ。そして、サダムの代わりに新たな政権を樹立するわけだが、イラクにはどんな政府がいいかという問題が出てくる。クルド人の政府か、シーア派の政府か、それともスンニ派の政府か？　新しい政権を支えるのにどの程度の規模の部隊をイラクに駐留させるか？　その作戦によりどれだけの戦闘犠牲者が出るのか？[77]

それでも、湾岸戦争終盤におけるブッシュ政権の実際の処置を正当化することは難しい。ある軍事評論家は次のように鋭く指摘している——「地上戦闘開始から一〇〇時間で停戦にするという決断を擁護する人々は、この決断とサダム・フセイン打倒を目的としたバグダッドへの進軍とのあいだの二者択一というまちがった選択を仮定している。だが実際は、アメリカには圧力をかけてサダムを退陣させるとか、少なくとも敗北を認めさせるという選択肢があった。本当になされなければいけなかった選択は、多国籍軍がイラクが敗北を認めるまで戦争を続けるのか、それともその前に停戦するのかというものであった。その選択は停戦宣言前におこなわれねばならなかった。アメリカ政府がいったん軍事作戦の停止を宣言すると、サダムへのアメリカの影響力は消えてなくなってしまったのである」[78]。

うかつにもサダムに関する問題は誰かが解決してくれるだろうと考えたブッシュ政権は、サダムを追放する必要性がどの程度のものなのかをあらかじめ検討していなかった。サダム追放を「既定の」目的とするかどうかということから距離を置いたつけは、最後に選択の決断を迫られたときになって回ってきた。もしブッシュとその補佐官たちが、サダムが今後もイラクの指導者の地位に居座るのは我慢ならないと思っていたのだとすれば、彼らはサダムを取り除く機会があったときにアメリカ軍の力をその方向へ向けるべきだった[79]。残念に思っていることはないかと尋ねられたある上級政策担当者は、次のように話している。

事態がどのように進展するかはっきりわかっていたら、イラク領内でのイラク軍の行動に制限を加えることをもっと真剣に考えていただろう……。もう数日間、戦闘を継続したかもしれない。いや、おそらくサダムに与える象徴的な屈辱を検討しようと、それ以上のことをしただろう……。その継続を図る危険を冒しただろう[80]。

一方で、当時のブッシュ政権が直面していたすべての制約を考えると、ある程度無力化したサダムを封じ込めるというのは、戦後の結果としては、当時現実的に入手できるもっともよい形のものであったと一部の人は考えていた――いまだにそう考えている人もいる。しかしながら、ブッシュとその補佐官たちがそう思っていたのであれば、もっと混乱せず、苦労せず、慌てずに、すんなりと効率よくサダムの封じ込めができたはずだし、やるべきであった。また、戦後の封じ込め体制を確立する過程において、もっと負担の少ない、有効な、耐久性のあるやり方ができたはずだし、そうすべきであった[81]。

湾岸危機に際して、ヴェトナム戦争に際してもだが、もう一つのかつてアジアで起きた戦争がアメリカの政策立案者たちの頭を時折よぎった。朝鮮戦争は、ある決断から生じるすべての結果をよく考えずに一時的な勝利に酔って性急に目的を拡大したらどうなるかという教訓を与えてくれている、と考える高官たちもいた。限定戦争を戦っていると理解しているリアリストのブッシュとその補佐官たちは、後先の考えもなく三八度線を越えて自分たちの鴨緑江に向かうようなあやまちを繰り返すまいと考えていた。これはもっともな考えだが、朝鮮戦争はブッシュ政権が認めていた以上に警告的な示唆を有している。というのも、朝鮮戦争では北朝鮮の政体転換を避け、朝鮮の南半分だけを保持することを容認したため、アメリカは朝鮮半島に大規模な部隊を残さなければならなくなったのである——アメリカ軍は今日にいたるまで半世紀以上にわたって韓国に駐留し、この重要な地域を北朝鮮政府に潜み続ける危険から守っている。

イラク全土は高すぎて買えないとブッシュ政権は判断し、多くの人が同意した。大統領は「無理だ——賢明ではないだろう」という言葉を好んだ。しかし地政学的に難しいこの湾岸地域においては、半分だけ買ってもコストを削減できなかった。これはつまり、またの機会に、別の誰かが、別の方法で、このコストを支払うということだった。

第8章 イラク戦争

二〇〇三年四月七日、第三機械化歩兵師団第二旅団の戦車および兵員輸送装甲車が八号線を走ってバグダッドに入城した。指揮をとるデイヴ・パーキンズ大佐は、危険な事態が発生していないか周囲に目をやった。三週間前にイラク進攻が開始されたときから、その最終局面についてはいささかはっきりしないままであった。特にバグダッドについては不気味な問題と思われていた。サダムを追放するにはバグダッドを占領しなければならないが、広範囲の市街戦は避けたかった。そこで第三機械化歩兵師団第二旅団はバグダッドの外縁に急行して哨兵線をはり、それからイラクの防御力がどの程度のものかをたしかめるべく、一連の偵察をおこなうこととなった。二日前、パーキンズは「サンダー・ラン（電撃的進行）」と名づけられたこの偵察の第一回目を指揮し、エイブラムズ戦車、ブラッドレー戦闘車両から成る大隊を率いてバグダッド西部を走り抜け、サダム国際空港に戻った。ちょうどそのとき、前回よりも規模を大胆に拡大して、二度目のサンダー・ランを開始しようとしているところだった。

第三歩兵師団指揮官のビューフォード・ブラント少将とその上司である第五軍団司令官のウィリアム・スコット・ウォレス中将は、二度目のサンダー・ランも、最初のとき――機甲偵察部隊がバグダッド市内に進入し、走り抜ける――と同じようになりそうだと思った。しかし、パーキンズはできればそれ以上のことをしようと考え、やんわり反対されても前進を続けた。「パーキンズ大佐は二つ目の交差点に着くと」と、ウォレスはのちに思い起こした。「右へ折れ、市の中心部へ直進した。大佐が命令に背いたとは思っていない。戦場での自分の状況判断をうまく利用していたのだと思う……。ブラント少将とわたしは無線でちょっと話し、『了解、そのまま行こう』と言った」(1)。敵の猛射をものともせず、パーキンズはバグダッド中心部へ進んだ。それからまもなく、首都のど真ん中に位置するサダムの宮殿を歩き回るアメリカ軍兵士の姿がCNNを通じて世界中に流された。

部隊が市内にとどまるのは基地に戻るのと同じくらいの難しさのようだとパーキンズ、ブラント、ウォレスが判断したところで、バグダッド奪取に向けた戦いは大きく前進した。それから二日後の四月九日、第一海兵遠征軍の海兵隊員らの助けを借りてイラクの人々は、バグダッド中心部のフィルドゥース広場にそびえるサダムの像を意気揚々と引き倒して靴で叩き、像の頭部を引きずりながら通りを練り歩いた。散発的な戦闘はもう数日続いたものの、世間一般から見ればバグダッドは陥落していた。

サダムは常軌を逸した独裁者で、スターリン主義のロシアにならった警察国家を支配してきた誇大妄想狂だった。イラク国民を威圧し、彼らに残忍な仕打ちをしていた政権が倒れると、人々の胸に相反するさまざまな感情——喜びや悲しみ、希望や恐怖——が去来した。「わたしは四九歳になるけれど、これまで一日だって生きていなかった。いまやっと人生が始まったんだ！」とサダムの像を引き倒しながら一人が叫んだ(2)。炎上するイラク・オリンピック委員会本部の脇でも、「わたしに触れてくれ。さあ、これが現実だと言ってくれ」と男がむせび泣いていた。この建物はサダムの残虐な長男ウダイが拷問部屋や死体置き場として使っていた。「悪夢は本当に終わったのだと言ってくれ」(3)。

注意深く、また創意に富んだ進攻計画のおかげで、この進攻はほとんど被害を出さなかった。連合軍の迅速な行動とイラク軍のあっけない崩壊が幸いしたのか、油田や民生基盤の破壊、大量の難民流出など、起きてもおかしくなかった数多くの問題は生じなかったが、[4] いったん政権が崩壊すると、作物を食い荒らすイナゴの大群のように大勢の人々が戦闘で破壊されなかった施設を襲い、略奪を働いた。

少ない兵力で進攻した連合軍は、規模よりも速度、大なたを振るうような攻撃よりも正確な攻撃を優先していた。イラクの国家としての機能は働いていると期待していたアメリカ軍は、その上位階層を公職から追放して下位階層に国を運営させ、その統治をアメリカに友好的なイラク人たちにできるだけすみやかにゆだね、できるだけ早く撤退するつもりだった。ところがサダムがいなくなると、イラクという国家は崩壊し、政府の職員たちは暑さと塵のなかに消えてしまった。制止する人間が誰もいないと気づいた略奪者たちは刻一刻と大胆になり、サダムの数多くの宮殿や政府関係施設だけでなく、金目のものがありそうな企業や商店などを手あたり次第に襲った。

四月五日、イギリス軍がバスラを解放すると、略奪者たちはそのあとに続いた。「バース党はもう存在しない。フェダイーン（バース党に所属する民兵ゲリラ部隊）もだ。いるのは盗人だけ、アリババだけだ」と地元住民は語った。[5] アメリカ軍がバグダッドほかのイラク各地の都市を解放すると、どこでも同じようなことが起きた。秩序は完全に崩壊してしまった――工場、会社、病院、博物館、図書館、個人の住宅が暴徒に襲われ、一切合切を盗まれて火を放たれた。スクラップとして売れるので、配管設備や電線にいたるまで持ち去られた。[6] 治安を維持するにはアメリカ兵の数があまりにも少なかったし、略奪現場に居合わせた兵士たちは介入するよう指示されておらず、傍観していた。「アメリカ海兵隊の任務は警察の代わりをすることではない」と言ったのは、サダムの像を市民と一緒に引き倒した海兵隊のスポークスマンだった。[7]（さらにまずかったのは――少なくとも、アメリカの意図をバグダッド市民がどう見るかに影響することだが――海兵隊がバグダッド市内で最初から占領・確保し、警備していた施設があったことだ——石油省である)。
ワシントンでは、ブッシュ政権の高官たちが、イラク国内の混乱についてのマスコミの報道は大げさだ、あやまっているとさえ主張していた。「テレビで何度も……繰り返し見ている映像は……」と、四月一一日にドナルド・ラムズフェルド国防長官が記者団に語った。

飾り壺をもった数人の男が建物から出てくる同じような映像だ。これを二〇回見てこう思う——「何てことだ、こんなにたくさん飾り壺があったのか？　イラクにはあんなにたくさんの飾り壺があったのか？……」。今朝の新聞を見たが、目を疑ったよ。混乱・暴力・社会不安という見出しが八つもあった。これじゃまるでヘニー・ペニー（絵本に登場するニワトリ）だ——「空が落ちてくる」。いろいろなことが起きるさ……。自由だからこそ整然とはいかない。自由な人々は、自由だからこそまちがいも犯すし、罪も犯すし、悪いこともする。彼らには自分たちの考えにしたがって生き、すばらしいことをなす自由がある。それがいまここで起きていることなのだ[8]」。

それでも、連合軍がイラクに対するコントロールを失いはじめたのはこの時期だった。のちに占領軍の職員が略奪による経済的損失を概算したところ、その額は数十億ドルに達し、またその破壊はイラクを復興させようという試みの妨げとなった。「しかし、物的な損害よりも、数値化できない損害の方が悲劇的であった。イラク人が経験した最初の自由は、混乱と暴力だった。アメリカ軍がやってきて、そこにあった政治的恐怖に終止符を打ったことは疑いないが、その一方で得体の知れない新たな恐怖を解き放ったのである[9]」。
デイヴ・パーキンズ指揮する二度目のサンダー・ランがおこなわれてから一週間後、バグダッド在住のシーア派指導者は自分の思いを次のようにまとめている——「イラクの現状は、片目で泣いて片目で笑っているような感じだ[10]」。別の市民は、「サダム・フセインは命運尽きて……いなくなった。だけど、この先どうなるのかは誰にもわからない。まったくわからない……。われわれはヒツジのようなものだ。ヒツジ飼いがどこかに行ってしまったので、みんなばらばらの方向へ進んでいる」と言い、少し考えて言葉を足した。「アメリカ軍はいつこの略奪に終止符を打ってくれるんだ?[11]」。

湾岸戦争でイラク軍を完全に負かしたあと、戦後の混乱のなかをやみくもによろめくだけであったアメリカは、一〇年以上たってから再び同じことを繰り返した。二〇〇三年四月から始まった混乱はその後も続いた。解放は占領に変わった。イラク国内の不安定な状態は、反乱となり、その後内戦となった。フィルドゥース広場のサダム像が倒されてから四年後、十分な予算のついたアメリカの新戦略はイラク国内に好ましい傾向をもたらし状況を安定させた。二〇一〇年の終わりごろには、イラクは破滅の瀬戸際から引き返してよりよい未来をつくる機会を得た。しかしそのころになっても低強度の内乱状態と政治的混乱が続き、保証されているものは何もなかった[12]。

一体どうするとこのようなことが起きるのか? 一体どうすると近代史上最強の国が、自分たちの選んだ時に選んだ場所ではるかに力が劣る敵と再び戦いながら、またしても戦争終結後に起こる事態に対応する準備が嘆かわしいほどできていないということになるのか?

このような思うようにならない結果が生じた理由は簡単には説明できない。だから、ジョージ・W・ブッシュ政権の熱心な擁護者たちの主張も熱心な批判者たちの主張もこの問題に対する理解の助けにはならない。サダム追放後に表面化したさまざまな問題は、乱雑な「予知・予防ができないもの」と決めつけられないのである。それらは完全に予測できたし、実際、政権内外で多くの人がしばしば予測していた。これは、いかに一方的な勝利を収めようと、戦争終結後に問題が発生しないようにするために、あるいは発生しても軽減されるように細心の注意を払って計画を立てることをおこたった、重大な過失行為が招いたものである。[13] とはいえ、ブッシュ政権自体もこの手抜かりの犠牲者だ。戦争終結後のイラク国内の混乱により、関係者の評判は一様に傷つき、二〇〇六年の中間選挙では上下両院で民主党に過半数を奪われ、ブッシュの退任時の支持率は史上最低だった。もしアメリカの行為がすべて何らかの不埒で利己的な陰謀であったとすれば、それは不可解なほどにばかげたものだ。

真相はもっと複雑で、さまざまな出来事がどのようにして現実に起こったように展開したのかを説明するには、いくつかの要因を考慮する必要がある。九・一一同時多発テロ事件がブッシュ政権内の主な高官たちに与えた心理的衝撃と、サダムが匂わせていた大量破壊兵器の存在を彼らが前々から信じていたことがあいまって、戦争を始めるという決断へブッシュ政権を向かわせたのである。その一方で、同政権はイラクの「国家建設《ネイション・ビルディング》」を軽く見ていたため、戦後のイラクとの関わりは悪影響なしに限定的なものにとどめられると考えるようになっていた。国家安全保障に関わる意志決定過程が機能しないまま、見事なまでに楽観的な想定にとらわれ、慎重に議論することもなく、不測の事態にそなえた計画を立てないまま作戦は進んでいった。そして、アメリカの覇権と九・一一のトラウマが結びつき、同政権の行動を制止できるようなものは国内外に何もないような状態であった。

ブッシュ政権の政策に関してこれまでなされている説明は、上級高官たちの考え方にきつく焦点を絞ったものだが、これでは当時のアメリカの行動を決定した能動的な要因と任意性のある要因――動機と機会――のあいだの相互作用を見落としがちとなる。たしかにブッシュ・チームに対する一握りの人々の考えと行動は重要だった。フロリダ州の票の数え直しに関する裁判で別の結果が出て、二〇〇〇年にジョージ・ブッシュではなくアル・ゴアが大統領に指名されていたら、アメリカは二〇〇三年にイラクに戦争をしかけなかっただろう。ブッシュが大統領であっても政権要職の人事がちがっていたら、同政権は戦争をしなかったかもしれない。しかしそうはいっても、たとえ「当時の」ブッシュ・チームでも、もっと深刻な抵抗に直面していたら実際に練りあげ実行したような政策をつくり、またそれを実行することはできなかっただろう。

サダムが禁止されているはずの兵器開発をおこなっているとブッシュ政権が信じてしまったことから、イラクにおける「体制転換《レジーム・チェンジ》」の追求および民主化推進への関与といった多くのことが生まれている。しかし、これらはすべて既定路線、クリントン前政権から引き継いだ政策だった。クリントンの時代からの変化、そしてイラク戦争を可能にしたものは、アメリカの目標あるいは理想そのものの変化ではなく、そうした目標ないし理想をどのように追求すべきかについての考え方の変化であるとともに、政策立案者たちを取り巻く環境の変化だったのである。世界第一位の超大国という地位は、世界によってアメリカの外交政策に課されていた制約をほとんど取り払い、九・一一テロ攻撃は、アメリカ国内の政治制度により政府に課されていた制約を一掃してしまった。要するに、ブッシュ・ドクトリンがアイデアから政策になりえたのは、制約がなかったからである。政権の重鎮たちは、自分たちが並外れた行動の自由を手にしていると気づき、これを最大限に利用しようと考えた。残念ながら国防長官が述べたように、束縛のない人々にはまちがいを犯す自由がある——ラムズフェルド国防長官とその同僚たちはとんでもないまちがいを犯し、アメリカ国民はいまもその後始末をさせられている。

◉戦争への道

クウェートが解放されてからの一〇年間、ペルシャ湾岸地域ではさまざまなことが起きたものの、ほとんど何も変わらなかった。[14]アメリカ大統領はブッシュ・シニアからビル・クリントン、そしてブッシュ・ジュニアに代わったが、一九九一年のクウェート解放後に定まった中東政策と姿勢をそのまま続けていた。アメリカ軍の大部隊が湾岸地域、主としてサウジアラビア領内の僻地にある基地に駐留していた。サウジアラビア駐留アメリカ軍は、飛行禁止区域設定その他の制限をサダムが君臨するイラクに遵守させ、イラン・イスラム共和国を油断なく見張り、湾岸協力会議を構成する石油資源に恵まれた国々をそれらの北に位置するイラン・イラク両国から守っていた。クリントン政権が「二重の封じ込め」と名づけたこの取り組みは、コストがかさみ、危険で、全般的に見て問題を先送りする以上のことはしていないため、たびたび非難されていた。しかし、ペルシャ湾は依然として世界でも戦略上特に重要な地域であり、これ以外の方法はさらに効果が疑わしいため、二重の封じ込めがずっとおこなわれていた。[15]

だが、二一世紀に入り、三つの動きが勢いを増してきた。アメリカではタカ派が、イラクのような危険な独裁国家には封じ込めよりももっと大胆な政策で対応すべきだと主張した。このような考え方は、一九九八年のイラク解放法（ＩＬＡ）に表れている。同法は、「イラクにおいてサダム・フセイン政権を権力の座から引きずりおろすための努力を支援すること、およびフセイン政権に代わる民主的な政権の誕生をうながすことが、アメリカの政策でなければならない」と明言していた。[16]

一方、イラクにおいてサダムは、次第に束縛からうまく抜け出し、湾岸戦争後に課せられたさまざまな制裁・制限をかわしていた。石油を食糧に換える国連のプログラムを操作し、収入を自分の懐にずっと入れていた。友邦と取り引きをしてさまざまな禁制品を輸入し、国連の兵器査察団を国外に退去させた。こうした行動を見て、封じ込め政策の支持者たちまでもがこのままではサダムを長期にわたって「封じ込め」ておくのがいよいよ難しくなるだろうと気をもむようになった。[17]

三つ目の動きは、中東全域で過激なイスラム教スンニ派が支持者を獲得し、アメリカが支援する地域秩序に代わる重要なイデオロギー的受け皿になったことである。アルカイダのような組織は支持者に対し、「近い敵」（エジプトやサウジアラビアといった国々の世俗的な独裁政権）と「遠い敵」（アメリカ）の両方を攻撃するよう強くうながした。サウジアラビアという聖地に異教徒の大軍が駐留していること、イラクに課された制裁措置に起因する人道的危機、以前からアメリカがおこなっているイスラエルへの支援などによって、イスラム原理主義者はいよいよ怒りを募らせ、アメリカを憎むべき標的とした――特にアラブ世界の「節操のない」諸政権を倒すのが予想以上に難しいとなると。[18]これらの三つの動きは二〇〇一年九月に向かって収束し、その一年半後にアメリカがイラク進攻に踏み切る舞台をととのえた。

クリントン政権時代、政治任命者も国家安全保障関係の官僚組織の職員も、イラクとイスラム原理主義を支持するテロリズムとをたぶんに別個の問題とみなしていた。サダムが支配するイラクはテロ支援国家だが、イラクがアメリカの国益に与える脅威としてテロは副次的なものであり、国際テロリズムの小さな源泉の一つにすぎないと判断していた。[19]そのうえ、封じ込め政策は効果を失いつつあるという感触を得ていたにもかかわらず、クリントン・チームはアメリカの防御的で受け身的なイラク政策を抜本的に変えようとしなかった。クリントンがイラク解放法に署名したのは、ひとえにこれが封じ込め政策に悪影響を与えないと判断したからで、その任期中、イラクにおける体制転換はあくまでも目標ではなく希望だった。これに対してクリントン政権の高官たちはイラクよりもアルカイダについて懸念し、二〇〇一年初頭のジョージ・W・ブッシュ政権への引き継ぎ事項の要旨説明でも、アルカイダを重点的に取り上げた。[20]

だが、後継政権は優先順位をひっくり返した。ブッシュ政権の高官たちは、イラクこそ悪化しつつある深刻な問題だと考え、アルカイダによる想定上の危険にはあまり関心を示さなかった――テロは国家以外の主体によってなされるものではなくて国家によってなされるものだ、と彼らは考えていたからである。したがって、ブッシュ政権が発足してから最初の一カ月、高官たちは何度か話し合って対イラク政策を強化する一方で、イスラム原理主義テロの脅威への対策を先送りにしていた。

九・一一テロ攻撃ですべてが変わり、アルカイダとの戦いがブッシュ政権の最優先課題になった。このテロ攻撃がアルカイダの犯行と判明し、タリバンがアルカイダの引き渡しを拒むと、ブッシュ政権は凶暴で過激なイスラム原理主義者に対するグローバルな一連の軍事行動の一環としてアフガニスタン進攻に乗り出すと同時に、自国の安全対策を強化し、外交・諜報・軍事活動を一段と推し進めた。しかし、同政権はこれだけにとどまらず、政権の「テロとの戦い」を広義に定義し、九・一一に無関係の人物や問題もこのなかに含めた――もちろんイラクがその真っ先にあった。

カブール陥落直後の二〇〇一年一一月末、ブッシュはラムズフェルドに指示し、イラクとの戦争準備に入るよう中央軍司令官トミー・フランクス大将に命令を出させた。クリスマス直後にフランクスは大統領とNSCのメンバーに戦争計画の概要説明をおこない、今後も計画づくりを進めるよう指示された。この戦争計画はそれから六カ月かけて少しずつ練りあげられ、戦争のためのこれ以外の下準備もなされた。実際のところ、高官たちは戦争を始めるべきか否かじっくり話し合っていなかったし、大統領が討議するよう正式な命令を出したのはずっとあとになってからだった。しかし、二〇〇二年の盛夏には方針が「サダムが戦争を引き起こさないかぎりイラクと戦わない」というものから「サダムが抵抗をやめないかぎり、二〇〇三年初頭にイラクと戦う」というものへと根本的に変わっていた。

当時、国務省政策企画局長だったリチャード・ハースは次のように記録している。

二〇〇二年の晩春から夏には、……政府諸機関の協議の場でイラクの話題がますます取り上げられるようになり、また高官たちの注目を集めるようになった……。七月初め、ホワイトハウス・ウェスト・ウィングにあるコンディの執務室で開かれた定期会合で、本人に直接尋ねる機会があった……。イラクとの戦いが政権の外交政策を支配しそうで心配だと話し、イラクとの戦いは戦争を唱えている連中が考えているよりもはるかに困難だろうし、配当は推進派が宣伝しているよりもはるかに少ないだろうと伝えた。コンディはわたしの懸念を軽くあしらい、大統領はもう決心しているわと言った。[21]

ほかの人々も似たような経緯をへて、同じ結論に達していた。二〇〇二年七月二三日には、ブッシュの一番の味方であるイギリスのトニー・ブレア首相が上級補佐官たちと対イラク政策について話し合っている。議事録（いわゆる「ダウニング・ストリート・メモ」）によると、イギリス対外諜報機関の責任者がアメリカ政府との直近のやり取りを報告している。「アメリカ側の姿勢にはかなりの変化がある。いまや軍事行動は避けられないと思われる」。[22]

一九九〇年八月の第一週、ジョージ・H・W・ブッシュ大統領は、サダムがクウェートから撤退しないかぎり戦争につながる政策を始動させた。そのとき以来、イラクとの武力衝突はそれをそらすような何かが現れぬかぎり起きて当然の結果だった。二〇〇二年の前半、彼の息子は同じような立場に立っていた。そしてその年の夏以降、サダム側の行動面に全面的変化が生じないかぎり、二度目となるアメリカ・イラク戦争は不可避のものとなった。

しかし、一九九〇年の秋と同様、二〇〇二年秋、ホワイトハウスは差し迫った対決に向けて広く国内外の支持を正式に求めなくてはならないと感じていた。支持を得られなくても、おそらく政権は先へ進んだだろうが、次の二つの理由から各国の賛同を得ようとした——こうした努力をすることによって（サダムをあからさまに脅すことになり）ごくわずかながらも戦争を回避できる可能性があった。そして、たとえ回避できなくても、国内外で同政権が掲げる政策への支持が高まるだろう。

このため議会が夏の休会期間を終えて再開されると、ブッシュ政権は強硬措置への支持を強く求め、一〇月初めに上下両院は、「関連するあらゆる国連安保理決議を実行し」「イラクによる継続的な脅威からアメリカの安全を守る」ため、「大統領が必要かつ適当と認めた場合に軍事力を行使する」権限を大統領に与える決議案を正式に可決した。[23] 一方で、コリン・パウエル国務長官は国連を迂回せずその手続きを踏むよう大統領を説得した。一一月初めにブッシュ政権はイラクがこれまでの国連決議に「いちじるしく違反している」と断定し、禁止されている兵器を製造していないかどうかの査察を新たに要求する内容の安全保障理事会の新しい決議を獲得した。[24]

その年の秋と冬に公の議論が進展し、政府は戦争計画と戦後計画を完成させた。NSC副長官級の委員会は、三つの戦後モデル——イラク側への統治権のすみやかな移譲、中央軍がとりしきる軍事政権、ある種の文民主導暫定政権——を検討していたが、秋のあいだにブッシュ政権は第一案を選んだ。一〇月初旬にNSCは、軍事・非軍事を問わず、戦後計画の立案およびその実施すべてをただ一人の閣僚——国防長官——にゆだねる案を承認した。ラムズフェルドは、ダグラス・ファイス国防次官に文民による取り組みを指揮する部署を設けるよう命じたが、数日後に撤回した（戦後計画の立案が目立つことのないように、また政権の外交的努力の邪魔にならないようにというブッシュの差し金らしい）。[25] 一二月一八日、兵器開発計画に関してイラク側が国連に提出した回答に満足しないブッシュは、「戦争は避けられない」と主要閣僚たちに語った。[26] この時点でラムズフェルドは、ファイスに文民による戦後計画室を始動させるよう指示し、その結果二〇〇三年一月二〇日の正式な大統領令で復興人道支援室（ＯＲＨＡ）が誕生し、ジェイ・ガーナー退役中将が室長になった。

一月二四日、フランクスはラムズフェルドに最終的な戦争計画を提出したが、戦後に関する部分はまだ漠然としていた。中央軍が形式上イラク国内の治安維持に責任を負うにもかかわらず、それについてはいつまでたっても他人事のような顔をしていた。このお粗末な計画を心配した統合参謀本部は、中央軍を支援するべく特別対策室を編成したが、この後発の資金もない組織は迷惑がられるだけで、主導権を握れなかった。また、ガーナーが短期間で人材を集めざるをえなかったＯＲＨＡチームは、事態を把握するのに苦労していた。

二月下旬、ガーナーは横断的に政府高官たちを集め、戦争終結後に事態がどのように展開するか説明した。見る目のある人々から見れば、この説明は穏当だった。高官たちを待っていると予想されるものは、人的支援や物的社会経済基盤に関する支援などの分野でたくさんあることがわかったものの、大部分の問題が未解決のままであった。この会合の正式なまとめのなかで、いくつかの「任務中断に関わる」問題、すなわちそれが解決されなければイラクに対してアメリカがおこなおうとしている任務が失敗になりかねない問題が指摘された。そのなかには以下のことがらが含まれていた。

◎ＯＲＨＡやその他の機関の役割および任務について、政府関係省庁間の合意が得られていない。

◎アメリカ／連合軍は、正当な権限をもつ現地の文民警察の協力を得られないかぎり、警察としての仕事はしない。

◎重要な鍵となる政策上の決定がなされていない。すなわち準拠すべき法律、司法部門におけるアメリカの「人員」の規模、作戦と部隊の展開との関係。

◎法の下での治安の早期回復が任務を成功させるために不可欠だが、これは資金と人材をいま提供されてこそ達成できる。(27)

しかし、口ではこうした諸問題の重要性はしっかり認識していると言いながら、実際には何の手も打たれなかった。特に戦後の治安を担当する部署が決まらず、誰も安全を保障する責任を引き受けなかった。政府の指導者たちは、治安を小さな問題ととらえ、自分たちがやらなくてもイラク旧政権の残党や新しくやってくる外国の部隊、あるいは何らかのデウス・エクス・マキナによって処理されると思っていたようだ。三月一〇日、大統領は戦争が終結したらイラク暫定行政機構（ＩＩＡ）が中央軍およびＯＲＨＡを引き継ぐ計画を承認したが、実際の引き継ぎ内容——あるいは、未解決の治安問題とどう関係があるのか——については、くわしい話は出なかった。(28) 三月一七日、ブッシュはサダムに最後通牒を突きつけた——四八時間以内のイラクからの退去。サダムがイラクに留まっていることが判明したときには、アメリカ大統領はサダムに対して予告した攻撃をおこなう。

◉もう一度突破口へ

この戦争は再試合であり、前回と同じような筋書きに沿って進むと予想されていたかもしれないが、アメリカ軍は前回とはまったくちがう戦い方をするつもりでいた。ラムズフェルドから強い圧力を受け、フランクスは包括的な攻撃計画を短期間でつくりあげた。戦域で大規模な兵力を時間をかけて配置することはなし／長ったらしい予備的な空爆もなし／慎重で綿密な作戦計画にもとづく戦闘もなし。そうではなく、空爆と地上攻撃を同時進行でおこなう／作戦行動は本当の陸・空共同作戦であり、すべての戦闘部隊は一丸となって共通の目的に向かって協力する／何よりも大事なのは速度である。その目的は、できるだけ早くサダム政権に決定的打撃を与え、その過程で生じる損害を最小限に抑えることだった。

三月一九日早朝、サダムの所在についての信頼できそうな情報に反応したアメリカは、バグダッド郊外の農場をねらって慌ただしく巡航ミサイルを発射した。だが、このイラク政府首脳部を殲滅する攻撃はうまくいかず、翌日、イラク進攻が本格的に始まった。地上攻撃は以下のようにおこなわれた。バグダッドへは南から二つの戦列が進撃した。一つは第三機械化歩兵師団を中心とする陸軍部隊で、ユーフラテス川西岸地域を攻め上り、もう一つは第一海兵師団で、ティグリス川東岸に沿って進撃した。イギリス師団はクウェートから北西部を攻撃してバスラを奪取し、近郊の油田を占領・確保した。アメリカとオーストラリアの特殊作戦部隊は、イラク西部の砂漠地帯を制圧し、イスラエルとヨルダンへのスカッド・ミサイル攻撃を不可能にした（第四歩兵師団は北部からイラクに潜入する予定だったが、トルコ議会が部隊通過を拒否したため、それができなかった。結局、第四歩兵師団はおとりとしてイラクの北の国境地帯にそのままとどめおかれ、最後は後続部隊として四月に展開した）。アメリカの戦闘部隊および派遣軍の兵力総数は、約一三万に達した[29]。

フランクスのねらいは、「空軍の圧倒的支援を受けるわが地上軍がイラク軍の背後に迅速かつ深く入り込み、イラク側の防衛行動を阻止するだろう。また、ミサイル発射、航空支援、攻撃用ヘリコプター出動の相乗効果により、反応の鈍いイラク軍は動けなくなるだろう」というものであった[30]。この軍事行動はおおむね計画通りに進んだが、一つだけ例外があった。イラクの正規軍はもろかったのだが、非正規軍は予想以上に手強かった。体制に忠誠を誓う軽装備の民兵組織——主としてサダム・フエダイーン（サダム挺身隊）——はしばしば果敢に突撃してきた。民兵組織は次々に打ちのめされ、連合軍の進撃の大きな妨げにはならなかったが、こうした予想外の攻撃から味方の側面や補給線を守る必要性は、進軍速度を落とした方がいいのかどうかという問題を提起した。三月下旬に砂嵐がすさまじい勢いで吹き始めると事態はさらに複雑になった。アメリカ軍司令官はこのまま前進する決断を下し、その後はアメリカ空軍によるイラク側陣地への空からの攻勢に助けられ、連合軍は進撃を続けた。四月二五日には第三歩兵師団がバグダッド近郊に達してサダム国際空港を占拠し、四日後の首都陥落につながるサンダー・ランの拠点をととのえた。

前述したように、フィルドゥース広場にそびえていたサダムの像が倒されて以降、喜びと解放、混乱と混沌の日々が続いた。連合軍が方々の孤立した残敵の掃討を続ける一方で、略奪者たちが暴れまわり、あらゆる公共サービスは停止したままになっていた。こうした事態のなかには避けられないものもあったが、驚いたことに、日がたっても状況はいっこうに改善されなかった。中央軍が戦後の治安維持について計画を立てることをおこたっていたつけが回ってきたのだ。中央軍は迅速に手際よくバグダッドに入ることしか考えていなかった。しかしこの進駐軍にはイラクを安定させる準備ができていないことが明らかになった。いずれにしても地上軍は兵力があまりにも少なく、無理な話だった。第三歩兵師団の活動報告書は、（戦闘後の活動に関する軍事用語を用いて）次のように述べている――「第三機械化歩兵師団は本部からの計画も示されないままフェーズ4・SASO（治安維持・民生支援作戦）に移行した。バグダッド市内の秩序を回復する暫定政府を構成する公務員や必要不可欠な仕事に従事する職員を雇い、司法制度を機能させておくための指示は一切なかった……。師団には十分な兵力、あるいは市内各地でおこなわれている市民による略奪や内乱を抑えるための効果的な交戦規定（ROE）がなかった[31]」。

フランクスの戦争計画では、ORHAチームは戦闘が終了してから数カ月後にバグダッド入りする予定になっていたが、事態の収拾がつかなくなりつつあると見たガーナーは、ただちに自分をクウェートからバグダッドに移動させるよう軍にしつこく求めた[32]。司令官たちはこの要請に応じ、ガーナー以下ORHAの職員は四月二一日にバグダッドに到着した。が、市内は危険な状態になっており、秩序を取り戻すことは不可能だった。さらに、ガーナーの挙措はこの状況に必要とされるものではなかった——勇気ある指導者のそれというよりも、優しいけれど教え方の下手な代用教員のそれだった。ガーナーはよく、イラクに長居するつもりはないと語っていた。あなたがイラクの新しい統治者なのかと尋ねられると、こう答えていた——「イラクの新しい統治者はイラク人であるべきです。わたしは何も統治しません。これまでとはちがう環境をととのえるための連合軍側の進行係です。イラクの人々が協調して民主政治への道のりを歩み始めることが可能になる環境をととのえるのです[33]」。

ラムズフェルドは当初からガーナーを戦後復興を担う文民としての初代責任者と考えていた——戦闘終結後に発生すると予測される救援問題や人道的問題を監督するのにはふさわしい人選であったが、戦後に出てくる政治的・行政的難問を処理するのには向いていなかった。戦後期についてブッシュ政権は楽観視していたが、四月のあいだにさまざまな出来事によって長期化する様相が次第に明らかになってきたので、アメリカ政府はガーナーを彼よりももっと権威的な人物とすみやかに交代させる決定を下した。四月二四日、ラムズフェルドはガーナー本人に交代を告げたが、二人のどちらも、またほかの誰も、この交代について二週間ものあいだ公の場では何も言及しなかった。ラムズフェルドは戦後の問題で悩んでいたかもしれないが、アメリカ軍をできるだけ早く撤退させるという自分の計画を考え直すほど取り乱してはいなかった。バグダッドの混乱の度合いが深まり続ける四月一六日、ラムズフェルドとフランクスはこの地域へのアメリカ軍の増強を中止し、バグダッドにいる部隊はすみやかに撤退するよう命じ、イラク国内で作戦を指揮している軍司令部を格下げした。

バグダッド陥落後一カ月のあいだに起きたこうした一連の出来事の結果、アメリカの対イラク政策は四つの別々の道をたどった。実際に地上にいた部隊は、急遽、民事や警察任務を押しつけられ、うまくいく場合もあればそうでない場合もあった。その一方で、彼らはイラクを離れる準備もすんでおり、交代要員の多くは立ち往生していた。ガーナーや同僚のザルメイ・ハリルザドとORHA職員は、公共サービス機関を再開させようと努力し、イラク人による政府を樹立する前段階としてイラクの人々と何度も会合をもち、当初の戦後計画をこれまでと変わりなく遂行していた。そして、彼らの知らないところで、結局ワシントンの政府高官たちは急ごしらえのやっつけ仕事的な代替案に軸足を移しつつあった。これは、新しい特使によってもっと直接的にアメリカが事態を統御するという、これまでよりも手あらい手法であった。

駐留軍の撤退が急速に進むなか、五月六日にブッシュは元外交官のL・ポール〝ジュリー〟ブレマー三世を連合国暫定当局（CPA）の責任者に任命すると発表した。CPAはORHAを吸収し、安全保障を除いてイラク統治のあらゆる面を指揮することになる。[34] 五月一二日にバグダッドに着任したブレマーは、自分の役割についてガーナーとはまったくちがう見方をしていた――「わたしの新たな任務は、第二次世界大戦後に日本帝国の事実上の支配者となったダグラス・マッカーサー将軍やドイツ駐留アメリカ軍司令官ルーシアス・クレイ将軍のそれぞれの副司令官の責任をいくらか組み合わせたようなものだ……。わたしはイラクの人々が初めて目にするような唯一の最高権力者――サダム・フセインを除いて――になるだろう[35]」。

ORHA路線との決別を強調するCPAの陳腐な筋書きは、ブレマーが着任早々に一方的に犯したとされる「三つのとんでもないあやまり」――広範な脱バース党化、イラク軍の解体、アメリカの法の直接かつ無制限の押しつけ――に具体化された。[36] だが、実情はもっと複雑だった。脱バース党化

――サダム政権で要職についていた人々をイラク政府から追放する――は、アメリカ政府のもともとの戦後ビジョンの一部だった。そのための計画は何週間も前に政権首脳部によって立案され、承認されており、ブレマーはただそれを告知し、実行しただけだ[37]。イラク軍およびその他の国家安全保障機構の解体は、方針転換を意味したが、イラク国内の変わりつつある現実への理にかなった対応としてアメリカ政府により承認された方針でもあった。特にイラク軍の自然発生的な「自主的解体」は[38]。結局、イラクへの主権移譲は延期されることになったが、これはアメリカ政府の再考と、ブレマー自身の考え方と、この新しく着任した「総督」の判断に対する尊重とが重なった結果のように思われる。

この数週間の政権の意志決定過程は謎に包まれている。閲覧できる記録はまだほとんどなく、そもそも最初から記録されていないのだろうから。バグダッド陥落後のこうした出来事をそばで見ていたある高官は、わたしに次のように語っている――「事態は手に負えなくなりつつあった。人々はあの時点で、この先一体どうなるのか非常に心配していた。ガーナーはいい奴だが、何の権限ももっていなかった……。政治に関する権限をどこが掌握するのかについて何の決定もなされていなかったため、イラクは崩壊しかけていた。ブレマーはORHAよりも高圧的な手段を行使するために自分が派遣されたと思っており、そうじゃないと教える人間は誰もいない。これでは占領がうまくいくはずがない[39]」。

要するにCPAはにわかづくりの組織だった。アリ・アラウィは次のように痛烈な意見を述べている――「戦後の『対イラク政策』などイラク進攻前に存在していなかったのに、そのようなものがあったように見せかけるからこんなことになったのだ[40]」。それにもかかわらず、不幸な出だしで、にわか仕立てで、最初から最後まで資金不足に苦しめられたわりには、ブレマーたちはその短い存続期間中にかなりのことを達成した。さまざまなまちがいを犯し、新聞でさんざん叩かれたものの、CPAは大体においてこの国を運営していくための善意ある真剣な試みをおこなったのであり、この点に関するブッシュ政権のこれまでの努力に比べるといちじるしい進歩であった。[41]しかし結局のところ、吸収されたORHA同様、CPAもできない仕事を課されていた。ブレマーたちは大きな問題に次から次へと直面した。しかし、支援も資金もほとんど与えられず、最終的には自分たちの管轄ではない領域——治安——の不備のおかげで自分たちの努力が失敗に終わるところを目にするのであった。[42]ブレマー・チームはできるだけ早くイラクを立て直そうとしたが、犯罪や内乱——占領当初に軍が治安を維持しようとしなかったために生じた真空地帯にはびこる問題——がイラクを引き裂く速度の方が早かった。

イラク戦争で連合軍地上部隊副司令官を務めたウィリアム・ウェブスター少将は、「フランクス大将の話では、国防総省は最初からアメリカ軍を早期に撤退させ、戦後のことはORHAが主導する国際組織やNGOに引き継ぎたいとしていた。そういう考えだったのだ」と述べている。[43]責任を受け継ぐ組織が出てこなくても、こうした計画は見直されなかった。四月半ば、増派を中止してイラクに駐留するアメリカ軍の撤退を開始する命令が出され、その年の夏の終わりにはアメリカ軍兵力は三万人にまで減った。「フランクスは、司令官たちはわれわれがイラク入りする際と同様イラクから出る際も危険を冒すべきだ、とはっきり言った——つまり、われわれにぎりぎりの数の地上部隊で何とかやってみろということだった」と、イラク駐留連合軍司令官に新たに任命されたリカルド・サンチェス中将はのちに書いている。もっと兵力が必要だというサンチェスの要請を受けて、フランクスの後継者である中央軍司令官ジョン・アビザイド将軍は最終的に撤退を中止したが、国防総省の制服組や背広組の上層部を説得して追加部隊を派遣させることはできなかった。このためサンチェスはイラクの治安を確保するための十分な兵力を得られず、限られた兵力を危険地域から危険地域へ回し続ける破目になった。「要するに『利用できる兵力で最善を尽くせ』と言われたのだ。そして、われわれはそうした[44]」。
不安定な一年が過ぎて、二〇〇四年春、イラク全土でくすぶっていた火が一気に燃え上がった。三月下旬にCPAが民兵組織をもつシーア派の指導者ムクタダ・アル＝サドルに対して断固たる措置をとったところ（連合軍に対する攻撃をあおったとして、ムクタダ・アル＝サドルが発行している新聞『アル・ハウザ』を六〇日間の発行停止にした）、この若い聖職者と彼が率いる民兵組織マフディ軍は占領に公然と反抗するようになった。数日後、ファルージャでアメリカ人警備会社契約社員四人が待ち伏せされ殺害されると、同市をスンニ派暴徒や過激なイスラム原理主義者（彼らがファルージャを支配していた）から力ずくで奪回するようにとの要求が出てきた。しかし、サンチェスとブレマーにはこの二つの難事の一つをも処理する力も権威もなく、まして両方を処理するなどとんでもなかった。アメリカ政府は勝利がどれだけ高くつくかを理解するとそれまでの方針を撤回し、どちらの敵に対しても決着をつけなくてもよいとして当面の危機を回避したが、この過程でアメリカ政府の力の限界が明らかになった。

数カ月前に政府はブレマーが立案した複数年占領計画を打ち切り、イラク政府に政治的権限や責任を早急に移譲する方向にアメリカの戦略を戻していた。CPAは二〇〇四年六月末にイラクの主権を統治評議会に返還し、さらに二〇〇五年五月初めに統治評議会から暫定国民会議に移され、二〇〇六年五月初めには暫定国民会議から永続的なイラク政府に移された。一方で、暴動が急増し、治安の乱れは悪化の一途をたどった。

帰国予定を大幅に超えてイラクに駐留するアメリカ軍兵士の大半は、広くて安全で設備のととのった「前線作戦基地」に引っ込み、時折攻撃的パトロールに出て情報を集め、テロ行為を打破し、激化する内乱を鎮圧しようとした。スンニ派のアラブ人たちは、脱バース党化やイラク軍の解体、イラク国内のアラブ人多数派であるシーア派への権限授与により、自分たちがこれまで享受してきた特権を剥奪されたと考えていた。シーア派は、フセイン政権時代にスンニ派が犯した罪や現在の内乱に腹を立てていた。クルド人は自分たちの居住区域の自治権をしっかり守っていた。そして誰もが身の安全や公共の安全を守れなくなったことにおびえていた。アメリカ軍がバグダッドを占領してから三年以上たった二〇〇六年の下半期には、イラクは内部から崩れており、事実上の内戦状態に陥っていた。

◉二〇〇一年九月一一日から二〇〇三年四月九日へ

この数年間のブッシュ政権の対イラク政策には、経験豊かな評論家たちですらとまどった。特に次の三つの問題は分析を要する――二〇〇三年にブッシュ政権はなぜイラクと戦うことにしたのか？戦後イラクに残す兵力は少人数とする、という考えはどこから出てきたのか？　このような自滅するのが目に見えている方策がどのようにして国策になったのか？　最初の二つの問いに対する答えは、ホワイトハウスの主な政策立案者たちおよび国防総省が抱いていた考えのなかにある。しかしながら、官僚主義的なアメリカ政府組織から見ても、国際的に見ても、国内的に見ても、非常にめずらしいほどのおおらかな環境がなければ、そうした考えは単なる知的好奇心の段階のものにとどまっていただろう。だから三つ目の問いに対する答えは、そのようにしなければならないという直接的な理由があったからではなく、ほんの一握りの高官たちが自分たちの特殊な考え方を誰にも邪魔されることなく、譲歩することなく、思い通りに実行に移す機会をもっていたことにある。

九・一一テロ攻撃がなければ、イラク戦争は起きなかっただろう。だから、この大惨事に対するブッシュ政権の反応から話は始まる。過激なイスラム原理主義テロの脅威に対する二〇〇一年春から夏にかけてのブッシュ・チームの的外れな取り組みを考え合わせると、政権内の上級意志決定者たちは九・一一テロ攻撃に無念の思いで、また自責の念をもって反応し、自分たちの当初の国家安全保障上の優先順位がまちがっていたことを認め（少なくとも暗黙のうちに）、それまではねつけていたさまざまな主張を受け入れるようになっていたのかもしれない。アルカイダやタリバンとの戦いに着手し、地球規模の対テロリスト作戦および情報収集を強化し、アメリカ本土の安全保障にこれまで以上に注意を払うようになったのは、このような反応の結果として理解できる。しかし、イラクと戦争を始めることは理解できない。なぜならば、イラクが九・一一テロ攻撃に関わっている、あるいは今後似たような攻撃に関わるだろうと考える確たる根拠は何もなかったのだから。

しかし、ブッシュ政権は自分たちの従来の考え方の多くの部分に執着し、イラク問題その他の問題（たとえば、国防の変革《トランスフォーメーション》や復活した大統領権限）を新しい外交政策の枠組みに組み入れた。決定的瞬間が訪れたのは、政府の高官たちが、九・一一後の課題は起きたばかりの攻撃に対応するだけでなく、今後アルカイダなりほかの組織なり個人による同じような攻撃が起きないようにすることだと定義したときだった。この大胆な考え方は、もっとも注意を払うべき脅威はどれかということを前もって議論するという従来の考え方の影をすっかり薄くしてしまった（ライスはこのあたりの事情を次のように述べている――「九・一一について悔やんでも仕方がないし、自分を責めるべきでもない。二度と起きぬようにするべきだ」[45]）。しかし、重要なことは、このような考え方はアメリカの新しい安全保障課題のなかに、当局者たちの懸念を何でも取り込めるようにしてしまったことである。

論点が報復でなく防止であれば、九・一一への対応はこの攻撃そのものとは切り離され、潜在的脅威と思われるあらゆる標的に向けられえたのである。ファイスの言葉を借りれば、「犯人の身元を洗い出すことと、敵をどう定義するかを決めることは同じではなかった。次の攻撃の予防がアメリカの第一になすべき課題ならば、敵は単に九・一一ハイジャック事件を起こした特定の集団だけではなかった。敵は、アメリカに対してもっと規模の大きい攻撃を組織する可能性のあるテロリストの広範なネットワークおよびその支援者たちだった」。九・一一テロ攻撃を受けてから数時間もしないうちに、ファイスはラムズフェルドがこの点を強調できるようメモをつくり、次のように主張した――「アメリカ政府は今回の攻撃を計画した犯人を捜し出すことだけに対応をとどめるべきだと考えてはならない。テロリストの広範なネットワークに打撃を与えることを考えた方がよい。国際テロに関与している組織はすべて、テロ行為をおこなうにあたって協力し合っていると考えられるし、また多くの国の法の下ではこうした組織はテロリストのパートナーとして『連帯』責任を負う[46]」。副大統領およびその上級スタッフとともに、国防総省の三人の文民トップ（ラムズフェルド国防長官、ウォルフォウィッツ国防副長官、ファイス政策担当国防次官）全員がそのように考えたようだ。さらに彼らは以前からイラクに強い関心をもっていたため（今日にいたるまでいささか不可解である）、第二の標的としてごく自然に頭に浮かんだのはサダム政権だった[47]。

九月一三日、ブッシュはNSCの会合で今回の攻撃への対応策を協議した。大統領は「サダムが九・一一テロ攻撃に関与しているのかどうか、関与していないとしてもアルカイダとつながっているのかどうかを知りたがった」。しかし、国防長官はサダムと今回のテロとの直接の関わりについてはあまり気にしていなかった――「ビン＝ラディンとアフガニスタンのその先を見ているラムズフェルドは、サダム・フセインが支配するイラクは中東地域にとってもアメリカにとっても脅威であると述べた。イラクはテロ支援国家で、いずれアメリカに対して使用するための大量破壊兵器をテロリストに提供する可能性がある。他方、アフガニスタンとちがって、イラクは社会的基盤もしっかり整備され、軍事力もある。イラクが相手ならば、世界各地のテロ支援国家にその政策を再考させられるような多大な損害を与えられるだろう[48]」。

二日後、ブッシュはキャンプ・デイヴィッドの山荘に国家安全保障チームを集めて戦略をじっくり整理した。テロとの戦いの最初の方向として、いわゆる「アルカイダとアフガニスタンが先」という方針がとられたのはこの会合においてだった。この会合では、九・一一テロ攻撃の事実を踏まえて多くのことが議論され、ラムズフェルドと国防副長官のポール・ウォルフォウィッツはアフガニスタンだけでなくイラクも攻撃するよう強く迫ったが却下された。しかし、のちにウォルフォウィッツが指摘しているように、このとき大統領が実際に下した決断は明確なものではなかった。

対テロ戦略の対象にイラクを入れるとしたら何番目になるかを、日中のあいだ時間をかけて話し合った……。真に重要な問題は、イラクを対テロ戦略の対象に組み込むべきかどうか、そしてわれわれはこのような大きな戦略目標をもつべきかどうか——そのような戦略をとれば、テロ支援国家にその行為をやめさせることにつながるだろう——それとも、ビン＝ラディンとアルカイダだけを追跡するべきかどうか、だった。戦術とタイミングに関する議論という点では、大統領はアフガニスタンを最初に攻撃する案を明確に支持した。戦略とより大きな目標に関する議論という点では、あとから思えば大統領がより大きな目標に賛成したのはまちがいない。(49)

二〇〇一年末から〇二年の夏まで戦争計画は秘密にされていたため、ブッシュ政権が九・一一とイラクとの関係を本当のところどう見ていたのかということは多くの人には正しく理解されていない。だが、振り返ってみると、大統領が自分の考えをこれ以上はっきりさせることはどう見ても無理だっただろう。この時期の政府の方針をよく説明しているものは、国民や議会へ向けた華麗な演説である。大統領は週に一度、ラジオを通じて国民に演説していた。九月一五日の演説はキャンプ・ディヴィッドでの会議の休憩時間に事前録音したもので、この演説が舞台をととのえた——「一度の戦いではテロに勝利できないだろう。しかし、テロ組織やこれを支援している連中に対して、断固たる行動をとり続ければかならず勝利できる」[50]。数日後の上下両院合同会議での演説のなかでは、核心の部分が少し顔を出している——「われわれの敵は過激なテロリストのネットワーク、および彼らを支援しているすべての政府である。われわれのテロとの戦いはアルカイダから始まるが、そこで終わりではない……。テロ行為を支援したり、テロリストに隠れ家を提供したりしている国々を追及していく」[51]。それから一カ月半後、大統領は演説で同じテーマを取り上げた——「われわれはアフガニスタンにおけるわれわれの取り組みを開始したところであり、アフガニスタンは世界におけるわれわれの取り組みの始まりにすぎない」[52]。その二日後、ブッシュは国連で次のように述べている——「テロ支援国家には支払うべき代償がある。いずれ支払ってもらうことになるだろう」[53]。

二〇〇二年一月の一般教書演説でブッシュは詳細をつめ始めた。まず北朝鮮・イランにそれぞれ一センテンス、イラクに五センテンス割いたあと、行動に移る可能性があることを直接言及した。

アメリカはわが国の安全を確保するために必要なことをするだろう。われわれは慎重を旨としている。しかし、時間がたつとわれわれは不利になる。危険が増大しつつあるのを知りながら事が起きるのを待つようなことはしない。アメリカは世界でもっとも危険な国々がもっとも強力な破壊力をもつ兵器でわれわれを脅かすことを許さない[54]。

それから一カ月後、ブッシュはウェストポイントで演説し、予防行動（preventive action）の論理的根拠をくわしく述べた。

大量破壊兵器を保有する、心が不安定な独裁者が、大量破壊兵器をミサイルに搭載したり、あるいはひそかにそのような兵器をテロリスト仲間に提供可能であったりする場合、封じ込め政策は機能しない。うまくいくようにと望むだけでは、アメリカもアメリカの友人も守ることはできない……。脅威が本物になってからでは手遅れなのだ……。テロとの戦いは、守りの態勢では勝てない。われわれは敵に戦いを挑み、敵の計画を粉砕し、最悪の脅威が具体的な形をとる前にそれに立ち向かわなければならない。現時点では、安全への唯一の道は行動することである。そしてわが国は行動するだろう(55)。

そして最後に八月末、ディック・チェイニー副大統領がこの主旨を引き継ぎ、種々の状況を結びつけて明白な結論を導いた。

ブッシュ・ドクトリンの下では、テロリストをかくまったり支援したりする政権はアメリカの敵とみなされることになる……。はっきり言って、サダム・フセインが大量破壊兵器を保有しているのは疑いの余地のないところであり、われわれの友好国や同盟国、そしてわれわれに対して使用するために備蓄しているのはまちがいない。また、フセインは中東支配をもくろんでいるから、いずれ戦争を始めるだろう。これも疑いの余地のないところだ……。われわれは目をそらし、空頼みし、問題の解決を将来の政権に先送りするつもりはない。ブッシュ大統領が言っているように、「時間がたつとわれわれは不利になる」のだ……。何もしないでいる場合に生ずるさまざまな危険は、軍事行動を起こした場合に生ずる危険よりもはるかに大きい(56)」。

当時チェイニーのこの演説は、対イラク政策をめぐる政権内部の官僚主義的争いのなかでなされた攻撃と広くみなされていた。たとえば、パウエルはこの問題を慎重にあつかうよう大統領を説得しようとしており、自分の懸念をくわしく説明するべく、チェイニーの演説の三週間前にブッシュとライスに要請して三人での話し合いに臨んでいた。その席でパウエルは、対イラク軍事行動に絡む経費と障害、および戦後の占領という難問についてくわしく語った。その話し合いの一〇日後、ブッシュ・シニアの国家安全保障問題担当大統領補佐官を務め、ライスの当時の上司でもあった（ブッシュ・シニア政権でライスはNSCのスタッフだった）ブレント・スコウクロフトが、ある新聞に「サダムを攻撃するな」という率直な見出しの署名記事を書いた[57]。記事を読んだパウエルはスコウクロフトに電話し、「ありがとうございます。おかげで動きやすくなりました」と礼を言った[58]。したがって、パウエルはチェイニーの八月末の演説の内容を知ったとき、「驚き」「あきれた」。その後ブッシュから国連の兵器査察の再開は望ましいことだとの説明を受け、「チェイニーの介入は……当面弱められた」と考えた[59]。

だが、振り返ってみると、チェイニーはブッシュとパウエルのあいだに割りこもうとしていたわけではなく、すでに政権の政策になりつつあった大統領自身の考えを表明していたにすぎないのは明らかだ。二〇〇一年一二月末、トミー・フランクスがブッシュおよびNSCのメンバーに対して対イラク戦争計画の要旨説明をおこなった際、大統領は会議終了時に明白な里程標を規定した。「外交手段と国際的圧力によってフセイン政権に武装解除させることができるだろうという楽観的な立場を維持すべきだが、この方法が功を奏さなければ別の手段をとらなければならない。だからラムズフェルド長官とトミーに、この考えに沿った施策に取り組むよう頼んだ。アメリカに起こりうる最悪の事態は、大量破壊兵器（WMD）とテロが結合したものだろう……。そのような事態が生じるのを許すわけにはいかない」と大統領は言った[60]。それから七カ月後――チェイニーが例の演説をする一カ月前――、イギリス側はこのメッセージをはっきりと受け取っていた――「ブッシュは、テロと大量破壊兵器を結びつけることによって正当化された戦争で、サダムを倒そうとしている」[61]。

二〇〇二年の秋を通じてブッシュ政権は、来たるべきイラクとの戦争の必要性を議会やアメリカ国民、世界全体に納得させようと大がかりな組織的広報活動にとりかかった。その結果、サダムが突きつけている脅威――テロ、大量破壊兵器の使用、あるいはこの二つの結合――は増大しつつあり、一刻の猶予もならないので、戦争をする必要があるのだと多くの人が考えるようになった。しかしながら、ブッシュ政権が終始認めなかったことは、主な政府高官たちが戦争を始めることにあまり抵抗をもっていなかった、ということである。アメリカに好意的なイギリスのある高官の二〇〇三年三月の言葉を借りれば、「実は変わったのはサダム・フセインの大量破壊兵器開発計画の速度ではなく、大量破壊兵器開発計画に対する九・一一後のわれわれの許容度である[62]」。

◉プランA

ブッシュ政権は、イラクを攻撃することなく九・一一に対する積極的な対応をとることができたはずである。それと同じように、イラク攻撃においても戦後の後始末のことをよく考えて戦争することができたはずである[63]。しかしながら、ブッシュ政権は戦後は少ない兵力で対応するという計画を採用する選択をおこない、戦後の混乱の多くはこの決定が招いたものだといってよい。では、この決定の背景には何があったのか。それは、ブッシュ政権が歴史とこの戦争の前におこなわれた戦争から得たさまざまな教訓だ。

イラク戦争を続編と仮定すると、その最終局面の計画立案は一〇年ほど前におこなわれた湾岸戦争の記憶にもとづいてなされていると思われて当然だし、そう思われているのは明らかだった――今回、ホワイトハウスは、サダム政権を単にのけぞらせるのではなく、最後まで戦いサダム政権を倒すと決断した。しかし、そのほかに、イラク攻撃の問題は複雑な事情を反映しているのである。

バグダッドまで進軍しないという一九九一年の決定は、結局のところ、経費やリスク、ほかの行動をとった場合の潜在的利益について十分に論議した末に慎重になされたのだ。サダム政権を簡単に倒せるとわかっていながらジョージ・H・W・ブッシュ政権の高官たちがそうしなかったのは、倒してから泥沼にはまる可能性を恐れたからだ。一九九二年、当時国防長官だったチェイニーは次のように述べている。

もしバグダッドまで進み、サダムをとり逃していたら――奴を発見できるとしても――、大規模な部隊を投入して捜さなければならなかっただろう。サダムを捕まえるのはそう簡単にはいかない話だ。そして、サダムの代わりに新たな政権を樹立するわけだが、イラクにはどんな政府がいいかという問題が出てくる。クルド人の政府か、シーア派の政府か、それともスンニ派の政府か？　新しい政権を支えるのにどの程度の規模の部隊をイラクに駐留させるか？　その作戦によりどれだけの戦闘犠牲者が出るのか？(64)

さらに、振り返ってみたとき、ブッシュ元大統領もその上級国家安全保障チームの大部分も、自分たちの決断をほとんど後悔していなかった――これは別に権力の座にとどまっているサダムを見たいからではなく、自分たちのあのときの懸念がいまも正しいと思っているからだった。その結果を覆すためにもう一度戦う理由は彼らにはなかった(65)（チェイニーは例外で、湾岸戦争から一〇年ほどたつうちに、一度も説明されていないさまざまな理由により立場を変えていた）。

このためブッシュ・ジュニア政権があまり人が通っていない道を行こうと決断したとしても、ブッシュ・シニア政権が懸念したことをよく考慮したうえで決断したものと思われていた。だが、そのような熟慮がなされたという証拠はまったくない。ブッシュ・ジュニア政権の考え方には、湾岸戦争時にブッシュ・シニア政権がどのように考えたのかということは、ほとんど反映されていない――ということが注目すべきことなのである。二〇〇一年から二〇〇三年にかけてのアメリカ政府高官たちは、ブッシュ・シニア政権が想定した障害が生じたらどのように克服するかということをよく考えもせず、そのような障害はとるに足りないものだとして、一九九一年の経験と真剣に取り組まなかった。ブッシュ・ジュニア政権は、ブッシュ・シニア政権を自分たちの正当な前政権であるとみなさず、そのあいだに位置してブッシュ・シニア政権を軽蔑していたであろうクリントン政権と一緒にして、これを歴史のゴミ箱のなかへ放り投げようとしたように思われる――つまり、ブッシュ・シニア政権がとった政策は、考慮も論駁も必要としないほどに明らかに判断をあやまった政策の源であると考えていたのだ(66)。

ブッシュ政権は、「前の」戦争から教訓を読みとっていたが、彼らにとってのそれは湾岸戦争ではなくて、九・一一後のアフガン方面作戦であった。特にラムズフェルドは湾岸戦争に関わっておらず、自分が下野していたあいだにアメリカ軍は非能率的で融通がきかず、危険を冒すことを過度に嫌うようになってしまったとの確信をもって、二度目の国防長官就任（一回目はフォード政権時代）に際し、国防「変革」の促進を主張した。この変革には、新しい科学技術を取り入れることのほかに、一般的な軍の使い方としてこれまでよりも遠征軍的なアプローチをとることも含まれていた。

一九九〇年代、共和党員の多くは、ソマリアやハイチ、バルカン諸国での平和維持任務や人道的介入にはまって身動きが取れなくなったクリントン政権を激しく非難していた。ブッシュ大統領はこうした非難をもっともだと考えていたし、ラムズフェルドにいたってはなおさらだった[67]。彼は独自のひねりまできかせていた――福祉援助は依存体質の文化を生むという国内政策論の外交政策版である。一九九〇年代におこなわれたさまざまな軍事作戦はコストがかかったばかりでなく、意図とは逆の効果を招いたとラムズフェルドは考えていた。学ぶべき教訓ではなく、避けるべきまちがいであった。武力を行使するならば、迅速かつ決定的に行使しなければならない。武力行使の結果、もつれた状況が長引くとか、あるいは厄介な責任を負うことがあってはならない。ラムズフェルドに関するかぎり、アフガニスタンにおける軍事行動はまさにこうした特性を示しており、これは今後の軍事行動――次の軍事行動も含めて。これはたまたまイラクになった――の雛形になりうるし、またなるべきであった。ラムズフェルドはイラク進攻開始一カ月前には次のように述べている。

アフガニスタンはアフガンの人々のものであるというのが、この戦いの発端からわれわれの指針である。アメリカはアフガンを領有したいとか、支配したいとは思っていない。これがわれわれの軍事作戦への取り組み方を決めている。フランクス将軍は、大規模な進攻軍・占領軍の派遣はしないだろう……。将軍は派遣する多国籍軍の兵力を小規模にとどめるだろう……。いわゆる国家建設関与が目的ではないのだ。アフガンの人々が自分たちの国をつくれるよう支援するのがねらいだ。これは大きな特徴だ。国づくりを進めているところに善意の外国人がやってきて、問題を検討し、あれこれと言う。これは……依存体質をつくりだしてしまうため……場合によってはあだになりかねない。イラクとの戦いでアメリカが連合軍を率いるとしたら……アメリカは二つのコミットメントに統制されるだろう――必要なかぎりイラクに駐留し、できるだけ早く撤退する……。目的はイラクにアメリカ流の雛形を押しつけることではない。アフガンの人々がしたように、イラクの人々が独自のやり方で自分たちの政権をつくれる環境をととのえることである……[68]。

それから七カ月後、ラムズフェルドは誇らしげにこの論点を繰り返し、「イラクおよびアフガニスタンにおいて……平和を勝ち取る革新的で印象的な計画」を得意げに語り、今回の計画が「これまでのいわゆる国家建設の取り組みとはまったくちがう」ことを説明した。

現在、われわれはイラクにおいて軍事行動をとっているが、それはアフガニスタンでうまくいった指導原理にもとづいたものである……。イラクに五〇万ものアメリカ軍を送り込むことはしなかった。投入兵力を小規模に抑えている。一〇万をちょっと超える兵力でイラクを解放し、大規模な戦闘が終結するとただちにイラクの統治と安全に対する責任を負ってくれるようイラクの人々に協力を求めて動き出した……。われわれは国家建設に関与しようと思ってイラクにいるのではない……。どこの国においてであろうと、外国部隊が駐留している状況はわたしに言わせれば不自然だ。それは折れた骨のようなものだ。折れた骨はできるだけ早いうちに適切な位置に固定しないと、周囲の腱や筋肉や皮膚が発達し、折れた状態が自然になってしまい、そのうち体が不自然な状態に慣れてしまう。おかしな具合に固まってしまってからきちんと固定しようと折れた骨を引っぱり出すのはまずい。わたしの考えでは、これが過去におけるいくつかの国家建設における実態だ……[69]。

ブッシュ政権は、自分たちがサダムを追い払いたいと思っていることも、追い払ったあとのイラクに関わって身動きが取れなくなるような事態は避けたいと思っていることも自覚していた。したがって、ブッシュ・シニア政権やクリントン政権がぶつかった障害の両方を回避する方法を見つけなければならなかった。[70] 解決法は、「占領」と「解放」の概念上の区別という形で見つかった。これは、サダム政権を倒すことにイラクの人々は抵抗せずむしろ歓迎し、その後は機能している国家機構を維持し、連合軍に協力し、またイラク国民同士互いに助け合い、占領軍の全面的な駐留は不必要でむしろいない方がよい状態になるという想定にもとづいていた。頼むべき適切な歴史上の先例は、第二次世界大戦後のドイツや日本ではなく、同じ時期のフランスであった。フランスは戦争終結後、外国の軍隊が長期にわたって駐留しなくても復興できた。[71]

ブッシュ政権の対イラク政策における反体制派亡命イラク人の役割については、さまざまな議論がある。批判的な人々は、開戦へ向けた動きおよび当初の戦後計画立案にアフマド・チャラビが重要な役割を果たしたことを非難している。しかし、反体制派の人々がイラク戦争に果たした役割は、現在考えられているほど重要なものではなかったということがいずれわかってくるだろう。アメリカやほかの国々の国家安全保障問題担当の高官たちは、サダムが禁止されている兵器計画を遂行していると信じていたが、チャラビたち反体制派の組織であるイラク国民会議からのガセネタだけを根拠にしていたわけではなく、そう信じた理由がほかにも多くあった。[72] また、ブッシュ・チームのなかにチャラビをイラクの今後の指導者にと考える人々がいたのはたしかだが、チャラビたち反体制派の連中はアメリカの政策を実行する人間というよりも、——われわれは戦後のイラクを誰に引き渡せるのか？——という問いに対する都合のいい解決策にすぎなかった。ブッシュ政権の望み通りの人間——アメリカ寄りで、民主的で世俗的、おまけにシオニストである——という事実は、チャラビが政治的に抜け目がない証しだった。しかし、チャラビが本当に売りつけようとしていたものは、ブッシュ政権のタカ派が買うと決めていたもの――サダムを倒したあとにイラクから後ろめたい思いをせずに立ち去れる環境――であった。

イラクの体制を変えるのに「軍隊の力を借りずに」やるのだというブッシュ政権の決断は、うぬぼれの強いものであっただけでなく、過激な決断であった――たぶんイラク戦争そのものを始めるという決断よりも過激なものだろう。結局のところイラク進攻は、いかに議論の余地があろうと、国内政策や国際政策において何度も繰り返し是認されている前々からの重要な目標の実現を後押しするために開始されたのだということは少なくともいえるだろう。これに対して、戦後の治安と復興への間に合わせ的なやり方は、専門家から見ての「最良の慣行」や、広く認められている世間一般の通念に真っ向から挑戦するものであった。この戦争に対する政権の外からの最初の重大な懸念は、二〇〇二年初期にケネス・ポラックが『フォーリン・アフェアーズ』誌において次のように示している。

イラクの体制を変えるのに、少し離れたところからこれを制御しようとするやり方を採用すると……、アメリカの制御能力が限定されることになる一方で、サダムの失脚を利用して自分たちに有利な状況にもっていこうとする分離主義者たちに門戸を開放することになるだろう……。軍事的な側面は、この進攻に関わる問題のもっともたやすいものになりそうだ……。アメリカにとってもっとも頭の痛い問題は進攻そのものではなく、進攻の後始末だろう。イラクが敗れサダム政権が権力の座から追われたら、アメリカは二〇年以上にわたる戦争や全体主義の悪政や生活必需品の深刻な欠乏などにより荒廃した人口二二〇〇万の国を「抱え込む」ことになる。アメリカは新生イラク政府の組織や形態を決めるわけだ――すばらしい機会でもあり、重荷でもある……。サダム後のイラクが、一九八〇年代のレバノンや九〇年代のアフガニスタンのような混乱に陥り、その副作用としてテロリストたちの新たなたまり場にならないようにするのは、アメリカの責任である。[73]

少ない兵員数で取り組むという方針は、国家安全保障問題の専門家たちのあいだで主流を占める意見と事実上何から何まで対立していた。真剣にイラクの情勢を観察している人々による戦争前の検討は、ブッシュ政権が直面しそうな戦後の諸問題として、治安維持能力があるアメリカ軍を展開する必要性、民主政への転換がうまくいく見込みを左右する戦後の治安の重要性、新しい体制の政治的編成を慎重に計画する必要性を強調していた。[74] これらについてはアメリカのエスタブリッシュメントたちのコンセンサスのかなめとして、十分に掘り下げられた議論がなされ、超党派的委員会の報告書の形でまとめられている。[75]

そのように主張したのは外部の専門家たちばかりではなかった。国務省政策企画室は、戦後問題を処理する最善の方法を綿密に検討し、また同省の「イラクの未来」プロジェクトは多数のイラク人と戦後問題について話し合いを重ねていた。[76] 国家情報会議は調査をおこない、「イラクにおいてどのような政府が樹立されようと、新政権は占領軍の助けがなければ、社会的に分裂し、国内のさまざまな集団のあいだで武力衝突が起きる可能性が非常に大きな国と向き合うことになるだろう」と結論づけている。[77] 陸軍大学戦略研究所の調査は、特に先見性があった。その率直な結論は全文を引用する価値がある。

計画されているイラク進攻後の占領を円滑に進めるためには、関係省庁間の委曲を尽くした立案、大規模な部隊の展開、複数年にわたる軍事的関与、国家建設への国をあげての取り組みが必要である。近年、介入した戦争における戦後のアメリカの軍事行動には、お粗末な計画立案、適切な兵力構成に絡む問題、軍から文民への責任委譲にともなう問題が全般的に目立つ。イラク再建に向けて何としても達成しなければならない重要な任務を果たすには、軍は安全確保の問題に加えて、軍警察・民政・土木・輸送などの分野で重い負担を課せられることになるだろう。イラクの占領統治は、イラク社会をおおっている宗教上・民族上・部族上の分裂により複雑になるだろう。アメリカ軍は、自分たちに理解不可能なイラク人同士の争いに決着をつけなければならなくなるかもしれない。サダム排除後すみやかに撤退するという戦略は、イラクの政治的安定を必要とするものであり、イラク国民が分裂していること、政治制度が無力であること、暴力による支配を好む傾向があることを考え合わせると、なかなか難しいだろう[78]。

もちろん、国防総省の背広組の高官たちは少数兵力による取り組みという考えに真っ向から反対していた。開戦一カ月前、陸軍参謀総長のエリック・シンセキ大将が議会の公聴会で戦争に必要な兵力を尋ねられ、「数十万規模の兵力が必要でしょう……。われわれは別の問題を引き起こしかねない民族間の対立を抱えている重要な地域の戦後統治について話しているのです。安全で不安のない環境を維持するには、大規模な地上部隊が駐留する必要があります……」と答えた[79]。この発言を知ったラムズフェルドやその側近たちは激怒し、ウォルフォウィッツにシンセキの見通しを大幅に下方修正してよいと告げた。数日後、議会の別の委員会に出席したウォルフォウィッツは次のように述べた――「サダム排除後のイラクの安定を保つには数十万のアメリカ部隊が必要だろうという話のように、われわれが最近耳にしている高踏的な予測のなかには見当ちがいもはなはだしいものがある。サダム後のイラクの安定を維持するのに必要な兵力が、戦争を遂行してサダムの治安部隊や軍隊を降伏させるのに必要な兵力を上回るとは考えにくい——想像することは難しい」[80]。

想像することが難しいようなものではなかったはずだ——シンセキは何もこの数字を思いつきで口にしたわけではなく、ほかの専門家たちも似たような数字を出していた。だが、ウォルフォウィッツやその同僚たちが嘘をついていたと信ずべき理由はない。彼らは単に主流の専門家たちが準拠している前提や論拠を受け入れなかっただけだ。心配したＮＳＣの職員の一人が、イラクのために準備されつつある戦後計画の規模と、過去におこなわれた同様の活動の規模との食いちがいについての要旨説明を政府高官たちにおこなうための準備役を買って出たが、誰も関心を示さなかった。ホワイトハウスに関するかぎり、このときの要旨説明の大部分は、クリントン政権および外国政府が過去におこなった国家建設や平和維持活動に割かれていた。アフガニスタンはブッシュ政権がおこなった最初の軍事介入であり、アフガニスタンはこれまでにアメリカの介入を受けた国とは異なるコースをたどりつつあった[81]。

◉計画から政策へ

イラクに対処するのに少数兵力で臨むという方針の利点についていろいろと人は思いめぐらすかもしれないが、この方針の特異性は、これがどのような思考過程から生じたのかということを理解するだけではこの方針をめぐる物語は完結しないということである——この方針がどのようにしてアメリカ政府の公認された政策になったのかということ、そして次に、イラクにおける基本的な活動にどのようにして現実化されていったのかということを理解しなければいけない。そこでの理解の鍵は、政権の内においても外においても、権力組織間相互の行き過ぎを抑えて均衡をとる機能が異常なほどに欠如していたことにある。四つの別々の要素――国家安全保障関係の意志決定過程が正常に機能しなくなっていたこと、従順でものが見えなくなっていた軍の制服組の存在、すぐに人の言葉をうのみにしていた議会や国民の態度、アメリカが世界の指導者であるという自負――が合わさって、ラムズフェルドや彼と考えを同じくする人々の行く手に通常ならば立ちはだかる障害が取り除かれ、ラムズフェルドたちの考え方がバグダッド陥落後の事態を動かすようにしてしまった。最初の二つは、官僚主義的政治の変種であり、あとの二つは九・一一および国際社会におけるアメリカの相対的なパワーを背景として生じたものであった。

二〇〇二年、ブッシュはジャーナリストのボブ・ウッドワードに、「わたしは教科書通りにやるような人間じゃない。直感で動く人間なんだ」と語ったが、いまにして思うとこの言葉は、ブッシュ大統領に関するきわめて重要な事実のようだ。[82] ある大統領報道官はのちに次のように述べている――「ブッシュ大統領は、理知的な指導者というより、直感に頼る指導者だ。政策を決定する前に選択肢すべてを丹念に掘り下げて調べる――選択肢についての集中的な討論に参加することも含めて――ような人間ではなかった。むしろ直感と強い信念にもとづいて物事を決めていた。対イラク政策の実情はこんなところだ」。[83] イラク問題は、ブッシュの気質によって悪化したのだ。ブッシュは直感にもとづく確信と決断を大切にし、結果論での批判や反対意見は何一つ受けつけなかった。「小技を重視した確実な」手法よりも「うぬぼれの強い」大胆な決断を好む性格とあいまって、その結果は起こるべくして起こったものだった。[84]

このような状態にともなうリスクは、大統領に欠けている分析的な厳密さや慎重さを補完する意思決定過程により最小限度に食い止められたはずだが、そうはならなかった。ブッシュは影響力のある経験豊かな三人を最初の国家安全保障チームのメンバーに選んだ。三人の調整役として、また自分の個人的な部下として、三人より資質は劣るが三人よりも自分と相性のいい人物も選んだ。重要問題についてチェイニー、パウエル、ラムズフェルドの意見が大きく異なるだろうことをブッシュは知っていたにちがいないし、またライスがこの三人をまとめるのに苦労するとわかっていたはずだ。それでもブッシュの運営手法は、大統領自身が三人の対立を自ら解決しなくてもすむようにライスに何らかの合意をつくりだすようにと指示するだけであった[85]。当然のことながら、喧嘩好きで強気の三人に対して敬意の念をもてず、また大統領からの支持もないライスには、関係省庁間の意志決定過程を首尾一貫した形に管理することはほとんど不可能だった[86]。

ライスはブッシュの気まぐれに異議を申し立てるどころかこれに迎合し、事態をさらに悪化させた。ある大統領補佐官の言葉を借りれば、ライスの「目標は大統領の目的地を推定し、そこへ大統領よりも一〇秒早く着いていることだった[87]」。ライスは「自分を、ブッシュの影の助言者であり用心棒であると心得ていた。この姿勢は大統領の揺るぎない信頼、愛着、支持を獲得し――また、最終的に国務長官への昇進をもたらした。だが、国家安全保障問題担当大統領補佐官の仕事としてこの大統領が必要としていたものが、政策決定過程を調整するよりもまずは大統領直属の職員として働くことであると彼女が考えていたかどうかは定かではない――あらゆる証拠から、それこそ大統領が欲していたものだということは明らかであるが[88]」。

国家安全保障問題担当大統領補佐官が大統領とは異なる意見をもつ気になれなかったのだとしても、その一方で国務長官は大統領とは異なる意見をもっていたのにそれを表明する気になれなかったようだ。湾岸戦争の結末にもそれほど狼狽していなかったパウエルは、九・一一以降もサダム体制への対応を最優先課題だとは考えていなかった。「イラクはもうだめだろう。かなり国力は弱まっている。

あいかわらずわれわれが嫌がることをしている。われわれは今後もイラクを封じ込めるだろう」[89]。いったんサダムが倒れたら、際限なく続く頭痛の種を避ける方法があるとは思えなかった。大統領が本気でイラクに進攻するつもりだと理解すると、二人きりで会う機会を設けてほしいと訴えた――「大統領はイラク国民二五〇〇万人のオーナーになるわけです。イラク国民の希望、願望、問題をすべて一手に引き受けることになります。ほかのことは何もできなくなるでしょう。それが最初に出てくる問題です」[90]。話し合いを終えてパウエルは、「言いたいことはすべて言った」と思った。率直に意見を述べたこのときでもパウエルはかなり手心を加えており、同席していたライスは、この話し合いの見出しには「成功への唯一の道は連合、とパウエル主張」がふさわしいだろうと思った[91]。

パウエルはブッシュに対して戦争に反対だとは一度も言わなかったし、軍事作戦開始二カ月前に戦争をおこなうという決断に賛成するよう求められると、これに同意している[92]（ジョージ・テネットCIA長官も戦争をするとの決断に反対だとは告げなかったが、これはあまり重要ではない。政策上の問題にはっきりと関与するのはCIA長官の役割ではないのだから[93]）。その結果、NSCの討議は、「戦争に賛成か反対かで意見が割れることはなかった。それどころか、たとえ戦争をしてでもサダムを権力の座から追放しなければならないとの信念を強めた人々もいた（特に大統領、チェイニー、ラムズフェルド、ライスがそうだ）。そうかと思うと、大統領の対イラク政策に気のりしないまま従った人々もいた（パウエルがその筆頭だ）。発言や顔つきで、戦争反対派はそれとなく戦争を支持していないということを示したが、代わりとなる戦略を論ずることまではしなかった[94]」。

九・一一以降、政府は恒常的に非常体制をとっており、アメリカに対する脅しには敏感になり、凶悪な連中相手には極端な手段が必要だという気運が劇的に高まっていた。もともと多くはなかった大統領の胸襟を開ける仲間は一段と少なくなり、経験豊かで冷静な副大統領を以前にもまして頼りにするようになった。ホワイトハウスは代替案の正式な検討や比較考察を一切おこなわない強硬路線にはまり込み、ピラミッド組織の頂上にいるほんの一握りの高官が政策立案をおこない、その実施は各担当省庁の選り抜きの若手官僚に委任された。

これについてもっともよく知られている例は、テロとの戦いの法的側面だろう。そこでの権威の階層構造は、副大統領顧問のディヴィッド・アディントンから大統領顧問のアルベルト・ゴンザレスや司法省の上層部、さらに司法省法律顧問局司法長官補代理のジョン・ユーへと下りていくものであった。ユーは大統領の行動に対する制限を取り払うのに適切な理論的根拠を提供した。[95] 対イラク政策についてもこうした傾向があったようだ。大統領・副大統領レベルでまず戦略が練られ、ライスが担当するNSCをさっと通過し、ラムズフェルドの執務室で推敲され、実施される。短期的に見ると、このシステムには利点があった。大統領は自分が望む政策を、すぐに、じっくり考えずに、妥協せずに、あるいは反対者と対決することなく、得ることができた。しかし、深刻な欠陥がある持続不可能な政策が生まれるという、長い目で見た不都合があった。

このため、二〇〇二年八月にイラク戦争計画が政権の舞台裏から表舞台に出てくると、高官たちは政権の「めざしているもの、具体的目標、戦略」を並べた草稿を用意した。[96] めざしているものは、大量破壊兵器とテロ支援を断念し、近隣諸国を脅かさない、統一国家としての形態を維持し、国民の権利と法の支配を尊重し、民主主義へ向かって動き出す、イラクであった。具体的目標は、大量破壊兵器を使用させず、中東地域を不安定にせずに、このようなイラクを建設することであった。そのための戦略は、「アメリカの国力を結集してあらゆる手段を行使」すること、そして（「できれば」国連安保理の承認を得て）同盟国やイラクの反体制勢力とともに行動することであった。ブッシュ政権は戦争終結後、以下のことをやるつもりでいた。

イラクに暫定政権を樹立し、選挙によって成立するイラク政府への現実的に可能なかぎり早い移行にそなえる。イラク国内外の安全保障についてはすみやかに対処する。イラクの政治上・経済上・治安上の再建をすみやかに開始する。困窮している人々に人道的援助をおこなう。現在のイラクの官僚機構をおおむね存続させつつ、改革する。戦争犯罪人を法で裁き、イラク軍や治安機関、法執行機関を改革する。

しかしながら、ブッシュ政権はこのような実に野心的な計画を採用する一方で、非常に少ない兵力でこの野心的な計画を実現できると楽観視していた（数年後、ライスは「わたしたちは各省の長官級だけをクビにして、実際の国家運営を引き受ける公務員にはそのまま仕事をしてもらえると想定していたが、あやまりだった」と認めた）[97]。さらにホワイトハウスはその後、戦後計画の立案と実行の全責任を国防総省にゆだねた。一方国防総省は、国家建設という概念全体をあからさまに軽蔑していた。ブッシュ政権の意志決定過程がもう少しましな形態をとっていれば、こうした矛盾点をさらけ出し、徹底的に調査して、アメリカが掲げる具体的目標を絞り、それらを達成するために費やす労力と資源を増やすとか、あるいは一から考え直すことによって問題を解決しただろう[98]。だがブッシュ政権のなかには、大統領の掲げる理想主義的な目的は達成できそうにないと大統領に向かって進言する人間、あるいは達成するのに必要なことをしろとラムズフェルドに進言する人間はいなかった。

ホワイトハウスやその他の省庁がほとんど監督も口出しもしないなかにあって、ラムズフェルドがその少数兵力戦略を実施するうえでの主たる障害となるのは、軍の制服組だった。軍部にはラムズフェルドの戦略に共感しない将官たちがいた。結局のところ、前回の対イラク戦争には五〇万の兵員が投入されていた——しかもそれはフセイン政権を転覆してイラクを根底から変えるのではなく、サダムをクウェートから追い出すためだけの部隊だった。ブッシュ政権発足時に中央軍がもっていたものの棚上げにされてしまっていた、対イラク戦争計画で必要としている兵員もほぼ四〇万で、またゆっくり時間をかけて配備するというものであった。

だが、湾岸戦争時の文官と軍人の関係の手本がサミュエル・ハンチントンの「客観的文民統制」——戦略および戦術については軍の意見を尊重するというもの——だとしたら、イラク戦争中の文官と軍人の関係はそれと正反対のものであった(99)。ラムズフェルドは国防総省の常識にしたがうよりもこれを軽蔑し、軍を自分の意志にしたがわせるようにした。ラムズフェルドにとっての第一の課題は、独立した権威と権力の源泉としての統合参謀本部を除去することだった。続いて軍上層部に自分の命令にしたがって行動する軍人たちを集めた。そして最終的に対イラク戦争計画の立案過程の主導権を握り、自分の仕様に合致する計画を出すようフランクスを責め立てた。

軍の制服組の多くはこうした状況に不満を抱いていた。特にラムズフェルドの怒りの矢面に立たされた陸軍ではその傾向が強かった。軍部で主流を占めていた考えは、二〇〇二年末に一人の将校——イラク進攻軍のために働いていた情報将校——が詠んだ「俳句」に要約されているかもしれない。

ラムズフェルドはまぬけなやつ
俺たちに必要な兵力を回さない
これだと身軽になりすぎちまう(100)

しかし、アメリカ軍は職業意識が強く、また文民統制の伝統が深く根づいており、また、占領任務を望んでいなかった。このため将校の多くは自分たちの不満をすべて棚上げし、上司の要求に応えた。イラク戦争当時に陸軍長官だった文官のトマス・ホワイトは次のように述べている——「軍人に長いことしつこくいやみを言えば、連中は最終的には『何とかやってみます』と言う」[101]。

さらに、軍のなかにも駐留軍の規模を小さく抑えたいと考える人々もおり、それなりの理由をもっていた。イラク進攻当時、中央軍副司令官だったアビザイドは、大規模な地上軍は事態を改善するよりかえって悪化させると考えていた。二〇〇三年春、戦後問題を論じたアビザイドは、「つねに謙虚にならなければならない……。アラブの文化のなかでわれわれは抗体なのだから」と述べている[102]。

こうした問題に関与していた軍部の最重要人物は、戦域司令官、すなわち指揮系統の一番上に立つ上級将官だった。しかしながら、この時期に中央軍司令官だったトミー・フランクスは、たまたまラムズフェルド同様に戦後イラクに関心がなく、大規模あるいは長期にわたる介入はしないと決めていた。このためフランクスはラムズフェルドの少数兵力構想に反対しないばかりか、それを助長した。戦争終結後のイラク国内の治安維持に責任を負うよう彼に対して明確に命令が出ていたにもかかわらず、フランクスは戦後計画の立案をおこたり、自分の任務を純粋かつ消極的に軍事作戦がらみの観点——「サダムを権力の座から引きずりおろすこと」——からしか考えていなかった[103]。

二〇〇三年四月、フランクスは戦後任務について本音をもらした。占領を担当することになる新たな小さな軍司令部——「合同統合任務部隊（combined joint task force）」——の名称をどうするかを担当者と話し合っている最中のことだ。「CJTF-13」というのはどうでしょうか、と副官の一人が提案し、そこに配置される将校たちの不運を揶揄した。「よし、じゃあCJTF-1369にしよう」（侮辱を意味する）と、フランクスは軽口をたたいた[104]。フランクスはそれから間もなく陸軍を退役して回顧録を執筆し、講演旅行で全米各地を飛び回った。

●強者は自らなしうることをなす

ブッシュ政権時代、政府高官たちの信念や考え方が対イラク政策の形成に大きな影響を与えたことはたしかだ。しかし、政府の外交政策を、支配をめざしたもの――イラク、中東、あるいはもっと大まかに世界の――と考える、よくある見方は本末転倒である。世界情勢において積極的に役目を果たすというブッシュ政権の基本方針は、パワーの追求というよりもパワーの反映であった。強者は何でもできるとトゥキュディデスは述べているが、アメリカのパワーは二〇〇年以上にわたって伸長を続けていた。二一世紀に入るころには真に国力が充実していた。そのようななかでアメリカが帝国化し、謙虚さを忘れたのは当然だろう。言いかえれば、九・一一以降に世界が見たものは、非常によく知られた話――アメリカは外の世界を自分の姿に似せてつくろうとしてその力をどのように使ってきたかという話――の最終章にすぎなかった。

ソ連が崩壊して以降の一九九〇年代、アメリカの政策立案者たちは予期しなかった不慣れな環境のなかで自分たちが漂流しているのに気づいた。自分たちの首位の座を深刻に脅かす国が見当たらないままアメリカが国際社会の頂点に君臨しているうちに、政策立案者たちはふと「西側」の自由の秩序を全世界に広げようと思いたった。しかし、この一極時代がいつまで続くかは誰もわからなかったし、外国がらみの危険な試みに多くの生命・財産を犠牲にすることにアメリカ国内は関心がないようだった。そこでアメリカの外交政策を牛耳っている集団は、誰にも、とりわけアメリカ国民に、迷惑をかけないようにしながら、歴史をこのままの路線で前進させようとした。その結果が、「なんとかしのいでいるよ《マドリング・スルー》」であった。

そして、九・一一が起きた。テロとの戦いに関する議論は、どれもこれも多くの点で似たようなものであった。冷戦の原因についての伝統主義者の解釈を繰り返す評論家たちの多くは、アフガニスタンやイラクおよびその他の地域におけるブッシュ政権の行動を、外部からの差し迫った新たな脅威に対する反応とみていた。そうかと思えば修正主義者の姿勢を繰り返す人々は、ブッシュ政権が自分たちがやりたいと思っていること、他国を犠牲にしてアメリカの権威・権力を世界中に拡張すること、を実現するための口実としてこの攻撃に飛びついたのだとみていた。これまで同様、これらの見方はいずれも事実の一部をとらえてはいるが、実際に起きたことを公平には見ていない――なぜならどちらも、アメリカのパワーとアメリカの理想とアメリカの行動とのあいだの相互作用について取り上げていないからである。二つの見方がともに見落としているのは、次のような重要な事実だ――ソ連崩壊からツインタワー崩壊までの間に、それまで他国との競争で先頭に立っていたアメリカがさらにリードを広げ、経済および軍事分野で超大国となっただけでなく、いろいろな尺度で見たときに近代国際政治史上の最強国になった、という事実である。いつ、どのようにそうなったかはいまのところ分からないが、この強大なパワーはそれに見合った野心的かつ世界的な役割を果たすことを通じて自己を表現せずにはすまなかったのである。

したがって、振り返ってみると、九・一一は、国際政治に新しい局面が訪れたことを強調し、軍備をととのえる触媒としての働きをもっているという点で、一九五〇年の共産主義者による南朝鮮侵攻と並んで歴史書に取り上げられるだろう――この場合、新しい局面というのは、アメリカの一極性によって特徴づけられるものである。朝鮮戦争の勃発によって、アメリカはアメリカが描く第二次世界大戦後の世界秩序――その台本は大部分できあがっていた――を構築するために自国の兵力と財力を投入した。それとまったく同じように、ニューヨークとワシントンへの攻撃という衝撃を受けてアメリカ政府は、それまではためらっていた、冷戦終結後の世界政治における主導的役割を果たす決心をした。この観点から見れば、巷で評判のブッシュ政権による二〇〇二年の国家安全保障戦略は、その理知的な新機軸という点ではなく、事態が新しい段階に入ったという率直な（そして無神経な）宣言ということで注目に値する。それは、新しい物的土台からごく自然に生じる新しい観念的上部構造を反映していた。

そのようなことから、実行に移されたブッシュ・ドクトリンには抑制するものが存在しなかったのである。比類のない存在という地位は広く世界から課されていた制約を取り払い、九・一一テロ攻撃はアメリカ国内の政治制度によって政府に課されていた制約を一掃してしまった。ブッシュ政権で重要な地位についている人々は、自分たちが並外れた行動の自由を手にしていると気づいた。いくつかの点で、歴代政権が手にした行動の自由よりも大きいものだった。それをどのように使うか、それだけが問題だった(105)。

アフガニスタン進攻は反射的な対応であり、攻撃を受けたことに対する反応であるという以上の複雑な説明を必要としない。だが、このあとで事態は興味深いものとなっていったのである。ブッシュ政権はあいかわらず国際的にも国内的にも自由に行使できる力をもっており、それを利用する方法は何通りかあった。軍事評論家のなかには、今後もアルカイダとアフガニスタンに焦点をあわせるべきだと語る人もいた。そうかと思えば、石油への依存を減らすための本格的な取り組み、あるいは中断したままになっている中東和平プロセスの再開、あるいはソ連崩壊後に外部に流出した核兵器や核物質の囲い込みへのさらなる努力、などを求める人々もいた。ブッシュ・チームは、イラクを追うことを選んだ。

あらゆる選択肢が与えられていたことを考えると、体重八〇〇ポンドのアメリカというゴリラが、なぜイラクに座ると決めたのか（あるいは、なぜあれほどぶざまな座り方をしたのか）という理由を説明できるものは、ブッシュ政権を取り巻いていた環境以外にはない。さらに、特異な考え方をもつ数名の高官たちが権力を手にしていた短い時間に、アメリカの外交政策の舵を握りどこでも好きな方向に導く機会をもてた理由を説明できるものは、当時のアメリカがもっていたパワー以外にはない。二〇〇二年から二〇〇三年のアメリカの政府内に多様な考え方をもつ意思決定者たちがそろっていたら、イラク進攻はおこなわれなかっただろう（また、何らかの理由でおこなわれたとしても、戦争終結後の事態はちがうように処理されていただろう）。さらに、政権を取り巻く環境がちがっていれば――ブッシュ政権発足から最初の九カ月間、あるいは後半の四年間のように――同じ政策決定者たちでも、同じ政策を立案はしなかっただろう。

世界の唯一の超大国という地位のおかげで、ブッシュ政権はやりたいことを容易にやれるようになっただけでなく、何をしたいのかも決めることができるようになっていた。結局のところ、世界には規模も緊急性も異なるさまざまな脅威があふれている。弱小国は自国にとってもっとも大きな、あるいはもっとも身近な脅威にしか対応する余裕はないが、強国は彼方まで目を配り、危険がはっきりした形をとる前に阻止できる。ジョージ・W・ブッシュはよく、自分をハリー・S・トルーマンになぞらえた。実際、両者を取り巻く情勢にはいくつか似たところがあった。たとえば、トルーマン政権時代のアメリカの政策立案者たちはソ連を非常に警戒していたが、そうした心配それ自体が当時のアメリカに並外れたパワーがあったから出てきたものという面もあった――高官たちが心配していたのは、アメリカという国の安全保障に対する差し迫った脅威ではなくて、アメリカを取り巻くより広い国際環境に対する潜在的・将来的な脅威であった。これは、トルーマン政権から五〇年後に誕生したブッシュ政権にも当てはまる。政策立案者たちはたしかにイラクを警戒していたが、それもまたアメリカに並外れたパワーがあったからという一面もあった——サダムが明日やろうとしていることではなく、将来やるかもしれないことを警戒していたのだ。そのような「先々の自衛」をのん気にあれこれ心配できるのは超大国だけだ(106)。ブッシュ・シニアとブッシュ・ジュニア両政権の外交政策行動に見られるちがいの相当な部分は、皮肉にも両ブッシュ政権のあいだに存在したクリントン政権時代に伸長したアメリカのパワーによるものだったのである。

◉エピローグ——増派とｉｆ

進攻から四年間、イラク国内の混乱を横目にアメリカ政府は時間を空費していた。政府の方針は定まっているのだとして、それを変えようという政権内の意欲とか、外からの強力な声もなかった。そのようなことをすれば、政権が抱える増大しつつある危機を認めることになりそうなのでなおさらであった。しかし、二〇〇六年秋にイラクがいよいよ混迷の度を深め、公然と内戦状態に陥ると、さすがのブッシュ・チームも無視できなくなり、この一〇年間にわたる対イラク政策について徹底的に議論した(107)。

文官・軍人を問わず国防総省の高官たちは、責任をイラク当局に移譲するという現行の方針を継続したいと考えていた(108)。しかし国防総省関係者以外は、そうした中途半端な方針はもはや実行可能でない——肝心のイラク国内でその方針が失敗しつつあり、またこの失敗が戦争に対するアメリカ国内の政治的支持を失うことにつながっているため——との結論に達していた。多くの人の不満を象徴して、超党派の委員会を構成する「賢人たち」が議会により任命され、独自にイラク国内の状況調査に着手した。この「イラク研究グループ」は二〇〇六年末には調査結果の報告を始めた。彼らが撤退——勝利ではなくイラクからの離脱――のための計画作成をめざしていることは公然の秘密だった。国務省の立場も、イラク研究グループと似たり寄ったりだった。NSCのスタッフのなかにも、外部の専門家や政府のこれまでの政策に反対している軍の制服組の一部に同調して、投入兵力を増やし戦略を変更することによって状況を安定させようという第三の選択肢を推す人々がようやく出てきた。

中間選挙における民主党の勝利とラムズフェルド更迭後の一二月にブッシュはこの第三の道を選んだ。彼はNSCの会合で次のように述べている――「『ここで、わたしが選択肢として考えているものをはっきりさせたい。われわれは現状を保つことはできる。しかし誰も現状がうまくいっているとは言わないだろう。失敗を受けて戦略を立て直すことはできるのだ』――ここでライスを見やった――『君にできるよ、コンディ』。そしてつけ加えた――『成功させるために、増派は可能だ』[109]」。

二〇〇七年一月、ブッシュは新しい対イラク政策を発表し、二月にはジョージ・ケーシーの後任としてデイヴィッド・ペトレイアスがこの政策を実行するべく現地の上級司令官になり、増派に賛成しているレイ・オディエルノ副官（のちに後継者となる）がペトレイアスを補佐した。

多くの点で（新しい政策として知られるようになった）「増派」の採用は、ブッシュ政権の対イラク政策の目玉だった――あらゆる種類の選択肢を考慮し／潜在的なコスト・危険・利益を査定し／明確に選択された一つの方針を適切な資金と人員で後押しする――という真剣な討論の結果であった。だが、実は二〇〇六年末にアメリカ政府がつくりあげたこの筋書きは、新しい道を切り開くというよりも、これまで進んできた道をいくらか引き返して、まだ通っていない道を行くという感じのものだった。増派の基本的な考え方――駐留するアメリカ軍を減らすよりも増やし、敵を殺すよりも住民を守り、協力的な地元の諸勢力と同盟を結び、その過程においてイラクの政治が少しずつ平和的に発展する時間を稼ぐ――は、何年も議論されていたのだ。[110] これは二〇〇三年およびその後も、国防総省と政府が却下した方針だった。彼らは金をかけずに占領をおこない、クリスマスのころには軍を帰国させようとしていたからだ。

新しい取り組みの詳細を検討するブッシュの横でライスは、「大統領は最初の進攻と占領に投じた兵力が少なすぎたことに気づき、今度もまた兵力が足りなかったなどということのないようにするつもりだ」と内心思っていた[111]。ブッシュの伝記作家の一人は、次のように書いている――「新しい戦略は『長期戦』を想定していた。まず治安が改善され、それから政治的な進展があって、信頼できる軍と警察が築きあげられる。これには――たとえうまくいっても――長い年月がかかるだろう。要するに、これまでアメリカがとってきた短期戦という方針は断念された。二〇〇三年四月、アメリカ軍は九月には帰国できるだろうと思いながらバグダッドに入った。それから三年間、司令官たちは迅速な撤退に向けた計画をいくつも立案した。それがいまになって、長期戦が始まろうとしていた[112]」。

増派戦略支持者にも、最後になってこの増派の規模が小さすぎたとか手遅れだったとかいうことになるかどうかはわからなかったし、またこの政策に関していい方向に向かっていると分かるには二〇〇七年夏まで待たねばならなかった[113]。だが、増派以降、状況は好転し、暴力は減り続けた。ここまで進展したのは、一つには増派と軍の新しい対反乱ドクトリンの実行、一つには除け者にされていたスンニ派指導者たちを参加させるための継続的かつ強化された努力、一つにはムクタダ・サドル率いるマフディ軍その他のシーア派民兵組織の一時停戦などのおかげであった。こうした進展のなかに単独で決定的なものは一つもなかったが、全体としては安定の好循環をつくりだした――世俗的なスンニ派に対する十分な保護を提供するというアメリカ軍の新しい取り組みにより、彼らはイスラム過激派との関係を断ち、生き残れた／全体としてアメリカ軍と世俗的なスンニ派勢力には、スンニ派過激勢力を抑え込むだけの力があった／こうしたことすべてがシーア派民兵組織に対する停戦の説得に役立った。

その結果は完全な和平でも真の和解でもなく、持続性のある局所的な政治的均衡ですらもなかった。さらに、中央政府の負担で地方勢力が強化されることにより、増派とそれに関連する諸政策は、長期的に見た場合に国全体の安定を達成するよりもむしろこれを難しくしてしまったかもしれない。だが、この戦略に関与したある高官は次のように述べている──「長期的安定を達成しようと思ったら、まず短期的安定を達成しなければならない」。ペトレイアスがオディエルノと交代する際、兵士たちに「増派戦略があったから、自分たちは内戦に向かっていた下方スパイラルを逆転させ、新生イラクの敵から主導権を奪えた」と語ったのは正しかった。[114]

いかに部分的、あるいは一時的であろうと、増派戦略が成功したとなれば、これと同様の政策が戦後すぐにとられていたら事態はどうなっていただろうかという疑問がどうしても出てくる。アメリカのジョン・ボルトン前国連大使は、ブッシュ政権のイラク戦争政策と戦後イラク政策とははっきり区分できるし、戦後政策の失敗を戦争政策の成功を台なしにするものとみなすのは「まちがいであり、かつ悪意に満ちた見方だ」と主張している。[115] しかし、ボルトンの主張はまさしく本末転倒である。サダムの核兵器開発計画による予想される脅威が開戦理由だった以上、そうした計画が遅れていたという事実が明らかになったことによって、この戦争の正当性は当然なくなったのである。それでも、サダムの独裁からもっと穏健な政治体制への移行がうまくいっていたら、さかのぼってこの作戦にある程度の正当性が与えられていたかもしれない。だから戦後計画の失敗は、いくら探しても大量破壊兵器が見つからなかったのと同じくらい屈辱的なものだったのであり、それよりもはるかに重大なことだった。それどころか、巨額の戦費を費やしたことや、差し迫った脅威がなかったことを考え合わせると、たとえ大量破壊兵器が多く見つかったとしても、この戦争を正当化するには戦後のイラクの状況がもう少しましなものでなければならなかった。

国防総省の元高官のなかには、イラク国内の状況が思わしくないのは、主権をすみやかに移譲するという当初の戦後計画が放棄され、代わって長期にわたる占領政策が採用されたからだと主張する人もいる。当初の方針を堅持していればすべてはうまくいっていただろうに、と言うのだ[116]。しかしこのような主張は、政権がその方針を変えたのは当初のやり方が行きづまり、これをそのまま続ければもっと大変なことになると悟ったあとであり、また悟ったためであるという事実をごまかしている[117]。

非常に興味深いｉｆは、ブッシュ政権が戦後の時期の軍事的および政治的局面を最初からちがったふうに処理し、戦闘終結後のイラクを完全に掌握するための適切な計画を立案し、そこから徐々に新しい体制が生まれる可能性のある、安全かつ安定した環境をつくりだしていたら、事態はどのように進展していただろうかというものだ[118]。その場合には以下のような可能性が考えられるだろう――犯罪や暴力は抑えられたかもしれない／外国のテロリストたちはイラク国内に流入しなかったかもしれない／電気や水道など生活していくうえでの必要なサービスがもっと迅速に復旧したかもしれない／宗派間の対立を克服して広く国全体の利益を推進することをめざした政治制度・社会制度が立ち上がっていたかもしれない／新しい体制のなかですべての集団に参加する機会を与えるための努力がなされていたかもしれない。さらに言えば、イラクの人々は新しい環境によってそれほど不安を感じたり、トラウマを抱えたりしていなかったかもしれないし、また、すぐに自分が属する共同体への帰属意識へ逃げ込んだり、逆に自分の殻に閉じこもったりはしなかったかもしれない。シーア派の民兵組織は好き放題できなかったかもしれない。スンニ派が引き起こした内乱状態は占領軍への大きな脅威というより、ばらばらの無法行為程度にとどまっていたかもしれない。実際に生じた混乱がすべてなかったとしたら、内戦は勃発しなかったかもしれず、二〇一〇年の時点のイラクに近い状態が何年も前に出現していたかもしれない。[119]

この希望にあふれた光景――二〇〇三年から二〇〇七年の混乱を執刀医のミスによる術後感染のようなものと理解すれば――を心から振り払うのは思うほど容易ではない。こうした主張に対する代表的な反論は、イラク国内の不和は本質的にイラクが前々から抱える持病のようなもので、二〇〇三年晩春の一連の出来事は不和を引き起こしたのではなく、不和を明らかにしたにすぎない、というものである。アリ・アラウィは次のように述べている。

二〇〇三年四月九日、連合軍がバグダッドに入ると、そこには重装備の少数派に支配され、めちゃくちゃにされ、残忍な仕打ちを受けてきた人々の社会があったのだが……。バグダッドに入ったアメリカ軍には、二〇年の歳月が社会に残した巨大な爪痕を認識できなかった……。帰還した亡命イラク人たちも、自分たちがいないあいだに故国で起きた変化や、長年の独裁と戦争と制裁によってイラク人の精神が根本的に変わってしまったことを十分に理解していなかった……。サダムは、あとになってからやっとわかるほどにまで、支配のもっとも有力な道具として恐怖と不安をイラクの社会や政治に浸透させることに成功していた。バース党支配が続いた二〇年のあいだに、イラク社会の内部に以前からあった亀裂はますます広がっていたが、強圧的な独裁政権が追い払われると、それが白日のもとにさらされた。[120]

この主張に類する別の意見は、進攻そのものにより多くの責めを負わせているが、非難の矛先は似ている。

非常に広い視野にたってみれば、国の崩壊が事実上イラクの免疫システムを破壊したのであって、イラクは病気にかかりやすくなったのだ。そうした病気のなかでも、特に犯罪の野放し状態という病気が重い症状を示しており、外国のテロリストたちは武器の入手が容易で、長引く内乱状態を利用できるイラク国内で活動を始めた。戦争行為そのものからこのような事態が生じたのだ。戦争計画が根本的にちがっていたらこうした事態は緩和されていたかもしれないが、軍部による計画が先々を見すえ、起きるであろう危機に十分対応できるようよく考えられていたとしても、起きることは起きていただろう。[121]

二〇〇三年から二〇〇七年のあいだに実際に起きたことを考慮すると、このような分析はもっともだが、全体像をとらえていない。デクスター・フィルキンスは次のように述べている。

イラクは傷ついた国だったかもしれない。破綻していたかもしれない。まとまりを欠いていたかもしれない——精神科病院のようだったかもしれない。しかし、正常に戻る見込みがあるときはいつもイラクの人々は長い列をなして立ち上がり、手を伸ばした。二〇〇三年四月に起きたさまざまな出来事に機会を見出した多くの人——新聞編集者、パンフレット作者、裁判官、政治家、警官——は、平凡なやり方で、平凡な国をつくろうとした……そして彼らは虐殺された。無数の人々が……。

この殺戮は自然発生的なものでもなく、防げないものでもなかった。「その残虐さのゆえに、宗派を異にする人々が住むイラクの諸都市を襲った宗派間の戦争は、集団的な興奮状態、古くからの憎しみという精神病だったと人は結論づけるかもしれない。たしかにそのような一面はあった。しかし、宗派がらみの暴力や民族浄化が起きることは、最初から予想されていた。それは軍事行動のように計画されていた[122]」。訓練され、装備もととのい、治安維持を第一義とする大規模なアメリカ軍が駐留していたら、イラク国内の分裂は食い止められ、その間に暴力的な手段に頼らない政治的日常が出現していたかもしれない――増派戦略実行後とまったく同じように。

仮定の話はどうであれ、現実にはサダム政権が倒され、ブッシュ政権が適確な対応をとるまでの数年間に、イラクは混乱状態に陥った。結局、この戦争で莫大な損失が出た――連合軍側では五〇〇〇人近くが死亡し、三万人以上が負傷し、イラク側は一〇万人以上が死亡し、三〇〇万以上のイラク人がイラク国内外で難民になった。アメリカの直接経費は一兆ドルを超えた[123]。この完全な失敗は、アメリカの信頼性や能力や道徳的優位に関する評判も損なったのである――それだけではなく、そもそもブッシュ政権がこの戦争を抑制を受けずに追求することを可能にした行動の自由をも失わせることになった。

ブッシュ・チームは戦争に短期間で予算をかけずに勝てると頭から決めてかかっていた。実際のところ、政府高官たちが批判をことごとく退けるほど傲慢だったのは、一つには勝利が確実になればそのような批判は消え、批判者たちは政府が正しかったとうつむいて認めるはずだと確信していたからにほかならない。だが、儲けをねらって短期投資をおこなったはいいものの、そこで出た利益をほかの新規事業に投じられるようにはならず、いつの間にか政権は泥沼にはまって人的・物的資源を大量に失っていった。それまであり余っていた自由に使える資産――政治的・外交的・軍事的・財政的――は、勝ち目のない戦いに突如として注ぎ込まれ、着実に浪費されていった。要するに、後先を考えない力の行使が構造変化を招き、それによってブッシュ政権の外交政策の選択の幅が全体的に狭まった。バグダッドが陥落して以降、ブッシュは六年間大統領職にあったが、戦後イラクの状況が悪化すると、ブッシュ政権は海外での大がかりな新たなイニシアティブを二度ととろうとしなかった。イラクという泥沼にはまって抜け出せなくなっていたからだ。このためイラク戦争は、複雑どころか陳腐で実にわかりやすい話になった——野放しの権力はまずおごり、続いて愚かな行為に走り、そして最後は破滅につながるという典型的な教訓話である。

第9章　アフガニスタンおよびそれ以降

二〇〇五年秋、イラクの治安状況が悪化の一途をたどるなか、コンドリーザ・ライスは上院外交委員会で証言した。「われわれの戦略は、掃討し、保持し、建設する——テロリストを地域から掃討し、その地域をしっかりと保持し、永続性のある国家体制を建設することだ(1)」。

国務長官の発言に国防長官は激怒した。ドナルド・ラムズフェルドの目から見て、ライスの発言はあやまっており、見当ちがいもはなはだしいものだった。政権の真の政策は、一貫して、イラク国民に自分たちでそれらをやらせることだ。数週間後、ラムズフェルドは「この三つの単語を用いて、アメリカがテロリストを掃討し、アメリカが地域を保持し、アメリカが国家を建設すべきだなどと考えているようなやつは何も分かっちゃいない」とわめき散らした。「イラクはイラクの人の国だ。イラクには二八〇〇万人が住んでいる。イラク人が掃討している。イラク人が保持している。イラク人が建設している……。われわれにそれができるという考えは非現実的だ。誰もそんなことをするつもりはない(2)」。

この論争は一年以上たってから解決された。ブッシュ大統領は最終的に、ラムズフェルドの「少ない兵力で進攻し、すみやかに撤退する」という対イラク戦略の最後の名残を捨て去り、増派を通じてアメリカがもっと直接的かつ全面的に介入する戦略を選んだ。しかしながらこのライスとラムズフェルドの論争は、一つの戦争の一つの段階における政策上の争い以上のものを象徴していた。アメリカという国が誕生して以降、一貫してとってきたアメリカの大戦略《グランド・ストラテジー》をめぐる議論の本質をとらえていた。実は、いわゆるラムズフェルド的とも称すべき人々の度重なる批判にもかかわらず、アメリカは何世紀にもわたって平和を回復する作戦――掃討し、保持し、建設する――を世界各地で絶えず展開してきている。

その一連の戦略的軍事行動は、断続的に展開し、また突然動き出すということもあれば、中断したり、ときには途中で戦況が逆転したりすることもあった。アメリカ政府はそのような役割を意識して求めてきているわけではなく、たいていは心ならずもその役目を果たしてきている。アメリカ国民は自分の国に世界の警察官になってほしいとは思っていないし、アメリカの行動に対するそのような評価によい反応を示していない。しかし、一八世紀から一九世紀にかけての北アメリカ大陸における領土問題や西半球の支配をめぐる問題に関わる紛争、二〇世紀に入ってからの世界大戦、冷戦、さらに今日の「テロとの戦い」を通じて、アメリカ政府がとってきた立場がそうなのだ。

この戦略を主導しているものの一つは、軍である――アメリカの国外にある安全保障上の脅威を取り除こうというもの。もう一つは経済である――海外の資源と市場を守り、活用しようというもの。さらにもう一つが政治だった――アメリカの理想とアメリカ型政治制度を広げていこうというもの。だが基本的には、おこなわれていたのは国力上昇中の国が周辺地域の混乱や無秩序を制御するためにできることをするという、ごく自然な行動である。

昔から、国家というものは外部環境を自国に都合のよいように形成していくことを模索することによって、国際的混乱がもたらす不安定な状況に対応してきている。国家それぞれの特徴や好みにかかわらず、いずれも世界に対してより多くの影響をおよぼそうとし、また自国の能力のおよぶかぎりの支配力を行使しようとしてきた。この例にもれず、アメリカが大西洋沿岸の小さな植民地連合から世界の強国になると、アメリカの指導者たちもごく自然に自分の才覚を自由に働かせ、アメリカの利益や価値にかなうように周囲の世界を形づくろうと考えるようになった(3)。

アメリカがこれまで戦ってきた個々の戦争は、敵を打ち破り、続いて破壊すること、あるいは少なくとも敵を元の場所へ押し戻すことで構成される「掃討」作戦である。が、やがてどこで戦おうと、それだけでは永続性のある結果が生まれないと気づいた――アメリカ軍が戦場からすばやく撤退すると、敗れた敵が力を盛り返したり、あるいは敗れた敵に代わって新たな敵が出現したりするからだ。そこでアメリカは掃討作戦に加えてさまざまな「保持」作戦をとり、アメリカ軍および同盟国の軍を現地にとどめ、掃討した地域を保護した。これは一時的にはうまくいくが、危険でコストもかさみ、また政治的に問題となる可能性がある。真に満足のいく長期的な解決策は、安定した、健全な、その地域固有の政治体制を「建設」する以外ない、と政策立案者たちは悟った。その地域の人々が互いに、また世界全体と協調して、繁栄できると考えられるような政治体制の建設である。

◉平和を願って

アメリカの相対的なパワーが着実に増大するにつれ、世界のより広い範囲に対する影響力も強まり――またそうする必要性も強くなった。このため二〇世紀には、この紛争解決のパターンは戦略的に重要な三つの地域（ヨーロッパ、東アジア、中東）で進展し、東アジアおよび中東ではヨーロッパでの経験が生かされた。心ならずも第一次世界大戦に巻き込まれたアメリカは、今後アメリカが平和な日常を送ることができるようにと期待し、連合国側を助け、同盟国側を破った。ドイツが敗北して民主化されれば、アメリカ軍は帰国し、旧世界にはもう関与しなくていいはずだった。が、そうはならず、第一次世界大戦が終結しておよそ二〇年後、アメリカは好戦的なドイツとその提携国との戦いに再び巻き込まれていた。

三たび戦うことのないよう、今回はドイツを徹底的に叩きのめし民主化しようとアメリカの政策立案者たちは考えた。しかし、戦争が終結して見上げてみると、ドイツの政治体制を完全に転換してもヨーロッパの平和は保証されなくなっていた。ヨーロッパ大陸の産業上の中核地帯——世界でも有数の商・工業中核地帯——を、もう一つの脅威、つまりソ連から守らなければならなかったのだ。そこでアメリカ軍は帰国せず、そのままヨーロッパに駐留した。現在も数万規模の軍がとどまり、数世代前にアメリカ軍が敵を打ち払った地域を保持している。だが、この任務はもはや面倒なものではない。EU（ヨーロッパ連合）——解放者であるアメリカの後押しを受けてつくられた戦後体制が発展したもの——は、いまや世界最大の経済圏であり、地域の平和と民主的な政治体制を進化させていく格好の舞台となっているからだ。

ヨーロッパでうまくいったやり方は、アジアにも適用された。第二次世界大戦時に日本帝国が占領していた地域から日本軍を掃討したのち、アメリカはその地域を保持するべく駐留を決めた。これにより太平洋上の島がいくつかアメリカ領土に組み込まれ、きわめて重要な航路を包含し、世界的な工業地帯に発展する可能性をもつその他の太平洋戦域も、事実上アメリカの保護領になった。何万というアメリカ軍は今日でも駐留を続け、この地域の民主主義の繁栄を保護している。そこにはかつて敵として戦った国が廃墟のなかから築きあげた民主主義も一つ含まれている。

当初、政策立案者たちは、アジアでは今後面倒が起きないだろうと考えていたが、一九五八年に北朝鮮が三八度線を越えて韓国に攻め込むと、東アジアで真に平和を回復するにはさらに何かをしなければならないということが判明した——少なくとも戦略的に重要な国境線を暴力的な手段で変更するようなまねは黙認できないというメッセージが必要だった。そこでアメリカは韓国に侵攻してきた軍を押し返すべく介入した。連中を何とか押し戻すと、アメリカの指導者たちは強気になり、朝鮮半島全土から敵を一掃しようとした。しかし、思惑通りにはいかず、結局南部だけを保持することになった——現在も韓国とともに、アメリカ軍は朝鮮半島南部を保持している。それから一〇年後、朝鮮半島での戦い方はヴェトナムでも通用するだろうと考えたアメリカ政府が軽い気持ちでヴェトナム戦争に介入したところ、予想以上に骨の折れる戦いとなり、結局は全面撤退する破目になった。が、それでもアメリカはヴェトナムを含むより大きな地域の安定化という任務は果たしている。アジアにおける各国の政治体制の変革は、多国間にまたがって起きるというよりも、それぞれの国のなかで起きており、地域的にまたがるような変革がなされることはヨーロッパに比べてずっと少なかった。したがって、アメリカの軍事力は国のなかの抗争・対立を防ぐ重要な役割を果たし続けている。生じる出来事の基本的形態はよく知られたものであり、希望がもてそうである。[4]

二〇世紀も時代が下がるにつれて冷戦は徐々に「長い平和」（東西の共存期間）となり、パックス・アメリカーナ（アメリカの覇権による平和）の構造が定着した。[5] しかしながら、地球の地質の気まぐれにより、順調に発展する世界経済を支える化石燃料の大部分が、第三世界のなかでも特に不穏な地域の地下に眠っていることが判明した。このため、ペルシャ湾岸地域の安定が新たに世界的に重要な公益となった——そこで一九七一年にイギリスがここから撤退すると、アメリカは湾岸地域の主要な外国勢力としての地位をしかるべく引き継いだ。

当初、アメリカ政府は中東地域におけるアメリカの代理人としてイランに頼り、間接的にその責任を果たした。ところが一九七九年にイラン革命が勃発し、それから間もなくソ連がアフガニスタンに侵攻すると、この政策は頓挫した。そこでカーター政権は、湾岸地域の安全保障に対するアメリカの義務・責任を正式に表明し、必要があれば直接介入して湾岸地域の安全保障を支援すると約束した。それから一〇年後、隣国に手を出してもアメリカは黙認するだろうと考えたサダム・フセインがクウェートに侵攻すると、ジョージ・H・W・ブッシュは、カーターの約束を守り、サダムを追い出した。しかし、クウェートからイラク軍を一掃したブッシュ政権は、同国の保持にも責任を負わなければならないと気づいた――そして朝鮮戦争時のような停戦協定が結ばれたのに続き、やはり朝鮮戦争後のようにアメリカ軍が同地に駐留することになった。

それからさらに一〇年がたち、九・一一テロ攻撃が起きると、ブッシュ政権は中東地域関連の問題を一気に片づけてしまいたいと考え、まずアフガニスタン、それからイラクに進攻した。ブッシュ・ジュニアのチームは、歴代政権が経験から得ていた教訓を次々に無視し、莫大な生命・財産、評判を犠牲にして教訓を学び直す破目になった。こうしてオバマ政権は二つの継続中の戦争を引き継いだ。そのうちの一つ――アフガニスタン――は、まちがった方向に向かっている。

世界の平和を少しずつ回復するという考えはばかばかしくて魅力的でもないので、アメリカの指導者たちがそのような大戦略をあからさまに説明することはめったにない――おそらくは自分たち自身に対しても。批評家・評論家の多くは、そのような壮大な使命を果たす権利や必要性、能力がアメリカにあるのかどうか、疑問を投げかけるだろう。これと対極にある考え――掃討するのも保持するのも建設するのも、アメリカ以外のよその国がやればいい――は、少なくとも昔からある優れた考えだし、国民の支持もはるかに高い[6]。

しかし、アメリカのパワーが増大を続け、政策立案者たちが戦略上重要な地域に焦点をあてているかぎり、この大戦略は説得力のある論理を内包しており、それを実行することはアメリカだけでなく世界全体のためになった。アメリカの指導者たちは自らのパワーを利用して、広がる一方の「平和圏」

を築いてこれを守り、地域の経済的・社会的・政治的発展が進むような穏やかな構造的環境をつくってきた。「反戦派」と思われるバラク・オバマでさえ、ノーベル平和賞受賞記念講演のなかで次のように語っている――「第二次世界大戦後の世界に安定がもたらされたのは、単にさまざまな国際機関があったからというわけではない。さまざまな条約や宣言があったからというわけではない。われわれがどんなまちがいを犯してきたとしても、明白な事実はこうだ――アメリカは、アメリカ国民の血とアメリカ軍の力によって、六〇年以上にわたり世界の安全保障を維持する責任を負担してきている。アメリカの、男女を問わぬ、兵士たちの奉仕と犠牲により、ドイツから韓国にいたるまで、各国で平和と繁栄が促進され、民主主義がバルカン諸国などに定着したのだ(7)」。

世界の平和を回復することがアメリカの外交・安全保障政策に対する包括的な要請だとしても、ここまでの章で述べてきているように、個々の戦争にはそれぞれ独自の性格がある。このためアメリカにとって、クラウゼヴィッツの命題――軍事力をいかに政治の道具とするか――は、実際には、この二つを同時に考慮することを要求し、政策立案者たちは包括的な要請と個別的な性格がうまくかみ合うようにしてきたのである。

このように考えると、現代史においてアメリカが関与して大成功を収めた戦争といえば第二次世界大戦であることが分かる――この勝利によって世界から巨悪が取り除かれたためばかりでなく、第二次世界大戦の最終的な解決により、世界の大部分の地域での恒久的平和と繁栄が促進されたのがその理由だ。朝鮮やペルシャ湾岸地域でおこなわれたいわゆる「限定戦争」は、あまり納得がいくものではないが、そこそこ成功した例ではある。この二つの戦争が終結すると地域秩序が戦争前に比べて安定したのだから。それでももし戦争から平和への移行準備がもっとしっかりなされていたら、これら三つの戦争はもっと大きな成功を収めていただろう。冷戦は防げなかったかもしれないが、冷戦にともなうヒステリーの多くは防げたかもしれない。朝鮮戦争は、戦略的に同等の条件で、実際よりも一年半早く終結したかもしれない。湾岸戦争の計画立案がもっとしっかりしていたら、戦後のサダム封じ込めはもっと安定しうまくいっただろうし、サダムももっと早くに消え去っていたかもしれない。

その一方で、第一次世界大戦とイラク戦争は、軍事的に決定的な勝利を収めてもそれを持続可能な政治的決着に向けた戦後計画に結びつけられなければさまざまな問題が起きる可能性があることを物語っている。またヴェトナム戦争は、戦争の結果として生ずる永続的な和平にいたる確固とした道筋を描くことができないのであれば、そもそもそのような戦争に踏み切ってはいけないのだということを人々に真剣に思い起こさせる役割をはたしている。

本書を執筆している時点で、アフガニスタンにおいてなされている戦いは判定が難しい。アメリカは九・一一に対する報復として、また今後九・一一のようなテロ攻撃の発生を防止するために、アフガニスタンに進攻した。ブッシュ政権は賢明にも、この目的を達成するにはアルカイダだけでなく、アフガニスタンを実効支配しているタリバン政権（アルカイダを支持し、支援を与えていた）も撃破する必要があると判断した。しかし、このあと進攻したイラクでもそうだが、敵を破ったあとに起きる事態については注意を払わなかった[8]。この戦争の初期のころにラムズフェルドに宛てられた覚書には次のように書かれてあった――アルカイダ「根絶」に加え、「この戦いの目的は、（テロ支援国家として）ほかへの見せしめにするため、またアルカイダの勢いを削ぐため、現在のタリバン指導部による支配を終わらせることである。タリバン政権崩壊後には安定したアフガニスタン政府が成立するのが望ましいが、かならずしもアメリカの力によって達成されなくてもよい。アメリカ政府はアフガニスタンの戦後の安定を心配するあまり、タリバン指導部をアフガニスタンから追放する努力に手心を加えるべきではない……。国家建設はわれわれの戦略的目的ではない[9]」。

イラクと同様、アフガニスタンでも、この方法は短期的にはよい結果が出たが、長期的にはうまくいかなかった。ブッシュ政権は、アフガン戦争とその戦後処理には小規模兵力で臨む計画を立て、創造力に富んだ軍事行動と外交活動をいろいろと展開したのち、二〇〇一年の終わりごろには勝利を宣言し、アフガニスタンを統治する正当で魅力的な現地政府を樹立することができた。しかし国内の治安維持のための、慎重に考えられ予算も十分に確保された計画を欠いていたので、数年後、現地の状況は悪化し、タリバン側は態勢を立て直し始めた。二〇〇九年にオバマ政権が誕生すると、ほとんどの専門家が新大統領にアメリカの戦争への取り組みを新たに活気づかせる以外に劣勢を挽回する方法はないと進言した。そこで新政権は、その最初の大仕事のなかの一つとして、この戦争に対して新しい取り組みをすることにして増派に同意し、新しい司令官スタンリー・マクリスタルを派遣した。マクリスタルに対しては、現地でやる必要があると判断したものは何であろうと報告するようにとの指示を与えた。

しかしながらホワイトハウスが仰天したことに、マクリスタルの査定――この年の九月に『ワシントン・ポスト』紙にもれた――は、戦況は非常に悪化しており、「任務失敗」を阻止するにはこれまでよりも大規模な取り組みが必要というものだった[10]。これを受けて政権はアフガン戦略を内部で数カ月にわたり徹底的に討議したが、結局オバマとオバマ・チームは完全なジレンマに直面した。イラクにおける増派にいくつかの点で匹敵するような強烈で基本的に無制限の対反乱作戦を支持しようとする高官もいた（この戦争は、最初のうちは「これからの戦争の雛形」と考えられていたが、ときがたつにつれて、「二度とやりたくない形の戦争」に変化してきた）。他方で、アメリカはこれ以上の兵力増強はおこなわない、あるいは撤退に向けて動くべきだとさえ考える高官もいた。結局、オバマは中間をとることにした。一二月、オバマはウェストポイントでの演説で、アフガニスタンにおける作戦を拡大するべく数万人規模の新しい部隊を追加派遣すると公表した。その一方で、二〇一一年の夏には撤退を開始すると明言しているようでもあった[11]。

アフガニスタン情勢が短期間のうちに劇的かつ持続可能な形に改善する見込みはほとんどないのであるから、ウェストポイントでの演説に内在している矛盾は、撤退に期限を設けることの戦略的是非の問題になりそうだ。二〇一〇年六月にマクリスタルを解任し、後任にマクリスタルのかつての上司ペトレイアスを指名した一件をめぐる騒ぎは、この根本的なジレンマにはほとんど影響しなかった。ヴェトナムにおけるニクソン政権やイラクにおけるジョージ・W・ブッシュ政権のように、オバマ政権はいずれアフガニスタンにおいてどちらの目標を重視するか決めなくてはならなくなるだろう――どうやら際限のなさそうな対反乱作戦からアメリカを離脱させるか、それとも敵勢力から身を守り続けるかの選択である。いずれの選択肢も魅力がない。うまくいったとしても、アフガニスタンはもう一つのイラクになり、長い時間をかけたあとで、以前よりも少しはましな状態をあとに残して軍を段階的に撤退させる機会を得ることになるという程度だろう。最悪の場合にはヴェトナムの再現となり、ホワイトハウスはアメリカ軍撤退後の（アメリカ国内および海外における）混乱に関する恐ろしい予測が現実のものとならないよう願いつつ、戦略的重要性が低い国での感謝されない戦いを打ち切る可能性もある。だが、いずれにしてもこの紛争は、永続性のある政治的成功のための重要な戦略を後押しする軍事的資源を出ししぶったために、最初から問題を抱えていたもう一つの軍事作戦として後世に伝わるだろう。

◉成功に向けて

世界の平和を少しずつ回復するというアメリカの大戦略は、アメリカの相対的なパワーの着実な伸びに裏打ちされてきたものであるから、この戦略の将来はどうしてもアメリカの根本的な物的能力の浮沈に左右されるだろう。しかしながら、今後数十年間を考えたとき、アメリカの国際社会における覇権が衰えていようが回復していようが、アメリカは結局また新しい戦争に首を突っ込んでいるだろう。その場合には、将来のアメリカ政府の政策立案者たちはクラウゼヴィッツの命題を前任者たちよりもうまく取りあつかわなければならないだろう。幸いにも、彼らが自分たちの手にしている任務の本質によく注意を払い、その任務にふさわしい理知的かつ道徳的真剣さをもってその任務に取り組み、過去の経験から何がしかの率直な教訓を学びとれば、うまく対処できると考えられる。

先立って計画を立て、さかのぼる。イラク戦争中にアメリカ軍が用いた専門用語を使うと――イラク戦争の政治的解決およびその維持を単なる「治安維持・民生支援作戦」と名づけて、戦争計画の「フェーズ4」と称したもの――この戦争に対する戦後計画立案が記録に残る最悪のものであったことは驚くにあたらない。結局、フェーズ4の前にフェーズ1について考えるのはまったく自然なことである。こんな具合に、物事に番号をつけると、人々は番号の若い方から順に手をつけるようになるし、軍人たちは、いわゆる「動的《キネティック》」な軍事行動（銃撃、砲撃、空爆などによる直接的軍事行動）を自分たちの言葉で話し合うようになり、政治的なことがらに無関心となる――課題のなかの政治的な項目は、あとで誰かが暇なときに何か使えそうな道具や資源を使ってやればよいのだとして後回しにされるのだ。何年もするうちに、これではだめだと気がついた軍関係者は、問題の改善に努め、番号づけをする段階のわけ方を細かくし、隣り合う段階に重複する部分が存在することを強調し、戦後の問題を軍事行動計画立案過程の初期から考慮すべきであると指示したのであった。しかし、順番をひっくり返すだけで、もっと簡単かつ効果的に所期の効果をあげられる。戦後の安定した政治情勢こそフェーズ1として考え、その他はこの新生政治体制に向けたカウントダウンとみなせばよい。この簡単な明確化された立場に立てば、望ましい最終結果を戦争計画立案全体の出発点とみなしてこれに焦点を絞って考えることになる。最終結果にいたるまでの諸段階は、この最終結果のための構成要素であり、準備段階としての意味しかもたないのだと考えるのである[12]。

めざしているものを正確に定義し、買う前に値段を調べる。本書を書くにあたっていろいろと調査してわかった驚くべきことの一つは、戦争を始めるにあたってその戦争によって何を達成しようとしているのかを十分に考えるべしというクラウゼヴィッツの忠告を、指導者たちがしばしば無視しているということである。政策立案者たちは、注意深く徹底的に考えてそれぞれの新しい戦争に取り組むのではなく、できあがっている台本にしたがうように行動しがちであった。彼らの思考は、直近の戦争から引き出されたさまざまな教訓にいちじるしく影響されてきている――その教訓が今次の戦争に関連があろうがなかろうが、今次の戦争で参考にするのがふさわしいか否かにかかわらず。また、軍事的資源の充当も、戦略ではなく入手可能か否かによって進められている。だが、これはあってはならないことだ。アメリカ人およびその指導者たちは、類推が問題を明らかにするよりあいまいにしてしまうこと、また「勝利」とか「民主主義」などの抽象的な概念はあいまいで、軍事的計画立案の指針としてはならないことを学ばなければならない。どんな戦争であっても、その政治的目標はその戦争に直接関係した実際的な言葉によって明確に組み立てられねばならないし、その国に合ったより広い観点からの大戦略のなかにうまく収まるように定義されねばならない。政策立案者たちは、軍事作戦が終了したら現地がどうなるのか――現地の政治体制や安全保障体制がどうなるのか、誰がどのようにそれを維持するのか――についての明確な認識をもっていなければならない。高官たちに自分たちの目標をこのように明らかにさせることは、彼らに目的と手段の均衡を保つことの必要性を気づかせるすばらしい訓練材料となるだろう。また、彼らは戦争計画立案の最初の段階から、クラウゼヴィッツの命題に専心することになり、その戦争に関するほかの計画も可能なかぎり効率よく効果的に立案し、実行できるようになる。

計画の実行に気を配り、問題を見越して事前に手を打つ。明確で現実的な目標を設定し、目標達成に向けた計画を練れば、戦略的計画立案過程の大半はすんだようなものだ。しかし、どんなに慎重に立てられた計画でもその通りにはならないというバーンズ（一八世紀のスコットランドの詩人）の詩はまったく正しく、だから実行と不測の事態にも気を配らなければならない。また、計画が意図した通りに実現するよう、戦略の重要な要素は最初から最後まで管理しなければならない。計画の基礎となっている非常に重要な想定は、明確に詳細に説明しておかねばならない。それとともに、想定がまちがっていることが明らかになった場合――事態が予期していたよりもうまく進んでいる、悪い方向に進んでいる、ちがった具合に進んでいる――にそなえて、少なくとも基本的な予備の計画をいくつか用意しておく必要がある。[13]

これらはすべて常識かもしれない。まったくその通りだ。しかし、戦争においては、もっと一般的に言って、人生においてと同様、常識が実際に無視されてしまうのだ。一見明白に思えるこれらの行動原理のすべてが、本書で取り上げた戦争の一つにおいては無視されている。すべてでなくともいくつか無視している戦争はかなりある。ウッドロー・ウィルソンは世界を民主主義のために安全な場所にしようとして戦争をした。しかし、民主主義が実際に何を意味するのか、また大まかに言ってドイツの立憲君主政体がその条件を満たすか否かは一度も考えていなかった。ローズヴェルト政権はソ連との大同盟が崩壊したら自分たちの戦後計画がどうなるのか、まったく考えていなかった。ハリー・トルーマンとディーン・アチソンは捕虜の任意送還を朝鮮戦争におけるアメリカの重要な戦争目的としたが、どれほどの捕虜が任意送還を希望するか、またそれが休戦の妨げになるかどうかは一度も考えなかった。ケネディ・ジョンソン両政権は、何の離脱計画ももたずヴェトナム戦争に突っ込んでいった。ジョージ・H・W・ブッシュは、湾岸戦争でイラクが敗北したのだからサダムは当然失脚すると考えたが、それを達成する計画は立てず、また達成できなければどうなるかも考えなかった。ジョージ・W・ブッシュはサダム政権が倒れると確信したが、その先どうするか計画を立てなかった。

アメリカの指導者たちが戦略のこんな基本的なルールを何度も破っているというのは本当だろうか？本当なのだ。さまざまな調査・研究によると、適切な体重管理の鍵は、健康的な食品を腹八分目に食し、規則的な運動をすることだといわれている。しかし、毎年何千万もの人が流行のさまざまなダイエットに走り、薬を試したり、グレープフルーツばかり食べたりしている。また、さまざまな調査・研究により、分散投資とリスク管理、辛抱強さに関するいくつかの簡単なルールを守れば、長期的には誰でも投資でまずまずの利益を得られることが明らかになっている。だが投資家の多くは、不安や欲から愚かな行動に走り、持ち株の株価上昇率がしょっちゅう株価指数を下回る事態に陥っている。だから、所詮人間にすぎない国家安全保障政策立案担当者たちが、担当分野のもっとも基本的な最良の慣行ですらしばしば無視してしまうのは仕方がないことである。

しかし、そうはいっても捨ててはおけない。戦時の指導者たちは、ビーチでさまになるよう短期間で体重を落とそうと無謀なダイエットをする連中や、チャットルームとかケーブルテレビの番組で情報を得た株に山を張る無謀な投機家と同列視できるようなものではない。比べるならば、軍医総監や、顧客に対して厳しい受託者責任のある専門の投資管理者に近いだろう。ホワイトハウス用語では高官を「プリンシパル」と呼ぶのかもしれないが、彼らは本人《プリンシパル》ではない――本当は、アメリカ国民三億人の代理人《エージェント》なのだ。同胞の生命・財産をどのように費やすかを決める際に思慮を働かせることは、恣意的にやってよいことではない。道徳的責任である。

クラウゼヴィッツが見抜いていたように、戦争とは「一種奇妙な三位一体をなしているものである。この三位一体とは、一つには、盲目的な生来の力とみなされるべき原始的な暴力、憎悪、敵対心／二つには、創造的な精神が自由に流れ出てくるような可能性と蓋然性の活動／三つには、戦争を理性のみに従属させる、政治の道具としての、戦争の副次的要素、以上三つのものから構成されている」(14)。一般大衆は感情や情熱のおもむくまま行動する、とクラウゼヴィッツは書いている。将校たちは、自分のもっている勇気や才能や見識の程度によって戦場での形勢を左右する。しかし、理性の声になり、何らかの実際的な政治的成果が達成されるよう戦争が企画され、効果的に遂行されることを確実にするのは、政治指導者の役割だ。これまでアメリカの指導者たちはかならずしもそうしていない。次回はきっとそうするだろう。

謝辞

いまになってようやく、執筆が個人的な行為でありながら、共同的な行為でもあると実感している。二〇年以上前――第六章で論じた戦争と第七章で論じた戦争のあいだの時期――にこの企画をスタートさせた。当時から今日までにできたこと、できなかったことは、すべて私だけに帰する。しかし、本書に何か見るべきものがあるとすれば、それは多くの方のおかげである。

誰よりもまず両親のダニエル・ローズとジョアンナ・ローズに、それから兄弟のディヴィッド、ジョーイ、エミリーに、そしてメンバーの増えた大事な家族に感謝したい。オベリックス（フランスのコミック『アステリックスとオベリックス』の主人公の一人）のように、わたしは赤ん坊のときに魔法の飲み物のなかに落っこちてしまった。それ以外は注釈にすぎない。

わたしは多年にわたり大学の内外で多くのよき師に恵まれた。気づいておられるかどうかはわからないが、本書が完成したのは多くの先生方のおかげであり、以下にお名前をあげてお礼を申し上げたい――タウンのマーゴ・ライオン、ジョン・ニューバーガー、ウォルター・ビルジをはじめとする先生方。ホラス・マンのマーティ・ソコロウ、テク・リン、イオン・セオドアをはじめとする先生方。イエールのドナルド・カガン、ヴァシリー・ルディッチ、ポール・フライをはじめとする先生方。ハーバードのエリオット・コーエン、スティーヴ・ローゼン、サム・ハンチントン、スタンリー・ホフマン、ジョー・ナイ、ジュディス・シュクラー、ユエン・フーン・コーン、スティーヴ・マセドをはじめとする先生方。『ナショナル・インタレスト』誌および『パブリック・インタレスト』誌のオーウェン・ハリエス、ボブ・タッカー、アーヴィン・クリストル、ナット・グレイザーをはじめとする同僚の方々。NSCのマーティン・インディク、エレン・レイプソン、デイヴィッド・サターフィールド、マーク・パリスをはじめとする同僚の方々。外交問題評議会のレス・ゲルブ、リチャード・ハース、ディック・ベッツ、ジム・ホーグをはじめとする同僚の方々。わたしが政策を中心とした安全保障研究をおこなうようになったのは、主としてマーティン・インディク、オーウェン・ハリエス、エリオット・コーエンのおかげである。また、スティーヴ・ローゼン、サム・ハンチントン、スタンリー・ホフマンのお三方には、この企画を具体化した最初の論文を書く際、一貫して賢明な助言をいただいた。

わたし以上にわたしを信頼してくれた以下のすばらしい友人たちにも感謝したい——バート・アロンソン、ピーター・バベッジ、ゲーリー・バス、ブラッド・ベレンソン、マーヴィン・バーマンとシャーリー・バーマン、アンドルー・バーマンとダニー・ヴォルチ、マイケル・バーマンとシーラ・バーマン、スティーヴ・ビドル、マックス・ブート、イアン・ブレマー、ダン・バイマン、ボブ・カロ、ドン・カッセ、ヴィクター・チャ、アート・チャンとアリソン・スラシュ、トム・クリステンセン、メアリー・アリス・コップ、アンドルー・コーテル、コンスエロ・クルス、マイク・デッシュ、ラリー・ダイアモンド、フランク・ドビンズとミシェル・ラモント、マイク・ドラン、トリッシュ・ドーフ、ダン・ドレズナー、リズ・エコノミー、アイリーナ・ファスキクノス、ピーター・フィーヴァー、アダム・フリードマンとキャスリーン・ウォルシエ、ニール・フリーマンとケリー・グリフィン、アーロン・フリードバーグ、デイヴィッド・フロムキン、スミット・ギャングリー、アレックス・ガーヴィン、グレッグ・ガウゼ、ジョン・ガーシュマンとデボラ・ヤシャール、ポール・ゴロブ、マーク・

ゴールドマン、アルバート・ゴンサルヴェス、フィル・ゴードン、スティーヴ・グランド、マーティン・グラント、ジョイス・ハケット、ジョーン・ヘネシー、デイヴィッド・ハーマン、ジェイムズ・ヒギンズ、ジル・インディク、ベヴァリー・ジャブロンズ、トーニャ・ジェネレット、フレッド・カガン、フレッド・カプラン、イーサン・カプスタイン、ザカリー・カラベル、ジェフ・コプスタイン、ジェシカ・コーンとロン・レボウィッツ、スティーヴ・コトキン、アンディ・クレピネヴィッチ、レジーナ・クリク、チャーリー・カプチャン、ジュディス・ランギス、メル・レフラー、ジュヌヴィエーヴ・レンガード、ピーター・リーバーマン、ロブ・リーバーマンとローレン・オズボーン、マーク・リラン、ジム・リンジー、シャロン・リップナー、ロブ・ロング、グロリア・ロペス、マーク・リンチ、ショーン・リン＝ジョーンズ、セバスチャン・マラビーとザニー・ミントン・ベドーズ、マイケル・マンデルバウム、ケイト・マクナマラとトマス・モンゴメリー、ウォルター・ラッセル・ミード、ギル・メロン、ワーシー・モンロー、アンディ・モラフチクとアン＝マリー・スローター、グリン・モーガンとマルガリータ・エルティーヴス＝エイブ、ティム・ナフタリ、クラウディア・ネルソンとドナルド・マクニール、レイモンド・ニコラス、マイク・オハンロン、ジョン・オーウェン、デイヴィッド・ピアス、ケン・ポラック、ジョッシュ・ラモー、マリーナ・ラモス、ソーニャ・ローズ、フランク・リチャードソン、アイネズ・ロドリゲス、ジャネット・ローガン、ゲーリー・ローゼンとレスリー・カウフマン、リック・ルーベンスとナンシー・ルーベンス、ロジー・シュウォーツとアラン・シュウォーツ、スティーヴ・シュバルツバーグ、ランディ・シュウエラー、アダム・シーガル、アンナ・セレニー、リサ・シールズ、ジェーミー・シフレン、ジャン・シフレン、ジョナサン・シフレン、カルヴィン・シムズ、ダーリーン・スナイダー、ジャック・スナイダー、アリソン・スタンガー、デイヴィッド・スタイナー、キャサリン・ストーナー＝ワイスとエリック・ワイス、レイ・タケイ、アン・トロットマン、キャサリン・ウォーターズ、ジェイコブ・ワイズバーグ、ビル・ウォルフォース、アレキシ・ワースとエリカ・ベルセー・ワース、ボビー・ワース、ダイアン・ヴァション、デイヴィッド・ヴィクター、アリシア・ヴィラローザ、エンツォ・ヴィスキュージ、アルシャド・ザカリア、ファリード・ザカリアとポーラ・スロックモートン・ザカリア、ジョナサン・ザスロフ、アルマ・ゼレケとクレイ・シャーキー。

『フォーリン・アフェアーズ』誌のジム・ホーグは、一〇年以上にわたりすばらしく寛大な上司であると同時によき師であった。スタッフのみなさんは、頭がおかしくなった編集長をかばい支えるという契約ではなかったのだが、長年にわたりすばらしいユーモアで編集長を支え、その過程ですばらしい雑誌を発行してくれた。ここでは次の方々に感謝したい――ケイティ・オーラワラ、ナディーヌ・アペリアン、ウォレン・バス、アン・コールマン、クリス・ファラー、デイヴィッド・フェイス、ヘレン・フェッセンデン、エリザベス・ゲン、リンダ・ハンメス、ローズマリー・ハートマン、デイヴィッド・ケロッグ、シッダルタ・モハンダス、ベン・モクサム、ポール・マズグレイヴ、トレーシー・ネーグル、イヴ・オールソン、バシャラート・ピア、サーシャ・ポラコフ＝スランスキー、スチュアート・リード、カマル・シトウー、ローレンツ・スキーター、アン・タッパート、アリス・ワング、シーリア・ホイテッカー、ジョッシュ・ヤッハァー――そして特にジョナサン・テッパーマン、ステファニー・ジリー、ダン・クルツ＝フェランの三人には、教える以上に教えられた。ケイティ・オーラワラは雑誌の仕事をこなしたうえで、ここ二年ほどは完璧な研究助手としてわたしの相談にのり、何度も原稿に目を通して手を加え、本書やわたしが軌道を外れないよう気を配ってくれた。この本は、彼女がいなければ絶対に完成できなかった。きりがない質問に嫌な顔一つせず答え、原稿をこころよく読んでくれた以下の方々にも感謝の気持ちでいっぱいである――スティーヴ・ビドル、マックス・

ブート、ダン・バイマン、スティーヴン・ケーシー、ジョー・コリンズ、ラリー・ダイアモンド、マイク・ドラン、ピーター・フィーヴァー、グレッグ・ガウゼ、リチャード・ハース、アンディ・クレグネヴィッチ、ダン・カーツ＝フェラン、フレッド・ログヴァル、ウィンストン・ロード、グレッグ・ミトロヴィッチ、ケン・ポラック、エリヒュー・ローズ。

ファリード・ザカリアは、わたしと変わらないくらい多年にわたってこの企画の非常に多くの面に多大な時間を割いてくれた。だから、この企画はわたしと同じくらい（戦争にまつわるがらくた集めを除いて）彼のものである。本当に世話になったが、著作権代理人として世界一であるティナ・ベネットに引き合わせてくれたのも彼のお手柄だ。そうする理由もないのに、ティナ・ベネットは早くからわたしに賭けてくれた。すばらしい担当編集者のアリス・メイヒューは誰よりも熱心だった——彼女の情熱と分別のおかげで立ち止まらずに進むことができた。ジョン・カープ、ロジャー・ラブリエ、カレン・トンプソン、リサ・ヒーリー、ジャッキー・セオ、ジュリア・プロッサーをはじめとするサイモン＆シュスター社のみなさんは、お粗末な原稿を見事にすばらしい本にしてくれた。ジム・ピアソン、オーリン財団（ハーバードのオーリン戦略研究所を通じて）、アーサー・ロス（外交問題評議会を通じて）には、この企画が始まってから最後まで、さまざまな段階で組織的に厚くご支援いただいた。外交問題評議会文書室のスタッフのみなさんには、山のような史料の収集とその調査・分析という大変な仕事をしていただいた。また、８９５パークの仲間のおかげで、わたしの幽閉生活も我慢できるものとなった。

紙数も残り少なくなったが、本書に登場する多くの方々は寛大な態度で取材を受けてくださった。取材は長くなることもしばしばだったし、ときには何度も繰り返した。インタビューはほとんどオフレコでおこなった。個々のお名前はあげないが、取材に応じてくださった方はみなさん大事な時間を割いて、率直に話してくださった。この場を借りてお礼を申し上げたい。本書の内容に関してすべての方に納得していただけるとは思わないが、わたしがみなさんの話に真剣に耳を傾け、学ぼうとしたことはわかっていただけたらと思う。話は変わるが、本書に深い洞察が示されているとすれば、それはわたしの、あるいはわたしだけのものであることはまずない。同じように、原注に記載したすべての方々に感謝申し上げたい。わたしのように、誰かがそこから学び、紹介できる、本当の仕事をなさっていることに対して。

最後に、家庭ではアイザック、ルーシー、ビルボー、イシュマル、スミラ、ポゴ、ドミノ、チェッカーをはじめとするみんなが無償の愛でわたしを包み、生活を喜びに満ちたものにしてくれた。本書の執筆が終わって、彼らと——そして妻であり、いつも知的な刺激を与えてくれるシェリ・バーマンと、もっと一緒に過ごせるのが何よりうれしい。わたしにとって妻の愛は、妻が思っている以上に大事なものだ。妻は二〇年以上、大人というものはつまらないことでがたがた言ったり言い訳をしたりせず、ただやればいいと教えてくれた。だからわたしはそうしてきたのだ。

監訳者あとがき

戦争はいかに終結するのか――。これは大変意義深い問いである。戦争を始めることはたしかに重い決断ではあるが、いったん始まった戦争を終わらせる努力に比べれば実はたやすいことともいいうる。だから、戦争終結には叡智が必要になる。

それにもかかわらず、国際政治学者の関心の多くは、戦争の開始に向けられてきた。勢力均衡の破綻や集団安全保障システムの機能不全などをめぐる議論に対して、戦争終結の論理について語られることは少ない。たしかに、『太平洋戦争の終結――アジア・太平洋の戦後形成』（細谷千博・入江昭・後藤乾一・波多野澄雄編、柏書房、一九七七年）などの重要な研究書はあるが、日本人がもっている戦争終結の一般的なイメージは、やはり太平洋戦争――ポツダム宣言、原爆投下、ソ連参戦、玉音放送――についてのものだと思われる。実際に、二〇世紀におけるもう一つの大戦争であった第一次世界大戦についてですら、その終結過程のあらましを思い描くことができる人は少ないのではないだろうか。日本人にとってもっとも印象深い終戦のイメージが太平洋戦争であることは、原爆投下やソ連参戦がもたらした途方もない悲劇に対する衝撃の大きさゆえに当然のことだが、しかし太平洋戦争のイメージのみでは、戦争終結という問題に関するもっと一般的な洞察をおこなううえでは不十分だろう。一方で、戦争終結というテーマについて、太平洋戦争以外の近現代の主要な戦争を取り上げ、それらの戦争の最終局面について学ぶことができたり、それらを相互に比較できたりするような、日本語で読める文献はほとんど存在しなかった。

これに対し本書『終戦論――なぜアメリカは戦後処理に失敗し続けるのか』（原題は *How Wars End: Why We Always Fight the Last Battle*）は、太平洋戦争を含む二〇世紀以降にアメリカが関わった主要な戦争と、その戦争終結政策が描かれているきわめてユニークな書である。

原著者のギデオン・ローズ博士は、アメリカの対外政策に大きな影響力を持つシンクタンク「外交問題評議会」（CFR: Council on Foreign Relations）が発行する、国際政治・外交の分野で世界的に権威のある雑誌『フォーリン・アフェアーズ』の編集長である。ローズは、イェール大学卒業後、ハーヴァード大学で博士号を取得し、外交問題評議会の研究員として、安全保障・テロリズム研究などを専攻している。主な著作として、"Democracy Promotion and American Foreign Policy," *International Security* (Winter 2000/2001); "Conservatism and American Foreign Policy: Present Laughter vs. Utopian Bliss," *The National Interest* (Fall 1999); "It Could Happen Here: Facing the New Terrorism," *Foreign Affairs* (March/April 1999) などがある。また、国際政治学の分野で使われている「新古典的リアリズム」（ケネス・ウォルツ以来のネオ・リアリズムが、国家の対外行動について国際システム要因を中心に説明しようとするのに対し、これに国内政治要因や、対外政策決定過程の観点を取り入れようとする学派を指す）という用語を"Neoclassical Realism and Theories of Foreign Policy," *World Politics* (October 1998) という論文で初めて用いたのはローズだった。さらにローズは、クリントン政権期に国家安全保障会議（NSC）のスタッフを務めるなど、実務家としての経験ももつ。

本書では第二章以降、第一次世界大戦から、第二次世界大戦、朝鮮戦争、ヴェトナム戦争、湾岸戦争、イラク戦争、アフガニスタン戦争までの七つの戦争の終結が論じられている（第二次世界大戦は、ヨーロッパと太平洋の二章立て。またアフガニスタン戦争については、第九章で現状評価がなされる）。これらの戦争の終結の論理についてローズは、その時々のアメリカのパワー、アメリカが前の戦争から得た教訓、そして国内政治要因から考察していく。

第二章で取り上げられる第一次世界大戦の最終局面においてローズが注目するのは、アメリカ大統領ウィルソンの戦後構想とその挫折である。よく知られているようにウィルソンは、「一四カ条の原則」を掲げ、とりわけ国際連盟の設立を通じた戦後の恒久的平和をめざしていた。またウィルソンは、敗戦後に民主化されたドイツを再び国際政治のプレーヤーとして迎え入れ、ヨーロッパにおける勢力均衡を維持しようとしていた。

しかし、同じ連合国であるイギリスやフランスは、ウィルソンのように国際機構によって恒久的な平和が維持できると信じてはいなかった。イギリスの首相ロイド・ジョージやフランスの首相クレマンソーは、従来の権力政治的観点からヴェルサイユ講和会議に臨み、ウィルソンの理想主義的な戦後構想に形ばかりの同意を与えてこれを骨抜きにした。一方、ウィルソンは、自らの戦後構想に対する国際世論の支持を得るべく演説を繰り返すばかりで、戦時中、イギリスやフランスが追いつめられて、アメリカの支援を得るためにはアメリカの言うことには何でも従ったであろう時期に、連合国に戦後構想に関する何の圧力もかけなかった。

ウィルソンはまた戦争の最終局面において、ドイツに対し休戦の条件としてその民主化を再三要求したが、ウィルソンの要求が君主制を維持したままでの議会の権限拡大などの民主的改革のことを指しているのか、あるいは君主制を廃止し、共和制に移行することを求めるものなのか、ドイツ政府には見当がつかなかった。実は、「民主化されたドイツ」というあいまいな概念が何を意味しているのかということは、ウィルソン自身にもよく分かっていなかったのである。結局、帝政ドイツは内部から崩壊し、不安定なワイマール共和国が出現することになる。

続く第三章と第四章では、第二次世界大戦のヨーロッパ戦線と太平洋戦線がそれぞれ論じられている。フランクリン・ローズヴェルト大統領は、ウィルソンが第一次世界大戦の最終局面におこなったことを、自分が戦う第二次世界大戦の最終局面において繰り返すつもりはなかった。ローズヴェルトにしてみれば、第一次世界大戦の最終局面において、戦闘の結果ではなく、国内政治の情勢変化（突然の帝政崩壊と共和国の成立）ゆえに戦争に敗れたと見るドイツ人が、勝者に対し再び戦争をしかけてきたのだった。次こそはドイツを徹底的に叩きのめして敗北を理解させ、ドイツから軍国主義を根絶するためにやはり徹底的な戦後改革をおこなわなければならなかった。そのような改革にドイツ人たちを従わせるためにも、連合国にはその白紙委任状としてのドイツの「無条件降伏」が必要だった。ヨーロッパにおいてとられた政策は、そのまま日本にも当てはめられた。

無条件降伏という方針が第二次世界大戦の最終局面を支配したことには、もう一つの意味があった。自由主義国家のアメリカ・イギリスと、共産主義国家のソ連のあいだのいわゆる「大同盟」は、利益もイデオロギーも異なる国家同士の提携だった。アメリカ・イギリスとソ連は、お互いに相手がナチス・ドイツとの単独講和に走ることを恐れていた。「大同盟」の一方の相手方による敵との単独講和を制止し、その結束を保持するために、この戦争は敵の無条件降伏でもって終わらせなければならないという方針を、連合国は掲げ続けなければならなかった。ローズは第二次世界大戦の終結を、第一次世界大戦の教訓を踏まえて比較的成功裏になされたものと見ている。

第五章で取り上げられる朝鮮戦争では、休戦の最大の障害となったのは、戦争捕虜の送還問題だった。トルーマン大統領とディーン・アチソン国務長官をはじめとするアメリカの政府高官たちは、第二次世界大戦でドイツの捕虜となったソ連兵たちが、スターリンの下に送り返されたのちにどのような運命をたどったのかを知っていた。そのことに心を痛めるトルーマンらは、戦争終結にあたって、国連軍・韓国軍側の捕虜と共産軍側の捕虜を全体交換するのではなく、捕虜の自由意思にもとづく任意送還を主張した。

たしかにアメリカ側による捕虜の任意送還の主張は、第二次世界大戦の教訓にもとづく人道主義的なものだった。しかし、そのことは別の人道上の問題を惹起した。中国・北朝鮮側の捕虜の将来のために、敵の手中にある自国の兵士をいつまでも危険にさらし続けることが許されるのかという問題と、さらには捕虜の送還問題で休戦が遅れるあいだにも、戦場では死傷者が出続けているという問題である。いずれにせよ、一九五一年末にも終わると思われた戦争はこの問題のためにさらに一年半長引いた。アメリカが捕虜の送還という人道主義的問題のために戦いをやめなかったのは、アメリカの強さゆえだとローズは言う。つまりアメリカはその強さゆえに、人道主義的理由で戦争を続けるという「贅沢」が許されたのである。

最終的に共産側が捕虜の任意送還に応じたのも、アメリカの強さのゆえだった。アメリカは、このまま膠着状態が続けば、核兵器の使用を含めて事態をエスカレートさせる覚悟があることを共産側に伝えた。敵の譲歩を勝ち取るには力による脅しが効果的だという、ヴェトナム戦争で信じられることになる教訓はこの時生まれた。

しかし第六章で描かれているように、敵の譲歩を勝ち取るには力による脅しが効果的だという朝鮮戦争の教訓は、ヴェトナムでは通用しなかった。ケネディ・ジョンソン両大統領の下で拡大し、泥沼化した戦争から何とか抜け出そうとしたのが、大統領ニクソンと、その国家安全保障問題担当補佐官キッシンジャーである。ニクソンとキッシンジャーは、力の脅しによる和平が不可能だと悟ったが、かといって北ヴェトナムに全面的に譲歩することもせず、アメリカが支持する南ヴェトナム政権の存続を何とか図ろうとした。それは単に南ヴェトナムだけの問題ではなかった。いまアメリカがサイゴンを見捨てれば、アメリカの対外コミットメントの信頼性《クレディビリティ》がいちじるしく傷つくことになる。したがって、たとえ休戦のためのパリ協定がサイゴン政府の将来における崩壊の遠因になるとしても、サイゴン政府の崩壊とヴェトナムからのアメリカ軍の撤退のあいだには「時間的間隔」が必要だった。

アメリカの死活的利益とは無縁の地域での、兵力の逐次投入による、目的の不明確な、長期にわたる戦争を戦うというようなことは、二度とあってはならなかった。そのため第七章であつかわれる湾岸戦争では、その戦争目的はクウェートからイラク軍を押し戻すことに厳しく限定された。多国籍軍がクウェート国境を越えてバグダッドに進撃し、フセイン大統領を政権の座から引きずり降ろすようなことは厳に戒められていた。ヴェトナム戦争の教訓が、湾岸戦争の終結を規定した。

それでは、生き延びたフセインが再び侵略的な政策をとったらどうするのか。この疑問に対するジョージ・H・W・ブッシュ（父）政権の答えは、驚くほど練られていなかったとローズは指摘する。フセインは戦争で敗北した以上、イラクにおける国内政治的な足場をなくし、失脚すると信じられていたのだった。ところが実際には、多国籍軍が打ち破ったはずのイラク軍が再び息を吹き返し、戦後イラク国内でフセインに反旗をひるがえしたシーア派住民やクルド人に対し牙をむいた。それでもアメリカは当初の戦争目的とは異なるもののために介入しようとはしなかった。こうしてアメリカは意図せずしてペルシャ湾岸地域で長期にわたる「封じ込め」政策をとることを強いられる。

ヴェトナム戦争の教訓は、第八章のイラク戦争にも影を落としていた。アメリカは圧倒的戦力により短期間でイラク軍を打ち破り、フセインを政権の座から引きずり降ろしたのち、自由を愛するイラク人による新政府を樹立して、急いでイラクから引き揚げるつもりでいた。しかし、戦後イラクの治安維持のために必要な人員や経費を割かなかったため、イラクは内戦状態におちいった。その後兵力増派の決定を経てようやく治安が改善されることになったが、この経緯はイラクに関するジョージ・W・ブッシュ政権の戦後計画のずさんさを示すことになる。

第九章でアフガニスタン戦争の現状評価を試みたのち、ローズの『終戦論』は、戦争は他の手段をもってなされる政治の継続というクラウゼヴィッツの『戦争論』における命題が、戦争終結という局面においていかに無視されてきたかを鋭く指摘している。

このように本書の魅力となっているのは、膨大な一次史料や文献、そして著者自身によるインタビューを駆使し、約一世紀におよぶ期間の、七つもの戦争の終結局面が描かれていることである。これにより、読者はそれぞれの戦争の最終局面について知ることができるだけでなく、一般的な戦争終結の問題について体系的に理解することができる。また、それぞれの戦争の終結局面を比較し、考察を深めることも可能である。日本人にとってもっとも印象に残る終戦のイメージとなっている太平洋戦争の終結局面についても、これを様々な戦争の終結局面と比較して、相対化してとらえることができるだろう。

そのうえで、戦争終結に関する論点を二つほど挙げておきたい。第一に、戦争終結にいたる一方の側と他方の側のあいだの相互作用である。本書は主にアメリカ側の視点からその戦争終結政策を論じたものであるが、外交史家のゴードン・クレイグと国際政治学者のアレキサンダー・ジョージは、戦争終結過程を一種の「交渉」と見ている（ゴードン・クレイグ、アレキサンダー・ジョージ著、木村修三・五味俊樹・高杉忠明・滝田賢治・村田晃嗣訳『軍事力と現代外交――歴史と理論で学ぶ平和の条件』有斐閣、一九九七年）。そうだとすると、たとえば中国・北朝鮮側の戦争終結政策、北ヴェトナム側の戦争終結政策、イラク側の戦争終結政策の実態と、それらとアメリカ側の戦争終結政策とのあいだの相互作用が、戦争終結に少なくない影響を与えていると考えられるだろう（もっとも、本書でもドイツ・日本側の戦争終結政策との相互作用については言及されている)。

第二に、本書は戦争終結の論理を説明するうえで「パワー」要因を強調しているが、戦争におけるパワーは軍事的・経済的強さに限られない。たとえばヴェトナム戦争で軍事的・経済的には「弱者」であるはずの北ヴェトナムが勝利した理由の一つは、ダメージに耐え続けることができるという力の点で北ヴェトナムの方がアメリカに比べてはるかに強かったということに求められるだろう。このように相手がもたらす損害にどこまで耐えられるのかという、いわば「損害受忍の度合い」という要因も、戦争終結過程におけるパワー要因を考察するうえで無視できない位置を占めていると考えられるだろう。

戦争の政治目的と軍事目的とをいかに一致させるかというクラウゼヴィッツ以来の難問は、戦争終結の局面において顕著になるとローズは言う。本書は、終戦に関する我々のイメージを豊かにし、安全保障問題に関する考察を深めるうえで、多くの示唆を与えてくれている。

千々和泰明
防衛省防衛研究所戦史研究センター
安全保障政策史研究室教官

3. See Gideon Rose, "Neoclassical Realism and Theories of American Foreign Policy," *World Politics* 51:1 (1998), pp.144-72; Fareed Zakaria, *From Wealth to Power: The Unusual Origins of America's World Role* (Princeton, N.J.; Princeton University Press, 1998); and Michael Mandelbaum, *The Fates of Nations: The Search for National Security in the Nineteenth and Twentieth Centuries* (Cambridge, England: Cambridge University Press, 1988).
4. アジア各国の政治体制については以下の文献を参照。Aaron L. Friedberg, "Ripe for Rivalry: Prospects for Peace in a Multipolar Asia," *International Security* 18:3 (Winter 1993-94), pp.5-33, and Kent E. Calder and Francis Fukuyama, eds., *East Asian Multilateralism: Prospects for Regional Stability* (Baltimore: Johns Hopkins University Press, 2008). 今後数十年間に中国の台頭がアジアに与える影響については、いまの段階ではわからない。もっとも冷静な予測については、Robert D. Kaplan, "The Geography of Chinese Power," *Foreign Affairs* 89:3 (May/June 2010), pp.22-41を参照。
5. John Lewis Gaddis, "The Long Peace: Elements of Stability in the Postwar International System," *International Security* 10:4 (Spring 1986), pp.99-142.
6. 批評家・評論家の最近の主張については、以下を参照。Andrew Bacevich, *Washington Rules: America's Path to Permanent War* (New York: Metropolitan, 2010); The American Empire Project, www.americanempireproject.com/index.html. 今後の中東和平戦略の概略については、Kenneth M. Pollack, *A Path out of the Desert: A Grand Strategy for America in the Middle East* (New York:Random House, 2008) を参照。
7. Barack Obama, "A Just and Lasting Peace," Nobel Lecture, Oslo, December 10, 2009, http://nobelprize.org/nobel_prizes/peace/laureates/2009/ obama-lecture_en.html.
8. See James F. Dobbins, *After the Taliban: Nation-Building in Afghanistan* (Dulles, VA: Potomac Books, 2008); Ahmed Rashid, *Descent into Chaos: The United States and the Failure of Nation Building in Pakistan, Afghanistan, and Central Asia* (New York: Viking, 2008); and Seth G. Jones, *In the Graveyard of Empires: America's War in Afghanistan* (New York: W. W. Norton, 2009).
9. "Afghanistan Strategy," Douglas Feith to Donald Rumsfeld, October 11, 2001 (emphasis in original); available at www.waranddecision.com/docLib/20080420_AfghanistanStrategy.pdf.
10. Bob Woodward, "McChrystal: More Forces or 'Mission Failure,'" *Washington Post*, September 21, 2009, p.A1. 司令官たちの評価については以下を参照。http://media.washingtonpost.com/wp-srv/politics/documents/Assessment_Redacted_092109.pdf?sid=ST2009092003140.
11. "Remarks by the President in Address to the Nation on the Way Forward in Afghanistan and Pakistan," December 1, 2009, available at www.white house.gov/the-press-office/remarks-president-address-nation-way-forward-afghanistan-and-pakistan.
12. この点でイラク戦争は大失敗であり、同じような意見を述べている者が複数いる。以下の文献を比較参照。Nora Bensahel et al., *After Saddam: Prewar Planning and the Occupation of Iraq* (Santa Monica, Calif.: Rand, 2008), p.xxix, and Frederick W. Kagan, "War and Aftermath," in Brian M. De Toy, ed., *Turning Victory into Success: Military Operations After the Campaign* (Fort Leavenworth, Kans.: Combat Studies Institute Press, 2004).
13. 緊急対策の立案に関するさらなる議論については、Gideon Rose, "The Exit Strategy Delusion," *Foreign Affairs* 77:1 (January/February 1998), pp.56-67を参照。
14. Carl von Clausewitz, *On War*, ed. and trans. by Michael Howard and Peter Paret (Princeton, N.J.: Princeton University Press, 1976), p.89.

Point II, p.183.

119. ラリー・ダイアモンドが考える仮想的な事態の進展は以下のようなものだ。仮想的に以下のような順序で事態が進展していくものとして考える。

1. 戦争終結後にイラク国内が混乱状態におちいり、略奪が横行する事態を想定したアメリカは、兵力25万から30万の進攻軍を展開する。
2. 連合軍はバグダッド奪取後ただちに主要な政府庁舎、基幹施設、文化施設、遺跡を、重火器のほかに催涙ガスなど群衆を統制するのに有効な手段を装備して、略奪や破壊行為から守るよう指示された数千人の兵士で包囲する。その後、治安はそれほど人的損害を出さず早期に回復する。
3. 兵力数万の連合軍および支援空軍機をイラク国境に展開し、イラク国外からの暴徒の流入およびサダム支持者の国外脱出を阻止する。
4. 厳格な身元調査をパスしたイラク警察の元職員すべてに対して、地位保全、給与増額、再訓練を保証し、職場復帰を求める。
5. イラク軍の全兵士および一定レベルまでの将校に対して、各地区の事務局へ出頭を命じる。そこで適性検査をおこない、合格した者には継続して給料を支払い、再び任務につくことを許可する。
6. バース党および公務員上層部数千人を公職から締め出す一方で、旧政権下で残虐行為に加担していないと判定されたバース党上層部の人間についてはこれまで通り公職にとどまることが許され、また選挙に立候補する権利を失わないという政策を発表する。バース党自体は、新しい指導者のもとで再生を図ることを認められる。
7. アメリカはバグダッドの秩序・治安を確保したならばただちに国連に対して主要な権限を移譲し、3カ月以内にイラク暫定政権を樹立するよう提案する。国連の事務局は、まずイラク全土のさまざまな共同体から国民会議の代議員を選出することをおこない、国民会議がイラク暫定政権の閣僚を選出してその任務を完了する。
8. この政治プロセスにおいて、亡命していたイラク人グループは、国内にとどまっていた指導者や社会的勢力と競争することになり、結果として国民会議はイラクのあらゆる政治的傾向を反映したものになるだろう……。
9. 戦争が終結して最初の6カ月以内にできるだけ広い地域で各地の共同体における地方選挙を実施する。
10. 国連とアメリカは、暫定政権に対し、国民会議と協力して、憲法制定会議、憲法起草、イラク政府を樹立する選挙のタイムテーブルを作成するよう求める。

このようなシナリオであればうまくいったという保証はない。しかしこのようなシナリオが実行されていたら、占領軍に対する反発もそれが噴き出す前に解消され、イラクの人々は平和裏に国の立て直し、再建に邁進できていたかもしれない。その他の対立——民族的なもの、地域的なもの、宗派間のもの——は、このシナリオが実行されていても表面化していただろう。そうした事態は避けられないことだから。しかし、それでもイラクは直面した政治的諸問題にうまく対処できたかもしれない。Diamond, *Squandered Victory*, pp.303-5.

120. Allawi, *The Occupation of Iraq*, pp.16, 130, 133. アメリカの外交官ディヴィッド・サターフィールドはこの考えを端的に述べている——イラクは「『共食いする肉食魚』の水槽」のようだった。Woodward, *State of Denial*, p.402.

121. Hendrickson and Tucker, "Revisions in Need of Revising," p.17.

122. Filkins, *The Forever War*, pp.82, 319.

123. 戦費見積もりは激しい議論をよんでいる。おおよその数字は以下の文献にもとづく。Amy Belasco, *The Cost of Iraq, Afghanistan, and Other Global War on Terror Operations Since 9/11*（Washington, D.C.: Congressional Research Service, 2009）, and the Brookings Institution's *Iraq Index*, available at www.brookings.edu/saban/iraq-index.aspx. See also the *Hard Lessons report*, p.319.

第9章　アフガニスタンおよびそれ以降

1. Condoleezza Rice, "Iraq and U.S. Policy," Senate Committee on Foreign Relations October 19, 2005, p.1, http://foreign.senate.gov/testi mony/2005/RiceTestimony051019.pdf.

2. Donald Rumsfeld on CNN's *Live From*, November 29, 2005, transcript available at http://transcripts.cnn.com/TRANSCRIPTS/0511/29/lol.01.html.

時期を早め、完了しつつあることは、戦略的に適切であり実行可能なことです」。Woodward, *The War Within*, p.231.
109. Woodward, *The War Within*, p.292.
110. See Kenneth M. Pollack, *After Saddam: Assessing the Reconstruction of Iraq* (Washington, D.C.: Brookings Institution, 2004); Andrew F. Krepinevich, "How to Win in Iraq," *Foreign Affairs* 84:5 (September/October2005); and Kenneth M. Pollack, *A Switch in Time: A New Strategy for America in Iraq* (Washington, D.C.: Brookings Institution, 2006).
111. Woodward, *The War Within*, p.306.
112. Ricks, *The Gamble*, p.124.
113. リックは次のように書いている——「ペトレイアスのそばで割合に楽観的な見解をもっていた数少ない人物のなかにある上級情報将校がおり、名前を出さないという条件でインタビューに応じた。『増派戦略を成功させる見込みは十分あると思っていた』とその将校は振り返り、イラクのアメリカ軍司令部で『うまくいく可能性は10パーセント、15パーセントと思っている人が多い』が、自分は40パーセントだと思うと言った。成功する見込みがこの程度でしかないにもかかわらず、特に有望な代案を思いつかなかったため彼らはやる気でいた。増派戦略が成功する見込みが低いからといって、もっといい選択肢があるわけではなかった……。高官たちですら大きな疑いを抱いていた。『わからなかった』、とライアン・クロッカー大使は言った。『うまくいくだろうとは思った。絶対うまくいかないと思っていたら、ここに来るなんて狂気の沙汰だ……。うまくいくと最初から思っていたなんて言うつもりはない。蔓延していた暴力行為の程度、それが警察や社会機構に与えた損害を考え合わせると、これは一か八かの冒険だろうと思った』」。「2007年8月初旬、戦闘状況に対する自分の判断を議会に伝えるため帰国するほんの数週間前になってようやく、ペトレイアスは増派戦略がうまくいっていると思うようになった」。*The Gamble*, pp.152, 241.
114. Petraeus's letter, dated September 15, 2008, available at http://graph ics8.nytimes.com/images/2008/09/15/world/20080915petraeus-letter.pdf. 増派、スンニ派との再提携、イラクの未来の関連については、以下の文献を参照。Stephen Biddle, "Seeing Baghdad, Thinking Saigon," *Foreign Affairs* 85:2 (March/April 2006); Austin Long, "The Anbar Awakening," *Survival* 50:2 (April-May 2008); Steven Simon, "The Price of the Surge," *Foreign Affairs* 87:3 (May/June 2008); Colin H. Kahl, "When to Leave Iraq: Walk Before Running," *Foreign Affairs* 87:4 (July/August 2008); Stephen Biddle, Michael E. O'Hanlon, and Kenneth M. Pollack, "How to Leave a Stable Iraq," *Foreign Affairs* 87:5 (September/October 2008); and Marc Lynch, "Politics First," *Foreign Affairs* 87:6 (November/December 2008).
115. John Bolton, *Surrender is Not an Option* (New York: Simon & Schuster, 2007), p.438.
116. Cf. Feith, *War and Decision*, pp.496ff.; Rumsfeld, in Graham, *By His Own Rules*, p.406.2008年4月28日にワシントンDCのハドソン研究所で開かれたファイスの著書に関するパネルディスカッションでのピーター・ロドマンのコメントは以下で利用可能。www.hudson.org/files/documents/feith%20 transcript%20 final.pdf.
117. ドビンスと共著者たちは次のように述べている——「2003年春、選挙によらないイラク人政府をアメリカがつくり、これに権限を委ねていたら、何が起きていたかわからない。ことによるとこの政府の指導者たちは、難題にうまく対処したかもしれない。しかし、2005～2006年に勃発した宗派間の戦闘がいまも続いているということも同じようにありうることだ。また、数年後に選挙によってつくられた政府よりもずっと問題処理能力は低かっただろうし、政治基盤も弱いものだっただろう。また、長いあいだ亡命していた人々に支配されることになっていただろうから、CPAがぶつかった難題のすべてに直面することになっていただろう」。*Occupying Iraq*, pp.48-49.
118. この問題に関するさまざまな見通しについては、以下の文献を参照。Daniel Byman, "An Autopsy of the Iraq Debacle: Policy Failure or Bridge Too Far?" *Security Studies* 17:4 (October 2008); Kenneth M. Pollack, "The Seven Deadly Sins of Failure in Iraq: A Retrospective Analysis of the Reconstruction," *Middle East Review of International Affairs* 10:4 (December 2006); David C. Hendrickson and Robert W. Tucker, "Revisions in Need of Revising: What Went Wrong in the Iraq War," Survival 47:2 (Summer 2205); Bensahel et al., *After Saddam*, p.xxvii; and Wright and Reese, *On*

ブッシュ政権の取り組み方の特質をどう表現するかについては議論がいくつかある。たしかに軍人よりも文官が意思決定を支配していたが、その支配が適切におこなわれていたか否かは疑問視されている。エリオット・コーエンは2002年に出版した自著 *Supreme Command* のなかで、ハンチントンの『客観的統制』に代わる考え方を主張していた。彼はそれを『対等ではない者のあいだの対話』と呼んでいる。そこでは文民指導者たちは、紛争のすべての段階で積極的に軍の幹部たちと話し合いの時間をもつ。この対等ではない者のあいだの対話のなかで、文民指導者たちは問題を考察し、問いを投げかけ、徹底的に調査し、さまざまな意見を聞き、軍の幹部たちは指揮系統の上官に自分たちの見解を率直に述べ、最終的には下された命令にしたがうことになっている。2003年版のあとがきのなかでコーエンは、「2003年のイラク戦争の計画立案と遂行は、対等ではない者のあいだの対話にならったものだ」と書いている（*Supreme Command*［New York: Anchor, 2003］, p.240）。しかしながら、2006年から2007年におこなわれた「増派」の意思決定過程——これはイラク戦争に対するブッシュ政権の初期の取り組み方を根本的に変えたものである——こそが、軍事行動において対等ではない者のあいだの対話がそれまでよりもましな例、あるいは少なくともそれまでよりはうまくいった例、のように思われる。加えて以下を参照。Michael C. Desch, "Bush and the Generals," *Foreign Affairs* 86:3（May/June 2007）and Desch, et al., "Salute and Disobey" *Foreign Affairs* 86:5（September/October）.

100. Woodward, *State of Denial*, p.98. 対イラク戦争計画に関する軍の不満については、Ricks, *Fiasco*, pp.40ff を参照。

101. Gordon and Trainor, *Cobra II*, p.461. ホワイトは2003年４月、トランスフォーメーションに消極的だとしてラムズフェルドにより更迭された。

102. Michael R. Gordon, "The Conflict in Iraq: Winning the Peace: Debate Lingering on Decision to Dissolve the Iraqi Military," *New York Times*, October 21, 2004.

103. Franks, *American Soldier*, pp.338. 政権がいかに真剣に「フェーズ４」に取り組んでいたかを示そうと、フランクスは回顧録のなかでこの問題を「中央軍の計画立案者たちおよびワシントンの高官たちは何時間も何日間もかけて議論した」と述べている（p.421）。これとまったく同じ計画立案者や高官たちがフェーズ１から３をうまくやり遂げようとして必死であったその年を含めた１年半のことを考えると、彼は自分の言葉が計画立案者や高官たちの真剣さを疑わせるものになっていることをわかっていないようだ。

104. Gordon and Trainor, *Cobra II*, p.486. 最終的にサンチェスが指揮する司令部の名称はCJTF-7となった。

105. Stephen G. Brooks and William C. Wohlforth, "American Primacy in Perspective," *Foreign Affairs* 81:4（July/August 2002）を参照。

106. いかにジョージ・オーウェル風にひびこうと、この言葉はブッシュ政権が採用した「先制行動」論よりもブッシュ政権を正確に表現している。以下を参照。"Sovereignty and Anticipatory Self-Defense," OUSDP memo, August 24, 2002, available at www.waranddecision.com/docLib/20080402_SovereigntyDefense.pdf. トルーマン・ブッシュ両政権における、パワー、脅威認識、政策の関係については、以下の文献を参照。Melvyn P. Leffler, *A Preponderance of Power: National Security, the Truman Administration, and the Cold War*（Stanford, Calif.: Stanford University Press, 1992）, and idem, "9/11 and American Foreign Policy," *Diplomatic History* 29:3（June 2005）, pp.395-413.

107. Michael R. Gordon, "Troop 'Surge' in Iraq Took Place Amid Doubt and Intense Debate," *New York Times*, Aug. 31, 2008 p.41; Ricks, *The Gamble*; and Woodward, *The War Within*.

108. たとえば10月20日、ラムズフェルドは記者会見でお得意の題目を繰り返した——「最大のまちがいは、事態をイラク人に委ねないということであり、そのようなことをすれば、彼らの能力や力量を伸ばす代わりに、彼らが他国に依存するような状態をつくりだすことになるだろう……。イラクはイラク人の国だ。いずれではなく早急に、イラク人が治安や安全を保障しなければならない」。"DoD News Briefing with Secretary Rumsfeld and South Korean Minister of National Defense Yoon Kwang-Ung at the Pentagon," October 20, 2006, available at www.defense.gov/transcripts/transcript.aspx?transcriptid=3763. イラク駐留アメリカ軍のジョージ・W・ケーシー司令官は、この方針に同意し、11月中旬に次のように報告している——「治安維持責任の、有能なイラク治安部隊への移行相手を嫌い始めていることが、ブレマーだけでなくホワイトハウスにいる誰の目にも明らかになった。Bumiller, *Condoleezza Rice*, pp.178, 225. ラムズフェルドはパウエルをも小ばかにしていた。国家安全保障問題担当大統領補佐官の対テロ担当次席を務めたウェイン・ダウニング退役陸軍大将は、次のように述べている――「会合前……ラムズフェルドはパウエルが動揺したり腹を立てたりするようなことを言ったりしたりした。『コリンの感情を強く刺激するような話をした』とダウニングは語った。『投票権とか移民、教育、妊娠中絶についてかもしれない――とにかくコリンがかっとなるようなことだ。やがて会合が始まるんだが、いつもは冷静なコリンがおちつきを失っている。わたしは腹のなかで、ラムズフェルドはパウエルをないがしろにしているとつぶやいた。その時だよ、この男は危険だと思ったのは』」。Graham, *By His Own Rules*, pp.341-42. これに対してチェイニー――ラムズフェルドと親しく、政策的な考え方がたいてい近かった――は、同僚たちに紳士的にふるまったが、関係省庁間の会議や手続きを通じて大統領の決断に自分が影響力を及ぼすのを当然のように思っていた。

87. Interview with author, January 2010. ウッドワードの言葉を比較参照――「彼女はブッシュが何を考えているかが正確にわからないとおちつかなかった」。*Bush at War*, p.258.

88. Daalder and Destler, *In the Shadow of the Oval Office*, p.252.

89. Bill Keller, "The World According to Powell," *New York Times Magazine*, November 25, 2001 p.60. これが公表されると、ラムズフェルドはブッシュの命令にしたがって、フランクスに対イラク戦争に向けた計画の作成にとりかかるよう伝えた。

90. Woodward, *Plan of Attack*, p.150 (emphasis in the original).

91. Ibid., p.151.

92. 2002年8月におこなわれた話し合いの席でパウエルは、「やらないように、とは言わなかった。パウエルの意見の要点をひとつにまとめるなら、そういうことになる。ずばりと言いたい気持ちもあったが、陸軍で35年勤務し、その後も政府の要職にあったために、ボスの流儀にしたがい、手立てだけを進言することが身についていた。ボスが決めた目標の範囲内で話をすることが何事にも優先した。ずっと彼はあまりにも弱腰だったのかもしれない」。2003年1月23日、ブッシュはパウエルにこう言った――「賛成してくれるな？わたしはやらざるをえない。きみにも同意してもらいたい」。パウエルは答えた――「最善を尽くします。はい、大統領。同意いたします」。Woodward, *Plan of Attack*, pp.151, 271.

93. 2002年秋、「テネットは腹心のジョン・O・ブレナンに、イラク進攻は適切とは思えないと打ち明けた。ブッシュ政権上層部は、イラクに進攻して政権を倒せばいいと考えているが、あまりにも思慮が浅い。『まちがっている』。テネットはついにブレナンにそう言った。しかし、自分の懸念をブッシュには伝えなかった……。『いや、正気の沙汰じゃありませんよ。うまくいきません。やめた方がいい』と言うこともできたはずだ。しかしテネットは言わなかった」。Woodward, *State of Denial*, p.90.

94. Feith, *War and Decision*, pp.245-46.

95. See Goldsmith, *The Terror Presidency*, and Gellman, *Angler*.

96. "Iraq: Goals, Objectives, Strategy," signed by Bush on August 29. 本文中の引用符は、この文書の10月29日付の改訂版より。Available at www.waranddecision.com/docLib/20080402_IraqGoalsStrategy.pdf.

97.「好きなように計画立案できるが」、と彼女は言葉を続けた。「前提がまちがっていたら、計画は失敗する」。Mabry, *Twice as Good*, p.193.

98. ドビンスおよび共著者たちは次のように書いている――「アメリカはマキシマリスト（極大をめざす人）のような目的――中東全域の指針になるような模範的な民主主義を打ち立てる――をもってイラクに進攻したはいいが、ミニマリスト（極小をめざす人）が唱える程度の金や人的資源しか使わなかった……。戦闘終結後、次々に直面した困難は、主としてアメリカの野心の規模と、それに対するアメリカの初期の関わり具合いの乖離から生じていた……。ほんの数年前にNATOがボスニアやコソボで引き受けたのに匹敵するような仕事に、その10倍も広い社会で取り組んでいることを政権が認識していたら、アメリカは初期の軍事的関わりや財政的関わりを広げ、舞い上がって使っていた大げさな言葉づかいをひかえていたかもしれない（あるいは、そのような認識があれば、政権は計画全体を考え直していたかもしれない）」。*Occupying Iraq*, pp.xxix, xli.

99. 文官と軍人の関係に対するジョージ・W・

to the Senate Intelligence Committee's "Report on Prewar Intelligence Assessments about Postwar Iraq," May 2007, available at www.intelligence.senate.gov/prewar.pdf.
78. Conrad C. Crane and Andrew W. Terrill, *Reconstructing Iraq: Insights, Challenges, and Missions for Military Forces in a Post-Conflict Scenario* (Carlisle, Pa.: U.S. Army War College, Strategic Studies Institute, 2003), p.1.
79. "Hearings Before the Committee on Armed Services, United States Senate," February 25, 2003.「イラク占領に必要になるアメリカ軍兵力についてのシンセキ将軍の意見は、ある程度この論文［Reconstructing Iraq］によって形成されているとわれわれは結論した。将軍はこの論文を読んだと考えている」。"Question and Answer with Conrad C. Crane," in Brian M. De Toy, ed., *Turning Victory Into Success: Military Operations After the Campaign* (Fort Leavenworth, Kans.: Combat Studies Institute Press, 2004), p.27.
80. "Hearing Before the Committee on the Budget, House of Representatives," February 27, 2003.
81. Gordon and Trainor, *Cobra II*, p.104.
82. Woodward, *Bush at War*, p.137.
83. Scott McClellan, *What Happened* (New York: PublicAffairs, 2008), p.127.
84. もちろん政権に忠実な人にとっては、これは欠陥ではなく、誇るべき特徴だった。2期目で国家安全保障問題担当大統領補佐官を務めたスティーヴン・ハドリーは、ウッドワードに次のように語っている――「大統領は本当に先見の明がある……。常識を無視する大胆さがある。言い訳をしない。ボーっと座って、その状態を再確認し、明らかにその状態を楽しんでいる。その様子が人々に精神的衝撃を与える。みんなはこう考える――『いったい大統領は何をしているんだ……このカウボーイは？』。われわれ、ホワイトハウスにいる連中は大統領の力量を信頼している。大統領の能力を信じ、すばらしい人だと思っている」。ハドリーは、「コーネル大学、イエール大学法学部（ブッシュは1972年にイエール大学法学部を卒業）出身者は、型にはまった長ったらしい分析的な独特の喋り方をするが、ブッシュは『そんなものをすべて無視していた』。ブッシュはテキサス州ミッドランドの方言を好み、多くの人はそれを『極端に単純だ、深みに欠ける、緻密でない』と思ったと語った」。Woodward, *The War Within*, p.27.
85. このやり方に閣僚のほとんどが困惑し、いらだち、ライスのせいにしたがるが、最終的には彼女は大統領の希望に沿っているだけだと結論を下した。大統領は政権発足後間もない時期に、自分自身の見解を表明した――「国家安全保障チームが助言をおこなうときには、その判断を信頼する。助言はつねに全員一致とはかぎらないが、そういうときのわたしの仕事は――仕事は、いくつもの問題をすり合わせ、起こりそうな筋書きをすり合わせ、聡明な人間六、七名が合意に達するようにすることだ。そうすればわたしの仕事が楽になる」。「わたしの仕事は」から「仕事は」へのきわめて重大な変化に注目してもらいたい。ブッシュがいかにあいいれない選択肢の取捨を避けたいと思っているか、高官たちにひとつの最小公倍数を承諾させる面倒な仕事をライスに押しつけようとしているか、はっきりとわかる。Woodward, *Bush at War*, p.74. ライスの伝記作家のひとりは次のように書いている――「ブッシュは、ライスが大統領上級補佐官たちの論争に決着をつけるために、当事者たちを執務室に入れることにいい顔をしなかった。『ブッシュが調和と平和を好むということで、ブッシュの親しい友人たちの意見が一致している。ブッシュは不一致を嫌う』と、2005年に『ニューズウィーク』誌は報じた」Marcus Mabry, *Twice as Good: Condoleezza Rice and Her Path to Power* (New York: Modern Times, 2007), p.202. ブッシュ政権の国家安全保障問題に関する意思決定過程については、Peter W. Rodman, *Presidential Command* (New York: Knopf, 2009), ch.9, and Ivo H. Daalder and I. M. Destler, *In the Shadow of the Oval Office* (New York: Simon & Schuster, 2009), ch.8を参照。
86. ラムズフェルドは人目をはばかることなく横柄で不遜な態度をとり、ライスを返事をする必要も話を聞く必要もない職員であるかのようにあつかった。「政権が発足して1年もすると国防長官は、国家安全保障問題担当大統領補佐官を評価していない気持ちを隠そうとしなくなった。少なくとも大統領がそばにいないときには……。会合でラムズフェルドは、ライスの発言中に関係のないものを読み、ライスが意見を述べれば大げさに見下すような態度をとるので、ほかの出席者たちが気まずい思いをした」。1年半後には、ライスとラムズフェルドがお互い

lect Committee on Intelligence on the U.S. Intelligence Community's Prewar Intelligence Assessments on Iraq, July 9, 2004, available at www.gpoaccess.gov/serialset/creports/Iraq.html. あらゆる問題や失敗、大量破壊兵器に関する情報収集がうまくいかなかった要因だけでなく、あらゆる証拠についても再調査したうえでロバート・ジャーヴィスが出した結論は、非常に思慮深いものであるように思われる。

> イラクにおいて正確な情報を収集するのに失敗した根本的理由は、手に入れた情報が正しいと考えるための前提条件や推論が無理のない妥当なものだったということである。まちがっていると考えるよりも自然なものだったのだ……。サダムはこれまで大量破壊兵器開発を精力的に推し進めてきており（また、化学兵器を効果的に用いていた）、計画を立て直す大きな動機もあったし、資金、熟練技術、必要なものを調達するネットワークももっていた。国連の査察官たちをあざむいたり妨害したりする明確な理由は、彼が実際に開発を進めているからだというほかにはなかった。要するに、分析のノウハウにまちがいがなかったとすれば、もっともありそうな結論は、サダムがあらゆる大量破壊兵器開発を積極的に推し進めており、おそらくはもういくつかを手にしているというものだったとわたしは思っている。しかし、この判定は、確実なところはわからないがという形で表明し、直接証拠の限界も強調しておくべきだった。また、このような判定に達する根拠をくわしく説明するべきだった。しかし、分析がもっとしっかりしていれば根本的に異なる結論に達したのならいいが、この場合はそうではないとわたしは思っている。戦後に作成されたドルファー報告書を誰かが戦争前につくっていたら、まずまちがいなくその人は想像力が豊かだと言われただろうが、読んだ人を納得させるところまではいかなかっただろう。いまでもドルファー報告書の内容は信じがたい。

"Reports, Politics, and Intelligence Failures: The Case of Iraq," *Journal of Strategic Studies*, 29:1（February 2006）, p.42. デイヴィッド・ケイ核兵器査察官がもっとも簡潔に何が起きたのかを述べている──「情報が正しいと思ってしまったのは、イラクの連中が大量破壊兵器を保有しているかのようにふるまっていたからであり、情報活動においてもっとも難しいのは、相手のふるまいが情報と矛盾していなくともまったく別の理由からそうしている場合だということを理解するほどまでわれわれも利口ではなかったからである」。Woodward, *State of Denial*, p.278.

73. Kenneth M. Pollack, "Next Stop Baghdad?" *Foreign Affairs* 81:2（March/April 2002）, pp.42-45. 戦争前の自分の分析に関するポラックの回顧的な見解については、Kenneth M. Pollack, "Spies, Lies, and Weapons: What Went Wrong," *Atlantic* 293:1, January/February 2004, and "Mourning After: How They Screwed It Up." を参照。

74. James Fallows, "The Fifty-First State?" *Atlantic*, November 2002; Rachel Bronson, "When Soldiers Become Cops," *Foreign Affairs* 81:6（November/December 2002）; Daniel Byman, "Constructing a Democratic Iraq," *International Security* 28:1（Summer 2003）; Aideed I. Dawisha and Karen Dawisha, "How to Build a Democratic Iraq," *Foreign Affairs* 82:3（May/June 2003）; and James Dobbins et al., *America's Role in Nation-Building from Germany to Iraq*（Santa Monica, Calif.: Rand, 2003）.

75. Cf. *Guiding Principles for U.S. Post-Conflict Policy In Iraq*（New York: Council on Foreign Relations and the James A. Baker III Institute for Public Policy of Rice University, 2003）; *Iraq: The Day After*（New York: Council on Foreign Relations, 2003）; and *A Wiser Peace: An Action Strategy for a Post-Conflict Iraq*（Washington, D.C.: Center for Strategic and International Studies, 2003）.

76. See "Reconstruction in Iraq-Lessons of the Past," Haass to Powell, September 26, 2002, in Haass, *War of Necessity, War of Choice*, pp.279-93. パウエルは「この覚書を丹念に読み、おおかたの内容に同意した。また、これを自分の周りの主要な人々──国防長官、国家安全保障問題担当大統領補佐官（補佐官自身と大統領）、副大統領──に送った」（p.228）。国務省の「イラクの未来」プロジェクトの成果は以下で利用できる。www.gwu.edu/~nsarchiv/NSAEBB/ NSAEBB198/index.htm.

77. *Principal Challenges in Post-Saddam Iraq*（National Intelligence Council, ICA 2003-004, January 2003）, p.19, published as Appendix B

要閣僚だった人物のなかで唯ひとりイラク戦争を熱心に支持した。
66. そう考えるひとつの理由は、9・11およびテロとの戦いというプリズムを通してイラクをながめることにこだわっていた大統領の姿勢である。2003年末、大統領はボブ・ウッドワードに、いまの状況と父が大統領だったときの状況は無関係なので、父とイラク問題を話し合ったことはないと告げている——「これは大がかりなこれまでの戦争とは異なった戦争の一環なんだ。これは、いわばその戦争のなかのひとつの戦線のようなものだ」。「お父上に『正しいやり方は？　どう考えるべきだろうか？』などとは聞かなかったのですね」とウッドワードは尋ねた。「聞かなかったと思う」とブッシュは答えた。「戦争の性格がまったくちがう。ちがう種類の戦争だ」。*Plan of Attack*, p.421. もうひとつの理由は、ブッシュ家の精神力学と関係したものである。わたしはそのような解釈に反対の立場で調査を始めたが、ブッシュ・ジュニアの意志決定、ひいてはブッシュ・ジュニアの部下の見解に、ブッシュ家の精神力学が意識的あるいは無意識のうちに何らかの役割を果たしている可能性があるというのはもっともだといまでは感じている。チェイニーは別として、ブッシュ・ジュニア政権の43人の高官たちが、ブッシュ・シニア政権の41人の高官たちおよびその考え方に対して軽蔑の念をはっきりと態度に出したことは不可解で、他に説明がつかない。さらに二度目の対イラク戦争の戦後計画でもっとも重要な役割を果たす人物——ラムズフェルド——は、元大統領の積年のライバルとしてよく知られていた。ブッシュ家の家族関係を見れば、ブッシュ大統領についていろいろなことがわかるという主張については、Weisberg, *The Bush Tragedy* を参照。
67. アフガニスタン紛争中に開かれたNSCの会合で、ブッシュは繰り返し国家樹立のために軍事力を行使することには反対だと述べた。Cf. Woodward, *Bush at War*, pp.237, 241.
68. Donald Rumsfeld, "Beyond Nation Building," February 14, 2003, available at www.defense.gov/speeches/speech.aspx?speechid=337.
69. Donald Rumsfeld, "Secretary Rumsfeld Remarks at the Eisenhower National Security Conference," September 25, 2003, available at www.defense.gov/transcripts/transcript.aspx?transcriptid=3189.
70. ワイスバーグは次のように書いている——「2000年の大統領選挙を報道しながら、ある問題に対してブッシュがどんな立場をとるかわからないとき、ブッシュが考えようとしないことを想像することによって、彼がとる姿勢を非常に正しく推測できるのだとわたしは気づいた。ジョージ・W・ブッシュは自分の父親をよいとは認めたくなかったし、ビル・クリントンをもよいとは認めたくなかった。そこで彼は、われわれがクリントン政権期に『トライアンギュレーション』と呼ぶようになっていたことを実行した」。*The Bush Tragedy*, pp.64-65 (emphasis in the original).
71. 2002年8月、国防総省のピーター・ロドマン次官補はこの主張をはっきり述べた。

> 国務省はサダムが消えたあかつきには、アメリカ主導の暫定民政機構というものをつくって、これがイラクを統治することを提案した……。わたしが懸念しているのは、この占領政府がたくまずしてイラクの真空状態を長引かせ、悪い連中がそこを埋めてしまうようになることだ……。イラクにド・ゴールのような人物はいないが、第二次世界大戦後のフランスの経験は第二次世界大戦後のドイツや日本の経験よりも教訓的であるように思える。
>
> ◎イラクの政治的真空を埋めようとする悪党ども——過激なシーア派、共産主義者、ワッハーブ派、アルカイダ——がイラク全土にいる。
> ◎占領政府は穏健な諸勢力をひとつにまとめるプロセスを遅らせるだけだろう。
> ◎真空を埋めるのにもっとも現実性があるのは、イラクの人々にその準備をさせることだ。
>
> そのようなわけで、イラクの人々がまだアフガニスタンにおけるボン合意実施の段階にいたっていないとしても、わたしはアフガニスタンを見習うべき手本とみなしている。

"Who Will Govern Iraq?" Rodman to Rumsfeld, August 15, 2002, in Feith, *War and Decision*, pp.546-48.
72. See *The Report of the Commission on the Intelligence Capabilities of the United States Regarding Weapons of Mass Destruction*, March 31, 2005, available at www.gpoaccess.gov/wmd/index.htm, and *The Report of the Se-*

on Terrorism," November 8, 2001, available at http://georgewbush-whitehouse.archives.gov/news/releases/2001/11/20011108-13.html.
53. George W. Bush, "President Bush Speaks to United Nations," November 10, 2001, available at http://georgewbush-whitehouse.archives.gov/news/releases/2001/11/20011110-3.html.
54. George W. Bush, "President Delivers State of the Union Address," January 29, 2002, available at http://georgewbush-whitehouse.archives.gov/news/releases/2002/01/20020129-11.html.
55. George W. Bush, "President Bush Delivers Graduation Speech at West Point," June 1, 2002, available at http://georgewbush-whitehouse.archives.gov/news/releases/2002/06/20020601-3.html.
56. Richard B. Cheney, "Vice President Speaks at VFW 103rd National Convention," August 26, 2002, available at http://georgewbush-whitehouse.archives.gov/news/releases/2002/08/20020826.html.
57. Brent Scowcroft, "Don't Attack Saddam," *Wall Street Journal*, August 15, 2002, available at www.opinionjournal.com/editorial/feature.html?id=110002133.
58. *Woodward, Plan of Attack*, p.160.
59. Ibid., p.167.
60. Franks, *American Soldier*, pp.315, 356-57.
61. "Iraq: Prime Minister's Meeting, 23 July," Matthew Rycroft to David Manning.
62. "Iraq: Advice for the Prime Minister," March 22, 2002, memo from Peter Ricketts（political director, U.K. Foreign and Commonwealth Office）to Jack Straw（U.K. foreign secretary）, available at http://downingstreet memo.com/memos.html. ブッシュ政権の高官たちがこの決定に同意していようといまいと、決定の背景にあるものに関しては意見が一致していた。ファイスとハースの結論を比較してみよう。「サダムの過去の一連の侵略行為に対するアメリカの脆弱性を考慮し、ブッシュ大統領は、今度戦う時期と場所をサダムに選ばせるのは非常に危険だと判断した……。戦争は危険だろう。だがサダムをこのまま権力の座にとどまらせておくのもまた危険だ。当時もいまと同じようにもかなりの人が戦争が正しい選択かどうかについて意見を異にしていたのだ。Feith, *War and Decision*, p.224.「戦争を始めることについての議論——あなたがそのような議論を認めようと認めまいと、あなたがそのような議論になじめようとなじめまいと——は非常に幅広いものであった。それは各人が各様の意見をもっているからではなかった。それはまさに、次のような問いに対する熟慮にもとづいた議論だったからである。『これまでのイラクの行動を考えたとき、われわれは現状に我慢できるだろうか、化学兵器や生物兵器を保有するイラクに我慢できるだろうか？　この先何カ月も何年も我慢できるだろうか？』。我慢できる、大丈夫だと思った人もいれば、我慢できないと思った人もいたし、どちらにも決めかねる人たちもいて——最終的には大統領が戦争を始めると決断した。Richard Haass, interview for *Frontline: Truth, War, and Consequences*, September 15, 2003, available at www.pbs.org/wgbh/pages/frontline/shows/truth/interviews/haass.html.
63. 政権外で特に有名な対イラク強硬論者のケネス・ポラックは、広く読まれている戦争要約記事のなかでこの問題を大々的に取り上げた。*The Threatening Storm*, ch. 12を参照。ポラックをはじめとする人々が、戦後の後始末を考えずに戦争をした理由を曖昧にしていることについては、以下の文献を参照。Pollack, "Mourning After: How They Screwed It Up," *New Republic*, June 28, 2004; Eliot Cohen, "A Hawk Questions Himself as His Son Goes to War," *Washington Post*, July 10, 2005; and James Dobbins, interview with *Frontline: The Lost Year* in Iraq, June 27, 2006, available at www.pbs.org/wgbh/pages/frontline/yeariniraq/interviews/dobbins.html.
64. Lawrence Freedman and Efraim Karsh, *The Gulf Conflict, 1990-1991*（Princeton, N.J.: Princeton University Press, 1992）, p.413.
65. ブッシュ・シニアの国家安全保障問題担当大統領補佐官を務めたスコウクロフトは、イラク戦争に表立って反対した。ジェームズ・ベーカー元国務長官は、イラク崩壊後の将来像の観点からイラク戦争に反対した（だいたいにおいて、スコウクロフトの姿勢を少し弱くしたような感じであった）。元統合参謀本部議長のパウエルはイラク戦争に乗り気ではなかったが、閣僚として忠誠をつくし、賛成した。ブッシュ元大統領自身は賛成も反対も主張しなかったが、スコウクロフトと同じ意見だと広く信じられていた。（Cf. Haass, *War of Necessity War of Choice*, p.217）。チェイニーは湾岸戦争時に主

が、このころには国防長官には選択の余地がなくなっていた。兵力展開の拡大を承認するか、数カ月後にイラク国内が大混乱におちいってもよいとするかだった……。交代要員なしには誰もイラクから立ち去れないというアビザイドの主張は、国防総省に衝撃を与えた。すべての動きが止まった――撤退計画、イラクを離れようとしていた部隊――、すべてが突然、中断された……。現実が姿を現わし始めると、衝撃は怒りに変わった……。7月後半には陸軍幕僚は、全体兵力を削減するようわれわれに猛烈に圧力をかけ続けていた。「司令官のご要望をかなえるのは無理です」と彼らは言った。「いずれ司令官は兵力をわれわれが支援できる水準まで下げなければならなくなります」。この件に関する激しいやり取りのあと、残念ながら陸軍にはわれわれの要求に応じるだけの兵力がないのだとわかった……。陸軍の全戦闘部隊の半分以上はすでにイラクに入っていたのだ。どうしてこれだけの兵員数を今後も維持できようか。不可能な話だった。このため、アビザイドとわたしは13万8000人という維持できる兵力に同意した（pp.227-30）。

45. Elisabeth Bumiller, *Condoleezza Rice: An American Life*（New York: Random House, 2009）, p.169.

46. Feith, *War and Decision*, pp.6, 4.

47. イラクと戦争を始めるという決断を理解する鍵は、9・11後に高まった脅威だったと主張する人もいた。政府高官たちは毎日、絶え間なく、新たな攻撃の可能性に関する玉石混交の報告――9月後半から送りつけられるようになった炭素菌入りの封書も含めて――にさらされていた（see, e.g., Goldsmith, *The Terror Presidency*; and Weisberg, *The Bush Tragedy*）。この一見もっともだが被害妄想にも近い状態によって、高官たちはありとあらゆる脅威に対して一触即発的に取り組むようになったといわれている。だが、ブッシュ政権の高官たちの体験を正確にたどれば、そのような不安は原動要因というよりもせいぜい激化要因だったにちがいない。なぜならテロとの広範な戦いでイラクを標的とするというミーム（訳注：模倣を通じて人間の脳から脳へ伝達され、増殖する仮想の遺伝子。造語）は、ツインタワーが崩壊した直後に考え出され、練り上げられたのであって、さらなる攻撃の可能性についての情報が集められたり、広められたりしたのはそのあとだからである。

48. Feith, *War and Decision*, pp.14-15. 政府高官たちがイラクと9・11とのあいだのつながりについて、どの時点ではどのように考えていたのかということは、依然としてはっきりしないままになっている。CIAと国務省はイラクが関与していることはあるまいと思っていたようだが、国防総省とホワイトハウスのなかには当初その可能性があると考える者もいたようだ。ウッドワードは9月17日に大統領が次のような発言をしたと伝えている――「イラクは関与していたと思うが……。現時点では証拠がない」（*Bush at War*, p.99）。時間がたつにつれて政府高官の大部分は、証拠から見てイラクは直接関与していないと確信したが、副大統領をはじめとする何人かはイラクの関与を未解決の問題としていたようだ。いずれにしても政権内部の多くの人々にとっては、ブッシュ政権が焦点を合わせるのは9・11の攻撃に対してではなく、次の攻撃に対してであると決定したことにより、イラクに対する宣戦と9・11との直接の関連という問題は政権の外部にいる人々が思っているほど重要なものではなくなっていたのだ。ファイスは戦争を正当化するような次の言葉を覚書に書き留めている――「9・11との関連は必要か？　不要だ。これは復讐とか報復とかではなく、自衛である。9・11とのつながりは、われわれがすでに知っていることを強調するだけだろう――現在のイラクの政権はわれわれに猛烈な敵意を抱いており、国際テロリズムといつでも喜んで手を結ぶ」。"Presentation-The Case for Action," September 12, 2002, p.10, available at http://waranddecision.com/docLib/20080403_TheCaseforAction.pdf.

49. "Deputy Secretary Wolfowitz Interview with Sam Tannenhaus, *Vanity Fair*," May 9, 2003, available at www.defense.gov/transcripts/transcript.aspx?transcriptid=2594.

50. George W. Bush, "Radio Address of the President to the Nation," September 15, 2001, available at http://georgewbush-whitehouse.archives.gov/news/releases/2001/09/20010915.html.

51. George W. Bush, "Address to a Joint Session of Congress and the American People," September 20, 2001, available at http://georgewbush-whitehouse.archives.gov/news/releases/2001/09/20010920-8.html.

52. George W. Bush, "President Discusses War

Feith," March 19, 2008, *National Review Online*, available at http://article.nationalreview.com/351979/facts-for-feith/l-paul-bremer-iii. ファイスの回想はブレマーのそれとはいささか視点が異なっている。ファイスは次のように述べている――5月5日には「パウエルもラムズフェルドもIIAのプロセスを遅らせると語っていたが、その理由は異なっていた。パウエルの場合は、数カ月以内にイラク政府を樹立することに反対だからである。ラムズフェルドの場合は主に、イラクの指導者たちとCPAの関係を切り回すブレマーの柔軟性を制約したくないからであった……。これがブレマーの耳に入った可能性はある……それから数日間にわたりさまざまな会合の席でブレマーは、IIAの樹立を遅らせるよう働きかけた……。さまざまな兆候があったが、当時のわたしはそれをIIA政策の転換あるいは撤回だとは思わなかった……。ブレマーは別のフィルターを通してこれらの意見を処理していた。わたしは政権のIIA政策に関するくわしい記録をブレマーに渡していたが、彼の意見はその記録ではなく、何カ月ものあいだ大統領やNSCの主要メンバーから直接受け取った『明確な』指針と呼ばれるものがもとになっていた。*War and Decision*, pp.437-40.

40. Allawi, *The Occupation of Iraq*, p.110.

41. ある信頼できる調査は寛大にも次のように述べ、相対評価で評点をつけている――「CPAの上級スタッフは概して有能で経験も豊かだった。全員がよく働いていた……。CPAの方針のほとんどは、それまで数十年間にわたるアメリカの戦後復興任務活動における最善の実績にかなうものであった。大部分の分野で結果は……それ以前の同じような活動の成果に匹敵する――かなり優れている場合もある」。Dobbins et al., *Occupying Iraq*, p.xlii. 政府の同僚による率直な評価は的を射ているように思われる――「ジェリーはあの大変な場所がばらばらになる危険にさらされていた時期に、それをまとめていた」。Interview with the author, January 2010.

42. ランド研究所の調査によると、その短い存続期間中にCPAは、

> イラクの重要な公益事業を戦争前に近い状態あるいはそれを上回る状態まで復旧し、イラクの司法および刑法制度の改革に着手し、インフレを劇的に終息させ、急速な経済成長を促進し、汚職防止策をもうけ、公務員改革に手をつけ、中東でもっとも進歩的な憲法の成立を促進し、一連の自由選挙のためのレールを敷いた。これはすべてそれ以前の計画の恩恵やアメリカの大規模な支援なしに達成された。同じような時期におこなわれたアメリカ主導、NATO主導、国連主導の20以上の戦後復興任務の進展度合いに比べれば、これらの業績は評価が高い。しかし、CPAはイラクが内戦状態におちいるのを阻止できなかった……。あらゆる戦後復興任務のなかでもっとも重要となる治安が、イラクの場合、戦後復興への取り組みの優先ランキングで下位になっていた。このためCPAは、自分たちが主要な責任を負っている分野ではたいてい成功したが、主要な責任を負っていないもっとも重要な任務で失敗した……。危険が増加した主要な責任は、アメリカ政府がアメリカ軍にサダム政権崩壊後の治安維持の責任を負う準備をさせなかったこと、治安維持に十分な規模の兵力を展開する準備をさせなかったこと、広範な暴力や抵抗が発生したときに適切な対反乱措置を実施する準備をさせなかったことにあると考えなければならない。こうした手抜かりをCPAだけのせいにすることはできないし、主としてCPAのせいだとすることもできない。

Dobbins et al., *Occupying Iraq*, pp.xxxviii-xxxix.
CPAの責任者に対するダイアモンドの評価は、その組織に対する評価としても通用する――。「ブレマーはアメリカの最善と最悪の両面を体現していた。優秀な人物だが、イラクをよく知らなかった。愛想がよくなったり、いばり散らしたり(ときにはこれが同時に起きた)、感じがいいかと思えば、恩着せがましくなり、打ち解けたと思えば、尊大になり、実際的になったと思えば、融通がきかなくなった。委細をこころえていることはすばらしいが、つねに細かな点にいたるまで管理していた」。*Squandered Victory*, p.299.

43. Wright and Reese, *On Point II*, p.141

44. Sanchez with Phillips, *Wiser in Battle*, pp.168, 208. 7月8日、アビザイドはフランクスのあとを引き継ぎ、その3日後に兵力削減命令を破棄した。また、戦域における兵力展開を拡大した。

> アビザイドはあらかじめドナルド・ラムズフェルドから不承不承ながらも承認を得ていた

なされた。いくつかの点ではたしかにそうだが、実情はもう少し複雑だった。「ガーナーの役目はフランクスの下でORHAをつくり運営することで、ORHAは中央軍に属する部署となっていた。ガーナーはCPAのトップではなかった。トップはフランクスだった。CPAの活動を通じてフランクスを支援する、これがガーナーの役割だった……。イラクにおける新しい文民行政官への就任を打診されたブレマーは、その職務の立場をもっと高めるよう主張した。ブレマーはORHAの室長としてガーナーの後釜に座るつもりはなかった。このため、CPAのトップであるフランクスの後任ということになった。これはラムズフェルドに直接報告を入れなければならない立場で、ORHAの室長の仕事とは性質がちがい、また権限も大きかった。ブレマーの任命は、イラク占領政府が軍から文民の手に移ることを意味していた」。Feith, *War and Decision*, p.422. ハリルザドに関しては、彼を外すことはあらかじめ考えられていたわけではなかったのかもしれない——「計画では、ブレマーとハリルザドが責任を分担することになっていた。ハリルザドはイラク国内でこれまで通り新政府樹立に向けての政治的な準備を先頭に立って進めていた。だが、ブレマーはブッシュとの会合の席で、ハリルザドをイラクがらみの分野から外すよう主張し、自分に『全面的な権限』がないと困ると伝えた。ブレマーの考えでは、大統領特使は一国にひとりというのが理にかなっていた。ブッシュは同意した。ハリルザドは、自分の任務が5月6日のブレマー任命発表直前に取り消されたと聞いた」。Graham, *By His Own Rules*, p.401.

35. Bremer, *My Year in Iraq*, pp.36, 4.

36. Woodward, *State of Denial*, p.219.

37. Feith, *War and Decision*, pp.426-28; Bremer, *My Year in Iraq*, pp.39-42. この件に関する問題の一部は、あやまった前提とお粗末な計画立案に起因していた。サダムの主な子分たちは追放されて然るべきだということで政権内外の意見が一致していたので、本当の問題は脱バース党化をすべきか否かではなく、どの程度やるかだった。ワシントンの高官たちは、自分たちが認めているのは限定的な脱バース党化であると考えていた。というのも、彼らが考えていたのは、第二次世界大戦後のドイツにおける非ナチ化よりもはるかに限定的なものだったからだ。だが、イラクの現場では、ワシントン政府の意向は非常に広範囲な脱バース党化であると多くの人が受け止めていた。

38. 5月9日、ファイスは次のように書いている。

> ブレマーとソロコムからイラク軍解体案を聞いた……。戦争前、わたしはブッシュ大統領にイラク軍を復興に活用し、それから再編し、「規模縮小する」案を提示していた。ガーナー退役中将がつくったその計画は、大部分のイラク軍が無傷で残っている——われわれは組織、規律、専門的技術、建物や設備、トラックその他の装備を含めて、イラク軍の人的・物的資産をすぐに利用できる——ことを想定していた。この想定が正しければ、ガーナーの計画はかなり力強いものだった……。3月10日の大統領への概況説明で、わたしはラムズフェルドの指示にしたがって、イラク軍を活用するガーナーの計画を支持し、利点が欠点をやや上回っていると説いた。それから2カ月後、連合軍がサダム政権を倒し、イラク軍は四散していた……。このような状況ではイラク軍を温存するべきだという議論の主要な根拠の多くがもはや当てはまらなくなっていたのに対し、イラク軍解体に賛成する論拠にはあいかわらず力があった。イラク軍を活用しようというガーナーの計画を支持した3月の検討は、5月には、イラク国内の状況が変わってしまったため逆の結論をもたらしていた。

Feith, *War and Decision*, pp.431-34. ラムズフェルドが認可したこの計画は5月22日に大統領とNSCに報告された。Bremer, *My Year in Iraq*, pp.53-58.

39. Interview, January 2010. この時期についてのブレマーとファイスの記述は教訓的だ。ブレマーは次のように述べている——「2003年5月6日、大統領とはじめて話し合った。その席で大統領は、イラクで安定した政治環境をととのえるのに必要な時間をもうけることが自分の政策だと明言した。2日後、NSC長官級会合の席でコリン・パウエル国務長官はこの方針について再度述べた……。副大統領は、『現れてほしい人々が現れていない』とつけ加えた。翌日、NSC本会合が開催され、政治プロセスについての話し合いが終わってから大統領が、『これには長い時間がかかるだろう』と言った」。ブレマーはこれを錦の御旗として、それまでのガーナーやハリルザドとはまったく異なるやり方を採用した。L. Paul Bremer III, "Facts for

25. Feith, *War and Decision*, pp.316-17.
26. Ibid., pp.339-43.
27. ORHA Briefing, "Inter-Agency Rehearsal and Planning Conference," February 21-22, 2003, available at www.waranddecision.com/docLib/20080404_ORHAConferencebriefing.pdf, pp.14, 31 (emphasis in the original). 説明会では次のことが言及されている——「戦争終結後に仕事を進めやすいよう、さまざまな設備や基幹施設が無傷であることを期待している。油井から精製所、輸出設備まで、石油がらみの基幹施設すべて。地元の文民警察関連の設備。通常の法執行に関連する裁判所および刑務所施設。銀行。送電網。ラジオ局とテレビ局。文民政府が責任を負っている省庁の主要な建物および設備」(p.10)。
28. Feith, *War and Decision*, pp.402-3; Hard Lessons report, p.71. ORHAおよびIIAへの期待に関する当時の関係者たちの考え方については、以下のものを参照。Douglas J. Feith, "Post-War Planning," testimony before the Senate Committee on Foreign Relations, February 11, 2003; "Background Briefing on Reconstruction and Humanitarian Assistance in Post-War Iraq" (Jay Garner), March 11, 2003, available at www.globalsecurity.org/wmd/ library/news/iraq/2003/iraq-030311-dod01.htm. "Dr. Condoleezza Rice Discusses Iraq Reconstruction," April 4, 2003, available at http:// merln.ndu.edu/MERLN/PFIraq/archive/wh/20030404-12.pdf.
29. Personal communication with former CFLCC planner, May 2010.
30. Franks, *American Soldier*, p.415
31. Third Infantry Division (Mechanized) After Action Report, Operation Iraqi Freedom (July 2003), available at www.globalsecurity.org/military/ library/report/2003/3id-aar-jul03.pdf, pp.281, 18.
32. 3月の第2週に開かれた会議でガーナーは、この戦争の計画が、バグダッド以外の都市はしっかりと確保することをせず、これらを迂回してバグダッドへ進攻するように組み立てられていることを初めて知った。したがって、彼は戦争終結後すみやかに復興へ向けて段階的にことを進めるつもりでいた計画を変更せざるをえなくなった。また、彼のチームがバグダッド陥落後すぐに同市に入るようには想定されていないとわかった——「フェーズ4計画では、ORHAがバグダッド入りするのは4カ月後となっていた。そのころにはイラク国内も大部分がおちつき、軍の手もとにもORHAを支援するのに役立つ必要な資源・資金がそろっているだろうということであった。これはORHAにはかなりのショックであった。とりわけ主要な戦闘が始まるほんの数日前とあっては。ガーナーは数週間にわたり、文民および軍の上層部に自分が考えている活動の概要を伝えていたが、予定の変更が必要になるかもしれないとは知らされていなかった」。Bensahel et al., *After Saddam*, p.67.「中央軍は、バグダッド入りしても大丈夫な程度に状況がおちつくまでわれわれを行かせるつもりはなかった。つまり、ORHAチームをバグダッド入りさせて、その日のうちに全員が砲火を浴びるような破目になっては困ると思っていた……。わたしは17日にカタールでトミー・フランクスに会い、『バグダッドに運んでもらわないと困る』と頼んだ。フランクスの返事は、『あそこはいま非常に危険だ。警護するのが難しい』というものだった。わたしは『危険を承知で行きたい』と言った。すると向こうは『じゃあ、司令官に話してみよう』と答えた。17日か18日の夜に電話がかかってきて、『わかった、全面的に支援する』と言われた」。Jay Garner, interview for *Frontline: Truth, War, and Consequences*, July 17, 2003, available at www.pbs.org/wgbh/pages/frontline/shows/truth/interviews/garner.html.
33. Monte Reel, "Garner Arrives in Iraq to Begin Reconstruction," *Washington Post*, April 22, 2003, p.A1. 同紙は次のことも報じている——「高官たちの話では、ガーナーはよくスタッフに自分たちの任務の…限定的な性質について説き聞かせ、3カ月以内に『仕事をやり終える』つもりでいろと告げていた。今日、イラク南部のウンム・カスル港を初めて訪れたガーナーは、その考えを公言した——「われわれはイラクの人々を解放し、自由選挙によって選ばれた人々の意志を代表する政治形態をイラクの人々に提供するためにここにいる。できるだけ早くこの目標を達成したら、すべてをイラクの人々に移譲するつもりだ。すみやかに現状を変え、すべての人々にとってここをよりよい場所にする」。Susan B. Glasser and Rajiv Chandrasekaran, "Reconstruction Planners Worry, Wait, and Reevaluate," *Washington Post*, April 2, 2003
34. ブレマーはしばしばガーナーの後継者とみ

院では満場一致で可決された。
17. 湾岸戦争終結後10年間の封じ込め政策をめぐる危うい状況の評価については、Kenneth M. Pollack, *The Threatening Storm* (New York: Random House, 2002) を参照。振り返ってみると、イラクの大量破壊兵器は厄介な問題ではあったが、緊急性はあまりなかったことが明らかになったわけで、この問題の実情については、次の資料を参照。*The Comprehensive Report of the Special Adviser to the DCI on Iraqi WMD* (a.k.a. "the Duelfer Report"), December 20, 2004, and its addenda, available at www.cia.gov/library/reports/general-reports-1/iraq_wmd_2004/index.html.
18. 過激なイスラム教の台頭については、Daniel Benjamin and Steven Simon, *The Age of Sacred Terror* (New York: Random House, 2003); Steve Coll, *Ghost Wars* (New York: Penguin, 2004); and Lawrence Wright, *The Looming Tower* (New York: Knopf, 2006) を参照。
19. 以下のようなポラックの判断と比較参照――「サダム・フセイン政権についてアメリカが抱えている唯一の問題が、同政権のテロリズムとの関わりならば、われわれの問題はそれほど深刻ではないだろう。テロ支援国家リストのなかでイラクの優先順位はかなり低い。イランやシリア、パキスタンなどよりずっと下だ。同様に、サダム・フセインの人道に対する罪のリストをつくれば、国際テロリズムに対する支援はリストのかなり下位にくるだろう。大量殺戮や背筋が凍るような拷問、一般市民に対する大量破壊兵器の使用、その他の残虐行為に比べれば問題にならない」。*Threatening Storm*, p.153.
20. ボブ・ウッドワードは次のように書いている――「ブッシュの大統領就任式のほぼ一週間前、国家安全保障問題担当大統領補佐官として政権入りすることになっているコンドリーザ・ライスは、ホワイトハウスの向かいにあるブレアハウスで、次期大統領ブッシュとチェイニー次期副大統領とともに、ある会議に出席した……。ジョージ・テネットCIA長官とジェイムズ・パビット工作本部長は、2時間半にわたりCIAのよい面や悪い面、さらには不快な面について語り、ブッシュはすっかり魅了されていた。ビン＝ラディンとそのネットワークは「差し迫った」「重大な脅威」だ、と二人はブッシュに告げた。ビン＝ラディンがアメリカを再びねらっているのはまちがいないが、日時と場所と方法は定かでない……。テネットとパビットは、ビン＝ラディンはアメリカに迫っている三大脅威のひとつだと説明した。あとの二つは、大量破壊兵器がますます容易に入手できるようになったこと……と中国の台頭だった」。*Bush at War*, pp.34-35. 新政権が聞きたいのはそんなことではなかった――「2001年1月初旬、ジョージ・W・ブッシュが正式に大統領に就任する前に、ディック・チェイニー次期副大統領はクリントン政権で国防長官を務めているウィリアム・コーエンにメッセージを送った……。『いくつかの重要なことを次期大統領に説明しなければならない』として、『イラクその他の選択肢について』真剣に話し合いたいと告げた。通常、新大統領に対する要旨説明は、あらかじめ用意された原稿を読む決まりきった世界情勢の概説だが、今回の次期大統領に対する説明ではそういう形ではやってほしくない。一番の話題はイラクだ」。*Woodward, Plan of Attack*, p.9.
21. Haass, *War of Necessity, War of Choice*, p.213.「わたしの言っていることについてはっきりさせておくことが重要だ。この提案は、2002年の夏になされ、公表されなかった、戦争を始めるという正式な決定ではない。もっと正確に言えば、7月には大統領は、サダム追放が必要であり望ましい、サダム追放を達成するために必要なことをする覚悟ができているとの結論に達していた。そのためにはアメリカが武力を行使しなければならないだろうが、それは障害にはならなかった。議会や国連を味方に引き入れることが望ましいが、不可欠だとはみなされなかった。戦争を始めるという正式な決定がなされるのは6カ月以上たってからだが、2002年半ばには大統領とその側近たちは政治的にも心理的にも重大な決断を下していたのだ」(p.216)。
22. "Iraq: Prime Minister's Meeting, 23 July," Matthew Rycroft to David Manning, July 23, 2002, available at www.timesonline.co.uk/tol/news/ uk/article387374.ece.
23. "Authorization for Use of Military Force Against Iraq Resolution of 2002," Public Law 107-243, October 16, 2002, available at www.gpo.gov/fdsys/pkg/PLAW-107publ243/content-detail.html.
24. UNSC Resolution 1441, November 8, 2002, available at http://daccess-dds-ny.un.org/doc/UNDOC/GEN/N02/682/26/PDF/N0268226.pdf? Open Element.

Cheney Vice Presidency (New York: Penguin, 2008); Joseph J. Collins, *Choosing War: The Decision to Invade Iraq and Its Aftermath* (Washington, D.C.: Institute for National Strategic Studies, National Defense University, April 2008). およびフロントライン・チームによるオーラルヒストリー群（available at www.pbs.org/wgbh/pages/frontline/terror/）。占領に関する重要な研究としては以下のものがある。James Dobbins et al., *Occupying Iraq: A History of the Coalition Provisional Authority* (Santa Monica, Calif.: Rand, 2009); *Hard Lessons: The Iraq Reconstruction Experience*, Report from the Special Inspector General for Iraq Reconstruction (Washington, D.C.: U.S. Government Printing Office, 2009); Nora Bensahel et al., *After Saddam: Prewar Planning and the Occupation of Iraq* (Santa Monica, Calif.: Rand, 2008); Ali A. Allawi, *The Occupation of Iraq* (New Haven, Conn.: Yale University Press, 2007); and Robert M. Perito, *The Coalition Provisional Authority's Experience with Public Security in Iraq* (USIP Special Report 137, Washington, D.C., April 2005). 戦闘に関しての重要な研究としては、以下のものがある。Anthony H. Cordesman, *The Iraq War: Strategy, Tactics, and Military Lessons* (Westport, Conn.: Praeger, 2003); Kevin M. Woods et al., *Iraqi Perspectives Project: A View of Operation Iraqi Freedom from Saddam's Senior Leadership* (U.S. Joint Forces Command, 2006); and the U.S. Army's two official histories of the conflict, Gregory Fontenot et al., *On Point: The United States Army in Operation Iraqi Freedom* (Annapolis, Md.: Naval Institute Press, 2005), and Donald P. Wright and Timothy R. Reese, *On Point II: Transition to the New Campaign* (Fort Leavenworth, Kans.: Combat Studies Institute Press, 2008). 第２巻は冒頭から驚くような文章が出てくる――「多くの点でこれはアメリカ陸軍が筆をとることになるとは思っていなかった書だ。というのも2003年４月の幸福感にひたっていた多くの観察者、軍首脳部、政府高官たちは、アメリカの目的は達成され、軍はすみやかにイラクから撤退できると考えていたから。そうした期待が時期尚早だったのは明らかだ」。

13. 民主化促進の第一人者で、連合国暫定当局の顧問でもあるラリー・ダイアモンドはさらに踏み込んでいる。

> 開戦時、私はイラクにおける戦争に反対した。後先を考えず軽率に戦争を始めたため、簡単に予測できるような問題が最初から次々に生じた。だが、いまでは本当に重大なあやまりは、戦争終結後の事態に対応する備えをまったくしないまま戦争を始めたことだと考えている――政権はくわしい警告を耳にしていたにもかかわらず。わたしに言わせれば、これはとんでもない怠慢だ。法律用語でいうところの「重過失」、もしくは「犯罪的過失」である。わたしはこの言葉を特別な理由もなく使ったりしない……戦争終結後、死亡した1000人（現在では4000人）以上のアメリカ人の家族、および戦後の混乱のなかで重傷を負ったり死亡した数千もの（現在では何万もの）イラクやアメリカその他の国々の人々の家族に何と言ったらいいのか？　重大な過失行為をおこなった個人なり企業を罰する法律はある。だが、政権のトップクラスの高官たちの過失行為を取り締まる法律はないし、またありえないだろう――その過失がいかに重大であろうと。しかし、より一般的な道義的責任を考えるとき、これを放置しておくことはもっと大きな罪ではないだろうか？

Squandered Victory, pp.292-94 (emphasis in the original).

14. ここ数十年間の湾岸地域の政治を概観したものとしては、F. Gregory Gause, III, *The International Relations of the Persian Gulf* (Cambridge, England: Cambridge University Press, 2010）を参照。

15. 二重の封じ込め政策の当初の概要については、次の資料を参照。Martin Indyk, "The Clinton Administration's Approach to the Middle East," Washington Institute Soref Symposium, May 18, 1993, available at www.thewashingtoninstitute.org/templateC07.php-CID=61. 1990年代のアメリカのイラク政策に関する論争を概観した文献としては、Patrick Clawson, ed., *Iraq Strategy Review: Options for U.S. Policy* (Washington, D.C.: Washington Institute for Near East Policy, 1998）を参照。

16. 1998 Iraq Liberation Act, Public Law 105-338, HR4655 (1998), available at http://thomas.loc.gov/cgi-bin/query/z?c105:H.R.4655.ENR. この法案は360対38で下院を通過し、上

第8章　イラク戦争

1. William Scott Wallace interview, *Frontline: The Invasion of Iraq*, available at www.pbs.org/wgbh/pages/frontline/shows/invasion/interviews/ wallace.html.
2. Anthony Shadid, "Iraqis Now Feel Free to Disagree," *Washington Post*, April 10, 2003, p.A1.
3. John F. Burns, "Cheers, Tears, and Looting in Capital's Streets," *New York Times*, April 10, 2003, p.A1.「人々がイラク・オリンピック委員会本部に乱入し、略奪を働く様を、すぐそばで海兵隊の小隊がじっと見ていた。小隊の指揮をとる若い中尉は、部下とともに困惑した表情を浮かべていた。どうして本部や首都が破壊されるのをとめないのかとわたしが尋ねると、『指示が出ていない』と中尉が首を振った。『指示がないんだ』」。Dexter Filkins, *The Forever War* (New York: Vintage, 2008), p.98.
4. この点についてのブッシュ政権の高官たちの主張には反論があった。See Stephen Biddle, "Speed Kills: Reevaluating the Role of Speed, Precision, and Situation Awareness in the fall of Saddam," *Journal of Strategic Studies* 30:1 (February 2007).
5. Keith B. Richburg, "British Forces Enter Basra As Residents Loot City," *Washington Post*, April 7, 2003, p.A1.
6.「官庁や国営企業、国連事務所から、パソコン、電気器具、本棚、天井型扇風機、テーブル、イスが持ち出された。軍事基地からナンバープレートもついていないトヨタの真新しい小型トラックが何台も出ていき、4月9日の午後にはバグダッド市内を突っ走っていた。サドゥーン通りを行く老女の腰は、背負っているマットレスの重みで曲がっていた。押し歩く白い冷蔵庫に馬乗りになっている人たちもいた。一日中、略奪品をうず高く積んだトラックがバグダッド市内を走り回っていた」。Shadid, "Iraqis Now Feel Free to Disagree."
7. Mary Beth Sheridan, "Beseeching the Conqueror for Aid, Protection," *Washington Post*, April 15, 2003, p.A1.「問題は、略奪を働いている人たちがアメリカ軍の脅威となっていないことだ」とある政府高官は言った。「このため、武力行使を正当化するための自衛権の発動要件は適用されないのだ」。Vernon Loeb and Bradley Graham, "Group Says U.S. Lags on Restoring Order," *Washington Post*, April 12, 2003, p.A1.
8. "DoD News Briefing, Secretary Rumsfeld and Gen. Myers," April 11, 2003, available at www.defense.gov/Transcripts/Transcript.aspx?TranscriptID=2367.
9. George Packer, *The Assassins' Gate: America in Iraq* (New York: Farrar, Straus & Giroux, 2005), p.139.
10. Ian Fisher and John Kifner, "G.I.'s and Iraqis Patrol Together to Bring Order," *New York Times*, April 15, 2003, p.A1.
11. Anthony Shadid, "A City Freed From Tyranny Descends Into Lawlessness," *Washington Post*, April 11, 2003, p.A1.
12. イラクに関するアメリカの意志決定の記録はまだほとんど公開されていないので、この戦争に関する論考は暫定的なものとして考える必要がある。この戦争に関する初期の一般的な解説としては以下のものがある。Bob Woodward's books *Bush at War, Plan of Attack, State of Denial, and The War Within* (New York: Simon & Schuster, 2002, 2004, 2006, and 2008, respectively); Packer, *The Assassins' Gate*; Michael R. Gordon and Bernard E. Trainor, *Cobra II: The Inside Story of the Invasion and Occupation of Iraq* (New York: Pantheon, 2006), and Thomas E. Ricks's books *Fiasco and The Gamble* (New York: Penguin, 2006 and 2009, respectively). 重要な回想録や伝記としては以下のものがある。Douglas J. Feith, *War and Decision* (New York: Harper Collins, 2008); Richard N. Haass, *War of Necessity, War of Choice* (New York: Simon & Schuster, 2009); Tommy Franks with Malcolm McConnell, *American Soldier* (New York: Harper Collins, 2004); Ricardo S. Sanchez with Donald T. Phillips, *Wiser in Battle: A Soldier's Story* (New York: Harper Collins, 2008); L. Paul Bremer III with Malcolm McConnell, *My Year in Iraq* (New York: Simon & Schuster, 2006); Larry Diamond, *Squandered Victory: The American Occupation and the Bungled Effort to Bring Democracy to Iraq* (New York: Henry Holt, 2006); Bradley Graham, *By His Own Rules: The Ambitions, Successes, and Ultimate Failures of Donald Rumsfeld* (New York: Public Affairs, 2009); Barton Gellman, *Angler: The*

の軍事作戦の最終局面は、多くの機会と不測の困難をともなっていたのであり、それらをまとめて考察することは重要な課題である。それにもかかわらず、われわれはこの戦争をどうやって終結させるかよりもどうやって始めるかの方に思考を向けていたようだ。知的思考の集中は終わりに行くほど失なわれていたようだ」。Clancy with Franks and Koltz, *Into the Storm*, pp.468-69. ジョン・ヨーソクはこの見方に同意している。「誰もが、『砂漠の嵐』作戦の戦術的・作戦的側面には大きな興味を示していた。つまり、この戦争をどのように戦い、勝つかということについてはだ。しかし、戦いを終結させることの難しさと、その必要性については、誰もあまり考えていなかった。戦争終結に関しての深慮遠謀はほとんどなされなかった」。"What We Should Have Done Differently," in *In the Wake of the Storm*, pp.19-20. 中央軍司令部でシュワルツコフの外交政策顧問を務めていた外交官のゴードン・ブラウンは簡潔に表現している——「われわれはこの戦争を終結させる計画をもっていなかった」。Gordon and Trainor, *The Generals' War*, p.461.

70. Swain, "*Lucky War*," p.280.

71. Charles Horner, "What We Should Have Done Differently," in *In the Wake of the Storm*, p.28.

72. Walter E. Boomer, "What We Should Have Done Differently," in *In the Wake of the Storm*, p.29.

73. February 14, 1991, diary entry, *All the Best, George Bush*, p.511.

74. Ann Devroy and Molly Moore, "Winning the War and Struggling with the Peace," *Washington Post*, April 14, 1991, p.A1.

75. Richard Haass, Oral History, *Frontline: The Gulf War* (1996), accessed at www.pbs.org/wgbh/pages/frontline/gulf/oral/.

76. Gordon and Trainor, *The Generals' War*, pp.451-52.「シュワルツコフの司令部の人々はこの提案を気に入らなかった。『それが一体全体何の役に立つのだ？』と、キャル・ウォーラーはいらだった。『何の役にも立たない。どうやってこの駐留軍を配備するつもりなのか？もうひとつの朝鮮はごめんだ、そうだろう？』」。Atkinson, *Crusade*, p.490.

77. Freedman and Karsh, *The Gulf Conflict*, p.413.

78. Mahnken, "A Squandered Opportunity?" p.122.

79. たとえば、イラクの軍諜報機関の長であったワフィク・アル・サマライはのちに次のように述べている——「停戦前、サダムは破滅が間近に迫っていると感じていた……。わたしの前に座り、泣いてこそいないが涙を浮かべんばかりであった。『明日、神はわれわれに何をもたらすのか見当がつかない』と言った。これは、サダムが事実上虚脱状態にあったことを示している。どん底の状態にあったのだ……。ブッシュの停戦声明後、2時間もたたぬうちに護衛と報道関係者と一緒にわれわれがいる司令部にやってきて、電話で命令を出し始めた。彼は英雄になっていた。すべてのものが自分の支配下にあり、もはや何の危険もなく、今回の出来事が伝説として歴史に記されると感じていた。サダムは自分自身を偉大な英雄と感じていた。『われわれが勝った』かのようにふるまい始めた。彼の士気はゼロから百に押し上げられたのだ」。Oral History, *Frontline: The Gulf War* (1996), accessed at www.pbs.org/wgbh/pages/frontline/gulf/oral/.

80. Interview with author, July 20, 2009.

81. ケネス・ポラックは次のように書いている——「サダムが権力の座から転げ落ちない場合には、イラクを管理下に置き、彼を失脚させるに十分なだけの圧力をかけるための封じ込め戦略を何とか仕上げるのが、ワシントンにおける事務レベルの人々に任された仕事であった。サダムが敗北を無視して権力の座にとどまるのであれば、アメリカは不安定な封じ込め政策をとることになり、難しい舵取りを要求されるし、封じ込めを維持するために軍事力に訴えることも何度となく必要となるだろう。制裁はサダムとその軍隊に焦点をあてたものとなり、イラク市民にはあまり影響のないものにする必要があった。アメリカはイラクが国連に対する約束を破った場合には、イラクに対して限定的な軍事行動をとりやすい体制をととのえておく必要があった。同じように、査察体制も、安保理が長期にわたって一体となって共同歩調がとれるようなものであり、またイラクが国連決議のあいまいさや常任理事国間の意見のちがいにつけ込みにくいものにしておく必要があった。*Threatening Storm*, pp.53-54. ブッシュ政権の高官のなかには、1991年の春に形成された封じ込め態勢の実施にはあまり気乗りがしないにもかかわらず、この体制の構想を批判していない人々がいることは注目に値する。

Bush and Scowcroft, *A World Transformed*, p.446. 当時の世論や議会の動向がよくわかるのは、John Mueller, *Policy and Opinion in the Gulf War*（Chicago: University of Chicago Press, 1994）である。ミューラーは、世論というものは政策の形成よりも政策の明確化においてずっと大きな影響を及ぼすと結論している――「ブッシュはこの対立を解決するには戦争が必要だという自分の見解に世論や議会の同意を得られなくてもアメリカを戦争に踏み切らせることはできたのである。そして、彼はこの国が進むべき方向に向けて大統領としての一方的な行動を起こすという賭けに出た。それに対し国民は次第に運命として受け入れるようになったのだ」（p.138）。

64. Bush and Scowcroft, *A World Transformed*, pp.399-400. 大統領の感情的な付随的意見が逆効果をもたらしかねないことを心配して、国家安全保障問題担当大統領補佐官は大統領が国民に向けて話をするとき横道にそれぬよう指南する人物を大統領につけようとした。「クウェート問題を論じるとき、大統領が感情的になるのははっきりしていた。大統領は本当に真剣だった。しかし、おおげさなしゃべり方は少し逆効果になっていた……。そこで10月下旬、ボブ・ゲイツとわたしは大統領の遊説旅行にはどちらかが同行するようにした。その主たる目的は、ペルシャ湾やその他の地域で突然の緊急事態が発生したときに大統領のそばにどちらかがいられるようにということであった。しかし二次的目的は、大統領が感情に駆られた発言をして面倒な事態に巻き込まれないようにすることだった」。Ibid., p.389.

65. しかしながら、戦術計画レベルでは、これは真実ではない。ブッシュ政権の意思決定者たちは、合法性と、さらには人道主義をも真剣に気にかけており、戦争による死者数と破壊の規模を最少にするべく熱心に努めていた。こういった戦術計画レベルの姿勢と戦略を貫く基本方針とのあいだに存在した差異は、いくつかの明白な矛盾を生むことになった。一方では、アメリカ軍は一般市民の犠牲や文化的・宗教的建造物の破壊をできるだけ少なくするべくとても苦労した。だからこそ多国籍軍の攻撃が非常に大規模であったにもかかわらず、この戦争中のイラク市民の死者は2300人以下であり、負傷者も6000人以下であった。その一方で、空爆期間中におけるイラクの基盤設備の破壊はその結果として意図しなかった大量のイラク市民の犠牲者を出してしまったし、アメリカ政府が手を引く決断をしたことが戦後の反乱をサダムが鎮圧するのを許してしまったのだ。このようにアメリカの政府高官たちは、非常に注意深く行動し、たとえばナジャフやカルバラなどの宗教都市をできるだけ破壊しないようにしたのだが、結局はその1カ月後に別の連中がこれらの都市を完全に破壊するのを黙ってみているだけだったのである。普通のイラク人にはこのちがいはわからなくても仕方のないことだろう。Freedman and Karsh, *The Gulf Conflict*, pp.329, 318, 419.

66. Cf. Bush and Scowcroft, *A World Transformed*, pp.395, 414.

67. マイケル・ゴードンとバーナード・トレイナーは次のように書いている――「シュワルツコフはのちに認めているが、最終的な分析では、地上戦の日取りを決めたものは、空爆で爆弾を使い果たしたことではなくて、陸軍と海兵隊の兵站上の都合であった。2月下旬が陸軍の攻撃準備がととのう可能性があるもっとも早い時期であり、その時点で攻撃がおこなわれることになった」。*The Generals' War*, p.307.

68. たとえば、ベーカーは2月24日にデイヴィッド・ブリンクリーに次のように語っている――「この戦争に勝ったあとの平和を保障することの難しさを過小評価してはならないと考えている。この地域の安全保障のためにどのような取り決めをすべきかということについてはいろいろな観点があるだろう――アラブ-イスラエル間の紛争をどうやって解決していくのか、武器・兵器とその拡散を管理する体制をつくるべきかどうか、経済的基盤の再建などに関して」。*This Week with David Brinklry* ABC News, February 24, 1991. Cf. Haass, *War of Necessity, War of Choice*, ch. 4.

69. たとえばシュワルツコフは、パウエルに対する活動報告書のなかで次のように書いている――「早期の地上戦での勝利とそれに続くイラク占領は、われわれが十分には予想していなかったことだ。したがって、このあとに続く必要な軍事行動のなかには実行する準備のできていないものがあった」。Gordon and Trainor, *The Generals' War*, p.515, fn. 12. たとえば、フランクスの見方は次のようなものである――「軍事史や軍事作戦を学ぶ人々が湾岸戦争が教える重要な教訓を学びたいと思うのであれば、戦争の最終局面に目を向けるべきである。35の国々からなる多国籍軍によって遂行された電光石火

降伏儀式への出席をサダムに強要するという案について議論した……。つまり、あのような大敗北の屈辱に対する責任と政治的結果をはっきりさせる方策である。最後には、サダムが拒否した場合にはどうするかと自問自答した。その場合には二つの選択肢があるというのがわれわれの結論だった。ひとつは、サダムが非を認めるまでの戦争継続であり、もうひとつはわれわれの要求の撤回である。後者はサダムを増長させるだけである。前者は多国籍軍からアラブの仲間の離反を招くだろう。結局、われわれは方針を変えざるをえなかった。サダム本人が降伏儀式に出席する必要はなく、配下の将軍ひとりを派遣することでよいとした。無傷のままでいる他所の軍隊を空爆するという懲罰的な手段——これは実行可能な第三の選択肢となりえた——も考えたが、われわれの明白な任務——サフワンは待っている——を果たすことにした。*A World Transformed*, p.490.

57. 戦争終結後にイラク国内で起きた反乱とそれに対する反応については、以下の文献を参照。*Endless Torment: The 1991 Uprising in Iraq and its Aftermath* (New York: Middle East Watch, June 1992); Faleh Abd al-Jabbar, "Why the Uprisings Failed," *Middle East Report 176* (May-June 1992); Cockburn and Cockburn, *Out of the Ashes*; Jonathan C. Randal, *After Such Knowledge, What Forgiveness?* (New York: Farrar, Straus & Giroux, 1997); Kanan Makiya, *Cruelty and Silence* (New York: Norton, 1993); Robert C. DiPrizio, *Armed Humanitarians* (Baltimore: Johns Hopkins University Press, 2002); and Gordon William Rudd, "Operation Provide Comfort" (Ph.D. diss., Duke University, 1993).

58. Ann Devroy, "'Wait and See' on Iraq," *Washington Post*, March 29, 1991, p.A1. この方針は3月26日に開かれたホワイトハウスでの会合において正式のものとなった。「われわれはイラクが分割されることを望んでいない。というのも、そうなることは、われわれがこの戦争を戦った理由に反するからだ」と政策立案者のひとりが言った。「フセインにやらせてみよう。いずれ混乱は収まるだろう。そして、彼はクウェートに対しておこなった戦争の責任をとらなければならなくなるだろう。少なくとも、それがわれわれの期待するものだ」。Andrew Rosenthal, "After the War; U.S., Fearing Iraqi Breakup, Is Termed Ready to Accept a Hussein Defeat of Rebels," *New York Times*, March 27, 1991, p.A1.

59. Ann Devroy and Al Kamen, "Bush, Aides Keep Quiet on Rebels," *Washington Post*, April 3, 1991, p.A1.

60. ディプリツィオは次のように書いている——「入手できる証言や資料をくわしく分析すると、ブッシュ政権が安寧提供作戦（OPC）開始を決断したのは主として次の二つの要因によると考えられる。おそらくもっとも重要な要因は、戦略的に重要となる地域に位置する盟邦トルコをアメリカが支援する必要性であった。両国ともに、クルド人問題が地域のさらなる不安定化につながりかねない安全保障上の脅威であると理解していた。アメリカ政府の決断につながったもうひとつの要因は、ヨーロッパの諸盟邦からの圧力であった。というのも、現状をもたらした責任の一部は、アメリカと湾岸戦争に参加した多国籍軍にあるという非難があったからである。これらの主要因のほかにもう二つの要因が考えられるが、それらはせいぜい二次的なものである。アメリカ政府は、人道主義的な動機がこの決断の原動力であり、安寧提供作戦はその趣旨に合致するものであったと主張している。しかし、この介入は人道主義的な動機をもちださなくても十分に説明できるものであり、人道主義的な動機を支持する資料はそれほど見あたらないので、二次的要因と考えるのが妥当である。最後にあげておくべき要因は、報道機関に広く取り上げられて世論に影響を与えたというものであるが、これも二次的な要因と見るべきである。*Armed Humanitarians*, pp.42-43.

61. Stanley Meisler, "U.S. Sanctions Threat Takes U.N. By Surprise," *Los Angeles Times*, May 9, 1991, p.A10.

62. Cockburn and Cockburn, *Out of the Ashes*, p.31

63. ブッシュは次のように回想している——「戦争をしてもよいという議会票決の結果を聞いたとき、直面するかもしれなかった世間からの非難という重荷が自分の両肩から引き上げられたと感じた。実のところ、議会がこの決議を否決していようとも、わたしは軍に対して戦争に入るよう命じていただろう。そのようなことをすれば強い反発を引き起こすだろうとわかってはいたが、わたしの選択は正しいことだったのだ。わたしは議会のお墨付きをもらったことで安らぎを覚えていた。それは必要なことだった」。

考えている場所が食いちがっているところからほころびが生じ始めた。指揮系統における連絡——上から下へと同じように下から上へも——の明確さが、事態の慌ただしさのなかで失なわれ始めた……。「摩擦」の蓄積以外に、多国籍軍の司令官たちがイラク共和国防衛隊を撃破するという目標を達成できなかった理由を説明できるものはない」。*Clausewitzian Friction and Future War*, rev. ed., McNair Paper 68 (Washington, D.C.: National Defense University, Institute for National Strategic Studies, 2004), pp.31, 51. この戦争の最終局面におけるイラク軍の状況に関して、ケネス・ポラックは次のように書いている。

> クウェート地域に展開した共和国防衛隊8個師団のうち3個だけが撃破され、4個目が半分程度破壊された。中央軍司令部は多くのアメリカ軍部隊がどこにいるのかを把握しておらず、予定していた位置よりもずっと先へ進んでいると信じていた。クウェート戦域からの退路が遮断されていないことも知らなかった。のちに「死のハイウェイ」と呼ばれるようになった場所での「虐殺」と報道されたこともまちがいであると判明した。実際は、イラク軍の大部分が最初の空爆の際に乗っていた車両を捨てて逃散し、破壊された何百台もの車両のあいだに死体が数十体見つかったというだけのことだったのである。そのようなわけで、われわれCIA関係者が、842両のイラク軍戦車が「砂漠の嵐」を切り抜けて無傷（そのうちの約400両は共和国防衛隊のT-72型）であり、サダム体制に対する反乱をこの生き残った共和国防衛隊の師団が鎮圧したという顛末を報告し始めた3月1日には、アメリカ政府は非常に驚くことになったのである。

Pollack, *The Threatening Storm*, pp.45-46.

52. シュワルツコフの副官であったカルヴィン・ウォーラーは、意思決定のこの第二段階で、文民・軍部いずれにおいても多くの人々が共有した感情を次のように描写している——「この報告のときシュワルツコフは立ち上がって、『国境は封鎖されている』と言った。わたしは彼に目を向け、またその周りにいる人々を眺めた。自分はそう思っていない、それはでたらめだ、と言いたい気持ちであった。しかし、白状するが……、わたしはそれについて何もしなかった。あとの祭りだが、わたしはちがうと言いたかった。われわれはこの件を調査すべきだった……しかし、わたしはやらなかった」。「なぜやらなかったのか？」と尋ねられて、次のように答えている——「それはあのとき、これだけ痛めつけられてはサダム・フセインも宮殿から抜け出てバグダッドから立ち去るしかないだろう、あるいは手近にある桁端か何かで首をつるしかないだろうと、本当に信じ込んでいたからだ。サダム・フセインがこれだけの敗北を喫しながらも生き延び、なおも権力の座にとどまるとは信じられないことだ。わたしはまちがっていた」。Calvin Waller, Oral History, *Frontline: The Gulf War* (1996), accessed at www.pbs.org/wgbh/pages/frontline/gulf/oral/.

53. ケネス・ポラックは次のように書いている——「イラク軍の大敗北にもかかわらず、バグダッドの軍事指揮は見事なもので、クウェートからの撤退を指揮することができただけでなく、全面的な敗北のなかにわずかながらの勝利をもぎ取っていた。この戦争についての彼らのまちがった想定はともかくとして、イラクの参謀は、自分たちの軍事力を可能なかぎり温存するために効果的な軍事作戦をすみやかに組み立てた。いくつかのイラク軍部隊——ほとんどが共和国防衛隊の師団——による強力な抵抗により、2月26、27日にその他の多くの部隊——大部分は戦闘力の劣る部隊であったが——は破壊を免れた。タワカルナ師団、アドナーン師団、ネブカドネザル師団およびマディーナ師団の第二機甲旅団とその他わずかの部隊の犠牲によって温存された軍隊を用い、イラク政府は戦後、サダムの支配に抵抗して反乱を起こしたシーア派住民やクルド人を抑え込んだのである。そのうえ、クウェートから脱出できた共和国防衛隊はイラク国内の反乱を鎮圧する軍事行動の先頭に立つ部隊編成の中核となった。したがって、1991年のイラクにおけるインティファーダに対するイラク政府の勝利は、ある程度までは、湾岸戦争時のワディ・アル＝バティンとマディーナ・リッジの戦場における勝利ということもできる。*Arabs at War* (Lincoln: University of Nebraska Press, 2002), p.263.

54. サダムもこの反乱には驚いたということは注目に値する。Cockburn and Cockburn, *Out of the Ashes*, pp.15, 21.

55. Bush and Scowcroft, *A World Transformed*, pp.486-87.

56. ブッシュとスコウクロフト：「サフワンでの

始まると、われわれは基本的には事態がどのように進んでいるかの情報を受け取るだけの……待機態勢に入っていた」。Robert Gates, Oral History, *Frontline: The Gulf War* (1996), accessed at www.pbs.org/wgbh/pages/frontline/gulf/oral/.
40. Samuel P. Huntington, *The Soldier and the State* (Cambridge, Mass.: Harvard University Press, 1957).
41. Powell, *My American Journey*, p.526.
42. Bush and Scowcroft, *A World Transformed*, p.471.
43. George Bush, *All the Best, George Bush* (New York: Scribner, 1999), p.511.
44. Patrick E. Tyler, "After the War; Powell Says U.S. Will Stay in Iraq 'For Some Months,'" *New York Times*, March 23, 1991, p.A1.
45. Bush and Scowcroft, *A World Transformed*, p.464.
46.「言うまでもないが、マイケル・ゴードンはディック・チェイニーのおごりで豪華な夕食にあずかった」。Bernard Trainor, "Analyzing Desert Storm: Observations and Criticisms," in *In the Wake of the Storm* (Wheaton, Ill.: Cantigny First Division Foundation, 2000), p.6. 情報畑からの戦前のある報告が結論しているものが典型的なものであった――「クウェートからイラクを追い出すのに軍事行動が必要だというのであれば、それはアメリカが主体となった軍事的努力を必要とし、サダム・フセインの没落へつながるだろう……。将来のイラクの体制において、サダムが権力の座にいないとしても、軍の役割は重要なものであり続けるだろう。サダムの後継者はバース党の高官というのがもっともありそうな話で、おそらく同郷のティクリットの仲間だろう。その後継者は軍と深く結びついてイラクを支配するだろう。バース党の高官であると同時に、軍の将校である可能性もある」。"Iraq's Armed Forces After the Gulf Crisis: Implications of a Major Conflict," Defense Intelligence Memorandum, Secret, January 1991, p.2, in "Iraq-January 1991 [11]," Richard N. Haass Files, National Security Council Collection, Bush Presidential Records, George Bush Presidential Library. ベーカーは次のように書いている――「戦争目的すなわち政治目的に、イラクの政治体制を変更することまでは含めなかった。しかし、そのような決定的敗北のあとでサダム・フセインが権力の座にとどまることはないだろうと信じ、そう願った」。*The Politics of Diplomacy*, p.435.
47. パウエルがフレッド・イクレの *Every War Must End* からの一節をコピーして配った件については、*My American Journey*, p.519を参照。ハースのメモについては、Alfonsi, *Circle in the Sand*, pp.154 ff を参照。
48. Schwarzkopf briefing, February 27, 1991, in Harry G. Summers, Jr., *On Strategy II: A Critical Analysis of the Gulf War* (New York: Dell, 1992), pp.27, 280-81, 292.
49. Powell, *My American Journey*, p.520; Schwarzkopf, *It Takes a Hero*, p.469. 一部の人々は、この会話はシュワルツコフとパウエルが陸軍中心の見方しかしていない証拠だと指摘している。というのも、5日間で終わったのは地上戦だけで、戦争全体ではないからだ。
50. George Bush, "Address to the Nation on the Suspension of Allied Offensive Combat Operations in the Persian Gulf," February 27, 1991, George Bush Presidential Library. 恒久的な停戦のために必要な条件として、ブッシュ大統領は次のように続けている――「イラクは多国籍軍の戦争捕虜、第三国の国民を含めて、抑留しているすべての人々を釈放せねばならない。イラクは抑留しているすべてのクウェート人を釈放せねばならない。イラクはクウェート当局に対して、すべての地雷および機雷の位置と種類について報告せねばならない。イラクは関連する国連安保理のすべての決議に完全にしたがわねばならない。これは、クウェートを併合するというイラクの8月の決定の撤回と、イラクの侵攻が引き起こした損害、損傷、損失に対する賠償を支払うというイラクの責任を原則として認めることを含むものである……。イラクに対する攻撃的作戦の一時中止は、イラクが多国籍軍に対して発砲しないこと、他国に対してスカッドミサイルを発射しないことに依存するものである。イラクがこれらの条件を破った場合には、多国籍軍は軍事作戦を自由に再開する」。
51. バリー・D・ワッツは次のように書いている――「『砂漠の嵐』作戦を詳細に調べると、クラウゼヴィッツが言うところの「摩擦」がこの作戦行動のあらゆる段階で存続していたとわかる……。地上作戦が開始されて以来、指揮系統の要所要所にいる人々は睡眠時間をほとんど取れず、その多くは肉体的にも精神的にも極度の疲労に達しつつあった。味方の部隊が実際にいる場所と、上官たちがその部隊の現在位置と

っそう強くなった。スコウクロフトはのちにしぶしぶながら次のように認めている――「われわれは暗殺はやらない。しかし、サダムがいそうなところはすべて標的とした」「では、計画的に彼を殺すつもりだったのか？」「そう言われても仕方がない」。Andrew Cockburn and Patrick Cockburn, *Out of the Ashes: The Resurrection of Saddam Hussein* (New York: HarperCollins, 2000), p.34. *Gulf War Air Power Survey* に書かれているコメントはわかりやすい――「上級高官たちや計画立案者たちはいずれもサダム・フセインの消滅を望んでいたが、これを『「砂漠の嵐」作戦』の目的として掲げることにはみな慎重であった。空軍による攻撃が開始されたあとすぐに、ブッシュは『われわれは誰か個人を標的にしているわけではない』と公式に語った。パウエルとシュワルツコフもまた、サダム・フセインを特別にねらっているわけではない旨を公式に発表した。この歯切れの悪い声明には少なくとも三つの理由があった。第一に、この戦争に先立ってフセインを標的にすることは、アメリカ政府が『暗殺』に関わることを禁止している大統領命令第1233号に違反するかもしれないと心配する人々がいたことである……。第二に、多国籍軍結成の根拠となる国連決議は、サダム・フセインを抹殺することについて何も言及していないことに計画立案者たちが気づいたことである。彼らは、国連の定めを越えて目標を設定すれば複雑な事態を招き、提携国間の交渉に逆効果となると認識していたようである。第三に、これがもっとも重要な理由だが、フセイン殺害をねらった爆撃が自分たちの意図している効果をもつとはかぎらないことに計画立案者たちが気づいたことである……。フセインを物理的に抹殺することを目的として掲げ、この目的達成に失敗すると、『砂漠の嵐』作戦の軍事的・政治的成功を台なしにしただろう。大統領とその補佐官たちは、サダム・フセインの政治的抹殺をもたらす行動を認めることにはあまりためらいはなかった。サダムはイラクの政治そのものであり、その政治的抹殺は彼にとっての物理的抹殺に等しいはずであった……。いささか不鮮明な方針説明にもかかわらず、空軍による攻撃作戦の計画立案者たちは、サダム・フセインを標的とし、彼の失脚につながるような状態をつくりだすことを意図した作戦を計画した」。*Gulf War Air Power Survey, vol.1, Planning and Command and Control* (Washington, D.C.: U.S. Government Printing Office, 1993), pp.97-99 (emphasis added).

33. "Iraq: Saddam Husayn's Prospects for Survival Over the Next Year," Special National Intelligence Estimate, September 1991, p.11, accessible at www.foia.cia.gov/.

34. Bush and Scowcroft, *A World Transformed*, pp.432-33.

35. Swain, "*Lucky War*," pp.xxvi-xxvii. See George C. Herring, "Preparing Not to Refight the Last War: The Impact of the Vietnam War on the U.S. Military," in Charles E. Neu, ed., *After Vietnam: Legacies of a Lost War* (Baltimore: The Johns Hopkins University Press, 2000).

36. Colin Powell, Oral History, *Frontline: The Gulf War* (1996), accessed at www.pbs.org/wgbh/pages/frontline/gulf/oral/.

37. Frederick Franks, Oral History, *Frontline: The Gulf War* (1996), accessed at www.pbs.org/wgbh/pages/frontline/gulf/oral/.

38. Walt Boomer, Oral History, *Frontline: The Gulf War* (1996), accessed at www.pbs.org/wgbh/pages/frontline/gulf/oral/.

39. Bush and Scowcroft, *A World Transformed*, p.354. ベーカーとゲイツによる以下のコメントを参照。「ブッシュ大統領は湾岸戦争のあいだいつもヴェトナムの経験を意識していた、とわたしは思っている。彼は、政治家たちがこの戦争を命令したのだと認めており、軍が戦争を勝つために必要なことは何でもできるわけではない制限のある戦争であることを知っていた。大統領は、この戦争をどのように遂行するのか、いつ終結させるのかを含めて、すべての指揮を軍に任せる決心をし、まさにそのようにした。軍が必要とすると思われるものはすべて提供するよう最善を尽くした。だから、文民がこの戦争に手を出し、指揮した形跡は何もない」。Baker, Oral History, *Frontline: The Gulf War* (1996), accessed at www.pbs.org/wgbh/ pages/frontline/gulf/oral/.「ブッシュ大統領は、軍に任務を与え命令を出したあとはまったく邪魔にならないようにしているという点で、レーガン大統領と同じようにすばらしかった。戦闘に細かく口を出すことはなかった。だから、ヴェトナム戦争時にホワイトハウス地下の指揮センターに降りてきて空爆目標を指示したリンドン・ジョンソンではなかった。ブッシュやレーガンは邪魔をしなかった。したがって地上戦がいる——「このあとのわれわれの戦略は非常に単純なものだ。まずイラク軍を寸断し、殲滅する」。国防総省の別の高官は、この地上作戦の考え方をもっと正確かつ生々しく次のように説明している——「われわれがやろうとしていることは、敵軍を袋につめ、口を縛って封をし、それから殴打することだ」。Dan Balz and Rick Atkinson, "Powell Vows to Isolate Iraqi Army and 'Kill It,'" *Washington Post*, January 24, 1991, p.A1; R. Jeffrey Smith, "U.S. Aims to Destroy Core of Iraq's Military," *New York Times*, February 25, 1991, p.A1.

26. フリーマンは次のように続けている——「この紛争が長引くと、イラクをどの程度まで弱体化させるべきかということに関して、多国籍軍構成国のあいだでも、国連安保理のなかでも不一致が深刻化する可能性は十分にあった。たとえば、クウェート内にあるイラク軍陣地を地上軍によって攻撃するのに先立って、クウェートの外にいるイラク軍とイラク本国に対しておこなう空爆をどの程度までにするかということである……。イラク国内の軍事施設、軍隊、通信網を攻撃することは、それ自体が目的なのではなくて、多国籍軍を構成するアラブ軍によってクウェート解放する道を切り開くために正当化される、という具合である……。同様に、イラクの化学・生物兵器やミサイル陣地を破壊することは、サウジアラビアやその他の湾岸協力会議参加国がその人口密集地域や経済基盤をイラクから攻撃されるという当面の脅威から守る必要条件として正当化されるのであって、長い目で見たアメリカの目標にかなうということで正当化されるのではなかった」。フリーマンは、先を予見するかのごとく、次のように言及している——「安保理によって定められた条件に合う形でイラクの降伏を受け入れ、停戦を取り決める外交的段取りを念入りにととのえておくことは、攻撃を始める以前に終えておかねばならない。戦争をどのように終結させるかを理解しておくことは、戦争をどのように遂行するかを明確化するのと同じくらい重要なのだ。イラク軍をできるだけすみやかに降伏させることは、この危機ののちのこの地域の勢力均衡に対するイラクの役割を考えると大変重要なことである。このためには、われわれがイラクに対して受け入れるように求める条件を明確な文面にしておくことと、その条件をイラクが受け入れるように交渉するための有効かつまとまりのある仕組みが必要である」。"U.S. and Coalition War Aims: Sacked Out on the Same Sand Dunes, Dreaming Different Dreams?" Cable 11439, Riyadh to Washington, 12/30/90, in "Iraq-December 1990 [4]," Richard N. Haass Files, National Security Council Collection, Bush Presidential Records, George Bush Presidential Library.

27. これらの任務は、「a. アメリカ軍を含む多国籍軍の死傷者数を最小限に抑え、b. 軍事攻撃の際に起こりがちな二次的損害を減らす」ためのあらゆる努力をしたうえでおこなわれるべきとされていた。この文書には、数日前にジュネーヴにおいてベーカーからアジズに直接伝えられた次のような脅しも含まれていた——「イラクが、化学兵器、生物兵器、核兵器の使用に訴えるのであれば、また、アメリカやアメリカと提携している世界中のいかなる国をも目標にしたテロ活動を支援していることが明らかになれば、また、クウェートの油田を破壊するようなことがあれば、イラクはアメリカの明白な敵国となり、イラクの現指導者を追放するべくアメリカは行動することになる」。National Security Directive 54, January 15, 1991, George Bush Presidential Library.

28. "Post Crisis Gulf Security Structures," undated paper, "Iraq-January 1991 [5]," Richard N. Haass Files, National Security Council Collection, Bush Presidential Records, George Bush Presidential Library. Cf. Alfonsi, *Circle in the Sand*, pp.149ff.

29. *This Week with David Brinkley*, ABC News, February 24, 1991.

30. Baker with DeFrank, *The Politics of Diplomacy*, p.435. パウエルが次のように書いているのが参考になる——「われわれは、サダムが来たるべき猛攻撃を切り抜けることがないよう願っている。しかし、彼の抹殺は目標として表明されてはいない。率直に言って、われわれが望んでいるものは、戦後の湾岸地域においてサダムが失脚したイラクが依然として存続していることである」。Powell, *My American Journey*, p.490.

31. James Baker, Oral History, *Frontline: The Gulf War* (1996), accessed at www.pbs.org/wgbh/pages/frontline/gulf/oral/.

32. Atkinson, Crusade, p.59. この話題を人前で率直に話すことをひかえる傾向は、9月にこの話題を公然と口にした空軍参謀総長マイケル・デュガンをチェイニーが解任したことでいそうなれば、われわれの戦略全体が危うくなるだろう……。いま思い返してみると、軍事力による制裁を認める決議第665号に対するソ連の支持を取りつけることは、あらゆる外交過程のなかで非常に重要なことであり――わたしの考えでは、11月の武力行使を認める決議（訳注：11月29日の国連安保理決議第678号）よりも難しいことだったと思っている。憲章第51条を発動し、あの船に乗り込むとか沈めるとかしていれば、決議第665号に対するソ連の合意は得られなかっただろうし……、イラクをクウェートから追い出すために武力行使を容認するというのちの決議（上記訳注参照）に対しても得られなかっただろう。そうすれば、提携も崩壊していたかもしれない」。*The Politics of Diplomacy*, p.287.

21.「スコウクロフト：『ブッシュ大統領が自覚しておられたかどうかはわからないが、わたしが受けた感じでは、10月半ばより少し前の時期に大統領は結論に達しておられたようだった。つまり、クウェートを解放するために必要なことは何でもしなければならず、結局は武力を使うということを。大統領の内面に静かなおちつきをわたしは感じ始めていた。もはや、アメリカ兵を殺されるために送るという問題――これは大統領のみがなしうる恐ろしい決断である――に悩まなくなったように見えた。この問題を自分の心のなかで解決したのだと思った。したがって、あとおこなうべきなのは全般的な戦略と計画の立案であり、恐ろしい人間的な決断との対決ではなかった』。ブッシュ：『おそらくブレントの言う通りだ』」。スコウクロフトはのちに次のように言及している――「戦争開始がいつになるかという問題に関しては、軍の攻撃準備をこのまま続けていくとしても、12月上旬まではかかるだろうと考えられていた。軍事行動の時間はその直後ぐらいだろう。2月下旬ごろには、この地域の天候はしょっちゅう悪くなる。そしてイスラム教の聖なる月ラマダン（3月17日～4月14日）がきて、そのあとにサウジアラビアの聖地への巡礼ハッジが続く。ラマダンの期間中の戦闘を容認する声もあったが、アラブ諸国の反発を買うのは利口なやり方ではないということで却下された。ハッジが終わるころからこの地域の暑さは過酷なものとなるから、この時期の軍事行動は除外された。これらの条件を考えると、われわれは1月あるいは2月より遅い時期に焦点をあわせる必要はなかった。*A World Transformed*, pp.382, 385.

22. アメリカ政府のなかには、イラクがその攻撃による成果を十分に維持しつつ、部分的に撤退して勝利を主張するという「悪夢のシナリオ」を心配していた人々もいた。しかし、その場合に事態がどのように展開するかということについてははっきりしていなかった。

23. 空軍の作戦については、Thomas A. Keaney and Eliot A. Cohen, *Revolution in Warfare?*（Annapolis, Md.: Naval Institute Press, 1995）を参照。湾岸戦争の航空戦力の概観については、下記を参照。Tom Clancy with Chuck Horner and Tony Koltz, *Every man a Tiger*（New York: Berkley Books, 1999）; John Andreas Olsen, *Strategic Air Power in Desert storm*（London: Frank Cass, 2003）; Stephen Biddle, "Victory Misunderstood: What the Gulf War Tells Us About the Future of Conflict," *International Security* 21:2（Autumn 1996）; and Daryl G. Press, "The Myth of Air Power in the Persian Gulf War and the Future of Warfare," *International Security* 26:2（Autumn 2001）.

24. 興味深いことに、サダムはソ連との交渉はうまく進んでおり、危機は終わったと考えていたように思われる。ケヴィン・ウッズは次のように書いている――「24日の朝早い時間における外交状況についてのサダムの話からすると、イラクの指揮系統が多国籍軍の攻撃により麻痺しようとしていたことははっきりしている。この朝の記録は、クウェートの最終的状況に関するソ連を通じての土壇場の交渉によって実際の地上戦を回避することはできないことがわかって大いに落胆したことを示している……。サダムの観点からすれば、ソ連によっておこなわれているこの「調停」は大きく進展することになっていたのだ……。タリク・アジズは22日、モスクワにおいてイラクは即時停戦と3週間以内のクウェートからのイラク軍撤退に合意するだろうと告げた。条件は国際社会が48時間以内に制裁を解除することだった。サダムの立場からすれば、クウェートの「イラクによる解放」後の国際的な制裁で始まり、40日以上の空爆下で続いている戦争はこれで終わるはずであった。あとは「専門家による詳細なつめ」をすればよいだけであった。2月24日に多国籍軍が国境を越えてクウェートとイラクに進攻した時点でのこの戦争に対するサダムの認識はこのようなものであった。*The Mother of All Battles*, pp.213-14.

25. パウエルは空爆期間中、次のように言って

16. シュワルツコフは思い返している——「テーブルを囲むなかの何人かが息をのんだのがわかった。わたしたちが示したのは、彼らが中東において想定していたよりもはるかに大がかりな軍の展開だった。それに要する時間も、彼らが考えていたよりずっと長いものだった」。*It Doesn't Take a Hero*, pp.301-2.

17. 湾岸危機に関して書かれた歴史の多くは、チェイニーを団長とする代表団とファハド国王との8月6日の会合を大変重要なものとみなしている。その理由は、イラクの脅威の性質と、それに対抗するために必要な軍事的手段についてサウジの合意を得ることは、これから起きるすべてのことにとって不可欠なものだったからである。たしかに、サウジの姿勢が決定的に重要であったことは本当だが、この会合そのものが通常言われているほどに重要だったわけではない。というのも、この合意は、アメリカ代表団が出発する以前に大部分得られていたからである。スコウクロフトが日曜日夜の会合において書き留めているように、「サウジ側は、チェイニーが自分たちの『具体的な』計画について話をするつもりでいることをすぐに了承した。これによって話はずいぶん進めやすくなった」。"Minutes of NSC Meeting on Iraqi Invasion of Kuwait," August 5, 1990, George Bush Presidential Library. See Bush and Scowcroft, *A World Transformed*, p.330, and Haass, *War of Necessity, War of Choice*, pp.65ff. ハリド・ビン・スルタンによれば、ファハド国王は最初からブッシュ政権と同じような路線を考えていたということである。

> 国王は、最初は調停によるイラク-クウェート紛争の解決を考えた。しかし、2日間アラブ諸国や外国の指導者たちと電話で話し合ったのちの金曜日夕方には、調停にこれ以上固執しても無意味だという結論に達していた。サダムはクウェートに居座るつもりであること、そしてアラブ諸国の軍隊では彼を追い出すことができないということを、この金曜日にはっきりと理解したのだ。サダムがクウェートを手に入れたまま何の罰も受けないですむとなれば、サウジアラビアの独立国家としての地位も、ペルシア湾全体の安全も脅かされてしまうことになるだろう……。サダムは、クウェートを併合してしまえば、明らかにこの地域一帯の支配者になるだろう——そして、サウジアラビアは彼の意志にしたがうようにという圧力に直面することになるだろう。このように考えてくると、サダムがわが王国を攻撃してくるかどうかは、ある意味ではどうでもいいことであった。あらゆる重要問題——特に石油政策と対外政策——に対して条件を押しつけてくる立場にサダムが立つことになるだろう。王国が直面した危険な状況を考えると、国王がアメリカに助けを求める気になったのはある程度仕方のないことだった。何しろアメリカはサダムをクウェートから立ち退かせ、以前の状態を回復するのに十分な武力をもつ唯一の国家だったのだから……。

Desert Warrior, pp.18-21, 26.

18. "Remarks and an Exchange With Reporters on the Iraqi Invasion of Kuwait," August 5, 1990, Public Papers of the President, George Bush Presidential Library.

19. ベーカーは次のように書いている——「最初から、ソ連が鍵を握っていると見ていた。あらゆる戦略を立てるうえで、彼らの協力は信頼できる提携のために不可欠なものだとわたしは考えていた。そのためにはある程度、彼らの機嫌をとり、おだて、受け入れてやることが必要で、それはかつてのアメリカの政策立案者たちにとっては考えられないことだった……。ソ連の支持はそれほど重要だったし、わたしとシュワルナゼとの関係は十分信頼に足るものだったから、彼らをつなぎとめておくための苦労も苦にならなかった——国家安全保障部門の仲間のなかには時折反対する者もいたのだが。*The Politics of Diplomacy*, p.281.

20. ベーカーは次のように回想している——「仲間たちから孤立していると感じたことはほとんどなかったが、このタンカーを武力で停止させるかどうかを議論した際はまさにそのように感じた。チェイニー、パウエル、スコウクロフトらはみな、この船をすぐに停止させ、動けぬようにして、乗り込むべきだと考えていた。われわれの警告を無視するのであれば、船を沈めてもよいという意見さえあった……。国連憲章第51条にしたがって、われわれにこの船を停止させる権利があることはわたしも認めていた。しかし、シュワルナゼとの会話から、この時点での一方的な行動はひどい結果をもたらすことになると確信していた……。国連によるもっと明白な許可なしにそのようなことをすれば、ソ連はこの提携から離脱するだろうと確信していた。

生じたものであった。この年の春から夏にかけての時期に、アメリカが何らかのもっともらしい動き——いくぶん強い警告も含めて——をしていれば、この侵攻を思いとどまらせただろうとは考えにくい。グラスピーとサダムの会談録は、次の文献にある。Micah L. Sifry and Christopher Cerf, *The Gulf War Reader*（New York: Times Books, 1991）, pp.122ff.

11. クウェートの金持ちたちは海賊の宝箱のような所に財をため込んでいると期待していたイラク人は、クウェート中央銀行本部から奪い取った有価資産が全部で20億ドルだけであることに驚いた。ブッシュ政権のすみやかな対応がクウェートの海外資産の2000億ドル以上をサダムの手にわたらないようにしたのだ。Phebe Marr, *The Modern History of Iraq*, 2nd ed.（Boulder, Colo.: Westview, 2004）, 234.

12. 国連安保理決議第660号。イエメンは棄権した。この侵攻が「国際平和と安全を侵害」するものであると宣言することによって、武力を行使することも含めて、この侵攻を押し戻すための行動がとられうることを明確にした。アメリカ政府高官たちとその協力者たちの、その夜の信じられないほどすみやかで熟達した動きは、サダムを孤立させ、サダムの裏をかくのに決定的だった。See David M. Malone, *The International Struggle Over Iraq: Politics in the UN Security Council, 1980-2005*（Oxford: Oxford University Press, 2006）, p.60; Bush and Scowcroft, *A World Transformed*, pp.302ff; Haass, *War of Necessity, War of Choice*, pp.60-61; and Freedman and Karsh, *The Gulf Conflict, 1990-1991*, pp.80ff.

13. Bush and Scowcroft, *A World Transformed*, p.318. 主要閣僚たちとの第一回目の会議へ向かう道すがら、ひとりの記者がブッシュに尋ねた——「介入も選択肢のひとつと考えていますか？」。質問をかわそうとして大統領は次のように対応した——「介入については議論するつもりはない。何か軍事的な選択肢で合意したとしても、それを話すつもりはない……。しかし、そもそもそのような行動をとるつもりはない」。このぶっきらぼうなコメントは、大統領がサッチャーに会ったのちにもっと強気な言葉で補足されたので、大統領の姿勢を変えたのはサッチャーだといううわさがたった——このうわさは、数週間後に出された、ブッシュが「ぐらつく」ことのないように、という彼女のよく知られた発言によって補強された。たしかにサッチャーは強硬路線をブッシュに押しつけたかもしれないが、ブッシュが最初のころ優柔不断に見えたのは演技であって、アスペンでサッチャーに会うずっと前に、スコウクロフトに元気づけられて強硬路線へ踏み切っていた。“Remarks and an Exchange With Reporters on the Iraqi Invasion of Kuwait,” August 2, 1990, Public Papers of the President, George Bush Presidential Library.

14. Minutes, “NSC Meeting on the Persian Gulf,” August 3, 1990, George Bush Presidential Library. この会議の議事録を作成したハースは、回想録に次のようなコメントを記している。「重大な局面というものは、すべてひとつのリズムをもっており、この場合も例外ではなかった。第一回会合と第二回会合のあいだに、主要閣僚たちは状況を把握し、考えをまとめる時間をもてたのだ。大統領は会議の雰囲気として基本的に異なったものを望んでいたようだが……。今回も結論は出なかった。しかし、アメリカの方針の未来はもう見えているとみなが思った」。*War of Necessity, War of Choice*, pp.62-63. パウエルは、この会議で要旨説明以上のことをやろうとしてチェイニーに非難されたと、自叙伝に書いている——「きみは統合参謀本部議長だ。国務長官ではない。まして国家安全保障問題担当大統領補佐官でも国防長官でもない。だから軍の問題だけに専念しろ」。Powell, *My American Journey*, pp.465-66.

15. ウッドロー・ウィルソンは、アメリカ軍部がドイツとの戦争に備えていろいろと計画を立てていたことを知って怒ったが、その怒鳴り声が無意識のなかに響いてくるようだったと、国務省の関係者は中央軍がイラクとの戦争を想定していることを知ってショックを受けたときのことを述懐している。「国務省から来た高官は、何とかこの戦争ゲーム的計画の戦術的な面を理解し始めたようだった」と、当時シュワルツコフの参謀長でのちに彼のあとを引き継いだジョセフ・ホーアは思い返している。「その高官は国務省へ戻り、中央軍はイラクとの戦争準備ができているとボスに話した。わたしは国務副長官に呼ばれ、この問題について時間をかけて議論した。副長官が言いたかったのは、アメリカはイラクと戦争状態にあるのではない、イラクはアメリカの敵ではない、中央軍にせよ誰にせよアメリカが戦争していない国との戦闘を計画するのはまったく不適切だ、ということだった」。Gordon and Trainor, *The Generals' War*, p.45.

6. 一般的な事例研究は下記の文献である。Freedman and Karsh, *The Gulf Conflict, 1990-1991*; Gordon and Trainor, *The Generals' War*; Atkinson, *Crusade*; and Roland Dannreuther, *The Gulf Conflict*, Adelphi Paper 264 (London: IISS, Winter 1991/92). 重要な回顧録として以下のものがある。George Bush and Brent Scowcroft, *A World Transformed* (New York: Vintage, 1998); James A. Baker, III, with Thomas M. DeFrank, *The Politics of Diplomacy: Revolution, War, and Peace, 1989-1992* (New York: Putnam, 1995); Richard N. Haass, *War of Necessity, War of Choice* (New York: Simon & Schuster, 2009); Powell with Persico, *My American Journey*; Schwarzkopf with Petre, *It Doesn't Take a Hero*; and Khaled bin Sultan, *Desert Warrior* (New York: HarperCollins, 1995). オーラルヒストリーは以下を参照。The 1996 *Frontline* documentary *The Gulf War*. イラク側から見たストーリーは、Woods, *The Mother of All Battles* を参照。下記の文献も参照。Kenneth M. Pollack, *The Threatening Storm* (New York: Random House, 2002); Michael Andrew Knights, *Cradle of Conflict* (Annapolis, Md.: Naval Institute Press, 2005); John T. Fishel, *Liberation, Occupation, and Rescue: War Termination and Desert Storm* (Carlyle Barracks, Pa.: U.S. Army War College, Strategic Studies Institute, 1992); Lawrence E. Cline, "Defending the End: Decision Making in Terminating the Persian Gulf War," *Comparative Strategy* 17:4 (1998); and Thomas G. Mahnken, "A Squandered Opportunity? The Decision to End the Gulf War," in Andrew J. Bacevich and Efraim Inbar, eds., *The Gulf War of 1991 Reconsidered* (London: Frank Cass, 2003). この注を書いている段階で、NSC、CIAおよびアメリカ政府の他の部局から、いくつかの文書が機密解除となった。それらのなかには以下の注で引用されるものもある。

7.「彼が悪党だとは知っていたが、分別はあると思っていた」。ソ連の外相エドゥアルド・シュワルナゼはこの侵攻の報を聞いたとき、同行していたアメリカの国務長官ジェームズ・ベーカーにこう語った。Christian Alfonsi, *Circle in the Sand* (New York: Doubleday, 2006), p.57.

8. Brent Scowcroft, Oral History, *Frontline: The Gulf War* (1996), accessed at www.pbs.org/wgbh/pages/frontline/gulf/oral/. アメリカの諜報機関は、この当時のイラクの政治文化と、そのなかにおけるサダムの立場を次のように描写しており、これは一読の価値がある。

> イラク人が示す特徴は、ほかの民族と同様、彼らの奥深くに内在する文化を反映したものであり、彼らの指導者たちがこの世界をどのように考えているのかを理解する際の助けとなる……。イラク人は概して、自信に満ち、誇り高く……、頑固で……疑い深く、残忍で……粘り強い……。イラクにおける重要な政治的決断はすべてサダム・フセインがおこなっている。彼が自分の使命——アラブ世界を結束させて、ゆくゆくは西側世界と同格なものにする——と考えているものが、彼の特徴ともいえる疑い深い世界観と結びついて、彼の政治的行動の多くを動かしている。理性的で抜け目のない決断を下す男だ。そうではあるが、利益を期待して危険を冒す男でもあり、その外国人嫌いな世界観は彼の判断に悪影響を及ぼしている——これが彼の見込みちがいを生じさせる要因である。この10年間を見ると、彼が指揮するやり方にはいくつか特徴的な様相があることがわかった。自分がもつ未来像に向かって断固として進む気概をもち、一時的なつまずきから立ち直る能力をもっている……。自分の目的を達成し、抵抗する者をおびえさせるために力を重視した手段を用い、必要とあればどんな手段——拷問、大量殺人、暗殺——も辞さない冷酷な性格の持ち主である。あまりにも大きい困難に出遭ったときには、戦術的撤退をおこなうだけの柔軟性をもっている。

Political and Personality Handbook of Iraq (CIA Directorate of Intelligence, January 1991, Secret), pp.7, 10, accessible at www.foia.cia.gov/.

9. Baker with DeFrank, *The Politics of Diplomacy*, p.271. この電信は7月19日に送られている。

10. グラスピーはこの会談で、侵攻に対して何らかの容認の示唆を与えたと批判し、議論する人々がのちに出てきたが、これは不当である。サダムはクウェートを占領してもアメリカが力ずくで追い返すことはないと本当に考えていた。しかし、この判断は、ブッシュ政権の何か特別な動きに起因するものではなく、彼がアメリカ人の決意と性格を概して甘く見ていたことから

た。しかしながら、これらの手段では、サイゴンの政府や軍隊の崩壊を食い止めることはできなかったのであり、ニクソンとキッシンジャーは、南ヴェトナムの敗北は、結局のところサイゴン政府の無能力、アメリカ議会の妨害、アメリカ世論のためらい、そして歴史的運命のせいであると考えたのである。

The Vietnam War Files, p.28.
95. Bui Tin, *From Enemy to Friend* (Annapolis, Md.: Naval Institute Press, 2002), p.111.「1975年の初めごろには、われわれのなかのもっとも楽天的な人でも、この戦争が年内にわが方の完全勝利で終わるだろうとは思っていなかった。1974年末の政治局も含む指導部の会合において軍事情勢と任務が議論されたときには、勝利するにはもう2年以上戦わなければならないだろうということになった。1976年の末までにわれわれが南ヴェトナムを完全に占領しているだろうとは誰も予測していなかった」(pp.112-13)。Cf. Guan, *Ending the Vietnam War*, pp.127-65.
96. ブイ・ティンは北ヴェトナムの上級将校でこの戦争の最終局面では非常に重要な役割を果たした。しかし、その後北ヴェトナムの方針に反感をもち、西側へ亡命した。北ヴェトナムに戦争をやめさせることはできなかっただろうが、無期限に膠着状態にしておくことは可能だったかもしれない、と彼は論じている。「南ヴェトナムの無条件降伏をもたらした取り返しのつかない全面的な敗北は、運命づけられていたものではなかった……。アメリカは南北の一進一退の状況を維持することができたはずであり、そうすれば明白な勝者も敗者もなく、お互いに譲歩した妥協によるもっと公正な決着を強制することができただろう」。Bui Tin, *From Enemy to Friend*, pp.72-73.
97. *New York Times*, September 23, 1992, p. A5. この発言に続くやり取りは、戦争に関してアメリカ国内で継続していた論争を反映するものだ。「キッシンジャー：まったく違います。ケリー：非常に近いものだ。キッシンジャー：少しも似たところはありません。ケリー：非常に近いものだ……」。
98. Sir Robert Thompson, *Peace Is Not at Hand* (London: Chatto & Windus, 1974), p.126.

第7章　湾岸戦争

1. 冒頭の描写は以下の文献に依拠している。Richard M. Swain, *"Lucky War": Third Army in Desert Storm* (Fort Leavenworth, Kans.: U.S. Army Command and General Staff College Press, 1994); Stephen A. Bourque and John W. Burdan III, *The Road to Safwan* (Denton: University of North Texas Press, 2007); Michael R. Gordon and Bernard E. Trainor, *The Generals' War* (Boston: Little, Brown, 1995); Tom Clancy with Fred Franks, Jr., and Tony Koltz, *Into the Storm* (New York: Berkley, 1997); Rick Atkinson, Crusade (Boston: Houghton Mifflin, 1993); H. Norman Schwarzkopf with Peter Petre, *It Doesn't Take a Hero* (New York: Bantam, 1992); Kevin M. Woods, *The Mother of All Battles* (Annapolis, Md.: Naval Institute Press, 2008); Steve Coll, "Talks, Site, Remind Iraqis Who Won," *Washington Post*, March 4, 1991, p.A1; Steve Coll and Guy Gugliotta, "Iraq Accepts All Cease-Fire Terms, May Soon Release Some Prisoners," *Washington Post*, March 4, 1991, p.A1; Nora Boustany, "Violence Reported Spreading in Iraq," *Washington Post*, March 6, 1991, p.A1; Caryle Murphy, "Iraqi Troops Said to Quash Rebellion," *Washington Post*, March 7, 1991, p.A1; Lee Hockstader, "Baghdad Warns Insurrectionists 'They Will Pay,'" *Washington Post*, March 8, 1991, p.A1; and Elizabeth Neuffer, "Rebels 'Were Tied to Tanks and Shot' By Iraqi Troops," *Seattle Times*, March 8, 1991.
2. "Address to the Nation Announcing the Deployment of United States Armed Forces to Saudi Arabia," August 8, 1990, Public Papers of the President, George Bush Presidential Library. これらの根本方針はほとんどそのままの形で国家安全保障指令第45号と第54号に記されている。この二つは、「砂漠の盾」作戦と「砂漠の嵐」作戦のそれぞれにおける方針を統制するものであった。
3. Cf. Lawrence Freedman and Efraim Karsh, *The Gulf Conflict, 1990-1991* (Princeton, N.J.: Princeton University Press, 1993), pp.xxxii-xxxiii.
4. Zbigniew Brzezinski, *Power and Principle* (New York: Farrar, Straus & Giroux, 1983), p.454.
5. Colin L. Powell with Joseph E. Persico, *My American Journey* (New York: Ballantine, 1995), p.526.

ers on the Wars in Indochina, 1964-1977 (Washington, D.C.: Cold War International History Project, Working Paper No. 22, May 1998). 協定が調印されて数日後、周恩来は次のようにコメントしている――「ヴェトナム-アメリカの協定によりアメリカ軍がヴェトナムを去るのはよいことだ。この協定は成功である。海軍・空軍・地上軍を含むアメリカ軍の撤退、そしてアメリカ軍基地の撤去のあとで、グエン・ヴァン・チューの処理はやさしいことだ……」。Zhou Enlai and Pen Nouth meeting notes, Beijing, February 2, 1973. この戦争に対する中国の見方の変化については、Qiang Zhai, *China & The Vietnam Wars, 1950-1975* (Chapel Hill: University of North Carolina Press, 2000) を参照。

93. Thomas Alan Schwartz, "'Henry, . . . Winning an Election Is Terribly Important': Partisan Politics in the History of U.S. Foreign Relations," *Diplomatic History* 33:2 (April 2009), pp.173-74. 会話のテープと起こしは以下で利用できる。http://tapes.millercenter.virginia.edu/clips/1972_0803_vietnam/. 同様のものとして以下を参照。Ken Hughes, "Fake Politics: Nixon's Political Timetable for Withdrawing from Vietnam," *Diplomatic History* 34:3 (June 2010). もちろん、この戦争はアメリカ国内において非常な不評を買ったが、アメリカ国民の多くがヴェトナムに関心をもたなくなったことは、サイゴン政府にとって利益にも損失にもなった。たとえば1973年3月にキッシンジャーは、アメリカ駐在の南ヴェトナム大使トラム・キン・フーンに次のように述べている――「われわれがめざしているのは、アメリカ国民がヴェトナムのことを少しも気にしないようになることだ。そうなれば、アメリカは南ヴェトナムの独立国家としての立場を保つための手助けをもっと有効にできるようになるだろう」。Dallek, *Nixon and Kissinger*, p.468.

94. この点から聞くべき価値のある意見を、協定成立前後の数年間にヴェトナムでCIA幹部として活躍したフランク・スネップが述べている。

> ヴェトナムにおける停戦は、装いを新たにした戦争に道を譲ったのであるが、キッシンジャーを酷評する人々は、彼はパリ協定が機能するなどとは少しも思っておらず、アメリカの撤退と南北両ヴェトナム間の死闘とのあいだに「まずまずの時間的間隔」を協定によって確保しようとしただけだと非難している。しかしながら、この見方は、キッシンジャー自身に対して公平であるとはとても思われないものである。真に機能する和平を確立しようと思ってはいなかったとしても、彼が南ヴェトナムに非共産系政府を存続させ、サイゴンとハノイのあいだで外見だけでも和解している姿をつくることに専心していたことはたしかである。彼の「戦後」戦略の要点は、平衡ということであった。経済の面でも軍事の面でも、南と北のあいだにおおよその均衡が成立していなければならないと彼は考えていたのだ。そうすればどちらの側も、差を解消するために武力に訴えるようなことをせず平和的にやろうという気持になるだろうというわけである。これは、ひとつには、チューに北ヴェトナム軍を国境で受け流すだけの強さをもたせることを意味した。同時にキッシンジャーは、種々の圧力と見返りによって、北ヴェトナムの攻撃的な傾向をやわらげようとした。そのための手段として、パリ協定のなかで示唆しているように、北ヴェトナム再建のための援助を提供するとか、ソ連や中国を説得して北ヴェトナムに対する「革命」への支持を弱めさせるとかいうようなことを考えていた。こういった手段を用いれば、理論上は、ハノイは自国内に目を向けるようになり、結局南への侵攻を断念するだろうと思っていたのだ。

Decent Interval, pp.50-51. キンボールのこの状況評価は正しいと思われる。

> 南ヴェトナムにはヴェトナム人民軍やヴェトナム人民解放軍が存在していたのであるが、キッシンジャーによる、まずまずの時間的間隔を確保するという方針が選択されたからといって、チューはまちがいなく敗北すると決まったわけではなかった。理屈から言えば、チューの政府はいろいろな手段で維持されたかもしれない――パリ協定後のアメリカによる経済的・軍事的援助の継続、サイゴン政府や地方の再建、和解計画の促進、アメリカがヴェトナムから撤退する際の北ヴェトナムへの大規模爆撃遂行、ヴェトナム民主共和国を抑制するソ連と中国の協調した働きかけ、アメリカ撤退後に戦争が新たに始まったときにはアメリカの空軍力を投入する、などであっ

ソン・ドクトリンの均衡のとれた姿勢を印象づけることはできず、第二次世界大戦後に占めてきた支配的地位をヴェトナム戦争後には放棄することになるでしょう」。Kimball, *The Vietnam War Files*, p.45. パリ協定が調印されて数日後、ニクソンは日本の前首相佐藤栄作に会い、自分が世間に対して言っていることについてひそかに次のように話している――「アメリカにとってこの戦争を名誉ある形で終結させることが重要だということを、世界中の友人たちがわかってくれないので困っている。アメリカ国民の多くは、わたしが南ヴェトナムを無価値なものにしてしまい、この戦争を始めたケネディやジョンソンを非難しようとしているのだと考えている」。さらに続けて、外国の「平和運動家」はそのような動きに拍手を送るかもしれない、しかし、「アメリカが小さな盟邦の力になっていることを示すことによって、アメリカは日本のような偉大な盟邦からの信頼を得ることができるのだということを、あなたのような指導的立場にいる人はわかってくれるでしょう。アメリカが小さな盟邦にとって信頼するに値しない国だと同盟国の人々が考えるのであれば、大きな盟邦はわれわれを信用しなくなるでしょう。だから、アメリカは信頼に値する国だと示すことが重要なのです」と語った。Berman, *No Peace, No Honor*, p.237.

79. William L. Lunch, Peter W. Sperlich, "American Public Opinion and the War in Vietnam," p.32には次のように書かれている――「アメリカ軍戦闘部隊のヴェトナム撤退のあとで、多くのアメリカ人は東南アジアでの出来事に対して故意に無関心を装い、時には敵意さえ示すようになった。パリ和平協定が調印されたときのギャラップ調査では、南ヴェトナムにおけるアメリカ軍の役割を維持し続けることに対する反対が広がった。のちにアメリカが支援するサイゴン政権が崩壊したとき、アメリカ国民の四分の三以上がそこへの軍事援助に反対し、この、かつての盟邦の人々がアメリカに難民として定住することにさえ多くの人が反対した」。

80. 1975年の北ヴェトナム軍の南ヴェトナム侵攻を成功させた計画立案者は次のように書いている――「アメリカからの援助が減り、サイゴン政府の軍隊は、戦闘を遂行することも、部隊展開の計画を立てることも不可能になった……。グエン・ヴァン・チューは自分の軍隊に対して、『貧者の戦争』を命じざるをえなくなった……。これまでのヘリコプターや戦車を用いた敵地奥深くへの大規模な軍事行動から、塹壕を掘り、小規模の偵察活動をおこなうことによる、自分たちの前哨基地防御へ転換したのだ」。Van Tien Dung, *Our Great Spring Victory: An Account of the Liberation of South Vietnam* (New York: Monthly Review Press, 1977), pp.17-18.

81. Herring, *America's Longest War*, pp.262ff, and Lewy, *America in Vietnam*, pp.207ff.

82. Dung, *Our Great Spring Victory*, pp.18-20.

83. Quoted in Ron Nessen, *It Sure Looks Different From the Inside* (Chicago: Playboy Press, 1979), p.108.

84. Letters from Nixon to Thieu, November 17, 1972, and January 5, 1973, in Gareth Porter, ed., *Vietnam: The Definitive Documentation of Human Decisions* (Stanfordville, NY: E.M. Coleman Enterprises, 1979), vol.2, pp.582, 592.

85. Kissinger, *White House Years*, p.1373.

86. Nixon, *RN*, p.889. キッシンジャーは南ヴェトナムが最終的崩壊を迎えている時点での記者会見において次のように発言している――「パリ協定交渉中には機能していた前提が、その後の、われわれの制御能力を越えた出来事によって、役に立たなくなった。これはこの合意の取り決めに動いた人々の誰もが予想できなかった事態であり、アメリカの外交政策についての考え方とはまったく関係のない理由により、アメリカ大統領府の権威が崩壊もしくは弱体化したのである」。Vietmam: The End of the War," *Survival* 17:4 (July/August 1975), p.184.

87. Kissinger, *Ending the Vietnam War*, p.428.

88. Kimball, *The Vietnam War Files*, p.187. 傍点は、キッシンジャーによって余白に手書きで書かれた部分である。「政治的展開」という言葉は、南ヴェトナム内部からの動きによるものを意味しており、外部からの影響よって引き起こされるものを意味してはいない。

89. Ibid., pp.190-91.

90. Ibid., pp.232-32.

91. "Memcon, Kissinger and Zhou Enlai, June 21, 1972," quoted in Jeffrey Kimball, "*Decent Interval* or Not?" *SHAFR Newsletter* (December 2003).

92. Zhou Enlai and Le Duc Tho meeting notes, Beijing, January 3, 1973, in Odd Arne Westad, Chen Jian, Stein Tonnesson, Nguyen Vu Tungand, and James G. Hershberg, eds., *77 Conversations Between Chinese and Foreign Lead-*

いる。つまり、国民は二つの相反する望みをもっているのだ」。Cantril, *The American People*, p.11.
62. Mueller, *War, Presidents, and Public Opinion*, pp.94-96.
63. Quoted in Greider, "America and Defeat," p.47.
64. キッシンジャーはのちに次のように述べている――「同世代の人々とはちがい、わたしは現代社会の構造のもろさを経験してきていた」。ロジャー・モリスは次のように言っている――「ヘンリーはワイマール共和国で起きたようなことを恐れていた。つまり、彼とユダヤ人たちは、東南アジアにおいて敵前逃亡したと非難されるのを恐れた」。ヘルムート・ゾンネンフェルトは冗談めかして同じような問題に言及している――「ドイツ系ユダヤ人移民であるキッシンジャーは、デタントに走りすぎれば議会で右翼の査問にかけられると想定し、そこでの証言のためにフィラデルフィア出身のもっともアメリカ人らしいヘイグ大佐を自分の軍務次官としてそばに置き続けた」。See Isaacson, *Kissinger*, pp.279-80, 761, and Morris, *Uncertain Greatness*, pp.141-42, 170.
65. Haldeman, *Haldeman Diaries*, entry for December 15, 1970, p.221. Cf. also the entries for December 21, 1970, and January 26, 1971, pp.223, 239. この問題に関する熱のこもったやりとりについては、以下の文献を参照。Anthony Lewis, "Guilt For Vietnam," *New York Times*, May 30, 1994, p.A15; Henry Kissinger, "Hanoi, Not Nixon, Set Pace of Vietnam Peace," *New York Times*, June 3, 1994, p.A26; and Lewis, "The Lying Machine," *New York Times*, June 6, 1994, p.A15.
66. Kissinger, "The Viet Nam Negotiations," p.218.
67. リアリストとしてヴェトナム戦争拡大に反対するという姿勢は、もちろん道徳的なものではなく、打算的なものであった。したがって、国際環境が変化して、危険が低下したときには引っ込めることができたのである――実際、1972年の春からその年の冬にかけてそのような変化が起きた。
68. Kissinger, *White House Years*, pp.227-28.
69. Hans J. Morgenthau, "The Doctrine of War Without End," in *Truth and Power: Essays of A Decade, 1960-1970* (London: Pall Mall, 1970), p.425.
70. "The Statement and Testimony of the Honorable George F. Kennan," in J. William Fulbright, *The Vietnam Hearings* (New York: Random House, 1966), pp.108, 122, 147.
71. Kissinger, "The Viet Nam Negotiations," pp.218-19, 234. キッシンジャーは次のように書いている――「『名誉』ということを政権はつねに訴えてきているが、これは現実政治とあいいれないものではなかった。なぜなら、その国が信頼するに足る国であるかどうかということは、その国の同盟国の安定と、その国に敵対する国の計算に影響を与えるからである」。Kissinger, *Ending the Vietnam War*, p.537.
72. Isaacson, Kissinger, p.461.
73. Robert E. Osgood, "The Nixon Doctrine and Strategy," in Robert E. Osgood, ed., *Retreat From Empire? The First Nixon Administration* (Baltimore, MD: Johns Hopkins JP, 1973) p.8. この強迫観念がさまざまな分野でどのような形であらわれたかについては、Fredrik Logevall and Andrew Preston, *Nixon in the World* (New York: Oxford University Press, 2008) を参照。
74. John Lewis Gaddis, *Strategies of Containment: A Critical Appraisal of American National Security Policy During the Cold War* (New York: Oxford University Press, 2005), p.320.
75. Tucker, "Change and Continuity," in Osgood, *Retreat From Empire?* pp.47-48 (emphasis in the original).
76. George Ball memorandum for Rusk, McNamara, and Bundy, June 29, 1965, Top Secret, NSC History-Deployment in Vietnam.
77. Kissinger, *White House Years*, pp.227-28.
78. Kissinger, *Diplomacy*, p.680. 彼は、回想のなかだけでなく、当時もこの考えをもっていた。1971年9月18付のニクソンに宛てた覚書にキッシンジャーは次のように書いている――「われわれがどのようにこの戦争を終結させるかは、国際社会におけるアメリカの立場とアメリカ社会の基本構造の両方にとって非常に重要であるというわれわれの前提は、ニクソン政権発足以来変わっていません。南ヴェトナムの崩壊がアメリカ軍の撤退のせいであるということになっては、アメリカの新しい外交政策を形成しようとしているあなたの努力を重大な危険にさらすことになるでしょう。アメリカの友好国、敵対国、アメリカ国民に与える衝撃は大きく、ニク

American Foreign Policy (New York: Harper, 1957), pp.50-51. キッシンジャーは、のちの著作のなかでこのテーマに何度も立ち返ろうとしている。*White House Years* (pp.63-64) では、この経過を逐語的に述べ直しているのだが、Diplomacy (p.489) には次のような一文が含まれている——朝鮮戦争の休戦交渉の始まりのころにアメリカが自制していたから、中国はアメリカ軍の技術的・軍事的優位の前に破れながらも交渉を継続することができた。したがって、たいした危険もなく、中国はアメリカ軍の死傷者を増やし、アメリカの挫折感を増大させ、戦争を終結させせようというアメリカ世論の圧力を増大させることができた。

53. Kissinger, "The Viet Nam Negotiations," p.230.

54. Ibid., p.226.

55. 1967年のギャラップ調査は、Mueller, *War, Presidents, and Public Opinion*, p.90にある。この戦争を支持する世論のより一般的な動向については、ほかに下記の文献を参照。William M. Lunch and Peter W. Sperlich, "American *Public Opinion* and the War in Vietnam," *Western Political Quarterly* 32:1 (March 1979), pp.21-44; and Albert H. Cantril, *The American People, Viet-Nam and the Presidency* (Princeton, N.J.: Institute for International Social Research, 1970).

56. 26パーセントが「完全撤退」を支持し、19パーセントが「現在の方針の続行」を支持した。別の19パーセントが、「できるだけすみやかに終結させる」という選択肢を選んだ。この正確さに欠ける言葉は、戦争終結後にどのような政策をとるべきかについては何も言っていない。しかし、国民の欲求不満の一般的レベルを暗示している。Mueller, *War, Presidents, and Public Opinion*, p.92.

57. それは1970年3月には7パーセントまで落ちこみ、5月(カンボジアへの侵攻のあと)には13パーセントまで上昇し、7月には10パーセントへ落ちこんだ。しかしながら、もし「もっと多くの兵士を送る」という語句を使っていなければ、戦争拡大に対する支持はもっと増えていたように思われる。1970年の秋には、24パーセントが「たとえ、北ヴェトナムへの侵攻に踏み切ろうとももっと強い姿勢をとれ」という選択をとった。Gallup and University of Michigan Survey Research Center polls, cited in Mueller, *War, Presidents, and Public Opinion*, pp.94-96.

58. Ibid., pp.93, 94.

59. Kissinger, *White House Years*, p.274. 軍の撤退に関するいろいろな観点については、*Diplomatic History* 34:3 (June 2010) の各論文を参照。

60. Van Atta, *With Honor*, pp.173, 202. レアードの公式伝記作家が解説しているように、「次の4年間に対するレアードの御宣託は、この戦争に対するアメリカの関与は、アメリカ本国の国民が戦争に飽き飽きしてくるため、縮小していくというものであった。ずっと政治を軽蔑してきたキッシンジャーは、この見方に同意しなかった。ニクソンは、選挙が近くなった1972年になって同意している。ニクソンの再選が見えてくるまで、レアードは本国へ帰還させた兵士たちのために必死で戦わねばならなかった」(p.201)。レアードはのちになって、アメリカが撤退したあとで南ヴェトナムに起きたことに衝撃を受けたとし、サイゴンを共産主義者の手に渡したとしてキッシンジャーとフォード政権を激しく非難している。彼は2005年に次のように書いている——「ヴェトナムの不名誉は、最初にわれわれがそこにいたということではなくて、最後にわれわれが盟邦を裏切ったということである。議会は、パリ協定の約束を無視した。大統領、国務長官、国防長官は、責任を共有しなければならない。結局のところ、彼らはアメリカが南ヴェトナムに約束したことを守らなかったのだ。Melvin R. Laird, "Iraq: Learning the Lessons of Vietnam," *Foreign Affairs* 84:6 (November/December2005), p.26. この主張はよく分からない。というのも、ヴェトナムからの撤退を容赦なく進め、撤退が完了したら南ヴェトナムの運命がどうなるかということに当時ほとんど関心をもたなかった人間がほかならぬレアードだからである。

61. William Greider, "America and Defeat," in Allan R. Millett, ed., *A Short History of the Vietnam War* (Bloomington: Indiana University Press, 1978), p.48. 1970年9月、世論調査員アルバート・カントリルも次のように報告している——「アメリカ世論における相反する動向の現状……。世論は、結局のところ、ヴェトナムにおける戦争は高くつきすぎ、これ以上長引かせることはできないと結論づけている。それでも、アメリカはヴェトナムに特段の重要な利害をもっていないとしても、国民は南ヴェトナムが共産主義者たちの手に渡ることを気にして

37. キッシンジャーとニクソンは、戦争を続けるためのアメリカの政治的基盤が衰えていることを、チューに対して正直にはっきりと伝えていた。また、チューが物事を長引かせていればいるほど、アメリカ議会におけるチューの敵は彼の運命を支配するようになるだろうとあからさまに議論していた。したがって、チューに提示された取り引きがいかに悪かろうとも、チューはホワイトハウスに考え直すように要求し続けるのではなくて、この取り引きが成立するように努力するのが彼にとって最善であることを認識すべきであった。ワシントンがサイゴンを理解していなかったとしても、明らかにサイゴンもワシントンを理解していなかった。「アメリカ世論の力および議会と大統領との関係についてのチューの理解は、誤解に満ちた幼稚なものであった。南ヴェトナムは自分たちの立場をアメリカの人々に訴えるような行動は何もしていなかった。南ヴェトナムにおける自分と同じように、アメリカの大統領はアメリカの世論を支配し、操作できるものだと信じて、ニクソンに依存し続けた」。Hung and Schechter, *The Palace File*, p.359.

38. 1カ月後に出されたもう一通の手紙は、要点をもっとはっきりさせている――「わたしは、この協定に対して1973年1月23日に予備的な承認をおこない、1973年1月27日にパリで署名するという順序でことを進める、不退転の決断をしました。やむをえない場合は、わたしひとりでもやります。その場合、わたしは世間に対して、貴政府は和平を妨害していると言わざるをえません。その結果として、貴国に対するアメリカの経済援助・軍事援助は、不可避的に即刻打ち切られるでしょう。貴内閣の改造ぐらいで避けられるような話ではありません。しかし、われわれはこの戦いを共にし、苦しみを分かち合ってきたのであって、今後も共に平和を維持し、その恩恵を享受したいものと願っています」。Kissinger, *Ending the Vietnam War*, pp.418, 427.

39. Hung and Schechter, *The Palace File*, p.146.

40. Haldeman, *The Haldeman Diaries*, entry for June 29, 1971, p.309.

41. Henry A. Kissinger, "Domestic Structure and Foreign Policy," 95:2 *Daedalus* (Spring 1966), p.508. キッシンジャーは次のように述べている――「創造的な思考をするためには、覚書を準備しておくことが必要不可欠である。客観性を追求することによって、未来を現在よりも一層よいものにしようという衝動が生み出される。そのうえ、本当に革新的なものは、現在流行している標準的なものには逆らうようになっている。現代の官僚政治のジレンマは、創造的な行動はすべて孤独である一方で、孤独な行動のすべてが創造的だとはかぎらないということだ」。

42. Morris, *Uncertain Greatness*, p.75.

43. Kissinger, "Domestic Structure and Foreign Policy," pp.509-11.

44. 組織的な構想は、Morris, *Uncertain Greatness*, pp.79-81のなかに説明されている。実態については、P. Leacacos, "Kissinger's Apparat," and I. M. Destler, "Can One Man Do?" *Foreign Policy 5* (Winter 1971-72), pp.3-40を参照。

45. Peter Rodman, "Nixon's Policy," in Peter Braestrup, ed., *Vietnam as History: Ten Years After the Paris Peace Accords* (Washington, D.C.: University Press of America, 1984), p.60.

46. See Isaacson, *Kissinger*, pp.380-85. キッシンジャーの反対者たちに対して公正を期するために言えば、キッシンジャーも、彼ら以上とはいわないまでも、同じような汚い手を使っていた――国務長官と国防長官のもっとも近しい補佐官たちの電話を盗聴し、「彼らのボスの考えを前もって知る」ことができ、官僚的縄張り争いで有利な立場を得ることができた。Safire, *Before the Fall*, p.167. レアードは、いまになって、キッシンジャーの交渉をひそかに見張るために国家安全保障局を利用していたと主張している。Dale Van Atta, *With Honor: Melvin Laird in War, Peace, and Politics* (Madison: University of Winsconsin Press, 2008), p.224.

47. Palmer, *The 25-Year War*, p.107.

48. Haldeman, *The Haldeman Diaries*, entry for March 20, 1969, p.42. Cf. entry for April 15, p.50.

49. Quoted in Isaacson, *Kissinger*, p.165.

50. Haldeman, *The Ends of Power*, pp.82-83.

51. "What Dick Nixon Told Southern Delegates," Miami Herald, August 7, 1968, in Kimball, *The Vietnam War Files*, p.64. See also Morton Halperin, "The Lessons Nixon Learned," in Anthony Lake, ed., *The Legacy of Vietnam: The War, American Society, and the Future of American Foreign Policy* (New York: New York University Press, 1975), pp.414ff.

52. Henry A. Kissinger, *Nuclear Weapons and*

関する大物たちには本当に参った」と述べている。See Morris, *Uncertain Greatness*, pp.44-45, and Walter Isaacson and Evan Thomas, *The Wise Men: Six Friends and the World They Made*（New York: Simon & Schuster, 1986）, pp.672-703. テト攻勢の世論の動向に対する強い影響については、John E. Mueller, *War, Presidents, and Public Opinion*（Lanham, Md. University Press of America, 1973）, pp.57, 126ffのなかで議論されている。

22. Herring, *America's Longest War*, pp.208, 203.

23. ニクソンとキッシンジャーによるこの和平への動きに対する「妨害」については、いろいろなことが言われている。See e.g., Seymour M. Hersh, *The Price of Power: Kissinger in the Nixon White House*（New York: Summit, 1983）, pp.16-24; Isaacson, *Kissinger*, pp.129-32; and William Bundy, *A Tangled Web: The Making of Foreign Policy in the Nixon Presidency*（New York: Hillard Wang, 1998）. しかしながら、どのような秘密の接触があったにせよ、交渉にはほとんど影響しなかっただろう。他方、アメリカの選挙にある程度の影響があったということは考えられる。See Safire, *Before the Fall*, pp.84-91, 107, and Hung and Schechter, *The Palace File*, pp.21ff. チューは、他人から言われなくても自分でも悪い取り引きだと思ったものはまちがいなく拒絶していただろう——実際、4年後、ニクソンとキッシンジャーが取り引きを申し出たときに彼は拒絶した。

24. Henry Kissinger, *White House Years*（Boston: Little, Brown, 1979）, pp.65ff, and Richard M. Nixon, *RN: The Memoirs of Richard Nixon*（New York: Simon & Schuster, 1990）, pp.340ff.

25. Kissinger, "The Viet Nam Negotiations," p.230.

26. Kissinger, *White House Years*, p.129.

27. H. R. Haldeman with Joseph DiMona, *The Ends of Power*（New York: Times Books, 1978）, p.83.

28. Quoted in Goodman, *The Search for a Negotiated Settlement*, p.48. アメリカ側の善意を強調するために、新政権はアメリカの交渉態度を少し変えた。

29. Haldeman, *The Haldeman Diaries*, pp.69-70.

30. Morris, *Uncertain Greatness*, p.164.

31. 1969年10月、トンプソンは大統領に次のように言っている——「アメリカの現在の方針を維持し、南ヴェトナムがアメリカは撤退しないと確信するとすれば、2年以内に勝利するでしょう」。Nixon, *RN*, pp.404-5, 413.

32.「ヴェトナムにおけるわれわれの行動方針について深く憂慮しています」とキッシンジャーは9月10日にニクソンに宛てて覚書を送っている。「時間がたてば、われわれも敵も不利になるのですが、彼らの戦略よりもわれわれの戦略に不利になる方が早いでしょう……。アメリカ軍の撤退はアメリカ国民にとっては塩味の効いたピーナッツのようなものです。本国へ帰還する兵士が増えれば増えるほど、もっと帰還させるようにとの要求が出てくるでしょう。結果として、一方的な撤退という要求になるでしょう——多分、1年以内に。より多くのアメリカ軍が撤退すれば、ハノイはそれだけ元気づきます——彼らは南ヴェトナムをわれわれから奪い取る力をもっています。彼らには、この交渉過程のあいだ、われわれを困らせるために南ヴェトナム政府軍（GVN）を攻撃する選択肢もあるし、われわれが大部分撤退してからそのような攻撃をするべく待機する選択肢もあるのです……」。"Memorandum for the President," September 10, 1969, in Kissinger, *Ending the Vietnam War*, pp.586-88.

33. Henry Kissinger, *Diplomacy*（New York: Simon & Schuster, 1994）, p.678.

34. Goodman, *The Search for a Negotiated Settlement*, pp.59ff. キッシンジャーはこれらの予想される結果を理解していたように思われる。この譲歩がなされたとき、彼はある記者たちにオフレコで次のように話している——「南ヴェトナムをわれわれにできるかぎりの望ましい形にととのえたのち、われわれ自身も、これは責任回避ではないのだと良心に恥じることなく言える状況にしたあとで、たとえば5年後くらいに南ヴェトナムの人々が国を支えきれないということが判明したとしても、その結果はわれわれが単純に引き下がって撤退するだけのことしかしなかった場合の結果とはちがう」。Isaacson, *Kissinger*, p.313.

35. Kissinger, *White House Years*, pp.281, 979. あるとき、レ・ドク・トはキッシンジャーに対して、「役に立つように」と、チューの暗殺を手配すればアメリカは撤退できるという提案までしていた。*Diplomacy*, p.686.

36. Craig R. Whitney, "Speech in Saigon," *New York Times*, October 25, 1972, p.1.

中に少しずつ入ることになる。あるひとつのレイヤーだけをかじるということは許されない」(pp.97-99)。
11. "Address at the Gettysburg College Convocation," April 4, 1959, in *Public Papers of the Presidents of the United States: Dwight D. Eisenhower, 1959* (Washington, D.C.: U.S. Government Printing Office, 1960), pp.311-13. See also David L. Anderson, "Dwight D. Eisenhower and Wholehearted Support of Ngo Dinh Diem," in David L. Anderson, *Shadow on the White House: Presidents and the Vietnam War, 1945-1975* (Lawrence: University Press of Kansas, 1993).
12. John F. Kennedy, "America's Stake in Vietnam," *Vital Speeches* 22:20 (August 1, 1956), p.618.
13. Quoted in Larry Berman, *Planning a Tragedy: The Americanization of the War in Vietnam* (New York: Norton, 1982), p.45.
14. See Berman, *Planning a Tragedy*; Yuen Foong Khong, *Analogies at War: Korea, Munich, Dien Bien Phu and the Vietnam Decisions of 1965* (Princeton, N.J.: Princeton University Press, 1992); and John P. Burke and Fred I. Greenstein (with Larry Berman and Richard Immerman), *How Presidents Test Reality: Decisions on Vietnam, 1954 and 1965* (New York: Russell Sage Foundation, 1989). ジョンソンはジェムの暗殺のすぐあとに、一般に考えられているよりももっと容易にヴェトナムから撤退することができたはずだという議論については、次の文献を参照。Fredrik Logevall, *Choosing War: The Lost Chance for Peace and the Escalation of War in Vietnam* (Berkeley: University of California Press, 2001).
15. Cable #4035, Taylor to Rusk, June 3, 1965, Top Secret, NSC History—Deployment in Vietnam.
16. 中国が介入してくるのではないかという恐れがアメリカの計画立案に及ぼした問題については、Khong, *Analogies at War* を参照。戦争を拡大しないという方針の背景にあった積極的な論理的根拠については、Stephen Peter Rosen, "Vietnam and the American Theory of Limited War," *International Security* 7:2 (Fall 1982), pp.83-113を参照。戦争を拡大しないという第三の道をとることは、予備役を動員しないこと、および本国の反発をかき立てないことという要請からも必要だった。非拡大方針の背景にあった、国内の政治的動向については、Berman, *Planning a Tragedy*, pp.145-53, and Gelb and Betts, *The Irony of Vietnam* を参照。
17. Quoted in Michael Maclear, *The Ten Thousand Day War: Vietnam, 1945-1975* (New York: St. Martin's, 1981), p.417.
18. サイゴン政権とヴェトナム社会との関係については、以下の文献を参照。Jeffrey Race, *War Comes to Long An: Revolutionary Conflict in a Vietnamese Province* (Berkeley: University of California Press, 1972); Eric M. Bergerud, *The Dynamics of Defeat: The Vietnam War in Hau Nghia Province* (Boulder, Colo.: Westview, 1991); and Ronald Spector, *After Tet* (New York: Vintage, 1994).
19. ヴェトナムのような国については、次のことが注目されていた——「共産主義は既成の権威を転覆させるのではなくて、既成の権威の空白を埋めるものであった……。ヴェトナムや朝鮮の北と南のあいだでの政治的土壌のちがいは……、独裁制と民主制のちがいではなく、一方はよく組織化され、広く民衆に支持された複雑な政治組織であるのに対して、もう一方は不安定なつぎはぎだらけの、狭い人間関係にもとづく政治組織である、というものだった。それは、政治組織のつくり方におけるちがいであった」。Samuel P. Huntington, *Political Order in Changing Societies* (New Haven, Conn.: Yale University Press, 1968), pp.335, 343.
20. この戦争の遂行については、以下の文献を参照。William C. Westmoreland, *A Soldier Reports* (Garden City, NY: Doubleday, 1976); Bruce Palmer, Jr., *The 25-Year War: America's Military Role in Vietnam* (Lexington: University Press of Kentucky, 1984); Guenter Lewy, *America in Vietnam* (Oxford: Oxford University Press, 1978); and Andrew F. Krepinevich, Jr., *The Army in Vietnam* (Baltimore: Johns Hopkins University Press, 1988). 典型的な作戦行動については、Jonathan Schell, *The Village of Ben Suc* (New York: Knopf, 1967) を参照。
21. テト攻勢の衝撃は、大体において、一般国民よりも権力中枢の人々のあいだでの方が大きかった。この意味で、1968年3月にジョンソンが「賢人たち」との会合で示した怒り——「あいつらは手を引くつもりだ」——は的確であった。ジョンソンはのちになって、大統領時代多くの人に「困らされた」が、「あの外交政策に

court, 1999); Larry Berman, *No Peace, No Honor* (New York: Free Press, 2001); Ang Cheng Guan, *Ending the Vietnam War* (London: RoutledgeCurzon, 2004); Robert Dallek, *Nixon and Kissinger* (New York: Harper Collins, 2007); Stephen P. Randolph, *Powerful and Brutal Weapons* (Cambridge, Mass.: Harvard University Press, 2007); and John Prados, *Vietnam* (Lawrence: University Press of Kansas, 2009). これよりも古い文献で注記する価値があるのは下記のものが含まれる。Roger Morris, *Uncertain Greatness* (New York: Harper & Row, 1977); Frank Snepp, *Decent Interval* (New York: Vintage, 1977); Leslie H. Gelb with Richard K. Betts, *The Irony of Vietnam: The System Worked* (Washington, D.C.: Brookings Institution, 1979); George C. Herring, *America's Longest War: The United States and Vietnam, 1950-1975*, 2nd ed. (New York: Knopf, 1986); Allan E. Goodman, *The Search for a Negotiated Settlement of the Vietnam War* (Berkeley: Institute of East Asian Studies, University of California, Berkeley, 1986); Nguyen Tien Hung and Jerrold L. Schechter, *The Palace File* (New York: Harper & Row, 1986); and Walter Isaacson, *Kissinger: A Biography* (New York: Simon & Schuster, 1992).

7. 1968年3月に国防長官に任命されたクラーク・クリフォードは、アメリカの戦争への取り組みに関する審査の指揮をとり啞然とした。「統合参謀本部にお尋ねしますが、『新たに20万6000人の部隊を送るとすれば、これで十分ですか？』。彼らは答えることができなかった。『では、これだけの部隊を送れば、この戦争は終わるでしょうか？』。『誰にもわかりません』。『では、これ以上の軍隊が必要になるという可能性はありますか？』。『ありえます』。『北爆で彼らを降伏させられるでしょうか？』。『できないでしょう』。『北側は戦意を失いつつありますか？』。『そのような兆候はありません』。そして、最後に、『どんな計画をもっていますか？』。何の返答もなかった。『何も計画はないのですか？』。『計画は、敵に対する圧力を維持するというだけのもので、そうすれば最後には敵は降伏するだろうと思っています』」。Goodman, *The Search for a Negotiated Settlement of the Vietnam War*, p.40.

8. Richard M. Nixon, "Asia After Vietnam," *Foreign Affairs* 46:1 (October 1967), pp.111-25.

9. "Kissinger's Tribute to Nixon," *New York Times*, April 28, 1994, p.A20.

10. William Safire, *Before the Fall* (New York: Da Capo, 1975), p.8. サファイアはまた次のようにも書いている（pp.97-99）――「ニクソンはレイヤー・ケーキのような人間だ。アイシングは世間向けの顔で仮面だ……保守的で、厳格で、威厳があり、リベラルな発想で人を驚かせようとすることに熱心で、ディズレイリと比較されて喜ぶ。その下にあるのは、不必要なほどに喧嘩好きの顔だ……。独立独行で、自己憐憫であるが、自己中心的ではなく、勤勉な人々の汗に頼って暮らすことしか考えない怠け者だとみなした連中にはいつも激しく怒る……。さらにその下にあるのは、長期の不敗記録をもつポーカー・プレイヤーの顔だ。政治家としては長いあいだ負けが続いていたが、それから勝利し、再びその座を失った。しかし、どうしてもやめなければならなくなるまで、やめようとはしなかった……。その下にあるのが、憎まれ、非難されているものだ。彼をして『配管工』（訳注：組織名）に情報漏洩の調査や彼自身が重要視していた人権を踏みにじるようなことをせしめた、軽蔑に値するレイヤーである……。もうひとつのレイヤーが、リアリストとしての顔だ。国民や圧力団体が何を期待しているかを理解する男の顔であり、政治的提携や国際問題のなかに潜む落とし穴や、あるいは逆に好機を感知する男の顔であり……、他人に対して存在と自分の考えを自信をもって押しつけることができる男の顔だ。その下には、自分の言動を称賛あるいは批判できる冷静な顔がある……。その下に、並外れた勇気をもつ男の顔がある。危険を冒すが、抜け目はなく、自分の外交政策に対する圧力に屈せず、『名誉ある和平』を勝ち取り、三角外交・リンケージ戦略を駆使して、アメリカ大統領として初めて中国を訪問し、またソ連とのあいだでデタント政策を推進した……。その下には一匹狼の顔がある。『一般大衆』と結びついてはいても、ごくかぎられた人々としか一緒に仕事をせず、知的ではあるが知識人よりはスポーツマンを好み、独りで考える時間にこだわり、時間を浪費することもあるが……自分はヴェトナムに和平をもたらすために時宜を得て大統領になったのだと信じ、アメリカはこの愚かな介入から慎重に撤退すべきであるとの結論に達したのである……。このニクソンというケーキを一口かじれば、すべてのレイヤーが口の

Pingchao Zhu, *Americans and Chinese at the Korean War Cease-Fire Negotiations, 1950-1953, Studies in American History*, vol.36 (Lewiston, Maine: Edwin Mellen, 2001), pp.170-71.

91. 休戦協定成立後本国へ送還されなかった共産兵捕虜がたどった運命については、以下の文献を参照。Foot, *A Substitute for Victory*, pp.190ff; Kaufman, *The Korean War*, pp.343ff; and Sydney D. Bailey, *How Wars End: The United Nations and the Termination of Armed Conflict, 1946-1964* (Oxford: Clarendon, 1982), vol.1, p.314.

92. アメリカ政府の公式資料によれば、使用された資源の総量から見て、北朝鮮は第二次世界大戦中に日本がこうむった破壊よりも大きな破壊を受けている。たとえば、朝鮮戦争中に63万5000トンの爆弾（3万2500トンのナパーム弾を含む）が投下されている。太平洋戦域では50万3000トンであった。Foot, *A Substitute for Victory*, pp.206-7.

93. Joy, *Negotiating While Fighting*, p.436.

94.「共産側から見れば、任意送還の趣旨は、本質的に、共産主義の路線からの脱退と裏切りを自由にやってよろしいということであり、認められるはずのないものであった」。Zhu, *Americans and Chinese at the Korean War Cease-Fire Negotiations*, p.105.

95. Chai Chengwen, "The Korean Truce Negotiations," in Xiaobing Li, Allan R. Millett, and Binyu, eds., *Mao's Generals Remember Korea* (Lawrence: University Press of Kansas, 2001) pp.225, 202. 休戦協定が締結された日の終わりには、譲歩するのは簡単だった——「アメリカは世界一の強国で、自分たちを当惑させることになるような妥協は一切するつもりがなかったのだ……。われわれは、捕虜問題を調整してアメリカが歩み寄ってくる余地をつくっておく必要があった。そのことが交渉をこんなに長いあいだ妨げていた」。(p.228).

第６章　ヴェトナム戦争

1. Henry Kissinger, *Ending the Vietnam War* (New York: Simon & Schuster, 2003), pp.329-30. 北ヴェトナム側の交渉報告書によれば、この取り引きが初めて提案されたとき、「キッシンジャーとアメリカ代表団全員の顔に喜びの表情が走った」。Luu Van Loi and Nguyen Anh Vu, *Le Duc Tho-Kissinger Negotiations in Paris* (Hanoi: The Gioi, 1996), p.314.

2. H. R. Haldeman, *The Haldeman Diaries* (New York: Putnam's, 1994), pp.516-17. ニクソンの直後の対応は多くのことを物語っている——「それでは、応接間で夕食にしよう。そう言って大統領はマノロに57年もののラフィット・ロートシルトをもってこさせ、みなにつがせた。いつもであれば、これは大統領だけが口にするもので、われわれが飲むのはカリフォルニア・ワインだった」。

3. Haldeman, *The Haldeman Diaries*, pp.515-16.

4. 驚くべきことに、キッシンジャーはそのような筋書きを1969年の『フォーリン・アフェアーズ』誌に載せていた——「ある問題があって、合意の可能性もはっきりしない段階で、わが国の外交官は、利害関係はあるが交渉には同席しない盟邦に対してはわれわれの見解をあたりさわりのない形で提示しようとする。盟邦の反応はだいたい次の三つになる。(a) 差し迫った決断はしなくていいのだと誤解し、この問題を決着させる目的がわからない。(b) 自分が無理矢理決着をつけた場合、その決断が自分に不利なことになるのではないかと恐れる。(c) 決着は不可能と考え、問題自体が存在しなくなることを望む。決着が差し迫っていることがわかると、アメリカの外交官たちは盟邦の黙従を求めて突然忙しくなる。盟邦はその圧力の強さと唐突さによってだまされたように感じ、一方われわれは盟邦がこうなるまでに一切反対の声を上げなかったではないかと憤慨するのだ」。Henry Kissinger, "The Viet Nam Negotiations," *Foreign Affairs* 47:2 (January 1969), p.225, fn. 4.

5. このときの記者会見の写しは、Kissinger, *Ending the Vietnam War*, pp.591-600にある。

6. ヴェトナム戦争に関する文献は膨大で、いまも増え続けている。この戦争の終盤数年間の概略は以下の文献から収集できる。Kimball, *Nixon's Vietnam War* (Lawrence: University Press of Kansas, 1998); idem, *The Vietnam War Files* (Lawrence: University Press of Kansas, 2004); Pierre Asselin, (Chapel Hill: University of North Carolina Press, 2002); Kissinger, *Ending the Vietnam War*; and Haldeman, *The Haldeman Diaries*. この時期に関する記録は、最近出版された下記の文献にも含まれている。Lewis Sorley, *A Better War* (New York: Har-

した。その理由は、そうするのが倫理にかなうことであり、正しいことだからであった。わたしはそのことを、官庁勤務時代に目撃した、大統領によるもっとも偉大な政治的勇気のある行動であるとして、引用することがある」。Oral History Interview, June 19, 1975, Harry S. Truman Library, p.79.
74. Rees, *Korea: The Limited War*, p.325.
75. Commander in Chief, United Nations Command (Ridgway) to the Joint Chiefs of Staff, HNC-588, December 18, 1951, Top Secret, *FRUS, 1951*, vol.7, part 1, p.1371.
76. Memorandum for the Record, by the Deputy Assistant Secretary of State for Far Eastern Affairs (Johnson), "Position on POWs in Korean Armistice Negotiations," February 8, 1952, Top Secret, *FRUS, 1952-1954*, vol.15, part 1, p.41. 提案されたこの決議案は、国防長官ロヴェットが何人かの上院議員に会ったのち、上程されなくなった。See Memorandum for the Record, by the Deputy Assistant Secretary of State for Far Eastern Affairs (Johnson), "Consultation with Far East Subcommittees on Korea," April 26, 1952, Confidential, *FRUS, 1952-1954*, vol.15, 172-73. part 1, pp.
77. Memorandum of the Substance of Discussion at a Department of State-Joint Chiefs of Staff Meeting, March 19, 1952, Top Secret, *FRUS, 1952-1954*, vol.15, part 1, p.100.
78. Casey, *Selling the Korean War*, p.284.
79. "Public Comment on Airfield and Prisoner Issues at Panmunjom," March 3, 1952, National Archives, RG 59, Office of Public Opinion Studies, 1943-65, Public Opinion on Foreign Countries and Regions; Japan and Korea, 1945-54 (Box 39).
80. "American Opinion Trends on Korea," August 13, 1952 (emphasis in original).
81. "Public Opinion Factors Bearing on the Korean Truce," September 15, 1952, (same location as note 79)
82. Casey, *Selling the Korean War*, p.286.
83. Memorandum of Discussion at the 139th Meeting of the National Security Council, Wednesday, April 8, 1953, Top Secret, *FRUS, 1952-1954*, vol.15, part 1, pp.893-94.
84. Keefer, "President Dwight D. Eisenhower and the End of the Korean War," p.278. 休戦時の世論調査では、休戦を支持する世論は75パーセント、戦闘継続を支持するものは15パーセントであった。John E. Mueller, "Trends in the Popular Support for the Wars in Korea and Vietnam," *American Political Science Review* 65:2 (June 1 1971), p.374.
85. Paul Kennedy, The Rise and Fall of the Great Powers: *Economic Change and Military Conflict from 1500 to 2000* (New York: Vintage, 1987), p.369. アメリカの信頼と戦略計画に関するトルーマン政権の再武装については、Marc Trachtenberg, *History and Strategy* (Princeton, N.J.: Princeton University Press, 1991) を参照。
86. Richard Whelan, *Drawing the Line: The Korean War*, 1950-1953 (London: Faber & Faber, 1990), p.322.
87. Joy, *Negotiating While Fighting*, p.259. これらは1952年2月に朝鮮訪問中のU・アレクシス・ジョンソンに対しジョイが語った言葉である。
88. Joy to Ridgway, January 18, 1952, cited in Joy, *Negotiating While Fighting*, p.203.
89. Hastings, *The Korean War*, p.305.
90. ピングチャオ・ズーは以下のように書いている。

> 中国へ送還された中国兵捕虜の最終的な運命は、人の希望を失わせるようなものだった。国境を越えて満州へ入ると……、『帰還者管理局』として知られている事務局の管理下に置かれた。彼らの朝鮮における『英雄的行為』については中国政府は知っていると伝えられ、捕虜としての抑留中の『背信行為』を白状しなければならなかった。ほぼ一晩中、裏切り者、反逆者、スパイ、臆病者、『いまいましい奴』と言われ続けた。その後彼らが経験したことは、第二次世界大戦後のソ連兵捕虜の経験と同じようなものだった。多くは共産党員の資格を剝奪され、軍から追放され……、教育と就職の機会を奪われ、過酷な労働のため遠方へ強制的に追いやられ、『軍の機密を敵にもらした』という弁解の余地のない罪で刑務所に入れられ、降格され、見捨てられ、離婚されるという具合だった。自殺した者もいたし、当局へ訴えた者も何人かはいたが、不幸にも失敗している。しかし、多くは、戦争捕虜となったからといってどうして自分たちが人民の敵となってしまうのかがわからないままだった。

62. Memorandum of the Substance of Discussion at a Department of State- Joint Chiefs of Staff Meeting, March 21, 1952, Top Secret, *FRUS, 1952-1954*, vol.15, part 1, p.113.

63. Memorandum by P. W. Manhard of the Political Section of the Embassy to the Ambassador in Korea (Muccio), Secret, March 14, 1952, *FRUS, 1952-1954*, vol.15, part 1, pp.98-99. マンハルドの報告はムーチョからジョンソンへの3月19日付の手紙に同封されていた。ムーチョがのちに述べているように、収容所の状況は次のようなものであった――「これらの収容所内で生じていたことをアメリカ軍はまったく知らなかったし、了解していなかった。わたしは、中国問題の専門家で中国語を話せる部下のフィリップ・W・マンハルドから聞いた。彼は、捕虜収容所で続いている恐ろしいことについて非常に困った報告を何度か提出してきた……。また、これら中国兵捕虜収容棟における恐ろしい状況を話してくれたことも何度かあった……。これらの収容棟においておこなわれていたことは、それほど目立ったことではなかったと思っている――何と表現していいのかわからないのだが。われわれに管理責任があったこれらの収容棟では、激しいイデオロギー闘争がおこなわれていたのだが、それがどんなものなのか、われわれにはわかっていなかった。John J. Muccio, Oral History Interview, Harry S. Truman Library, February 10 and 18, 1971, pp.100-1.

64. Johnson to Muccio, April 7, 1952, Secret, *FRUS, 1952-1954*, vol.15, part 1, pp.141-42.

65. Muccio to Secretary of State, May 12, 1952, Top Secret, *FRUS, 1952-1954*, vol.15, part 1, p.192.

66. The Ambassador in Korea (Muccio) to the Department of State, Top Secret, June 28, 1952, *FRUS, 1952-1954*, vol.15, part 1, p.360. See also Muccio to Secretary of State, July 2, 1952, Top Secret, pp.369-70, and Muccio to Secretary of State, July 5, 1952, Top Secret, p.379.

67. "Estimate of Action Needed and Problems Involved in Negotiating and Implementing an Operation for the Re-Classification and Exchange of POWs," by A. S. Chase, Chief, Division of Research for Far East, Office of Intelligence Research, Department of State, July 7, 1952, Top Secret, National Archives, 693.95A24/7-752, pp.3-4, 7. そのような刺青をされた捕虜が中国へ送還されれば中国で生活しにくくなると思われるが、どのような刺青かという写真については、Hansen, *Heroes Behind Barbed Wire*, pp.23ff を参照。ムーチョは6月に次のような情報を打電している――「送還を希望していた中国人の約3分の2が強制的に刺青されていた」。その数は少なくとも全部で1500人になる。

68. Joy, *Negotiating While Fighting*, p.355.

69. Weintraub, *War in the Wards*, pp.3-4.「ソ連の風刺漫画のもうひとつは、軽機関銃を手にして鉄兜をかぶったGIがギャングのように描かれており、たくましい兵士たちを引き連れ、捕虜を踏みつけ、銃の台尻でほかの捕虜たちを制止している絵である。平和を愛する愛国的な捕虜たちを睨みつけて、『さあ、ほかに送還されたい奴は名乗り出ろ』とこのギャングが叫んでいる」。

70. William H. Vatcher, Jr., *Panmunjom: The Story of the Korean Armistice Negotiations* (New York: Praeger, 1958), p.154.

71. Menzies quoted in MacDonald, Korea: *The War Before Vietnam*, p.145. 司令官のハイドン・L・ボートナーは送還問題についてはジョイと同意見であった。彼はのちに次のように書いている――「休戦交渉の機会を逸してよい理由があるのか？ 休戦協定の話し合いを長引かせるべき理由があるのか？ その一方で、アメリカ軍の離脱の理由が知れわたる前に『敵』の裏切り者とアメリカ軍の裏切り者との交換をしようとしている。人々が比較的自由で平和なときに移民の制限をしているアメリカが、昔の敵が彼らの『自由意志による選択』で『われわれの側』に転向することを誇りにするというのは、愚かな偽善的行為ではないのか？ 彼らはわれわれの捕虜で、われわれの教化にしたがっているのであり、したがって『自由選択』をするような自由はない」。Haydon L. Boatner, "Prisoners of War For Sale," *American Legion Magazine*, August 1962, p.40.

72. Howland H. Sargeant to Secretary of State, "Steps to be Taken and Questions to be Considered Arising Out of POW and Related Issues," May 20, 1952, Secret, National Archives, 695A.0024/5-2052.

73. このことは、U・アレクシス・ジョンソンの以下のような後年の発言に対するほろ苦い一撃となっている――「トルーマンは……われわれが自由意志による送還を支持すべきだと決断

Archipelago, 1918-1956: An Experiment in Literary Investigation, Parts I & II (New York: Harper & Row, 1974), pp.81ff., 243ff., and 259ffを参照。

39. Memorandum by the Joint Chiefs of Staff to the Secretary of Defense (Marshall), "Policy on Repatriation of Chinese and North Korean Prisoners," August 8, 1951, Top Secret, *FRUS, 1951*, vol.7, part 1, pp.792-93.

40. 実際に彼は、捕虜名簿から送還を希望しないと思われる者たちの名前を除去することが、このジュネーヴ条約の問題を迂回する方法かもしれないと提言していた。The Secretary of State to the Secretary of Defense (Marshall), August 27, 1951, Top Secret, *FRUS, 1951*, vol.7, part 1., pp.857-58. アチソンによる別の提案がのちに出されるが、これについては、"The Prisoner Question and Peace in Korea," *Department of State Bulletin* 27:698 (November 19, 1952), pp.744-54を参照。

41. Stueck, *The Korean War*, p.260. 李承晩が休戦協定を妨害しようとして韓国内の捕虜たちを解放する3日前、『ワシントン・ポスト』紙に次のような一文で始まる記事が掲載された——「コンラッド・アデナウアー首相は、本日、もしロシアが本当にドイツと和解するつもりであるならば、いまだに抑留している30万人のドイツ兵捕虜を釈放すべきである、という声明を発表した……」。"Adenauer Challenges Reds to Free POWs," *Washington Post*, June 15, 1953, p.14.

42. The Commander in Chief, Far East (Ridgway) to the Joint Chiefs of Staff, CX-55993, October 27, 1951, Top Secret, *FRUS, 1951*, vol.7, part 1, pp.1068-70.

43. Elliott, *Pawns of Yalta*, pp.45-46.

44. Memorandum by the Acting Secretary of State [Webb], "Meeting with the President, Monday, October 29, 1951," October 29, 1951, Confidential, *FRUS, 1951*, vol.7, part 1, p.1073.

45. *FRUS, 1951*, vol.7, part 1, p.1073, fn. 3.

46. Elliott, *Pawns of Yalta*, pp.109ff.

47. たとえば、1952年1月末にトルーマンは内輪の集まりで、「第二次世界大戦の約300万人もの捕虜がいまだにソ連に抑留され、休戦協定に反する強制労働をさせられている」ことに激怒し、中国とソ連に核攻撃をしかける妄想で鬱憤を晴らしていた。See Barton J. Bernstein, "Truman's Secret Thoughts on Ending the Korean War," *Foreign Service Journal* 57:10 (November 1980), p.33, and Cass Peterson, "Truman Idea: All-Out War Over Korea," *Washington Post*, August 3, 1980, pp.A1, 15.

48. 朝鮮戦争休戦協定についてのリッジウェイ大将からの提案に対する大統領の声明。May 7, 1952, *Public Papers of the Presidents of the United States: Harry S. Truman, 1952-1953* (Washington, D.C.: U.S. Government Printing Office, 1966), p.321. スティーヴン・カッセイのような学者は、この声明は非常に重要なものだとしている。その理由は、この声明が出されて以降、希望する捕虜だけを本国へ送還するという立場から外れた方針をとることがそれ以前にくらべて政治的に非常に難しくなってきたからである。

49. Diary entry for May 18, 1952, in Harry S. Truman, *Off the Record: The Private Papers of Harry S. Truman*, ed. Robert H. Ferrell (New York: Penguin, 1982), pp.250-51.

50. For example, U. Alexis Johnson, Oral History Interview, June 19, 1975, Harry S. Truman Library, pp.71ff.

51. Memorandum of the Substance of Discussion at a Department of State-Joint Chiefs of Staff Meeting, March 19, 1952, Top Secret, *FRUS, 1952-1954*, vol.15, part 1, pp.103-4.

52. Bernstein, "Truman's Secret Thoughts," pp.32-33.

53. MacDonald, *Korea: The War Before Vietnam*, p.141.

54. Foot, *A Substitute for Victory*, p.130.

55. Acheson, *Present at the Creation*, p.653.

56. Memorandum of Conversation, by the Director of the Office of United Nations Political and Security Affairs (Wainhouse), "Korea," Top Secret, *FRUS, 1952-1954*, vol.15, part 1, pp.171-72.

57. MacDonald, *Korea: The War Before Vietnam*, pp.134-35. 韓国軍のふるまいについての批評は、アメリカ陸軍戦史部の出版物からのものである。

58. Max Hastings, *The Korean War* (New York: Simon & Schuster, 1987), p.308.

59. Matthew B. Ridgway, *The Korean War* (Cambridge, Mass: DaCapo, 1986), p.206.

60. Hastings, *The Korean War*, pp.307-8.

61. MacDonald, *Korea: The War Before Vietnam*, p.136.

会議においてであった。ダレスは「もし休戦協定が得られないのであれば、満州にある工業施設を壊滅させてしまうつもりだということをもらしただけ」と主張している。しかし、この会談に関する彼の覚書は、それほど直接的ではなく、また核の脅しもなかった。「……もし休戦交渉が決裂したら、アメリカは小さな軍事活動ではなくて激しい行動を起こすことになるだろう。そうすれば紛争地域は拡大するだろうと言った（注意：わたしは意図が伝わるものと思っていた）」。二度目の会談では、「ネールは朝鮮での休戦を話題に持ち出してきた。特に昨日のわたしの発言に言及しながら、もし休戦合意が成立しなければ交戦状態はもっと激しいものになるのかと尋ねてきた……。わたしはそれに答えず、この話題が消えるのに任せた」。Memorandum of Conversation, by the Secretary of State, May 21, 1953, Secret, and Memorandum of Conversation, by the Secretary of State, May 22, 1953, Secret, *FRUS*, 1952-1954, vol.15, part 1, pp.1068, 1071. See also Richard K. Betts, *Nuclear Blackmail and Nuclear Balance* (Washington, D.C.: Brookings, 1987), pp.42-43.

32. ボーレンはソ連に対してはっきりしたメッセージを書き送っている——「関連した行動のなかで、アメリカは原子力兵器を使うかもしれない、とインドを通して中国に対してほのめかしていたということは、わたしの知らないことである」。Charles E. Bohlen, *Witness to History, 1929-1969* (New York: Norton, 1973), p.351. 彼だけではなかった。「参謀本部の転入・転出者もクラーク大将も原爆を使うという脅しについては相談も受けていないし、知らないことだった」。Richard K. Betts, *Soldiers, Statesmen, and Cold War Crises* (Cambridge, Mass.: Harvard University Press, 1977), p.106.

33. Rosemary J. Foot, "Nuclear Coercion and the Ending of the Korean Conflict," *International Security* 13:3 (Winter 1988-89) p.99; see also MacDonald, *Korea: The War Before Vietnam*, pp.186-9.

34. いまになってわかるのだが、中国側は何が起きていたのかをきわめて正確に把握していた。休戦交渉における共産側代表団団長の李克衣は、北京から戻ってきた中国軍の司令官彭徳懐に対して、6月20日の状況を簡単に説明した。「李克衣は、敵は窮地に陥っていると言った。李承晩と好戦的なアメリカは、大衆の支持を失った……。彭は『李承晩は善悪の判断ができないのだ。教訓を与えてやることが絶対に必要だ』と言った。彭は平壌で電報の草案を書き、毛沢東へ送った。彭は李承晩を懲らしめ、彼の兵をあと1万5000人ほど死傷させる時間を稼ぐために休戦協定の署名日程を遅らせることを提案したのだ。毛は休戦協定署名日程延期を裁可した。署名の時期は状況次第ということになり、李承晩の兵士を少なくともあと1万人死傷させることがどうしても必要となった」。Major General (Ret.) Chai Chengwen, "The Korean Truce Negotiations," in Xiaobing Li et al., eds., *Mao's Generals Remember Korea* (Lawrenceville: University Press of Kansas, 2001), p.229.

35. ブラッドレーの発言の核心は、共産主義者たちに対抗するいま以上に大きな戦争はどんな犠牲を払ってでも避けなければいけないということではなく、「もしアメリカが共産主義者たちと戦わざるをえないのであれば、しかるべき戦争はロシアそのものとの戦いであり、それを戦うしかるべき場所は周辺地域ではなくてソ連圏の中心においてである、ということだった。非常に重要なことは、もしどうしても戦わざるをえないのであれば（もちろんブラッドレーは避けられることを望んでいた）、戦うのにしかるべき時期があるということであった。すなわち、アメリカの国力が十分に高まったのちということである」。Marc Trachtenberg, "A 'Wasting Asset': American Strategy and the Shifting Nuclear Balance, 1949-1954," *International Security* 13:3 (Winter 1988-99), p.27 (emphasis in the original).

36. Dean Acheson, *Present at the Creation: My Years in the State Department* (New York: Norton, 1969), p.531.

37. The Secretary of State to the British Secretary of State for Foreign Affairs (Morrison), July 19, 1951, Top Secret, *FRUS, 1951*, vol.7, *Korea and China*, part 1 (Washington, D.C.: U.S. Government Printing Office, 1983), pp.699-700.

38. Hermes, *Truce Tent and Fighting Front*, pp.136ff. 第二次世界大戦における本国送還方針に関する全般的な議論については、Mark R. Elliot, *Pawns of Yalta: Soviet Refugees and America's Role in their Repatriation* (Urbana: University of Illinois Press, 1982) を参照。本国へ帰還した捕虜たちの身に起こったことについては、Aleksandr I. Solzhenitsyn, *The Gulag*

リストについては、次の文献を参照。Kenneth K. Hansen, *Heroes Behind Barbed Wire* (Princeton, N.J.: D. Van Nostrand, 1957), pp.325-34. 捕虜たちに "Defensive Footwork in Basketball" や "Peanuts, a Valuable Crop" といった映画を見せる理由は明らかなように思われる。"Tanglewood Music School" や "Western Stock Buyer" や "Meet Your Federal Government" については、捕虜教育とどういう関係があるのかわからない。

20. Joy, *Negotiating While Fighting*, p.178.

21. Memorandum of Conversation, by the Deputy Assistant Secretary of State for Far Eastern Affairs (Johnson), "U.S. Position on Forcible Repatriation of Prisoners of War," February 27, 1952, Top Secret, *FRUS 1952-1954*, vol.15, part 1, p.69. この会合の出席者は、大統領、国務長官、国防長官、財務長官、統合参謀本部からの二人、国務省と国防総省からの三人であった。

22. See Bernstein, "The Struggle over the Korean Armistice," pp.281-84.

23. Joy, *Negotiating While Fighting*, p.368 (emphasis in the original).

24. 表面上、これは最終的休戦合意へ向けた取り組みのなかで共産側のある程度の譲歩に対して国連側が何がしかの譲歩をするという取り引きの意思表示として重要な新しいものであった。実際には、それは本当に進行しつつあるのは何であるかを隠すための策略であった。統合参謀本部は3月20日にリッジウェイへ電報を打っている――「もし、全面的に行きづまったことを認めざるをえなくなった場合には、共産側はいくつかの理由をつけてわれわれの提案を拒絶しなければならなくなり、そのことは彼らの頑固さを強調することになるという点でわれわれに利点があるでしょう……。この一括取り引きは、戦争捕虜というひとつだけの事項ではなく、三つの事項について会議が行きづまっているということを演出できる利点があるように見える」。The Joint Chiefs of Staff to the Commander in Chief, Far East (Ridgway), JCS 904101, March 20, 1952, Top Secret, *FRUS, 1952-1954*, vol.15, part 1, p.107. 国務省のある高官は非公式に次のように書き留めている――「『送還問題だけが休戦合意を妨げている問題で、これが捕虜になっている国連軍兵士の帰還を妨げているのだとすれば、大変な騒ぎになるだろうとわれわれはみな感じていた』。生じる確率の高い国内の不満をおさえるためには、自分たちの広報活動のなかにほかの重要な要素も含めていくということで、ホワイトハウス、国務省、ペンタゴンは合意していた。『休戦交渉が決裂した場合、これは唯ひとつの事項のために合意にいたらなかったのではないと国民に理解させるべくあらゆる努力をするべきである』」。Steven Casey, *Selling the Korean War: Propaganda, Politics, and Public Opinion, 1950-1953* (Oxford: Oxford University Press, 2008), p.287.

25. このダレスの証言の引用は、"Second Restricted Tripartite Meeting of the Heads of Government, Mid Ocean Club, Bermuda, December 7, 1953," U.S. Delegation Minutes, Top Secret, in *FRUS, 1952-1954*, vol.5, part2, p.1811からである。ダレスは続けて次のようにも述べている――「李は非常に難しい問題だった。これは、この年に起きたことに関する控え目な表現だろう。われわれは李をつなぎとめておくために、かつてどこの国もやったことのないようなアメとムチを使った」。このアイゼンハワーの発言の引用は、次の文献からである。Notes by General Andrew Goodpaster of a meeting between Eisenhower and Johnson, February 17, 1965, quoted in Conrad C. Crane, "To Avert Impending Disaster: American Military Plans to Use Atomic Weapons During the Korean War," *Journal of Strategic Studies* 23:2 (June 2000), p.72.

26. Quoted in Caridi, *The Korean War and American Politics*, p.267. 1952年12月の段階では、アイゼンハワーは「朝鮮における和平を達成する特別な計画は何ももっていなかった」というキーファーの主張は正しいように思われる。「アイゼンハワーの非決定は、政府がその問題について取り組むためのその場しのぎの、さらには時間稼ぎの手段であったことははっきりしている」。Edward C. Keefer, "President Dwight D. Eisenhower and the End of the Korean War," *Diplomatic History* 10:3 (Summer 1986), p.270.

27. Weathersby, "Stalin, Mao, and the End of the Korean War," p.102.

28. Ibid., p.108.

29. Hermes, *Truce Tent and Fighting Front*, p.412.

30. Ibid., p.427.

31. アイゼンハワー政権の高官たちがのちに述べているのだが、核の脅しがなされたのはこの

1998), p.166; William Stueck, *Rethinking the Korean War* (Princeton, N.J.: Princeton University Press, 2002), p.145; and David Rees, *Korea: The Limited War* (New York: St. Martin's, 1964), p.285.

13. Allan E. Goodman, ed., *Negotiating While Fighting: The Diary of Admiral C. Turner Joy at the Korean Armistice Conference* (Stanford, Calif.: Hoover Institution Press, 1978), pp.26, 6.

14. Memorandum by the Secretary of State to the President, February 8, 1952, Top Secret, *Foreign Relations of the United States, 1952-1954, Vol. 15: Korea, Part I* (Washington, D.C.: U.S. Government Printing Office, 1984), p.44, hereafter *FRUS*.

15. 送還を拒否するであろうと思われる捕虜はいくつかの区分に分類された。もともと韓国の兵士であったのだが、この戦争の初期に北朝鮮軍に捕まり、北朝鮮兵として徴用された者。北朝鮮あるいは南朝鮮の市民で、北朝鮮兵士として徴用された者。もともと中華民国の国民党軍の兵士であったのだが、国共内戦ののち中国人民解放軍に徴用された者。市民や難民や韓国軍からはぐれた者で、共産兵捕虜のなかにまぎれ込んでしまった者（自発的にまぎれ込んだ者もいれば、まちがえられた者もいる)。「1952年の初期の時点で、国連軍に捕らえられている戦争捕虜約17万人うち、約2万1000人は中国人で、残りは朝鮮人であった。この朝鮮人のうち、約10万人は北朝鮮に家庭がある北朝鮮兵であり、約4万9000人は南朝鮮に家庭をもつ人々であった。後者は三つのタイプに分類された。南への侵攻初期に北朝鮮軍に捕らえられ、北朝鮮軍兵士として徴用された者。市民であるが、北朝鮮軍の兵士や労働力として徴用された者。主に仁川上陸のあとに国連軍によって逮捕された市民。これは北朝鮮兵士が捕虜になるのをまぬがれようとして、軍服を脱いで市民の姿をしていたことによる。捕まった時点で北朝鮮の人間か南朝鮮の人間か区別のつかなかった者は、まず逮捕された。戦争を早期に終結させる望みが消えた1951年初頭になってようやくこれら三つのタイプを区別する作業が始まり、1952年の夏になって南朝鮮兵であった者と市民と判明した3万8000人が釈放された」。Samuel M. Meyers and William C. Bradbury, "The Political Behavior of Korean and Chinese Prisoners of War in the Korean Conflict: A Historical Analysis," in Samuel M. Myers and Albert D. Biderman, eds., *Mass Behavior in Battle and Captivity: The Communist Soldier in the Korean War* (Chicago: University of Chicago Press, 1968), p.225.

16. 国家安全保障会議（NSC）による大統領への報告。NSC 81/1, "United States Courses of Action With Respect to Korea," September 9, 1950, Top Secret, *FRUS, 1950, vol.7, Korea* (Washington, D.C.: U.S. Government Printing Office, 1976), p.718.

17.「このプログラムのあからさまに政治的な目的は、戦争捕虜収容所における闘争にその主要な焦点を絞ることになった」と、捕虜について研究している社会学者のチームがのちに書き留めている。Meyers and Bradbury, "The Political Behavior of Korean and Chinese Prisoners of War," p.219.

18. 国連軍の捕虜収容所における暴力と混乱は本章の後半で議論される。そこでの状況は西側の宣伝が主張するものとは大きく異なっていたかもしれないが、アメリカ軍による捕虜の取りあつかいはアジア側の交戦国の捕虜収容所でおこなわれている取りあつかいよりはずっとよかった。しかも、共産側に捕らえられて収容所まで来ることができた捕虜はましな方だったのだ（共産軍は多くの捕虜を殺したり、徴用したりしていた)。たとえば、信頼できる情報文書には釜山の収容所について次のように書かれている──「アメリカの基準から見れば、ここの捕虜収容所は食事もよくないし、備品も十分ではない。しかし1951年1月から状況は韓国の基準から見てかなり改善され、構内を警備している南朝鮮兵士や付近に住んでいる市民たちと比較して非常に恵まれた状態になったといえる」。Meyers and Bradbury, "The Political Behavior of Korean and Chinese Prisoners of War," p.237. この格差は、送還というのちの問題に対してある程度実際的な影響があったし、市民や難民のなかには、食物と医療を受けるために自分たちを戦争捕虜として申請するものもいたほどであった。See Stanley Weintraub, *War in the Wards: Korea's Unknown Battle in a Prisoner-of-War Hospital* (Garden City, NY: Doubleday, 1964).

19. 共産軍の捕虜収容所において見せられた映画については、Rees, *Korea: The Limited War*, p.336を参照。捕虜向けにつくられたアメリカ側の教育プログラムに用いられた教材の完全な

5. Arthur Krock, "'Mistakes' of Korea War Again a Political Issue," *New York Times*, June 28, 1953, p.E3; "Truce in Balance," *New York Times*, July 5, 1953, p.E1.
6. Jon Halliday and Bruce Cumings, *Korea: The Unknown War* (London: Penguin, 1990), p.197; Barton J. Bernstein, "Syngman Rhee: The Pawn as Rock," *Bulletin of Concerned Asian Scholars* 10:1 (1978), p.44.
7. 李を引きずり下ろそうとするアメリカ側のいろいろな計画の詳細と、なぜそれらの計画が採用されなかったのかについては、Bernstein, "Syngman Rhee," and Joseph C. Goulden, *Korea: The Untold Story of the War* (New York Times Books, 1982), pp.617ff. and 635ffを参照。
8. See I. F. Stone, *The Hidden History of the Korean War* (New York: Monthly Review Press, 1969 [1952]); Gabriel and Joyce Kolko, *The Limits of Power: The World and American Foreign Policy, 1945-1954* (New York: Harper & Row, 1972); Frank Baldwin, ed., *Without Parallel: The American-Korean Relationship Since 1945* (New York: Pantheon, 1974); and John Gittings, "Talks, Bombs and Germs: Another Look at the Korean War," *Journal of Contemporary Asia* 5:2 (1975), pp.205-17.
9. Thomas J. McCormick, *America's Half-Century: United States Foreign Policy in the Cold War* (Baltimore: Johns Hopkins University Press, 1989), p.104. 皮肉なことに、この当時共和党の極右の連中は似たような議論を展開していた。たとえば1952年の選挙期間中、カンザス州選出の上院議員アンドリュー・シェッペルはトルーマン政権を非難して、「トルーマン政権はアメリカの豊かさを誇示するために朝鮮戦争を意図的に長引かせている！」と言っている。Ronald J. Caridi, *The Korean War and American Politics: The Republican Party as a Case Study* (Philadelphia: University of Pennsylvania Press, 1968), p.206.
10. See Douglas MacArthur, *Reminiscences* (New York: McGraw-Hill, 1964), and Courtney Whitney, *MacArthur: His Rendezvous with History* (New York: Knopf, 1956).
11. このような解釈のもとになっているものは、『アメリカ外交史料集（*FRUS*）』のなかの関連する巻、また1980年ごろから始まった史料公開にもとづく「ポスト修正主義」者たちのこの戦争に関する論文のなかに存在する。特に、以下の文献を参照。Barton J. Bernstein, "The Struggle over the Korean Armistice: Prisoners of Repatriation?" in Bruce Cumings, ed., *Child of Conflict: The Korean-American Relationship, 1943-1953* (Seattle: University of Washington Press, 1983), pp.261-308; Callum A. MacDonald, *Korea: The War Before Vietnam* (New York: Free Press, 1987); Burton I. Kaufman, *The Korean War: Challenges in Crisis, Credibility, and Command* (Philadelphia: Temple University Press, 1986); Rosemary Foot, *A Substitute for Victory: The Politics of Peacemaking at the Korean Armistice Talks* (Ithaca, N.Y.: Cornell University Press, 1990); Sergei N. Goncharov, John W. Lewis, and Xue Litai, *Uncertain Partners: Stalin, Mao, and the Korean War* (Stanford, Calif.: Stanford University Press, 1993); and Stueck, The Korean War. これらに対する補足として、Walter G. Hermes, *Truce Tent and Fighting Front* (Washington, D.C.: Office of the Chief of Military History, United States Army, 1966) を参照。これはこの戦争に関するアメリカ陸軍の詳細な公刊戦史の最後の巻である。近年入手できるようになったロシアの公式文書は、この戦争の発端、中国の参戦、休戦交渉に対するスターリンの死の影響などを理解するのに役立つ。これらは以下の文献に集約されている。*Cold War International History Project Bulletin 3* (Fall 1993) and 6-7 (Winter1995/1996). また以下の文献にまとめられている。Kathryn Weathersby, "Stalin, Mao, and the End of the Korean War," in Odd Arne Westad, ed., *Brothers in Arms: The Rise and Fall of the Sino-Soviet Alliance, 1945-1963* (Washington, D.C.: Woodrow Wilson Center Press, 1998), and Kathryn Weathersby, "The Soviet Role in the Korean War: The State of Historical Knowledge," in William Stueck, ed., *The Korean War in World History* (Lexington: University Press of Kentucky, 2004). この戦争に関する最新のもっとも詳細な分析は次の文献に見られる。Elizabeth A Stanley, *Paths to Peace: Domestic Coalition Shifts, War Termination, and the Korean War* (Stanford, Calif: Stanford University Press, 2009).
12. Howard S. Levie, "*Reminiscences* of the Korean Armistice Negotiations," in Daniel J. Meador, ed., *The Korean War in Retrospect* (Lanham, Md.: University Press of America,

ん」。Dower, *Empire and Aftermath*, p.265.

84. Quoted in Bix, *Hirohito*, p.515. 長谷川の見解と比較参照――「天皇が穏健派の意見に賛成したのは、人類に平和をもたらしたいという高潔な思いからでもなければ、国民と国家を荒廃から救いたいという誠実な願いからでもなかった――大東亜戦争終結の詔書にはそのように述べられているし、天皇の『聖断』という作り話はわれわれにそう信じ込ませようとしているが。それは何よりもまず、生き延びようとする個人的な判断と、伝説上の神武天皇以来途切れることなく続く家系である天皇家を維持しようとする深い責任感の故だった」。"The Atomic Bombs and the Soviet Invasion," in Hasegawa, ed., *The End of the Pacific War: Reappraisals*, p.135. 本文訳文は寺崎英成、マリコ・テラサキ・ミラー『昭和天皇独白録』より引用。

85. Bix, *Hirohito*, pp.521, 509. 本文訳文は高木惣一『高木海軍少将覚え書』より引用。

86. AP 通信社の通信員ルイス・ラクナーは、反ナチスのドイツ人に関する記事を配信しようとしたところ、特電が検閲にひっかかった。それでも強行しようとすると、「通常の検閲命令に加えて、最高司令官としての立場でアメリカ大統領からのじきじきの検閲命令があることがわかった。それはドイツの反体制派に言及した記事の配信はすべて禁ずるというものであった。反体制派の動向に関する話題は、無条件降伏の概念とうまく調和しなかったのだ！」。ラクナーがレジスタンスからホワイトハウスへのメッセージを伝えようとしても、何の返事もなかった――「しかし、AP 通信社のワシントン支局から電話があり、わたしがこの問題にこだわっていることを当局筋は『非常な迷惑』と見ており、やめてくれないかということだった」。Louis P. Lochner, *Always the Unexpected: A Book of Reminiscences* (New York: Macmillan, 1956), pp.294-95.

87. "Radio Report to the American People on the Potsdam Conference," August 9, 1945, *Public Papers of the Presidents of the United States: Harry S. Truman, 1945* (Washington, D.C.: U.S. Government Printing Office, 1961), p.212.

88. "Radio Address at Dinner of Foreign Policy Association," October 21, 1944, in Rosenman, ed., *Public Papers and Addresses*, vol.12, 1944-45, p.349.

第５章　朝鮮戦争

1. 朝鮮問題に精通している人々にとってはこれは起こりうることであったし、その程度の予見をすべきであった。コラムニストのジョセフ・アルソップとスチュワート・アルソップが6月12日に次のように警告していた――「李承晩がどんな男なのか、彼の部下がどんな連中なのかよく知っている人々に言わせると、この老人のことを深刻に受け止めている人はほとんどいない。アメリカにおいても、それ以外の国でも、李が朝鮮戦争休戦協定を激しく拒絶していることはコップの中の嵐にすぎず、李が全面的に依存しているアメリカ政府は間もなく李の目を覚まさせるだろうというのが一般的な見方である。しかし、国務長官のジョン・フォスター・ダレスは李の反抗的態度に悩まされ続けてきている。ダレスとその他の大統領顧問たちは、アイゼンハワー大統領と何度も会合を開き、この頑固な年老いた韓国大統領の取りあつかいについていろいろと議論してきている。彼らが事態をよく吟味すればするほど、李承晩が休戦協定を拒絶するつもりであり、そうしそうだということがますますはっきりしてきた……。『この老人が本当にほしいのは、北朝鮮への攻撃許可であり、万一面倒に巻き込まれた場合にはもう一度救い出してもらうということなのだ』と、政策立案者のひとりが当惑した顔で言っていた」。"Can the Tail Wag the Dog?" *Washington Post*, June 12, 1953, p.25.

2. William S. White, "U.S. Sees Position in Korea as Grave," *New York Times*, June 20, 1953, p.1. 捕虜を「休戦妨害」の道具に使うという考えは、休戦交渉の席で南朝鮮代表が考え出したものである。See Choi Duk-Shin, *Panmunjom and After* (New York: Vantage, 1972), pp.74ff.

3. "Text of Rhee Letter Rejecting Eisenhower Plan," *New York Times*, June 19, 1953, p.4; Lindesay Parrott, "Korean Tanks Aid in New Breakout of War Prisoners," *New York Times*, June 21, 1953, p.1; Clark letter to Roy W. Howard, July 7, 1953, quoted in William Stueck, *The Korean War: An International History* (Princeton, N.J.: Princeton University Press, 1995), p.336.

4. "McCarthy applauds Rhee's POW Release," *Washington Post*, June 20, 1953, p.9; "Knowland Asserts Rhee was Slighted," *New York Times*, July 6, 1953, p.1.

たちのあいだの意見の食いちがいが決定的なものとなった可能性がある。帝国陸軍・海軍の指導部は、外国による占領は天皇制にとって致命的なものと考えていた。木戸や天皇を含む文民たちは、軍部の意思決定者の多くとは異なり、天皇制は内乱によっても消滅するかもしれないと考えていた。このことに対する恐れが、広島、ソ連参戦、長崎のあとに、しかし鉄道網の破壊の前に、戦争を終結させるという天皇の決定に大きな影響を与えていた。原爆がなくとも、港湾封鎖と空爆の累積効果と、鉄道網の破壊があいまって、日本国内の秩序が大きく脅かされ、天皇は終戦を模索せざるをえなくなっただろうという推測は妥当だろう」。*Downfall*, pp.348, 354. 実際の終戦とは異なる仮想的な筋書きによるくわしい議論については、以下の文献を参照。Richard B. Frank, "No Bomb: No End," in Robert Cowley, ed., *What If?* 2 (New York: Putnam's, 2001); Hasegawa, *Racing With the Enemy*, pp.290-98; Barton J. Bernstein, "Understanding the Atomic Bomb and the Japanese Surrender: Missed Opportunities, Little-Known Near Disasters, and Modern Memory," *International Security* 19:2 (Spring 1995), and "Compelling Japan's Surrender Without the A-Bomb, Soviet Entry, or Invasion," *Journal of Strategic Studies* 18:2 (June 1995); and Douglas J. MacEachin, *The Final Months of the War With Japan: Signals Intelligence, U.S. Invasion Planning, and the A-Bomb Decision* (Washington, D.C.: Central Intelligence Agency, Center for the Study of Intelligence, December 1998), pp.33-38.

80.「この漠然とした概念が正確に定義されたのは、広島の原爆とソ連の参戦によってもたらされた危機的状況に直面してからであった。日本の政策立案者たちは、具体的な降伏条項の問題に向き合ったのである」。Tsuyoshi Hasegawa, "Introduction," in Hasegawa, ed., *The End of the Pacific War*: Reappraisals, p.4.

81. ビックスと長谷川を比較参照。ビックスは次のように述べている――「裕仁は、政治および軍事における統率者というだけでなく、国民の最高位の精神的権威でもあった。彼は宗教的に委ねられた君主国を率い、危機に際しては日本国を神政国家として規定することも許されていた。宮殿構内の南西隅にある木造の建物のなかで複雑な宗教的儀式を規則正しくおこなっていた。それは、神々から始まる神秘的な家系に対する彼の信仰を意味するものであり、日本国家と日本国土が神聖なものであることを意味していた。宗教的・政治的・軍事的・指揮権がひとりの人間に集中していることが、天皇についての研究を複雑にしている」。*Hirohito*, p.16. 長谷川は以下のように書いている――「1889年に制定された明治憲法は、天皇を『神聖ニシテ侵スヘカラス』と存在定義し、すべての権力の頂点に据えた――立法上・行政上・司法上のすべての権力は天皇という人格から発するものであった。天皇はまた、軍の最高司令官でもあり、その権威は内閣の及ばぬものであった。そのうえ、天皇は日本国民の共同体の象徴の役目も果たしていた……。このように、天皇は政治的・文化的・宗教的に絶対権力をもっていた。国体は、天皇制の政治的特質と精神的特質の両方を表現する象徴的な言葉だ」。*Racing the Enemy*, pp.3-4.

82. 長谷川毅は次のように述べている――「原爆が広島と長崎の市民に与えた甚大な被害は――アメリカの政策立案者たちは日本政府に対して決定的な影響をもつと期待していたものであるが――、日本の支配層の中枢にいる人々にとっては決定的なものではなかった。日本の政策立案者たち――天皇から軍部指導者たち、文民指導者たちにいたるまで――は、国体護持のためには、いかにその概念が漠然としたものであろうと、さらに数百万人の日本国民を犠牲にするつもりでいた。原爆の効果がこのような支配層の中枢にいた人々――特に天皇、木戸、近衛、その他天皇に近い人々――に懸念を呼び起こしたとすれば、それは原爆による破壊が天皇制を吹き飛ばしまうような国民の暴動につながるのではないかという点であった。"The Atomic Bombs and the Soviet Invasion," in Hasegawa, ed., *The End of the Pacific War: Reappraisals*, pp.120-21.

83. 近衛公爵は、1945年2月に「近衛上奏文」を上奏したのち天皇に次のように言っている――「アメリカと和解する以外に道はないと思います。われわれが無条件降伏をしたとしても、アメリカの場合、日本の国体を改革するとか、天皇家を廃止するようなことまではやらないでしょう。日本の領土は現在の半分程度に減るかもしれません。しかし、たとえそうなったとしても、われわれは国民を戦争の荒廃から救い出すことができ、国体を護持し、天皇家の存続が保証される計画を立てることができるのであれば、無条件降伏を避けるべきではありませ軍部の作戦担当部署によってなされたのであって、その決断をワシントンに承認してもらう必要はなかった」。*The Decision to Drop the Bomb*, pp.248, 271. 立て続けに不意打ちがおこなわれた背景にあったものについての論理的な説明については、Freedman, "The Strategy of Hiroshima." を参照。

69. Sigal, *Fighting to a Finish*, p.184.

70. Quoted in ibid., p.194.

71. Quoted in ibid., p.211.

72. Barton J. Bernstein, "Roosevelt, Truman, and the Atomic Bomb, 1941-1945: A Reinterpretation," *Political Science Quarterly* 90:1 (Spring 1975), p.61.

73. リチャード・フランクは次のように書いている――「1945年における考え方を理解するには、B-29一機が8～10トンの爆弾を投下できたことを心に留めておくことが大事だ。典型的な空襲は一回当たり500機のB-29でおこなわれるから、4000～5000トンの爆弾を投下することになる。したがって、一個の原爆の爆発は通常の一回当たりの空襲の破壊と同じ程度なのだ」。*Downfall*, p.253.

74. たとえば、1945年6月の『ニューヨーカー』誌は4回にわたる長文の連載として、純粋にアメリカ人の目から見た通常の空襲を取りあげた。焼夷弾による3月の東京大空襲を「偉大」なものであると論じ、カーチス・ルメイ少将は「感受性豊か」で「善良」な人間であるとした。そして、「このひどい戦争を早く終わらせる」のに役立つであろうから、より破壊的な戦略爆撃が望ましいという、完全に功利主義的な立場をとっていた。10万人以上――広島より多い――を殺した攻撃からの帰還を待ちながらルメイと一緒にいた記者は、彼について次のように書いている――「すばらしい仕事をしたのは善良な若者の面影を残した男で、正しいことをしていると信じ、落ち着いた雰囲気をただよわせつつ、この戦争を終わらせたいと願っている」。St. Clair McKelway, "A Reporter with the B-29s," *New Yorker*, June 9, 16, 23, and 30, 1945 (quotes from June 23, pp.39, 32, 36, 37). それからわずか14カ月後に同じ雑誌は原爆投下を日本人の目から見た、より長い非常に暗澹たる内容の記事を掲載している――「この兵器の信じられないような破壊力を完全に理解している人は誰もいないだろう。そしてこの兵器の使用が意味する恐るべき意味をみながよく考えることになるだろうと確信している」。John Hersey, "Hiroshima," *New Yorker*, August 31, 1946.

75. Barton J. Bernstein, "Eclipsed by Hiroshima and Nagasaki: Early Thinking About Tactical Nuclear Weapons," *International Security* 15:4 (Spring 1991), pp.149-73.

76. See Frank, *Downfall*, pp.160-63.

77. Hasegawa, *Racing the Enemy*, p.252.

78. Frank, *Downfall*, p.356; Hasegawa, *Racing the Enemy*, p.273. John Dower を比較参照――「降伏した兵士たちに対するもっとも広範囲で、引きのばされた、最悪の取りあつかいは、ソ連の手によってなされたものである。ソ連は天皇による降伏放送の1週間前の8月8日にこの戦争に参戦した。そして、満州および朝鮮北部にいた降伏した日本軍を強制連行したのである……。160～170万の日本軍がソ連の手に落ちた。彼らの多くは第二次世界大戦およびスターリン粛清で失われた多くの労働力を補うために使われたことが間もなく明らかになった。ソ連から釈放された捕虜の第一陣は、1946年12月になってやっと日本に到着している。1947年の末までに62万5000人が形式的には送還されたことになっている……。日本におけるアメリカ占領当局からの度重なる催促ののち、1949年春の時点でソ連は、まだ9万5000人の捕虜がおり、この年の末までに全員が送還されるだろう発表した。アメリカと日本の計算によれば、実際の数は40万人に上るはずであった。*Embracing Defeat*, pp.51-52.

79. フランクスの結論は説得力がある――「要約すると、ソ連の介入は重要な意味をもってはいたが、日本の降伏にとって重要ではなかった。天皇による介入をうながす要素であったかもしれないが、根本的な理由ではなかった。日本帝国陸軍・海軍に抵抗をやめさせることに対して、ソ連の介入も原爆と同じような役目を果たしたかもしれないが、原爆の方がより決定的な役割を果たしていた。というのも、日本の降伏を確実にするためにはアメリカ軍は日本へ侵攻しなければならないだろうという前提は、原爆の出現によって崩れ去ったからである」。その他の可能性があった降伏の要因としては、アメリカの空爆による日本の鉄道網の破壊がある。これは実際におこなわれようとしていたものであり、おこなわれていれば日本の経済は停止し、降伏の決定的な要因となっていただろう。「そのような破壊的な被害を受けると、日本の軍部の意思決定者たちと文民の意思決定者

eign Policy (London: Oxford University Press, 1973), p.8.
49. Press Conference, July 29, 1944, in Samuel I. Rosenman, ed., *The Public Papers and Addresses of Franklin D. Roosevelt*, vol.13, *1944-45* (New York: Russell & Russell, 1950), p.213.
50. Quoted in Schwartzberg, "The 'Soft Peace Boys,'" p.198. 戦後の日本において、基本的な社会的・政治的改革が必要だということについては、アメリカ政府の政策立案者たちのほぼ全員が合意していた。意見の不一致が見られたのは、これらの改革をどの程度広範囲にわたるものにするのかということと、秩序と安定のために、もしあるとすれば、どのようなものを支柱として残しておくかということについてであった。
51. "Message to Congress on the Progress of the War," September 17, 1943, in Samuel I. Rosenman, ed., *The Public Papers and Addresses of Franklin D. Roosevelt*, vol.12, *1943* (New York: Russell & Russell, 1950), p.391.
52. "Address to the Congress Reporting on the Yalta Conference," in Rosenman, ed., *Public Papers and Addresses*, vol.13, *1944-45*, p.584.
53. "The Assistant Secretary of State (MacLeish) to the Secretary of State," "Interpretation of Japanese Unconditional Surrender," July 6, 1945, Top Secret, in *FRUS: Conference of Berlin (Potsdam)*, vol.1, p.896.
54. John W. Dower, *Embracing Defeat: Japan in the Wake of World War II* (New York: Norton, 2000), pp.77-83.
55. Gar Alperovitz, *Atomic Diplomacy: Hiroshima and Potsdam* (New York: Vintage, 1965), pp.241-42.
56. Stimson Diary, July 22, 1945, quoted in *FRUS: The Conference of Berlin* (Potsdam), vol.2, p.225.
57. Entry for July 18, 1945, quoted in Eduard Mark, "'Today Has Been a Historical One': Harry S Truman's Diary of the Potsdam Conference," *Diplomatic History* 4:3 (Summer 1980), p.322.
58. Churchill, *Triumph and Tragedy*, p.553.
59. Walter Millis and E. S. Duffield, eds., *The Forrestal Diaries* (New York: Viking Press, 1957). p.78.
60. "Memorandum by Mr. Charles E. Bohlen, Assistant to the Secretary of State, of a Meeting at the White House, April 23, 1945," in *FRUS, 1945*, vol.5 (Washington, D.C.: U.S. Government Printing Office, 1967), p.254.
61. Michael S. Sherry, *Preparing for the Next War: American Plans for Postwar Defense, 1941-1945* (New Haven, Conn.: Yale University Press, 1977), p.190.
62. Ibid., p.188.
63. "Memorandum by the United States Joint Chiefs of Staff; Basic Objectives, Strategies, and Policies," July 21, 1945, Top Secret, and "Memorandum by the British Chiefs of Staff; Basic Objectives, Strategy, and Policies," July 20, 1945, Top Secret, in *FRUS: The Conference of Berlin (Potsdam)*, vol.2, pp.1299-1308.
64. Henry L. Stimson, "The Decision to Use the Atomic Bomb," *Harper's*, February 1947, p.98. マーティン・シェルヴァンの判断を比較参照――「戦時中の政策立案過程を詳細に調べた末にはっきりしてきたひとつの結論は、政策立案者たちは、原爆を使うべきだという想定に対して一度も真剣に疑義をはさむようなことはしていなかったというものである。原子力エネルギー計画を準備する最初の会合のときから……、アメリカの指導者たちは原爆の開発と使用をアメリカの戦争への取り組み全体のなかの本質的な部分だとみなしていた」。*A World Destroyed: Hiroshima and the Origins of the Arms Race* (New York: Vintage, 1987), p.5.
65. Walker, "The Decision to Use the Bomb," p.111.
66. Quoted in Giovanitti and Freed, *The Decision to Drop the Bomb*, pp.63, 322.
67. Quoted in Sigal, *Fighting to a Finish*, p.209.
68. ジョヴァニッティとフリードによれば、「二つ目の原爆に関する予定は、8月11日の使用にそなえて準備しておくというものであった。しかし天気予報によれば、日本の天気は8月10日から5日間にわたって悪天候が続く予定だった。そこでこの嵐に先んじるべく、予定を前倒しで進めるあらゆる努力がなされた。グローヴスの副官であったトーマス・F・ファレル准将によれば、この二つ目の原爆に対する使用前のテストの一つ、あるいは二つは取り消された。残りのテストが成功裏に終わったとわかったところでファレルは、『ついに8月9日に向けた総力をあげての取り組みを終わらせることができたと確信した』と書いている。……したがって、この二つ目の原爆使用の日程の最終決定は

Noon, Livadia Palace, Combined Chiefs of Staff Minutes, "Report to the President and the Prime Minister," Top Secret, in *FRUS: The Conferences at Malta and Yalta*, 1945, p.826.
27. Quoted in Frank, *Downfall*, p.34.
28. U.S. Department of War, OPD, "Compilation of Subjects for Possible Discussion at Terminal," quoted in Sigal, *Fighting to a Finish*, p.124.
29. "Memorandum by the Secretary of the Joint Chiefs of Staff (McFarland), Minutes of Meeting Held at the White House on Monday, 18 June 1945," Top Secret, in *FRUS: The Conference of Berlin* (Postdam) vol.1, p.909.
30. Robert E. Sherwood, *Roosevelt and Hopkins: An Intimate History* (New York: Harper, 1948), pp.903-4.
31. Vladimir Dedijer, *Tito Speaks* (London: Weidenfeld & Nicolson, 1953), p.234.
32. Winston S. Churchill, *The Second World War*, vol.6, *Triumph and Tragedy* (Boston: Houghton Mifflin, 1985), p.555. しかし、次のことは注目しておくべきである。すなわち、立憲君主制はチャーチルが選択している政治形態であった。したがって、天皇に将来の何かの役割を保証することを彼は譲歩と見ていなかったのである。たとえば、第一次世界大戦終結時におけるドイツに対する連合国側の政策について次のように述べている――「君主制に対するアメリカ人の偏見は、ロイド・ジョージが和らげようと努めたのだが、打ち負かされた皇帝に対して、君主制よりは共和制にした方がドイツは連合国側からよりよい扱いを受けるのだと明言することになってしまった。賢明な政策は、ワイマール共和国ではなく立憲君主国とし、ドイツ皇帝の幼い孫を君主にいただく摂政評議会を設けることだっただろう。そうしなかったから、ドイツ国民の日常が空虚になってしまった。軍とか封建制といった大きな要素が立憲君主制の下で再編成され、新しい民主的議会制を尊重し、支えたかもしれない。そうではなく共和制になったため、しばらくのあいだ国が乱れてしまった。ワイマール共和国はその進歩的な装いと祝福にもかかわらず、敵による押しつけとみなされた」。*The Second World War*, vol.1, *The Gathering Storm* (London: Cassell, 1948), p.9.
33. Quoted in Bix, *Hirohito*, p.503. 本文訳文は鈴木貫太郎伝記編纂委員会編『鈴木貫太郎伝』より引用。
34. Cordell Hull, *The Memoirs of Cordell Hull, Volume II* (New York: Macmillan, 1948), p.1594.
35. Dower, *War Without Mercy*, pp.8, 52.
36. Ibid., pp.53ff.
37. Sigal, *Fighting to a Finish*, p.95.
38. Ibid., p.95.
39. Barton J. Bernstein, "The Perils and Politics of Surrender: Ending the War with Japan and Avoiding the Third Atomic Bombing," *Pacific Historical Review* 46:1 (February 1997). 12, fn. 45.
40. Charles F. Brower IV, "Sophisticated Strategist: General George A. Lincoln and the Defeat of Japan, 1944-45," *Diplomatic History* 15:3 (Summer 1991), p.327.
41. Sigal, *Fighting to a Finish*, p.95.
42. Dean Acheson, *Present at the Creation: My Years in the State Department* (New York: Norton, 1969), p.112.
43. "The Assistant Secretary of State (MacLeish) to the Secretary of State," "Interpretation of Japanese Unconditional Surrender," July 6, 1945, Top Secret, in *FRUS: The Conference of Berlin* (Potsdam), Vol.I, p.895. この時点でマクリーシュは陸軍省（スティムソン）とも国務省の実力者（グルー）とも激論を交わしている。彼のバーンズに宛てたメモは、戦闘範囲が拡大するかもしれないという無言の脅しとして見る方がよいかもしれない。
44. Briefing Book Paper, "The Position of the Emperor in Japan," July 3, 1945, Top Secret, in *FRUS: The Conference of Berlin* (Potsdam), vol.1, p.887.
45. "The Acting Secretary of State to the Secretary of State," July 16, 1945, Top Secret, in *FRUS: The Conference of Berlin* (Potsdam), vol.2, p.1267.
46. "Memorandum by the Secretary of the Joint Chiefs of Staff (McFarland), Minutes of Meeting Held at the White House on Monday, 18 June 1945," Top Secret, in *FRUS: The Conference of Berlin* (Potsdam), vol.1, p.909.
47. Count von Bernstorff, quoted in Earl S. Pomeroy, "Sentiment for a Strong Peace, 1917-1919," *South Atlantic Quarterly* 43:4 (October 1944), p.330.
48. Ernest R. May, *"Lessons" of the Past: The Use and Misuse of History in American For-*

ment Printing Office, 1960) p.1261.
15. Quoted in Frank, *Downfall*, p.224.
16. Joseph C. Grew, "Memorandum of Conversation," May 28 1945, in *FRUS*, 1945, vol.6, pp.545-46; see also Joseph C. Grew, *Turbulent Era: A Diplomatic Record of Forty Years, 1904-1945, Vol. II* (Boston: Houghton Mifflin, 1952), pp.1421ff. グルーは、天皇は戦後のアメリカの政策にとって有用と考えており、1944年4月に次のように書いている──「最終的な勝利のあと、日本において軍事的な要素をもたぬもので日本の秩序を保つのに役立つものを──常識の範囲内で──利用したいというのであれば、わたしの見るかぎり、天皇制を廃止するとか、無視するということは、われわれの最終目的のためにならないだろう」(p.1411)。彼の見解に関する同時代の発言は以下を参照。Joseph C. Grew, "War and Post-War Problems in the Far East," *Department of State Bulletin*, 10:236 (January 1, 1944), pp.8-20. 日本における戦後の改革に対するグルーとその同僚たちの姿勢については、Steven Schwartzberg, "The 'Soft Peace Boys': Presurrender Planning and Japanese Land Reform," *Journal of American-East Asian Relations* 2:2 (Summer 1993), pp.185-216を参照。
17. 関連した宣言を含めて、この戦争の終結に関するさまざまな文書の原文は次の文献のなかに見出すことができる。Butow, *Japan's Decision to Surrender*, pp.241-50, and Raymond G. O'Connor, Diplomacy for Victory: *FDR and Unconditional Surrender* (New York: Norton 1971), pp.118-27.
18. 事態が発生した正確な時間的順序ははっきりしていないし、記録は関係者たちの不確かな記憶のために混乱している。原爆投下の指令はポツダム宣言の直前に出されていた。しかし、そこには、トルーマンがあとになってその命令を破棄する選択をした場合には破棄できるような「非公式ではあるがはっきりわかる手配」も添えられていた。トルーマンはその選択をしなかったので、最初の命令は有効だったのだ。See Barton J. Bernstein, "Writing, Righting, or Wronging the Historical Record: President Truman's Letter on His Atomic-Bomb Decision," *Diplomatic History* 16:1 (Winter 1992), pp.163-73.
19. Paul Kecskemeti, *Strategic Surrender: The Politics of Victory and Defeat* (Stanford, Calif.: Stanford University Press, 1958), p.210.
20. これは、部分的には、日本の計画立案者たちが自分たちの奇襲攻撃がもたらす心理的な結果を考慮していなかったことによる。概して、彼らは「この戦争をどのようにして終結させるかということを真剣に考えていなかった。あまり長引かぬうちに連合国側が疲れてしまい、日本の大東亜共栄圏は無傷のまま残るような妥協的決着について合意できるものと考えていた」。John W. Dower, *War Without Mercy: Race & Power in the Pacific War* (New York: Pantheon, 1986), p.293.
21. Butow, *Japan's Decision to Surrender*, pp.11, 12 (emphasis in the original).
22. United States Strategic Bombing Survey (Pacific), *Summary Report* (*Pacific War*), Report No.1 (Washington, D.C.: U.S. Government Printing Office, 1946), p.28.
23. Quoted in Len Giovanitti and Fred Freed, *The Decision to Drop the Bomb* (New York: Coward McCann, 1965), p.87 (emphasis in the original).
24. See Butow, *Japan's Decision to Surrender*, pp.47-51, and John W. Dower, *Empire and Aftermath: Yoshida Shigeru and the Japanese Experience, 1878-1954* (Cambridge, Mass.: Harvard University Press, 1988), pp.255-65.
25. ロバート・A・パペは、戦力の比較が日本側の態度を説明すると論じている。彼によれば、降伏の決め手になったのは、「日本本土の軍事施設の脆弱さを増大させうるアメリカの力だった。日本の指導者たちは本土を守れる可能性がほとんどないと確信した」。実際、これが日本軍部に敗戦を確信させた主な要因であった。しかし、パペの分析は、この場合の注目すべき側面が「日本が土壇場の抵抗をせずに降伏したという事実」であるとする彼の見方によって歪められている。決着のついていない歴史的な「問題」をそのような枠組みで考えてしまうことは、もっと大きな問題、すなわち、客観的に見て勝利する望みがないことがかなり前からはっきりしていたにもかかわらず、日本の指導者たちはなぜ無条件降伏する以外に選択肢がなくなった1945年夏まで交渉を始めようとしなかったのかという問題を無視している。"Why Japan Surrendered," *International Security* 18:2 (Fall 1993), pp.154, 199.
26. Meeting of the Combined Chiefs of Staff with Roosevelt and Churchill, February 9, 1945,

られる可能性があったのだ。「結局、日本の指導者層のどの……派閥にとっても、自分たちの支配体制が疲弊し、崩壊する危険を冒すより、戦争を拡大する方向に動く方が都合がよかった……。石油禁輸により軍は動きがとれなくなり、ここでさらに中国における敗北を認めて日本帝国の大陸領土の大半を放棄すれば、自分が受け継いだ天皇制を不安定にするだろうということで、裕仁は……アメリカおよびイギリスに対する戦争を選択した。日本軍部の上級司令官たちと同様、裕仁も全ヨーロッパを下したドイツがイギリスに対しても勝利すると信じていた。一定の戦略計画をすみやかに達成できれば、日本は生産力・軍事力に優るアメリカに対して、少なくとも引き分けに持ち込めるだろうと思っていた」。Bix, *Hirohito*, pp.429, 439.

7. この時期を通じて君臨していた昭和天皇裕仁の実際の権力と役割については決着がついていない。ブトウに代表される従来の見方は裕仁の役割を元来儀礼的なものだとしているが、最近のビックスの見方では裕仁はいろいろな出来事で強い影響力をもっていたとなっている。真実はおそらく中間にあるのだろう。

8. ビックスは次のように書いている——「天皇という観念形態と天皇に関する神話や儀式に根づいた初期の昭和ナショナリズムが、世界中に広まっていた『ファシスト』現象の一部であると見るのが妥当かどうかということは、いまでも歴史家のあいだで決着がついていない。崇拝対象を設けることによって、その民族社会を神格化していくというやり方は、ファシスト現象に共通する要素である。そのほかにも共通する要素はいろいろあり、軍国主義や独裁制や戦争賛美がそうだ。同じように若者、勇気、道徳的再生、民族的使命等に対する賛美もそうである……。したがって、結局のところ1930年代に修正主義的ファシスト国家であった主要な国々に見られる類似性は、それらの国々のあいだの差異よりももっと重要なことのように思われる。その類似性としては、観念的類似性、指導者たちが演じた心理的役割の類似性、それらの国々の後発国という歴史的経緯の類似性などがある」。*Hirohito*, p.203. アンドリュー・ゴードンはこの見解に賛成し、次のように述べている——。「暗殺、鎮圧、軍-官僚支配体制、文化的正統主義、大陸への単独拡張主義等の政策が積み重なって、近代日本に大きな変化をもたらしたのである。この変化は、多くの人にとって悲劇的なものであった。これらの現象を要約して、1930年代を日本におけるファシズム台頭期と呼ぶべきだろうか？　ほかの歴史家は同意しないかもしれないが、わたしは賛成である。しかしこの時期の歴史を考えるとき、1930年代の日本の政治的様相に対して『ファシスト』的とか『軍国主義』的と名づけることが重要なのではない。この時期の日本における政治的・文化的活動のなかに、ヨーロッパにおけるファシスト国家と共有するものが多かったということが重要なのである」。*A Modern History of Japan* (New York: Oxford University Press, 2003), pp.202-3.

9. "Operations for the Defeat of Japan," Memorandum by the United States Chiefs of Staff, January 22, 1945, C.C.S. 417/11, Top Secret, in *Foreign Relations of the United States: The Conferences at Malta and Yalta, 1945* (Washington, D.C.: U.S. Government Printing Office, 1955), p.395, hereafter *FRUS*.

10. 日本本土へ侵攻した場合のアメリカ軍の死傷者数の算定は、原爆投下を正当化するためにあとになって言われるようになったこと、また関係者の回想の引用のなかには誇張されているものがあることなどの理由により、この問題は歴史学上激しい議論がなされる問題とされてきた。死傷者数算定をめぐる同時代の論争に関する分別ある議論については、Frank, *Downfall*, chapter 9 以降を参照。

11. Foreign Minister Shigenori Togo, quoted in Sigal, *Fighting to a Finish*, p.52. 本文訳文は東郷茂徳『時代の一面　大戦外交の手記』より引用。

12. "The Japanese Minister of Foreign Affairs (Togo) to the Japanese Ambassador in the Soviet Union (Sato)," July 17, 1945, Secret, Urgent, in *FRUS: The Conference of Berlin (Potsdam)*, vol.2, Washington, D.C., U.S. Government Printing Office, 1960 p.1249.

13. "The Japanese Minister of *Foreign Affairs* (Togo) to the Japanese Ambassador in the Soviet Union (Sato)," July 21, 1945, Secret, Urgent, in *FRUS: The Conference of Berlin (Potsdam)*, vol.2, Washington, D.C., U.S. Government Printing Office, 1960 p.1258.

14. "The Japanese Minister of *Foreign Affairs* (Togo) to the Japanese Ambassador in the Soviet Union (Sato)," July 25, 1945, Secret, Urgent, in *FRUS: The Conference of Berlin (Potsdam)*, vol.2, (Washington, D.C., U. S. Govern-

Nelson, *Wartime Origins of the Berlin Dilemma*, p.125.
104. Lucius D. Clay, Decision in Germany (Garden City, N.Y.: Doubleday, 1950) p.26. 占領任務のためにドイツに到着したクレイは次のように書いている――「わたしはこの仕事を行政管理的な問題だと考えていた。国家間の考え方のちがいや誤解から……どんな結果が生ずるのかをほとんど認識していなかった(p.7)」。
105. Quoted in McAllister, *No Exit*, p.62.
106. Harry S. Truman, *Memoirs of Harry S. Truman: Volume 1, Year of Decisions* (New York: Da Capo, 1955), p.206.

第4章　第二次世界大戦――太平洋

1. Jerome Forrest, "The General Who Would Not Eat Grass," *Naval History* 9 (July/August 1995). 以下も参照。The Pacific War Research Society, *Japan's Longest Day* (Tokyo: Kodansha International, 1968); Robert J. C. Butow, *Japan's Decision to Surrender* (Stanford, Calif.: Stanford University Press, 1954); Richard B. Frank, *Downfall* (New York: Random House, 1999); and Tsuyoshi Hasegawa, *Racing the Enemy: Stalin, Truman, and the Surrender of Japan* (Cambridge, Mass.: Harvard University Press, 2005). 本文訳文はビュートー『終戦外史　無条件降伏までの経緯』(大井篤訳)より引用。
2. Quoted in Herbert P. Bix, *Hirohito and the Making of Modern Japan* (New York: HarperCollins, 2000), pp.751-2, fn. 79.「日本陸軍においては、撤退、降伏、戦争捕虜となることは全面的に禁止されていた。1908年に制定された陸軍刑法は次のような条項を含んでいた――『司令官其ノ尽スヘキ所ヲ尽サスシテ敵ニ降リヌハ要塞ヲ敵ニ委シタルトキハ死刑ニ処ス』。『司令官野戦ノ時ニ在リテ隊兵ヲ率ヰ敵ニ降リタルトキハ其ノ尽スヘキ所ヲ尽シタル場合ト雖六月以下ノ禁錮ニ処ス』。1941年に東条英機陸軍大臣によって公布された戦陣訓は次のような指令を含んでいた――『生きて虜囚の辱めを受けず』。……階級の低い兵卒であっても、捕らえられたあと何とか無事に部隊に戻ってきて自殺するよう期待された」。Saburo Ienaga, *The Pacific War: 1931-1945* (New York: Pantheon, 1978), pp.49-50. 日本の軍人の心がまえと教典については、Edward J. Drea, *In the Service of the Emperor: Essays on the Imperial Japanese Army* (Lincoln: University of Nebraska Press, 1998) を参照。本文訳文は田中伸尚『ドキュメント昭和天皇　五　敗戦(下)』より引用。
3. Pacific War Research Society, *Japan's Longest Day*, pp.112-13.
4. 日本においては、戦後構想に関するアメリカの政策転換は比較的順調におこなわれた。これは占領がアメリカのみによっておこなわれていたからである。朝鮮のような場所では、占領責任が共産主義者と分担されていたため面倒な事態となり、結果としてヨーロッパで出現したものに似た分離境界線が生じた。
5. 英文による入門的な研究として以下を参照。J. Samuel Walker, "Recent Literature on Truman's Atomic Bomb Decision: A Search for Middle Ground," *Diplomatic History* 29:2 (April 2005); idem, "The Decision to Use the Bomb: A Historiographical Update," *Diplomatic History* 14 (Winter 1990); and Barton J. Bernstein, "The Atomic Bomb and American Foreign Policy, 1941-1945," *Peace and Change* 2 (Spring 1974). 現状は以下に要約されている。Tsuyoshi Hasegawa, ed., *The End of the Pacific War: Reappraisals* (Stanford, Calif.: Stanford University Press, 2007), and the H-Diplo Roundtable on Hasegawa's *Racing the Enemy*, 7:2 (2006), available at www.h-net.org/~diplo/roundtables/. 近年の重要な研究には以下のものがある。Sadao Asada, "The Shock of the Atomic Bomb and *Japan's Decision to Surrender*: A Reconsideration," *Pacific Historical Review* 67:4 (November 1998); Frank, *Downfall*; Bix, *Hirohito*. およびバートン・バーンスタインによる過去数十年間の諸論稿。その他の重要な文献には以下のものがある。Butow, *Japan's Decision to Surrender*; Leon V. Sigal, *Fighting to a Finish: The Politics of War Termination in the United States and Japan* (Ithaca, N.Y.: Cornell University Press, 1988); Hasegawa, *Racing the Enemy; and Dale Hellegers, We the Japanese People: World War II and the Origins of the Japanese Constitution* (Stanford, Calif.: Stanford University Press, 2001), vol.1.
6. 日本の指導者たちは、この動きを彼らが直面している選択肢のなかでもっともましなものと見ていた。つまり、確実な勝利をもたらすものではないが、国内外のいろいろな面倒から逃れ

the Military View of American National Policy during the Second World War," *Diplomatic History* 6:3 (Summer 1982), pp.303-21. エンビックの官僚主義的縄張りは統合戦略調査委員会であった。彼のライバルたちは作戦部戦略・政策グループにいた。See also Stoler, Allies and Adversaries: *The Joint Chiefs of Staff, the Grand Alliance, and U.S. Strategy in World War II* (Chapel Hill: University of North Carolina Press, 2000).

96. Melvyn P. Leffler, *A Preponderance of Power: National Security, the Truman Administration, and the Cold War* (Stanford, Calif.: Stanford University Press, 1992), p.16.

97. *Ibid.*, p.15.

98. Kuniholm, *The Origins of the Cold War in the Near East*, p.129. ヒュー・B・ハメットが書いているように、「もともとこの悪魔と取り引きしたのはローズヴェルトであり、そのあとで悪魔に対する対価の支払いを拒絶したのである……。ローズヴェルトは単に難しい決断を避けたいと思ってためらい、先延ばしにしていただけだ。おかげで不幸な後継者は、難しい決断をせざるをえなくなった」"America's Non-Policy in Eastern Europe and the Origins of the Cold War," *Survey* 19:4 (Autumn 1973), p.161.

99. Quoted in Eduard Mark, "Charles E. Bohlen and the Acceptable Limits of Soviet Hegemony in Eastern Europe: A Memorandum of 18 October 1945," *Diplomatic History* 3:2 (Spring 1979), pp.208-9. See also Eduard Mark, "American Policy toward Eastern Europe and the Origins of the Cold War, 1941-1946: An Alternative Interpretation," *Journal of American History* 68:2 (September 1981), pp.313-36 (これは「開放圏」構想が同様に戦時中のアメリカの政策を説明すると主張している。), as well as Berle's diary entry for February 5, 1942, and report of September 26, 1944, in *Navigating the Rapids*, pp.401, 460-68. これらの問題に関するもっとも進んだ歴史研究については、以下を参照。Marc Trachtenberg, "The United States and Eastern Europe in 1945: A Reassessment," *Journal of Cold War Studies* 10:4 (fall 2008), and the H-Diplo Roundtable on it (10:12, May 2009), available at www.h-net.org/ndiplo/roundtables/PDF/Roundtable-X-12.pdf.

100. ボーレンは次のように覚書に書き込んでいる。

アメリカは世界中で、戦時中や終戦直後の時期に主要なアメリカの政策が準拠していた想定とまったく食いちがっている状況に直面している。戦後世界の再建の主要な問題に対して世界列強が――政治的・経済的に――ひとつにまとまるのではなく、ソ連とその衛星国の側とその他の国々の側というように完全にわかれている。つまり、ひとつではなくふたつの世界があるのだ。この不愉快な事実に直面して、われわれはそれをどんなに遺憾なことだと思っていようとも、アメリカは自国の福利と安全保障のために、またソ連圏以外の国々の福利と安全保障のために、その主要な政策目標を再検討しなければいけない……。ソ連圏と向き合っている非ソ連圏の国々は、強力に統合されたソ連圏に対して効果的に対処するには、政治的にも、経済的にも、金融上も、軍事的にも、お互いにより緊密に結びつくようになるだろう。このような状況下においては、アメリカのすべての政策は、この中心的事実に関連させられるべきである。

"Memorandum by the Consular of the Department of State (Bohlen)," August 30, 1947, Top Secret, in *FRUS*, 1947, vol.1 (Washington, D.C.: U.S. Government Printing Office, 1973), pp.763-64.

101. John Lewis Gaddis, *The Cold War: A New History* (New York: Penguin, 2005), p.26.

102. "A Security Policy for Post-War America," March 29, 1945, quoted in Stoler, *Allies and Adversaries*, p.228. 報告書を作成したのは、フレドリック・S・ダン、ウィリアム・T・R・フォックス、デイヴィット・ロウ、アーノルド・ウォルファーズ、グレイソン・カーク、ハロルド・スプラウト、エドワード・ミード・アール。

103. 皮肉なことに、これは部分的には、アメリカとイギリスとのあいだの口論が関係者の時間と忍耐力を浪費してしまったことによるものだ。「主な理由のひとつは……ベルリンへの一番乗りにこだわってイギリス支配領域を通ってアメリカ支配領域へ進む通行権をめぐっての口論を長引かせたことである。この口論は西側連合国の交渉者たちをうんざりさせ、ほかの多くの重要な問題から注意をそらさせてしまった。そのひとつが、ベルリンへ到達するためにソ連支配領域を通る通行権をめぐる問題であった。これが、ドイツに関するすべての交渉が決裂し、失敗することを決定づけてしまったのである」。

はっきり警告していた――「大変失礼ですが……、われわれの行動は、最終的に得られる平和がわれわれの支持に値するほどのものかどうかで決まるのだということを強く主張します」。Letter to Hull, May 3, 1944, in Arthur H. Vandenberg, *Jr., ed., The Private Papers of Senator Vandenberg* (Boston: Houghton Mifflin, 1952), pp.97-98.

83. Levering, *American Opinion and the Russian Alliance, 1939-1945*, p.204. ローズヴェルトに対する世論の動向については、Steven Casey, *Cautious Crusade: Franklin D. Roosevelt American Public Opinion, and the War Against Nazi Germany* (New York: Oxford, 2001) を参照。

84. この問題に関する興味深い議論については、以下を参照。Ernest R. May, *"Lessons" of the Past: The Use and Misuse of History in American Foreign Policy* (London: Oxford University Press, 1973), pp.3-18; John Lewis Gaddis, *The United States and the Origins of the Cold War, 1941-1946* (New York: Columbia University Press, 1973), pp.1-31; and Herbert Feis, "Some Notes on Historical Record-keeping, the Role of Historians, and the Influence of Historical Memories During the Era of the Second World War," in Francis L. Loewenheim, ed., *The Historian and the Diplomat: The Role of History and Historians in American Foreign Policy* (New York: Harper & Row, 1967), pp.91-121.

85. "Christmas Eve Fireside Chat on Teheran and Cairo Conferences," December 24, 1943, in Rosenman, ed., *Public Papers and Addresses, Vol.12, 1943*, p.559. ロバート・シャーウッドは次のように証言している――「ローズヴェルトの性格をよく知っている人たちは……、彼がもっとも避けたいと思っていたことは、第一次世界大戦の歴史を繰り返すこと、すなわち、第一次世界大戦後の偽の平和であることをよく知っていた」。ローズヴェルトは「ウッドロー・ウィルソンの亡霊にとりつかれていた」のである。*Roosevelt and Hopkins*, pp.263, 360.

86. 戦時外交に関する副次的な問題でさえ、過去の誤りと理解されているものに関連した言葉で表現された。たとえば、ローズヴェルトは1944年の年頭教書において次のように述べることによって、自分の首脳会談の運営を正当化している――「この前の戦争のときは、このような議論、このような会合は、戦闘が終わって代表団が和平交渉の席に集まるまでまったくなされなかった。合意へ向けた率直な議論の機会がなかった。その結果は、平和にあらざる平和であった」(Quoted in May, "*Lessons*" of the Past, p.14)。前の戦争の終結時において、戦争犯罪人たちの処遇は、敗戦国の新しい体制における裁判に任された。これは大きな失敗であったと考えられる。したがって、今回は、戦勝国自らが裁判をおこない、厳しく罰することになる。

87. Roosevelt to Stimson, August 26, 1944, copied to Hull, quoted in Hull, *Memoirs*, vol.2, p.1603.「われわれはドイツに対して厳しく対処する必要がある」と大統領は財務長官に語っている。「わたしが言っているのは、単にナチスについてだけではなく、ドイツ国民全体についてだ。ドイツ国民が過去に選んだ道を歩み続けたいと思うことがないように、彼らを骨抜きにしなければならない」。Quoted in Dallek, *Roosevelt and American Foreign Policy*, p.472.

88. 1945年3月11日のナチス国防軍に対するヒトラーの布告より。Quoted in Ian Kershaw, *Hitler: 1936-1945, Nemesis* (New York: Norton, 2000), p.783.

89. Donald W. White, "The Nature of World Power in American History: An Evaluation at the End of World War II," *Diplomatic History* 11:3 (Summer 1987), p.191. Cf. also Lundestad, "Empire By Invitation?" p.264.

90. Both quoted in White, "Nature of World Power," p.182.

91. Quoted in Gaddis, *United States and the Origins of the Cold War*, p.224.

92. White, "Nature of World Power," p.190.

93. Christopher Thorne, *Allies of a Kind: The United States, Britain, and the War Against Japan, 1941-1945* (Oxford: Oxford University Press, 1978), p.515. See also Geir Lundestad, "Moralism, Presentism, Exceptionalism, Provincialism, and Other Extravagances in American Writings on the Early Cold War Years," *Diplomatic History* 13:4 (Fall 1990), pp.527-45.

94. ファラはローズヴェルトが溺愛したスコッチテリア。Dallek, *Roosevelt and American Foreign Policy*, p.470.

95. Quoted in Mark A. Stoler, "From Continentalism to Globalism: General Stanley D. Embick, the Joint Strategic Survey Committee, and

た。無条件降伏を主張すべきであって、最後にわれわれが何をするとかしないとかいうことについて敵に言質を与えるべきではないと言った」。Quoted in Sherwood, *Roosevelt and Hopkins*, p.715.
72. Robert Dallek, "Allied Leadership in the Second World War: Roosevelt," 21:1-2（Winter-Spring 1975）, p.2.
73. Quoted in Robert Dallek, *Franklin D. Roosevelt and American Foreign Policy, 1932-1945*（New York: Oxford University Press, 1978）.
74. Quoted in James MacGregor Burns, Roosevelt: *The Soldier of Freedom*（New York: Harcourt Brace Jovanovich, 1970）p.290.
75. Matthews Minutes of the Third Plenary Meeting, February 6, 1945; *FRUS: Malta and Yalta*, p.667. スターリンはそのような発言が単なるブラフであることをはっきりわかっていた。彼は次のように反応している――「しかし、アメリカに住む700万のポーランド人のうち、あなたに投票したのは7000人だけだ」。そして、調べたから知っているのだと言葉を足した。Edward R. Stettinius, *Jr., Roosevelt and the Russians: The Yalta Conference*（Garden City, N.Y.: Doubleday, 1949）, p.113.
76. Bohlen Minutes of the Second Plenary Meeting, February 5, 1945; *Malta and Yalta* p.617. 彼は数カ月前にチャーチルに宛てて次のように書いている――「もちろんご承知のように、わたしはドイツが崩壊したのちは、輸送上の問題が許すかぎりすみやかにアメリカ軍を帰国させねばなりません……」。Roosevelt to Churchill, November 18, 1944, in *FRUS: Malta and Yalta*, p.286.
77. Hastings Ismay, *The Memoirs of General Lord Ismay*, p.392, quoted in Ambrose, *Eisenhower and Berlin*, p.72.
78. Kennan to Bohlen, February 4, 1945, and Bohlen to Kennan, quoted in Charles E. Bohlen, *Witness to History: 1929-1969*（New York: Norton, 1973）, pp.174-77. ヨーロッパの分割を黙認するかどうかについてのアメリカ政府内での議論については、John Lewis Gaddis, *The Long Peace: Inquiries into the History of the Cold War*（New York: Oxford University Press, 1987）, pp.48-71を参照。
79. Warren F. Kimball, "Wheel Within a Wheel: Churchill, Roosevelt, and the Special Relationship," in Blake and Louis, eds., *Churchill* p.300.
1942年4月にローズヴェルト政権は「われわれが戦うことができるあらゆる場所において枢軸同盟国と戦うことがわれわれにとって重要なことだとして、アメリカにとっていま現在どこに力を注ぐべきか？　日本との戦いにか、それともドイツとの戦いにか？」という問いに対して、アメリカ世論の62パーセントは日本と答え、ドイツと答えたのは21パーセントにすぎなかったとの公式報告を受けている。Steele, "American Popular Opinion," p.704, fn. 6.
80. See Levering, *American Opinion and the Russian Alliance*, pp.94ff.
81. トーマス・E・リフカによれば、「アメリカ国民のソ連に対する見方は、この戦争のあいだにずいぶん変化し、流動的になったことを示唆する多くの事実がある。1939年から1941年の時期に大多数のアメリカ国民がもっていたソ連に対する非友好的感情は明らかに変化した。しかし、完全に友好的感情に変わったというわけではなかった。戦争という特別な環境が考え方に影響を及ぼし、根深い不信感が慎重な希望のヴェールで覆い隠されただけのものだった」。*The Concept "Totalitarianism" and American Foreign Policy, 1933-1949*（New York: Garland, 1988）, p.258. See also Eduard Mark, "October or Thermidor? Interpretations of Stalinism and the Perception of Soviet Foreign Policy in the United States, 1927-1947," *American Historical Review* 94:4（October 1989）, pp.937-62.
82. たとえば、1943年に政府高官たちは、「連合国救済復興機関（UNRRA）のような組織に関する協議にヴァンデンバーグを引っ張り出すことによって彼の自尊心を満足させ……、彼の意見にしたがって比較的小さな修正を受け入れることによって、戦後の制度的枠組みについて議会の承認を得ることができる」のを知っていた。「この手順をとれば、ヴァンデンバーグは、その枠組みをあたかも自分の手で苦心して政府からとりつけたようなものとしてほかの議員の攻撃から守ってくれるのであった」。Richard E. Darilek, *A Loyal Opposition in Time of War: The Republican Party and the Politics of Foreign Policy from Pearl Harbor to Yalta*（Westport, Conn.: Greenwood, 1976）, p.80.「しかし、ヴァンデンバーグは、東ヨーロッパで起きている事態に関しては、政府に対して用心するよう率直に忠告していた。すなわち、もしロシアが態度を改めないのであれば、戦後の国連構想に対するアメリカの参加を自分は支持しない、と明して……、われわれがもう少しうまくやれると思うかと尋ねてきた。わたしは思わないと答えた。では、そのときこれらの条件を受け入れて、これを基礎にして合意をするべきだとわたしが考えていたのかということになると、そうではない。わたしが考えていたのは、ロシアがポーランドでやろうと提案していることに、われわれは責任を負わぬようにすべきだということだった。『では、あなたはそれは道徳的に許されないことで、われわれはそれに反対すべきだと言うのですね』と彼が言った。『そんなところだ』とわたしは答えた」。*Memoirs*, 1925-1950, p.213.

60. 建設的な計画については、以下の文献を参照。Hearden, *Architects of Globalism*; Richard N. Gardner, *Sterling-Dollar Diplomacy in Current Perspective: The Origins and Prospects of Our International Economic Order*, expanded ed., (New York: Columbia University Press, 1980); and Stewart Patrick, *The Best Laid Plans: The Origins of American Multilateralism and the Dawn of the Cold War* (Lanham, MD: Bowman & Littlefield, 2009).

61. "Address to the Congress Reporting on the Yalta Conference," in Samuel I. Rosenman, ed., *The Public Papers and Addresses of Franklin D. Roosevelt*, vol.13, 1944-45 (New York: Russell & Russell), p.586. 1943年10月のモスクワにおける外相会議から帰ったハルによる、上下両院合同会議における報告を比較参照せよ——「四カ国宣言に盛り込まれた条項は実行されるのであるから、各国が勢力圏をつくる必要はなくなるだろう。不幸な過去においては、各国が自国の安全を守り、自国の利益を増進するために、同盟や勢力均衡その他の特別な取り決めを必要としていたのであるが」。Quoted in Herbert Feis, *Churchill, Roosevelt, Stalin: The War They Waged and the Peace They Sought* (Princeton, N.J.: Princeton University Press, 1957), p.238.

62. From Stettinius's diary entry of March 17, 1944, quoted in Kimball, *The Juggler*, p.66. 1943年3月、イーデンはアメリカを訪問したが、その間ホプキンスは以下のことを記録している——「大統領はイギリスに対して、『善意』の意志表示として香港を中国に返還するよう、一、二度説得している。実際、これまでにも大統領はイギリスの政府高官たちに似たようなことを提案してきている。そしてイーデンは、自分はそんなことを大統領から言われた覚えはないとそっけなく言うのだ」。Sherwood, *Roosevelt and Hopkins*, p.719.

63. Maier, "The Politics of Productivity," p.608.

64. Bruce R. Kuniholm, *The Origins of the Cold War in the Near East* (Princeton, N.J.: Princeton University Press, 1980), p.204.「大西洋憲章の原則、そして、自由貿易の原則を受け入れる国々は、経済的にもっとも強力な国の勢力圏に属することになる。したがって、アメリカが卓越した経済的競争力をもっているということは、そういった国々がアメリカの勢力圏に属していることを意味する。これがアメリカによって支配される自由資本主義国際秩序だ。したがって、アメリカが大西洋憲章と国連の原則を喜んで鼓舞している一方で、ソ連はそれらに対してますます用心深くなったのである」(p.427)。

65. Donald Cameron Watt, "Britain and the Historiography of the Yalta Conference and the Cold War," *Diplomatic History* 13:1 (Winter 1989), p.91.

66. See J. Tillapaugh, "Closed Hemisphere and Open World? The Dispute Over Regional Security at the U.N. Conference, 1945," *Diplomatic History* 2:1 (Winter 1978).

67. "Memorandum by the Adviser on German Economic Affairs (Despres)," February 15, 1945, in *FRUS*, 1945, vol.3, pp.412, 413.

68. "Memorandum Prepared in the Department of State," March 16, 1945, in *FRUS*, 1945, vol.3, p.457.

69. Alexander George, *Presidential Decisionmaking in Foreign Policy: The Effective Use of Information and Advice* (Boulder, Colo.: Westview, 1980), p.149. Cf. also Nelson, *Wartime Origins of the Berlin Dilemma*, pp.143-48, 162-64; and A. E. Campbell, "Franklin Roosevelt and Unconditional Surrender," in Richard Langhorne, ed., *Diplomacy and Intelligence During the Second World War: Essays in Honor of F. H. Hinsley* (Cambridge, UK: Cambridge UP, 1985) pp.237-38.

70. Quoted in Kimball, *The Juggler*, p.7.

71. "Memorandum for the Secretary of State," October 20, 1944については、注46を参照。ホプキンスは1943年3月22日のローズヴェルト、イーデン、ハルとの昼食のあとで次のように語っている——「大統領は、ドイツが崩壊したあとに協定による停戦をするつもりはないと言っている──「その後10年間の展開から見れば、このチャーチルの判断は戦略のなかに政策が入り込んできたものと受け取られやすい。この風潮は西側ではのちにだんだんと普通になってきたものだ。しかし、判断と政策を混同してはいけない。第一に、首相と外務大臣が……1945年の春にロシアは潜在的な敵であると想定して行動すべきだと決断していたとしても、そのような行動がイギリスやアメリカによっておこなわれる見込みはなかった。第二に、彼らはそのように決断はしていなかったのである……。彼らがドイツにおいてとりたかった戦略は、ロシアに対する防御とか攻撃とかのためではなくて……、話し合いに強い立場で臨むことを目的としたものであった」。John Ehrman, *Grand Strategy*, vol.6, October 1944-August 1945 (London: Her Majesty's Stationery Office, 1956), p.150.

51. Alfred D. Chandler, Jr., ed., *The Papers of Dwight David Eisenhower, The War Years: IV* (Baltimore: Johns Hopkins University Press, 1970), p.2593.

52. 3月末にアイゼンハワーが、ベルリンを占領するために許容される損失の程度を尋ねたとき、ブラッドレーはアメリカ軍の死傷者が10万人程度になるだろうと予想していた。彼はこの予想をアイゼンハワーに伝え、次のように言った──「われわれが失敗すればほかの連中がそれを手に入れるという、われわれの面子をかけた目標だから、べらぼうに高い値段になっても仕方がない」。Ambrose, *Eisenhower and Berlin*, p.89.

53. "Personal from Eisenhower to General Marshall, eyes only," April 7, 1945; *The Papers of Dwight David Eisenhower*, The War Years: IV, p.2592.

54. アイゼンハワーの上官たちが彼の計画を承認した主な理由は、彼らがアイゼンハワーの分析に同意していたからである。イギリス軍の幕僚たちは、4月6日に次のように聞かされていた──「アメリカの統合参謀本部は、アイゼンハワーの計画は堅実なものと見る姿勢を変えていない……。ロシア軍より先にベルリンを占領することから生ずる心理的・政治的利点は、絶対に必要な軍事的目標の優先順位を覆すほどのものではないと彼らは考えている。彼らの考えでは、最優先目標はドイツ軍を壊滅させ、解体してしまうということだ……」。Quoted in Ehrman, *Grand Strategy*, p.144.

55. "Prime Minister Churchill to President Truman," May 11, 1945, Top Secret, in *FRUS, The Conference of Berlin (Potsdam)*, vol.1 (Washington, D.C.: U.S. Government Printing Office, 1960), pp.6-7.

56. 6月29日におこなわれた西側連合軍とソ連軍の司令官たちの会合についての覚書は、*FRUS*, 1945, vol.3, pp.353-61にある。

57. 6月11日、トルーマンはチャーチルに次のように書き送っている──「ローズヴェルト大統領が長い考察とあなたとの詳細な議論ののちに承認したドイツ占領地域分けに関する三者間の合意事項を考えると、ほかの問題に決着をつけるための圧力として使うために、ソ連の占領地域からのアメリカ軍の撤退を遅らせるという手段をとることはわたしにはできません。非常に信頼できる筋からの情報によれば連合国管理理事会はロシアの占領地域からの西側連合軍の撤退後でないと機能し始めることはできないということです……。7月に予定されているわれわれの会合までにこの問題に関する行動を延期することは、ソ連との関係上非常に不利になるだろうという忠告を受けています」。チャーチルは6月14日に次のように返事を出している──「言うまでもなくわれわれはあなたの決定にしたがわねばなりません。必要な指示を出します……。あなたの行動が、長い目で見て、ヨーロッパにおける永続的な平和に役立つことを心から希望します」。See *FRUS*, 1945, vol.3 (Washington, D.C.: U.S. Government Printing Office, 1968), pp.133-35.

58. プラハに関する最終局面は、ベルリンに関するものと同様であった。地政学にもとづくチャーチルの問題提起があったが、ベルリンの場合よりは弱い表現だった。アイゼンハワーは、新しい命令がないかぎり「政治的」目的のために軍を指揮することを拒否した。アイゼンハワーの上官たちは、アイゼンハワーを支持するという戦術的決定をした。アメリカ軍が進攻を抑制したあと、ソ連軍が占領した。ベルリンとちがって、プラハであれば大した困難もなくアメリカ軍が実際に占領することは可能であった。See Draper, *A Present of Things Past*, pp.54-58.

59. 1945年の春にハリー・ホプキンスがジョージ・ケナンに具体的な提案を求めたとき、ケナンは提供できるようなものをほとんどもっていなかった──「ホプキンスはポーランド問題を解決するためのスターリンの条件をわたしに説ば、ダルランだけでなく『悪魔や自分の祖母でさえも』利用できるぐらいでなければだめなのだ」。See Sherwood, *Roosevelt and Hopkins*, p.651ff.

41. Richard W. Steele, "American Popular Opinion and the War Against Germany: The Issue of Negotiated Peace, 1942," *Journal of American History*, 65:3 (December 1998), pp.722-23.

42. See Stephen E. Ambrose, *Eisenhower and Berlin, 1945: The Decision to Halt at the Elbe* (New York: Norton, 1967); Forrest C. Pogue, "The Decision to Halt at the Elbe," in Kent Roberts Greenfield, ed., *Command Decisions* (Washington, D.C.: Office of Military History, 1960), pp.472-92; and Theodore Draper, "Eisenhower's War," in *A Present of Things Past: Selected Essays* (New York: Hill & Wang, 1990), pp.32-66.

43. Stephen E. Ambrose, "Eisenhower as Commander: Single Thrust versus Broad Front," in *The Eisenhower Papers*, vol.V. p.43. アンブローズは続けて次のように言っている――「アイゼンハワーの方針は、1864年のグラントと同じように、確実に勝利へ導くというものであった。唯一の問題は、ドイツが戦い続けると決心した場合には、勝利するまでに時間がかかるということであった」。

44. Michael Howard, "Montgomery," in *The Causes of War*, 2nd ed. (Cambridge, Mass.: Harvard University Press, 1984), p.222. モントゴメリー自身の陣営の参謀総長はそれについて、当時も、あとになってからも、「アイゼンハワーは正しかった」と手短に述べている。Francis de Guingand, *Operation Victory* (London: Hodder & Stoughton, 1947), p.413.

45. See Harold Zink, *The United States in Germany, 1944-55* (Princeton, N.J.: D. Van Nostrand, 1957); James McAllister, *No Exit: America and the German Problem, 1943-1954* (Ithaca, N.Y.: Cornell University Press, 2002); Marc Trachtenberg, *A Constructed Peace: The Making of the European Settlement* (Princeton: Princeton University Press, 1999); Carolyn Woods Eisenberg, *Drawing the Line: The American Decision to Divide Germany, 1944-1949* (Cambridge: Cambridge UP, 1998); Philip E. Mosely, "Dismemberment of Germany: The Allied Negotiations from Yalta to Potsdam," *Foreign Affairs* 28:3 (April 1950); and McCreedy, "Planning the Peace."

46. Roosevelt quote in "Memorandum for the Secretary of State," October 20, 1944, Top Secret, in *FRUS: Malta and Yalta*, pp.158-59. Kennan quote in Memoirs, 1925-1950, p.166. EACの審議についてのもっとも優れた分析は、Daniel J. Nelson, *Wartime Origins of the Berlin Dilemma* (University: University of Alabama Press, 1978) である。See also William M. Franklin, "Zonal Boundaries and Access to Berlin," *World Politics* 16:1 (October 1963), pp.1-31, and Philip E. Mosely, "The Occupation of Germany: New Light on How the Zones Were Drawn," *Foreign Affairs* 28:4 (July 1950), pp.580-604.

47. このような進路になった理由について、スティーヴン・アンブローズは次のように簡潔に述べている――「イギリス軍は右手に、アメリカ軍は左手にいたから、フランスを通ってドイツへ向かう進路はイギリスは北西側、アメリカは南側となった。これはそれぞれの軍のノルマンディ上陸地点の位置関係から決まったことであり、もとをただせばアメリカはイングランド南西部に配置していたことによる。ここはアメリカにもっとも近い場所で、アメリカ軍を護送してくるのにもっともやりやすい場所だった。この位置関係が、ノルマンディ上陸時にアメリカ軍を右翼に置くことになった」。*Eisenhower and Berlin*, p.38.

48. ローズヴェルトは1944年2月29日にチャーチルへ次のような電文を送っている――「イギリスの提案におけるドイツの占領地域分けは、イギリスの計画にしたがってつくられたものだと思います。『何としても』アメリカ軍がフランスに駐留するようなことがないようにしていただきたい！　それはできません……。ベルギー、フランス、イタリアの面倒を見させられることには抵抗します。これらの国々の面倒を見るのはイギリスの責任です。これらの国々が将来イギリスの防波堤になることを思えば、少なくともいま面倒を見ておくべきです！」。In Loewenheim et al., *Roosevelt and Churchill*, p.457.

49. Churchill to Roosevelt, April 5, 1944, in Loewenheim et al., *Roosevelt and Churchill*, pp.704-5.

50. The British Official History（訳注：公刊世界大戦史）のなかに次のような覚書が収められ

Defeated Nation': The Doctrine of Unconditional Surrender and Some Unsuccessful Attempts to Alter It, 1943-44," in Gerald N. Grob, ed., *Statesmen and Statecraft of the Modern West: Essays in Honor of Dwight E. Lee and H. Donaldson Jordan* (Barre, Mass.: Barre, 1967), p.143.

31. ドイツ反体制派と西側連合国との関係については、Klemperer, *German Resistance Against Hitler*, and Peter Hoffmann, *The History of the German Resistance, 1933-1945* (Cambridge, Mass.: MIT Press, 1977), pp.205-48を参照。アメリカの政府高官たちがこの当時知っていた情報については、以下のものによくまとめられている。"Overtures by German Generals and Civilian Opposition for a Separate Armistice," enclosed with "Memorandum by Brigadier General John Magruder, Deputy Director of Intelligence Services, Office of Strategic Services, to Mr. Fletcher Warren, Executive Assistant ot the Assistant Secretary of State (Berle)," May 17, 1944, in *FRUS*, 1944, Vol.I, (Washington, D.C.: U.S. Government Printing Office, 1966), pp.510-13.

32. Donovan to Roosevelt, "Memorandum for the President," July 15, 1944, Franklin D. Roosevelt Library. この企てとその余波に関するダレスの報告も参照――「この展開は大きな事件にはならなかった……。これらの人々は、イタリアの場合と同じような線で西側連合国と何らかの取り引きができると期待していた。すなわち、ロシアのドイツ占領範囲を制限できると思っていたのだ」。Donovan to Roosevelt, "Memorandum for the President," July 22, 1944. ヒトラー暗殺計画が成功していたらどうなっていたかは、いまでも多くの関心を呼ぶ興味深い問いである。1943年以降、西側連合国は空輸部隊をベルリンに送り込むことによるナチス崩壊をねらったランキン作戦を継続していた。この計画は西側・ソ連の共同作戦による無条件降伏を押しつけることを想定したものであり、西側連合国とだけの和平を模索するドイツの非ナチ組織の動きとは無関係のものであった。しかし、1944年ごろには、非ナチ組織との取り引きという選択は、1945年4月末にデーニッツによって実際に提案された時点に比べると、ずっと魅力的に思われていたようだ。この提案は拒絶されたが、もし受け入れていれば戦後という時代は非常にちがった様相で始まっていただろう」。See "Digest of Operation 'RANKIN,'" Memorandum by the Chief of Staff to the Supreme Allied Commander Delegate (Morgan), August 20, 1943, "Most Secret," in *FRUS, The Conferences at Washington and Quebec, 1943* (Washington, D.C.: U.S. Government Printing Office, 1970), pp.1010-18. See also Kenneth O. McCreedy, "Planning the Peace: Operation Eclipse and the Occupation of Germany." *Journal of Military History* 65:3 (July 2001).

33. Winston S. Churchill, *The Second World War*, vol.4, *The Hinge of Fate* (London: Cassell, 1951), p.618. ローズヴェルトに対して、彼の言う無条件降伏の中身を世間に対してはっきり示してはどうかという別の提案については、Berle, *Navigating the Rapids*, pp.408-11, and *FRUS*, 1944, vol.1, pp.493, 501-5, 507-10, 513-21を参照。政策を修正しようとする試みについてよくまとめているものは、Glennon, "'This Time Germany is a Defeated Nation.'" である。

34. Quoted in Hoffmann, *The History of the German Resistance*, p.227.

35. George Frost Kennan, *Memoirs 1925-1950* (London: Hutchinson, 1968), p.123.

36. Quoted in Michael Beschloss, *The Conquerors: Roosevelt, Truman and the Destruction of Hitler's Germany, 1941-45* (New York: Simon & Schuster, 2002), p.11.

37. Roosevelt to Churchill, January 6, 1944, in Loewenheim et al., *Roosevelt and Churchill*, pp.411-12. 大統領は2週間前に同じことをラジオ演説で公けに語っている。See Hull, Memoirs, vol.2, pp.1572-73. Last quote in Daniel M. Smith, "Authoritarianism and American Policymakers in Two World Wars," *Pacific Historical Review* 47:3 (August 1974), p.321.

38. Quoted in Raymond G. O'Connor, Diplomacy for Victory: *FDR and Unconditional Surrender* (New York: Norton, 1971), p.38.

39. Entry for May 6, 1942, in Fred L. Israel, ed., *The War Diary of Breckinridge Long*, (Lincoln: University of Nebraska Press, 1966), pp.264-65.

40. スターリンは彼独特の皮肉な言い方で、この取り引きには何の魅力もないと見ていた――「アメリカ軍は北アフリカ・西アフリカの占領をやりやすくするためにダルランをひどくはあつかわなかったのだとわたしは思っている。軍事的外交というものは、軍事目的のためであれは国務次官補アドルフ・ベルレに対して次のように書いていた――「戦後構想の概略について、あなたがやろうとしていることに対して、少しの異議もありません。しかし、それをコラムニストには漏れないようにしてください……。あらゆる小国の安全を保障し、経済的にも破綻しないようにするには、軍備にあまりお金をかけぬようにすることが依然として重要であることを忘れないでください。わたしが見出したこと――1921年から1939年までのアメリカの財政赤字の90パーセントは、過去・現在・未来の戦争のために支払われたものであったこと――を忘れないでください」。*Navigating the Rapids, 1918-1971* (New York: Harcourt Brace Jovanovich, 1973), p.372. The text of the charter is in *Foreign Relations of the United States, 1941*, vol.1 (Washington, D.C.: U.S. Government Printing Office, 1958), pp.367-69, hereafter *FRUS*.

23. 真珠湾攻撃から3カ月後、ローズヴェルトはチャーチルに宛てて次のように書いている――「ざっくばらんに言っても気を悪くされないと思いますが、わたしはあなたやイギリス外務省の連中やわが国の国務省の連中よりもスターリンを個人的にうまく扱えると思っています。スターリンはあなたの国の上層部の人々を腹の底から嫌っています。わたしの方がましだと思っているようです。これからもそうであってくれるとよいのですが」。Roosevelt to Churchill, March 18, 1942, in Francis L. Loewenheim, Harold D. Langley, and Manfred Jonas, eds., *Roosevelt and Churchill: Their Secret Wartime Correspondence* (New York: Da Capo, 1990), p.196. 戦後、ウィリアム・ブリットは、ローズヴェルトからソ連の意図に関して警告したことについて反応があったことを書いている――「あなたの推論の論理に異議を唱えるつもりはありません。わたしはただ、スターリンはそのような人間ではないと直感しているだけです。ハリー・ホプキンスは、スターリンは自国の安全保障以外は望んでいないと言っています。わたしは、わたしが彼に与えることができるものをすべて与え、向こうからの返礼は要求しない――高い身分にともなう義務（ノブレス・オブリージュ）――のであれば、彼はどこの国も併合しないだろうし、わたしと一緒に民主主義と平和な世界のために働くだろうと考えています」。"How We Won the War and Lost the Peace," *Life*, August30, 1948, p.94. ホプキンス自身の見方は1942年の覚書のなかに見られる――「……ソ連との関係は、イギリスを除く連合国にとって非常に重要であることは明らかなように思われる。われわれがソ連に対して協力的・友好的であれば、ソ連も日本を打ち負かすために戦うだけでなく、戦後の世界において平和でお互いに有益な関係を築いていくのに協力するだろう」。Sherwood, *Roosevelt and Hopkins*, pp.642-43. この問題に関する史料については、Mark A. Stoler, "A Half Century of Conflict: Interpretations of U.S. World War II Diplomacy," *Diplomatic History* 18:3 (July 1994) を参照。

24. 戦争が終わって数カ月後、ホプキンスはシャーウッドに次のように語っている――「ヤルタ会談はわれわれが何年ものあいだ語り、祈ってきた新しい日の夜明けだったとわれわれは心から思っている。われわれは平和のための初めての偉大な勝利を勝ち取ったのだと心底確信している――ここで『われわれ』という言葉は、文明社会の人類すべてを意味する。ロシアは分別があり、先見の明があることを示した。大統領もわれわれの誰もが、将来ロシアと平和に共存していけると思っていることはまちがいない。しかし、それについてひとつだけ修正しておかねばならない。すなわち、スターリンに何かあった場合どうなるか予見できないことをわれわれは心に留めておくべきである。スターリンに関しては、分別があり、賢明だと当てにできるが、クレムリンの後継者がどんな人間なのかは見当がつかない」。*Roosevelt and Hopkins*, p.870. 戦争終結へ向けて厳しさを増してくるアドルフ・ベルレのローズヴェルト像については、*Navigating the Rapids*, pp.527-28, 477を参照。

25. *The War Messages of Franklin D. Roosevelt: December 8, 1941, to October 12, 1942* (Washington, D.C., 1943), p.11.

26. 共同宣言の全文については、*FRUS*, 1942, vol.1 (Washington, D.C.: U.S. Government Printing Office, 1960), pp.25-26を参照。

27. Harley Notter, *Postwar Foreign Policy Preparation, 1939-1945* (Washington, D.C.: U.S. Department of State, 1949)., p.127.

28. Sherwood, *Roosevelt and Hopkins*, pp.696-97.

29. John L. Chase, "Unconditional Surrender Reconsidered," *Political Science Quarterly* 70:2 (june 1955), p.271.

30. John P. Glennon, "'This Time Germany is a

Historical Review 77:5 (December 1972), pp.1365-88.

16. これとは対照的にチャーチルは、この事件のあとホイラー・ベネットから簡単な説明を受けている。ベネットは、「7月20日の陰謀が成功してヒトラーが暗殺されていたよりは、これが失敗したことはイギリスにとってよかったのだ」と論じた。「反体制派の粛清が続くことはわれわれにとって好都合だ。なぜならドイツ人によるドイツ人の殺害は、将来に予想されるわれわれの多くの面倒を省いてくれるだろうから」とチャーチルは聞かされた。チャーチルは8月2日に下院で演説をおこない、「ドイツ帝国では指導層がお互いに殺し合っている、もしくは殺し合おうとしている。一方、反撃中の連合軍兵力はこの命運尽きて弱体化する一方の敵兵力を包囲しつつある」と誇らしげに語った。See Klemperer, *German Resistance Against Hitler*, pp.386-87.

17. マックス・ヘイスティングスは次のように言及している――「第二次世界大戦におけるドイツ軍は傑出した戦闘力を有していた……。圧倒的に有利な状況でなければ連合軍兵士たちがこれを打ち破るのは難しかった」。*OVERLORD: D-Day and the Battle for Normandy* (New York: Simon & Schuster, 1984), p.12. 振り返ってみると、次のことは確信をもって言えるだろう――「ドイツ空軍が甚大な損失を被る前であれば、そして、ドイツ軍が西部戦線をすみやかに補強するべく十分な予備兵力を配置していれば、1943年のフランス侵攻はおそらく失敗していただろう」。Eliot A. Cohen, "Churchill and Coalition Strategy in World War II," in Paul Kennedy, ed., *Grand Strategies in War and Peace* (New Haven, Conn.: Yale University Press, 1991), p.65.

18. Cordell Hull with Andrew Henry Thomas Berding, *The Memoirs of Cordell Hull* (New York: Macmillan, 1948), vol.1, p.81.「平和という問題に対する基本的な取り組みは、多くの人がまずまずの満足度をもって仕事をし生活をしていくことができるように、世界経済を調整することだ」とハルは考えていた (p.364)。

19. Quoted in Patrick J. Hearden, *Architects of Globalism: Building a New World Order During World War II* (Fayetteville: University of Arkansas Press, 2002). p.41.

20. Hull, *Memoirs*, vol.2, pp.1736-37.

21. ローズヴェルトを非常によく知っているハリー・ホプキンスは、かつてスピーチライターであるロバート・シャーウッドが大統領の信念について質問してきたとき、このことを指摘しておく必要があると感じた――「あなたもわたしもローズヴェルトのために働いている。彼はウィルソンのように偉大で崇高な精神の持ち主であり、理想主義者だ。万難を排してこれらの理想を実現しようとする勇気をもっている。たしかに頑固で皮肉屋で軽率なところがあるように見えるときもあるが、あれは演技であって、特に記者会見のときはそうだ。記者たちから非情な人間だと思われたいのだ。記者の何人かをばかにしていることもある――しかし、彼からばかにされないようにしてくれ。さもないときみは彼にとって無用の人間になるだろう。あの四つの目的（訳注：ローズヴェルトが1941年に宣言した人類の基本的な四つの自由［言論および表現の自由、信仰の自由、欠乏からの自由、恐怖からの自由］）を表明したとき、きみは真のローズヴェルトを目にすることができたのだ。あれは単なるキャッチフレーズではない。あれは彼の信念だ！　実際に達成できると思っている……。彼は誰にも言わないが、自分というものをよく知っている」。Robert E. Sherwood, *Roosevelt and Hopkins: An Intimate History* (New York: Harper, 1948). p.266 (emphasis in the original).

ジョージ・ケナンも、ローズヴェルトが現実政治を嫌っていたという点でホプキンスと同意見である。しかし、彼のローズヴェルトに対する見方には鬱屈したところがある――「フランクリン・ローズヴェルトは政治指導者として魅力的で熟達しているが、外交政策となると、非常に思慮が浅く、無知で、素人的で、知的視野が狭い、ということは事実だ。1930年代と第二次世界大戦期に彼がいろいろな外交問題を解決するために考えた着想の一覧表にざっと目を通すだけでそれがわかる……。これらの計画のいずれも、頑迷で啓発する必要がある国内の圧力団体の連中に対して訴えるために皮肉を交えて企画されたもので、対外的な効果を考慮していないし、書き手の国際問題に対する理解のなさを示す格好のものである」。"Comment," p.31.

22. おそらく抜け落ちていた唯一のものは、新しい国際安全保障機構に関することであった。そのようなことに関わり合うことに対してアメリカ国民はいまだ準備ができていないという理由で除外されていたのだ。2カ月前に大統領ながら、イギリスはアメリカの構想に一般論として同意するにとどめた。フランスは、この14カ条を休戦協定に適用することに対して一方的に無視する態度をとり、自分たちはもっと多くのものを要求し、1919年の講和会議において十分に獲得した。ウィルソンは毅然とした態度に欠け、クレマンソーの強欲に強く反対する能力を欠いていた。結局のところ、アメリカがやったのは、誤解を育成したことだけ、せいぜい相反する期待を取りつくろうことだけだった。したがって、ヴェルサイユ条約のあとに生じた敵意と幻滅は、この大戦が終結した事情を考えれば予測できたことだった」。"1918 Revisited," *Journal of Strategic Studies* 28:1 (February 2005), p.129.

第３章　第二次世界大戦――ヨーロッパ

1. Frédéric au marquis d'Argens (Breslau), January 18, 1762, *in Oeuvres de Frédéric le Grand*, vol.19, p.317, Digitale Ausgabe der Universitätsbibliothek Trier.
2. Thomas Carlyle, *History of Friedrich II of Prussia*, vol.20, chapter 10, www.gutenberg.org/etext/2120.
3. Hugh Trevor-Roper, ed., Final Entries 1945: *The Diaries of Joseph Goebbels* (New York: G. P. Putnam's, 1978), p.39.
4. Albert Speer, *Inside the Third Reich* (New York: Simon & Schuster, 1970), pp.463-64.
5. Adam Tooze, *The Wages of Destruction: The Making and Breaking of the Nazi Economy* (New York: Viking, 2006), pp.657-58.
6. General Karl Wolff quoting his conversations with Hitler, in John Toland, *The Last 100 Days* (New York: Random House, 1966), pp.488-89. その時点でウォルフは自ら、イタリアにおけるドイツ軍の降伏についてアメリカとイギリスに交渉していた。このことを知ったスターリンは、西側連合国がドイツとの和平をソ連抜きで模索しているのではないかと疑うようになった。
7. Rudolf Semmler, *Goebbels—The Man Next to Hitler* (London: Westhouse, 1947), p.193.
8. Pierre Galante and Eugéne Silianoff, *Voices from the Bunker: Hitler's Personal Staff Tells the Story of the Führer's Last Days* (New York: Anchor, 1990), p.19. グラフが描いたフリードリヒ大王の肖像画については、http://en.wikipedia.org/File:Friedrich_Zweite_Alt.jpg を参照。
9. Winston S. Churchill, *The Second World War*, vol.3, *The Grand Alliance* (London: Cassell, 1950), p.539.
10. Warren F. Kimball, *The Juggler: Franklin Roosevelt as Wartime Statesman* (Princeton, N.J.: Princeton University Press, 1991), p.17.
11. Charles Maier, "The Politics of Productivity: Foundations of American International Economic Policy After World War II," *International Organization* 31:4 (Autumn 1977), p.630; Geir Lundestad, "Empire by Invitation? The United States and Western Europe, 1945-1952," *Journal of Peace Research* 23:3 (September 1986), pp.263-77.
12. George Kennan, "Comment," *Survey* 21:1-2 (Winter/Spring 1975), p.33.
13. Stephen E. Ambrose は次のように書いている――「西側連合国間の議論において目立つのは、1943年の末まではチャーチルが主導権を握っていたのに対し、1944年の初めごろからはアイゼンハワーがこれを牛耳るようになったことである。この変化は、イギリス軍とアメリカ軍で構成される全兵力に対する寄与の度合いの変化とほぼ対応している。1943年末までは、地中海戦域、ヨーロッパ戦域におけるイギリス軍兵力はアメリカ軍兵力よりも多かったのであるが、その後アメリカ軍兵力の方が多くなったのである」。"Churchill and Eisenhower in the Second World War," in Robert Blake and William Roger Louis, eds., *Churchill: A Major New Assessment of his Life in Peace and War* (New York: Norton, 1993). p.404.
　イギリスとアメリカの戦略がどの程度ちがうものであったのかということは、いまだに決着がついていない問題である。それでも次のように言ってもよいだろう――「チャーチルとイギリス軍参謀たちだけに任せていたら、彼らはドイツが崩壊するか、劇的に弱体化するまで、西ヨーロッパに侵攻することはなかっただろう」。Tuvia Ben-Moshe, "Winston Churchill and the 'Second Front': A Reappraisal," *Journal of Modern History* 62:3 (September 1990), p.528.
14. Quoted in Klemens von Klemperer, *German Resistance Against Hitler: The Search for Allies Abroad, 1938-1945* (Oxford, UK: Clarendon Press, 1993), p.218.
15. Vojtech Mastny, "Stalin and the Prospects of a Separate Peace in World War II," *American*

は、国を先導することだけでなく、自分の意図する方向に国をつくりあげていくこともできる」。"Constitutional Government in the United States," March 24, 1908, in *PWW*, vol.18 (Princeton, N.J.: Princeton University Press, 1974), p.114. 大統領は上院をも支配できるのだ、とウィルソンは1907年に書いている――「対外関係における主導権は大統領が何の制限も受けずに保有するものであり、これは外交問題を実質的に完全に支配できる力である。大統領は上院の同意を得ずに条約を締結することはできない。しかし大統領は、政府の信用と威信を維持するかぎりにおいて、外交のあらゆる段階を指導することができる。すなわち、どのような条約が締結されるべきかを決定できる。交渉が完了するまで交渉の過程を秘密にしておくことが許されるし、重大なことがらに関しては、交渉が完了する段階で政府が事実上関与する。その内容に意見が合わぬものがあろうと、上院も関わっていくことが望まれる」。Quoted in Arthur S. Link, "'Wilson the Diplomatist' in Retrospect," in *The Higher Realism of Woodrow Wilson and Other Essays* (Nashville, Tenn.: Vanderbilt University Press, 1971), pp.82-83.

89. 特に彼は次のように書いている――「われわれは巨額の借款と輸送手段、膨大な補給品、軍需品、食糧、石油、種々の原料を得なければならない」。"Memorandum on Anglo-American Relations," August 1917, in Fowler, *British-American Relations*, p.250.

90. "Tasker Howard Bliss to Peyton Conway March," October 14, 1918, in *PWW*, vol.51, p.338.

91.「14カ条およびそれに続く補足説明文の文体は」と、ローズヴェルトは10月24日に次のように言明している。

> 率直でもないし、わかりやすくもない。しかし、そこに書かれている文章の意味をくみとって解釈するならば、この14カ条の多く、おそらく大部分は、災いをもたらすものである。この14カ条が和平の基礎になるのであれば、そのような和平はドイツの無条件降伏ではなく、アメリカの無条件降伏を表している。もちろん、この14カ条はドイツにとっては完全に満足のいくものであり、同じように、この国における親ドイツ派、平和主義者、社会主義者、国際主義者と呼ばれる反アメリカ派などの人々にとっても完全に満足のいくものである……。そのうえ、戦闘において連合国側の部隊とわが国の部隊は一丸となって戦ったのに、大統領はわが国を彼らの盟邦とはみなさず、単なる友人としてしか見ないという態度をとり続けてきている。大統領はこのような態度が意味するものをはっきりさせるべきである。もし彼が、アメリカはフランス・イギリス・イタリア・ベルギー・セルビアという連合の盟邦以下であると言うのであれば、アメリカはドイツ・オーストリアの敵以下だということになる……。われわれは、われわれの信頼できる誠実な友人たちと、不誠実で野蛮な敵とのあいだの仲裁者のふりをするつもりはない。われわれは友人たちの信頼に足る盟邦であり、われわれの敵に対して断固として対決することを強く望んでいるのだ。

Roosevelt to Lodge, in Elting E. Morison et al., eds., *The Letters of Theodore Roosevelt*, vol.8, pp.1380-81, quoted in *PWW*, vol.51, pp.455-56, fn. 1.

92. Quoted in Charles Seymour, *The Intimate Papers of Colonel House*, vol.4 (Boston: Houghton Mifflin, 1928), p.142.

93. "Two Telegrams from Edward Mandell House," November 5, 1918, in *PWW*, vol.51, p.594.

94. Quoted in Knock, *To End All Wars*, p.198.

95. Knock, *To End All Wars*, p.213.

96. Quoted in Paul Birdsall, "The Second Decade of Peace Conference History," *Journal of Modern History* 11:3 (September 1939), p.373.

97. Harold Nicolson, *Peacemaking 1919* (New York: Harcourt, Brace, 1939), p.41.

98. 合意に関する現代の分析については、Manfred F. Boemeke, Gerald D. Feldman, and Elisabeth Glaser, eds., *The Treaty of Versailles: A Reassessment After 75 Years* (Cambridge, England: German History Institute, Washington, and Cambridge University Press, 1998) を参照。

99. 休戦交渉に関する近年の歴史研究を検討しているデイヴィッド・スティーヴンソンは似たような結論に達している――「11月革命のあとドイツで力を得た民主政体論者たちは、アメリカの構想にもとづく合意を心から受け入れるつもりでいた。特に、彼らは、アメリカの構想は自分たちの国が大国としての地位を保つことが期待できる内容であると予想していた。しかし

Supp.1, part 1, p.353.
81. "A Translation of a Letter from Jean Jules Jusserand to Colvine Adrian de Rune Barclay and Its Enclosure," October 11, 1918, in *PWW*, vol.51, p.308.
82. ラインスター号事件の重要性に関する議論については以下を参照。C. N. Barclay, *Armistice 1918* (London:J.M.Dent, 1968), p.69, and Rudin, *Armistice 1918*, pp.121. ウィルソンの反応については、"Two Telegrams from Sir Eric Geddes to David Lloyd George," October 13, 1918, in *PWW*, vol.51, p.326を参照。この物語のドイツ側の動きについては、*Preliminary History*, pp.109-12の記録を参照。
83. "Two Telegrams from Sir Eric Geddes to David Lloyd George," pp.325-26. 10月16日、ウィルソンはワイズマンに次のように語っている――「アメリカ陸軍および海軍の専門家たちが休戦のための条件について意見を述べるのが最善だろう。彼らが出す条件は厳しすぎるものになるだろうから、政府指導部はそれらを修正することになるだろう」。Quoted in Bullitt Lowry, "Pershing and the Armistice," *Journal of American History* 55:2 (September 1968), p.283. 個々の休戦条項については、Lowry, *Armistice 1918* (Kent, Ohio: Kent State University Press, 1998) を参照。
84. 次の条項が付加された――「連合国とアメリカ合衆国は、休戦期間におけるドイツの食糧供給の問題について、必要と考えられる程度までは考慮する」。現実には、ほとんど何もなされなかった。すべての休戦条項については、*U.S. Army in the World War*, vol.10, part 1, pp.52-60を参照。
85. "Colonel Boyd for General Pershing," October 31, 1918, in *U.S. Army in the World War*, vol.10, part 1, p.31. パーシングは数日前にはちがう立場をとっていたので、彼が「無条件降伏」を言い出した背景はよくわかっていない。Lowry, "Pershing and the Armistice." を参照。
86. "German Declaration at Signature of Armistice," in *U.S. Army in the World War*, vol.10, part 1, p.51.
87. Sir William Wiseman, "Notes on an Interview with the President," April 1, 1918, in Fowler, *British-American Relations*, p.270. イギリスの指導者たちは、状況をまったく同じようには見ていなかった。イギリスの内閣秘書官であったモーリス・ハンケイによれば、ロイド・ジョージは戦争のあいだじゅう「最終的な和平会議において、敵から獲得した領土のなかから自国の分け前を得るのに有利となるようなものを決して見逃すことはなかった」。ドイツからウィルソンに宛てた第一回目の覚書について聞くとすぐに、この首相は、ウィルソンが言っている良心のとがめから逃れつつ、自国の領土上の利益をできるだけすばやく得るのに懸命であった。ハンケイは10月6日の日記に次のように書いている――「ロイド・ジョージは……われわれがサイクス-ピコ協定に立ち戻ることを望んでいた。そうすればパレスチナを得、モスルをイギリスの圏内に置き、フランスをシリアから排除できる……。彼はウィルソンを非常に軽蔑しており、アメリカと話をする前にトルコをフランス、イタリア、イギリスで分割する手はずをととのえようと懸命であった。また、いまはトルコ分割の分け前にあずかるにとどめ、ドイツの植民地はあとで取る方が、われわれの収穫の多さに他国の注目が集まらないと考えていた」。Quoted in David Fromkin, *A Peace to End All Peace: The Fall of the Ottoman Empire and the Creation of the Modern Middle East* (New York: Holt, 2001).
88. ウィルソンは、諸外国の世論に対する自分の影響力と、その世論がその国の政治に及ぼす影響力に自信をもっていた。1918年の夏、連合国側の指導者たちが彼の構想に共鳴していないとの警告を受け、ウィルソンは次のように答えている――「ヨーロッパがいまなお、数年前のアメリカと同じように、保守反動主義者たちに支配されていることは、よくわかっている。しかし、わたしは、必要とあれば、これら諸国の指導者たちを越えて、国民に直接訴えることができる」。Quoted in Ray Stannard Baker, *Woodrow Wilson: Life and Letters*, vol.8, Armistice (New York: Doubleday, Doran, 1939), p.253. ウィルソンはアメリカの政治動向に対する大統領という地位からの影響力にも同じような自信をもっていた。「国家的出来事においては、大統領の意見がアメリカの意見なのだ」と、ウィルソンは大統領に選出される何年も前に書いている。「いったんこの国の称賛と信頼を勝ち取って大統領となった以上、いかなる単独の力も彼に逆らうことはできないし、いかなる力を結集しても彼を圧倒することは容易にできることではない……。彼が国民の意向を正しく理解し、大胆にそれを主張するのであれば、無敵である……この国の信頼を受けた大統領

Dynasty Shaken by Defeat."
Rabbi Wise interview; Poindexter, Senator Williams, Roosevelt.
The President's speech [on Sept. 27]... "They observe no covenants, etc."

タムアルティは、ウィルソンの返書に以下の一文を含めるよう勧めている。

ドイツの現在の支配者たちは去らねばならぬ。彼らは民主主義の敵である。彼らは戦争の種をまいた。彼らが和平の果実を収穫することはない……。「われわれが相手にしているのは活動的で策謀をめぐらしている強力な機関であり、専制的・軍国主義的・狂信的連中であり、自由な政府の破壊を決心している連中である」「われわれは彼らと同じ思想をもっているとは思わないし、同じ言葉で合意のために話し合えるとも思っていない」。そのような勢力と交渉したり合意にいたったりすることはできないし、そのような勢力を助けるつもりもない。これは憎しみではないのである。それは永遠の平和へ向けた第一歩なのである。

"From Joseph Patrick Tumulty," October 14, 1918, in *PWW*, vol.51, pp.329-32 (emphasis in the original). 括弧内は、ウィルソンの以前の演説で用いられた表現である。
69. "The Secretary of State to the Swiss Charg? (Oederlin)," October 14, 1918, in *FRUS*, 1918, *Supp.1*, vol.1, pp.358-59.
70. Bullitt to Phillips, October 23, 1918, quoted in Schwabe, *Woodrow Wilson*, p.433, fn. 76. シュヴァーベのコメント――「ブリットがここで言及しているいわゆる10月憲法は、1918年10月28日に帝国議会で可決されたものであり、帝国宰相の行政行為が帝国議会の承認を得ておこなわれるようにしたものである。すなわち、議会制君主政体をドイツに導入したのである」。シュヴァーベは興味をそそる、事実に反することをほのめかしている――「これに関連したドイツからの情報がもう少し早くワシントンへ届いていれば、ウィルソンがブリットの判断を受け入れたかどうかわからない」(p.71)。
71. "From the Diary of Colonel House," October 15, 1918, in *PWW*, vol.51, p.341.
72. "From Robert Wickliffe Woolley," October 22, 1918, in *PWW*, vol.51, pp.409-10. ウォーリーは大統領に次のように警告している。

わたしが話をした人々はみな、ドイツ政府からの先般の覚書は巧妙な表現による策略だと非難しています……。あなたに愛想よくしている人々の冷笑的で疑いの残る姿勢に怒りを覚えます。あなたが象徴しているすべてのものが……台なしになり、共和党の勝利となります……。彼らはあなたの寛大な精神に別の名前をつけています――平和主義、と……。あなたの熱烈な支持者たちは、あなたがドイツの先般の提案を受け入れれば、あなたの政権にどのような結果が生ずるかを心底恐れています……。

73. "From Homer Stillé Cummings," October 22, 1918, in *PWW*, vol.51, pp.408-9.「アメリカ国民はドイツの回答に対してすでに公正な価値判断を下しているとわたしは思っています」とカミングスは書いている。「そのなかに専制・独裁勢力が破壊されたことを保証するようなものはどこにも見当たらないことを国民は知っています……。そこに書かれていることは、回避であり、当座の方便であり、まだなされていないことについての期待だけであることを国民は見抜いています。ドイツの回答は『時間稼ぎ』であり、軍事計画の一部であると信じて不安に思っています」。
74. Entries for October 16, 21, and 23, 1918, in Cronon, ed., Daniels Cabinet Diaries, pp.341-44.
75. Schwabe, *Woodrow Wilson*, pp.71-72, and Schwabe, "U.S. Secret War Diplomacy, Intelligence, and the Coming of the German Revolution in 1918."
76. この時期におけるアメリカ国内の政治情勢については、Armstrong, "The Domestic Politics of War Termination." を参照。
77. 上院議員のポインデクスター、ロッジ、マッカンバー、それぞれの発言が *PWW*, vol.51, pp.277-78, fn. 7に引用されている。
78. "From the Diary of Colonel House," October 9, 1918, in *PWW*, vol.51, p.278.
79. "Tasker H. Bliss to the Adjutant General," October 7 and 8, 1918, in *U.S. Army in the World War*, vol.10, Pt. 1, pp.4-7.
80. "The Diplomatic Liaison Officer with the Supreme War Council (Frazier) to the Secretary of State," October 9, 1918, in *FRUS, 1918,*

54. Woodrow Wilson, "The Reconstruction of the Southern States," *Atlantic*, January 1901, pp.1, 11-12.
55. "A Preface to an Historical Encyclopedia," September 9, 1901, in *PWW*, vol.12 (Princeton, N.J.: Princeton University Press, 1972), p.184.
56. Sir William Wiseman, "The Attitude of the United States and of President Wilson Towards the Peace Conference," c. October 20, 1918, in W. B. Fowler, *British-American Relations 1918-1918: The Role of Sir William Wiseman* (Princeton, N.J.: Princeton University Press, 1969).
57. "An Address to the Senate," January 22, 1917, in *PWW*, vol.40, p.536.
58. "A Luncheon Address to Women in Cincinnati," October 26, 1916, in *PWW*, vol.38 (Princeton, N.J.: Princeton University Press), p.531.
59. Martin, *Peace Without Victory*, p.161.
60. N. Gordon Levin, Jr., *Woodrow Wilson and World Politics: America's Response to War and Revolution* (New York: Oxford University Press, 1968), p.5.
61. "The Secretary of State to Colonel E.M. House," April 8, 1918, in *FRUS, The Lansing Papers 1914-1920*, vol.2 (Washington, D.C.: U.S. Government Printing Office, 1940), pp.119-20. ランシングは手紙を次のように締めくくっている――「この手紙を読み返してみると、少しばかり美辞麗句が過ぎているように思われます。しかし、このテーマに対するわたしの強い信念に免じてわかっていただけると思っています。この大戦を引き起こした悪党ども相手に、あいまいな態度をとったり、妥協したりして、満足することはとてもできません。そんなことをすると、これまでの努力は徒労に終わり、のちの世代の人々がわれわれのやり残したことをやりとげなければならないでしょうから」。3カ月前にイギリス国王に宛てたヘイグの言葉と比較せよ――「『ドイツの民主化』がイギリス軍兵士ひとりの命に値するとは、われわれは誰も思っていません」。Quoted in John Gooch, "Soldiers, Strategy and War Aims in Britain, 1914-1918," in Barry Hunt and Adrian Preston, eds., *War Aims and Strategic Policy in the Great War* (London: Croom Helm, 1977), p.30.
62. "Notes on Interview with the President," April 1, 1918, in Fowler, *British-American Relations*, pp.269-70.
63. Entry for October 21, 1918, in Cronon, ed., *Daniels Cabinet Diaries*, p.343.
64. ヴィルヘルム二世時代のドイツ政府の構造は、行政部門――皇帝、帝国宰相およびその補佐官たち――と二層の立法部門――国会（帝国議会）と連邦議会――から成り立っていた。皇帝は外交政策に関して幅広い権限をもち、帝国宰相や連邦高官に対する任命権・罷免権をもち、憲法を「解釈する」ことができた。帝国議会は組閣に対してほとんど発言権はなかったが、すべての法律制定についてはその同意が必要であった。帝国議会は、皇帝によって解散させられることはあっても、無期限に停会にされることはなかった。ドイツ国民の日常生活に関する多くのことがらは、連邦法の執行と同様、州・地方政府に委ねられていた。連邦議会の仕組みは、プロイセンの貴族階級が憲法改正に対して拒否権をもつことを保証していた。See Gordon A. Craig, *Germany 1866-1945* (New York: Oxford University Press, 1978), pp.38-60, and *Questions on German History: Ideas, Forces, Decisions from 1800 to the Present* (Bonn: German Bundestag Publications Section, 1992), pp.209-13.
65. "From the Diary of Colonel House," October 9, 1918, *PWW*, vol.51, p.278. 海軍長官は日誌に次のように書いている――「ウッドロー・ウィルソンは口笛を吹きながら執務室に入ってきた……ドイツからの覚書に対する返答がうまく書けたと考えているのだ。大統領を悩ませていた唯一の問題であった。独裁国家であるドイツとのやり取りを大統領はうまくやれるのだろうか？」。October 8, 1918, in Cronon, ed., *Daniels Cabinet Diaries*, p.339.
66. "Two letters from Joseph Patrick Tumulty," October 8, 1918, *PWW*, vol.51, pp.265-68.
67. "From David Lawrence," October 13, 1918, *PWW*, vol.51, pp.320-24.
68. 民主化をさらに呼びかけているものとして、タムアルティがウィルソンに示したものは次の通りである。

Springfield Republican editorial—The destruction of every arbitrary power, etc.
Borah's statement, New York Times
Bohn statement, especially with reference to Bismarck
Article in New York Times entitled "Kaiser's

ion (New York: Free Press, 1965), pp.133-38; Lawrence W. Martin, *Peace Without Victory: Woodrow Wilson and the British Liberals* (New Haven, Conn.: Yale University Press, 1958); Arno J. Mayer, *Wilson vs. Lenin: Political Origins of the New Diplomacy* (Cleveland: World, 1964), pp.329-67; John L. Snell, "Wilson's Peace Program and German Socialism, January-March 1918," *Missippi Valley Historical Review* 38, no.2 (September 1951), pp.187-214, and "Wilsonian Rhetoric Goes to War," *Historian* 14:2 (Spring 1952), pp.191-208; Schwabe, *Woodrow Wilson*, pp.12ff; and Thomas J. Knock, *To End All Wars: Woodrow Wilson and the Quest for a New World Order* (New York: Oxford University Press, 1992).

40. "From Edward Mandell House," September 3, 1918, in *PWW*, vol.49 (Princeton, N.J.: Princeton University Press, 1985), p.428.

41. "An Address in the Metropolitan Opera House," September 27, 1918, in *PWW*, vol.51, pp.127-33. これらの項目は「5項目として知られている」。

42. 10月12日、イギリス首相は外交官のひとりに次のように書いている――「マックス公の手紙について、われわれは何の相談さえも受けていないが、これに関するウィルソンの判断に対する是非の表明には注意してもらいたい。すでに気がついているように、海洋の自由についてのウィルソンの考え方をわれわれは容認できないし、フォックを含めた軍事顧問たちは、ウィルソンの思案中の休戦条件は不十分であると考えている」。"David Lloyd George to Sir Eric Geddes," October 12, 1918, in *PWW*, vol.51, p.313. 書簡のやりとりを通じ14カ条に関与させられるようになりつつあることを懸念したイギリスは、ウィルソンに「休戦に関する条件をつめる過程において、連合国が和平会議での最終合意のための行動の自由を奪われることがないように注意せねばならない。そして……連合国の主たる国々とアメリカとのあいだで、これらの点について何らかの合意を得るための措置をすみやかに講じるべきである」と告げている。"Paraphrase of Telegram from Mr. Balfour to Mr. Barclay," October 13, 1918, in *PWW*, vol.51, p.336.

43. "To Edward Mandell House," October 28, 1918, in *PWW*, vol.51, p.473. この電信は送信時に誤って伝えられた。ハウスが読んだ電文では、ドイツの国力を連合国側に対する拮抗勢力として損なわないようにしておくことがあまり強調されていなかった。See W. Stull Holt, "What Wilson Sent and What House Received," *American Historical Review* 65:3 (April 1960), pp.569-71.

44. "To Edward Mandell House," October 29, 1918, in *PWW*, vol.51, p.505.

45. "To Edward Mandell House," October 30, 1918, in *PWW*, vol.51, p.513. 結局この電信は使われなかった。しかし、ハウスは議論の席でこれと似たような脅しをかけている。See *PWW*, vol.51, pp.511-34.

46. Entry for November 6, 1918, in Cronon, ed., *Daniels Cabinet Diaries*, p.343. これは孤立したコメントではない。3週間前、ダニエルスは次のように書いている――「イギリスの身勝手な政策について話し合っているとき、ウッドロー・ウィルソンは『講和会議出席にあたっては、正義を強要するためにポケットにできるだけたくさんの武器を入れていく』と言った」。Entry for October 17, p.342.

47. 第一次世界大戦の終盤におけるウィルソン政権の動向を概観するには、Schwabe, *Woodrow Wilson*; Knock, *To End All Wars*; and Gary Thomas Armstrong, "The Domestic Politics of War Termination: The Political Struggle in the United States Over the Armistice, 1918" (Ph.D. diss., Georgetown University, Washington, D.C., 1994) を参照。

48. "Memorandum of Interview with the President by Herbert Bruce Brougham," December 14, 1914, in *PWW*, vol.31 (Princeton, N.J.: Princeton University Press, 1979), p.459.

49. Henry A. Kissinger, *A World Restored* (Gloucester, Mass.: Peter Smith, 1973), p.33.

50. "An Unpublished Prolegomenon to a Peace Note," c. November 25, 1916, in *PWW*, vol.40, p.68.

51. Maurice Hankey to Herbert Asquith in 1916, quoted in John Milton Cooper, Jr., "The British Response to the House-Grey Memorandum," *Journal of American History* 59:4 (March 1973), p.965.

52. "To Edward Mandell House," November 4, 1918, in *PWW*, vol.51, p.575.

53. *Woodrow Wilson, E. Lee: An Interpretation* (Chapel Hill: University of North Carolina Press, 1924), pp.v, 9, 11-12, 28-29.

32. "Conference of October 17, 1918," in *Preliminary History*, pp.78-99; exchange on p.98. この会合は「ドイツ史上におけるもっとも劇的で、哀れをさそう出来事のひとつとされている。国民の運命が決められつつあったのであり、そこに関与していた人々はそのことを知っていたのだ……」Rudin, *Armistice 1918*, p.141. The "Questionnaire as a Basis for the Conference with General Ludendorff on October 17, 1918"（*Preliminary History*, pp.76-77）は、ドイツの政府関係者たちがほとんど情報をつかんでいなかったことを示している。敗北はドイツ国民を驚かせたが、これは大本営の欺瞞と宣伝のためだけではなく、文民政治家たちの臆病のせいでもあった。彼らは、大本営に対して、問題なく自分たちの方針にしたがうようもっていけたはずだ。
33. ヴィルヘルム本人は「ウィルソンからの覚書が届いたときにポツダムにいた。皇帝は補佐官のニーマンを呼び出し、覚書を見せ興奮しながら言った――『読んでみろ！　朕の廃位をねらっている。君主政体の完全な廃止をだ』」Rudin, *Armistice 1918*, p.133. ドイツ政府はウィルソンの意図をはっきりさせるために中立諸国と接触したが、いずれもこの解釈を裏づけるものであった。たとえば、ベルギー駐在のドイツ大使は次のように報告している――「皇帝陛下と皇太子殿下のご退位が和平交渉の前提条件である。おそらく、政府機関で働いた経験のある皇太子殿下のご兄弟による摂政政治は容認されるだろう」。"Telegram, the Imperial Minister to the Foreign Office, October 17, 1918, 11.10 pm," in *Preliminary History*, p.103. この時期に非公式な仲介が果たした役割については、Schwabe, *Woodrow Wilson*, and idem, "U.S. Secret War Diplomacy, Intelligence, and the Coming of the German Revolution in 1918: The Role of Vice Consul James McNally," *Diplomatic History* 16:2（Spring 1992）, pp.175-200を参照。
34. "The German Secretary of State of the Foreign Office（Solf）to the Swiss Foreign Office for President Wilson," October 20, 1918, in *FRUS, 1918, Supp.1*, vol.1, pp.380-81.
35. Entry from October 21, 1918, in E. David Cronon, ed., *The Cabinet Diaries of Josephus Daniels, 1913-1921*（Lincoln: University of Nebraska Press, 1963）, p.342.
36. "The Secretary of State to the Swiss Chargé（Oederlin）," in *FRUS, 1918*, Supp.1, vol.1, pp.381-83. ドイツはウィルソンの意図するところを探り続けており、皇帝の退位が和平への前提条件であるかどうかについて情報を集め続けていた。*Preliminary History*, pp 115ff., 132を参照。ウィルソンの姿勢に対する驚くほど正確な分析が10月31日付でソルフによってなされていることが同書pp.133-34からわかる。
37. ヒンデンブルクはルーデンドルフと同時に辞職を申し出たが、受理されなかった。10月24日、彼は政府首脳部に相談することなくドイツ軍隊に次のような通告を出した――「ウィルソンの返答はドイツ軍の降伏を要求している。したがって、これは受け入れられない。われわれ兵士にとってウィルソンの返答は、全力を尽くして抵抗を続けよという挑戦でしかないのだ」。この声明は政治的に激しい抗議を引き起こし、すみやかに取り下げられた。*U.S. Army in the World War, 1917-1919*, vol.10, *The Armistice Agreement and Related Documents, Part 1*（Washington, D.C.: Center of Military History, U.S. Army, 1991）, p.19; see also Rudin, *Armistice 1918*, pp.207.
38. "To Edward Mandell House," July 21, 1917, in *PWW*, vol.43（Princeton, N.J.: Princeton University Press, 1983）, p.238（emphasis in the original）. このウィルソンの判断は、ハウス自身の見方とも一致していた。もっともハウスはさらにイギリスびいきであったが。アメリカが参戦して数週間後、ハウスは大統領に次のように話している――「現時点では和平合意に関する議論は避けるのが最善の政策であるとのわたしの見方に賛成していただけると思っています……。連合国側がこの件を議論し始めると、彼らはお互いに憎み合うようになり、この件をドイツと話し合うよりもひどい状態になるでしょう……。和平条項について、アメリカとイギリスのあいだでそのうち議論するとしても、他の連合国とは議論しない……という暗黙の合意の下で行動しておけば、幅広い寛大な条項――恒久平和を意味する条項――を受け入れさせることはできるでしょう」。"From Edward Mandell House," April 22, 1917, in *PWW*, vol.42（Princeton, N.J.: Princeton University Press, 1983）, p.120.
39. "An Address to a Joint Session of Congress," January 8, 1918, in *PWW*, vol.45, pp.534-39. ウィルソンの14カ条をめぐる問題については以下のものを参照。Walter Lippmann, *Public Opin-*

するものだ、と」。Sir Cecil Spring Rice to Viscount Grey, September 8, 1914, in Gwynn, *Spring Rice*, vol.2, p.223. 1915年の末、ベルギーに赴任するアメリカ大使はウィルソンを訪ね、両陣営に対して公平に行動することを約束したが、次のようにつけ加えた——「わたしの心のなかには、中立という気持ちはないことをお伝えしておくべきです。わたしはまったくの連合国びいきです」。ウィルソンは、「わたしもそうだ。道義的に考えて、現状とドイツについて知っていればそうならざるをえない。しかし、これはわたしの個人的見解だ。この国にはこの意見に賛同しない連中もたくさんいる」と答えた。Quoted in Charles Segmour, American *Diplomacy During the World War* (London: Greenwood Press, 1975), p.108.

14. ヴィルヘルム二世統治下のドイツに関する異なる意見については、Ido Oren, "The Subjectivity of the 'Democratic' Peace: Changing U.S. Perceptions of Imperial Germany," *International Security* 20:2 (Autumn 1995) を参照。

15. "An Address to a Joint Session of Congress," April 2, 1917, in *The Papers of Woodrow Wilson*, vol.41 (Princeton, N.J.: Princeton University Press, 1983), pp.523-24 (hereafter *PWW*).

16. A. J. Balfour to Colonel House, June 29, 1917, in Charles Seymour, *The Intimate Papers of Colonel House*, vol.3, *Into the World War* (Boston: Houghton Mifflin, 1928), p.101.

17. Seymour, *Intimate Papers of Colonel House*, vol.3, p.105.

18. André Tardieu, *France and America* (Boston: Houghton Mifflin, 1927), p.224.

19. Erich von Ludendorff, *Ludendorff's Own Story* (New York: Harper, 1919), vol.2, p.326.

20. "Conference at General Headquarters on August 14, 1918, Signed Protocol," in James Brown Scott, ed., *Preliminary History of the Armistice: Official Documents Published by the German National Chancellery by Order of the Ministry of State* (New York: Oxford University Press, 1924), pp.18-19.

21. Arthur Rosenberg, *Imperial Germany: The Birth of the German Republic, 1871-1918* (Boston: Beacon, 1964), p.117.

22. 皇帝はぶっきらぼうに言った——「独裁制なぞばかげている」Charles F. Sidman, *The German Collapse in 1918* (Lawrence, Kans.: Coronado, 1972), pp.81-82. ローゼンバーグが指摘しているように、「ドイツの議会は国会として機能していたのではなく、ルーデンドルフの意のままになっていた」のである。*Imperial Germany*, p.242.

23. "Tagebuchnotizen des Obersten von Thaer vom 1. Oktober 1918," in Gerhard A. Ritter and Susanne Miller, eds., *Die deutsche Revolution 1918-1918: Dokumente* (Hamburg: Hoffmann und Campe, 1975, Zweite Auflage), p.27.

24. "The German Imperial Chancellor (Max of Baden) to President Wilson," in *Foreign Relations of the United States (FRUS), 1918, Supplement 1: The World War*, vol.1 (Washington, D.C.: U.S. Government Printing Office, 1933), p.48 (hereafter FRUS).

25. "A Draft of a Note to the German Government," October 7, 1918, in *PWW*, vol.51, pp.255-57.

26. "The Secretary of State to the Swiss Chargé (Oederlin)," October 8, 1918, in *FRUS, 1918, Supp.1*, vol.1, p.343.

27. "Max, Prince of Baden, to General Ludendorff," October 8, 1918, in *Preliminary History*, pp.50-51.

28. "Conference at the Office of the Imperial Chancellor," October 9, 1918, in *Preliminary History*, p.56.

29. "From the Diary of Colonel House," October 15, 1918, in *PWW*, vol.51, p.340.

30. "The Secretary of State to the Swiss Chargé (Oederlin)," October 14, 1918, in *FRUS, 1918, Supp.1*, vol.1, pp.358-59.

31. "Conference of the Secretaries of State on October 17, 1918, at 5 pm," in *Preliminary History*, p.102. 2日後、ヒンデンブルクはマックス公に以下のように話している——「次のような問いをドイツ国民に投げかけるべきである：ドイツ国民は自分たちの名誉のために、口先だけでなく行動でもって、最後のひとりまで戦い、それによって自らを新しい存在として生まれかわらせる可能性に賭けるつもりなのか、それとも、最後の努力もせずに降伏し破滅するつもりなのか？」。"Telephone Message of October 20, 1918, 1 am," *Preliminary History*, p.105. これはほとんど疑いもなく、ドイツは「背後の一刺し（裏切り行為）」によって敗北したのだという、終戦後の責任追及に関する調査を意識した下工作をねらった計画的なものであった。

7. Baumont, *The Fall of the Kaiser* p.179; Toland, *No Man's Land*, pp.568-70. 社会民主党は軍やそれ以外の中枢にいた人々に対して、社会民主党による新体制に見せかけの忠誠を示すことの見返りとして彼らの特権の多くを維持することに同意した。歴史上ワイマール共和国として知られることになる共和体制が機能不全に陥った原因をつくったのは、この馴れ合いである。この間における社会民主党のふるまいと、それがドイツにおいて民主制への移行が成功裏になされる見通しをどれほど暗いものにしてしまったかについての議論は、Sheri Berman, *The Social Democratic Moment*（Cambridge, Mass.: Harvard University Press, 1998）を参照。

8. Stephen Pichon to Jean Jules Jusserand, October 29, 1918, quoted in Klaus Schwabe, *Woodrow Wilson, Revolutionary Germany, and Peacemaking, 1918-1919: Missionary Diplomacy and the Realities of Power*（Chapel Hill: University of North Carolina Press, 1985), p.432 fn. 61.

9. ロス・グレゴリーは次のように書いている――「アメリカのふたつの主要な目標――ヨーロッパとの通商の保持と中立の維持――を新聞に発表したウィルソンと彼の助言者たちは、このふたつが完全には調和しない――すなわち一方を促進すれば他方を危険にさらすことになる――ことによく気づいていなかった……アメリカにとって平和を保証する唯一の道は、……ヨーロッパとのつながりをすべて断ち切ることであった……。そのようなことをすれば、1914年中にアメリカ経済に重い負担がのしかかり、不安定の様相を呈しただろう。1916年に入るころには経済的に破綻しただろう」。*The Origins of American Intervention in the First World War*（New York: Norton, 1971), pp.30, 133.

10. イギリスの外務大臣エドワード・グレイは、回顧録のなかで明確に指摘している。ドイツに対する海上封鎖は連合国側の勝利のために不可欠であった。しかしアメリカは意地悪くも、連合国側が海上封鎖にある程度失敗することを願っている。マルヌの戦いによってパリが救われたのち、連合国側はドイツに対して現在よりもずっと優位な立場に立とうと思えばできたのだが、あえてそうしないことも何度かあった。ドイツとオーストリアは莫大な軍需品を自給していた。連合国側は、開戦後間もなく軍需品供給のかなりの部分をアメリカに依存するようになった。われわれがアメリカと不和になれば、この供給が絶たれるだろう。したがって、たとえ必要だとしても、海上封鎖なしで戦争を続ける方がアメリカとドイツとのあいだの密輸に関してアメリカと仲たがいするよりましだった。仲たがいすれば、連合国側は戦争を継続するために必要な資源を得ることができなくなり、戦争に勝つ見込みはまったくなくなるのであった。したがって、外交の腕の見せどころは、アメリカと仲たがいしない範囲内で海上封鎖の効果を最大にすることであった。Viscount Grey of Fallodon, *Twenty-Five Years*（New York: Frederick A. Stokes, 1925), vol.2, p.107.

11. この点に気づいていたイギリスの外交官たちは、大胆で抜け目のない行動をとった。たとえば、駐米イギリス大使はある時点で本国政府に次のように知らせている。

> 武器や軍需品の輸出禁止がおこなわれない理由は、われわれに対する同情ではなく、そのような措置をとると政権の存在を支えている国家の繁栄を危うくするからである。アメリカで物資が不足したら、あるいは輸出禁止が国の利益になるということになれば、輸出禁止がおこなわれるでしょう……船積みに対する規制が命じられるでしょう。輸出は妨害されるでしょう。借款はいまよりも難しくなるでしょう。

彼はグレイの懸念に呼応するように次のように書いている――「イギリス外交の目的は、アメリカの忍耐の限度がどのあたりなのか、すでに近くまで来ているのか、確かめることであるべきです。忍耐の限度はあるはずです。そのことについて思いちがいをしてはだめです」。Sir Cecil Spring Rice to Lord Robert Cecil, August 13, 1916, in Stephen Gwynn, ed., *The Letters and Friendships of Sir Cecil Spring Rice*（Boston: Houghton Mifflin, 1929), vol.2, p.345.

12. Sir Cecil Spring Rice to Lord Newton, October 21, 1914, in Gwynn, *Spring Rice*, vol.2, p.239.

13. 開戦1カ月後、ワシントンのイギリス大使はグレイに次のように報告している――「ウィルソン大統領は非常に厳粛な口調で言われました。現在の抗争においてドイツの言い分が通るようなことがあれば、アメリカは、現在アメリカが理想としているものをあきらめ、その全エネルギーを防衛に向けねばならなくなるだろう。それは現在のアメリカ政府機構の終わりを意味

原　注

第１章　クラウゼヴィッツの命題

1. "Dr. Condoleezza Rice Discusses Iraq Reconstruction," April 4, 2003, available at http://merln.ndu.edu/MERLN/PFIraq/archive/wh/20030404-12.pdf.
2. Steven W. Peterson, "Central but Inadequate: The Application of Theory in Operation Iraqi Freedom," National War College (research paper, 2004), pp.10-11, available at www.dtic.mil/cgi-bin/GetTRDoc?AD=ADA441663&Location=U2&doc=GetTRDoc.pdf. ピーターソンは「2002年11月から2003年6月まで連合軍地上部隊コマンド（CFLCC）の計画立案メンバーであり、特に……C5における諜報計画立案業務の長を務めていた」。
3. James Conway, interview with *Frontline: Truth, War, and Consequences*, August 19, 2003, available at www.pbs.org/wgbh/pages/frontline/shows/truth/interviews/conway.html.
4. Carl von Clausewitz, *On War*, ed. and trans. by Michael Howard and Peter Paret (Princeton, N.J.: Princeton University Press, 1976), pp.75, 87, 605.
5. Tommy Franks with Malcolm McConnell, *American Soldier* (New York: HarperCollins, 2004), p.441 (emphasis in the original).
6. Clausewitz, *On War*, pp.605, 111.
7. 戦争終結に関する文献として以下を参照。Elizabeth A. Stanley, *Paths to Peace: Domestic Coalition Shifts, War Termination, and the Korean War* (Stanford, Calif: Stanford University Press, 2009); H. E. Goemans, *War & Punishment: The Causes of War Termination & the First World War* (Princeton, N.J.: Princeton University Press, 2000); and Gideon G. Rose, "Victory and Its Substitutes: Foreign Policy Decisionmaking at the Ends of Wars" (Ph.D. diss., Harvard University, 1994). 本書と似た立場で書かれた洞察力に溢れた著作として、Michael D. Pearlman, *Warmaking and American Democracy: The Struggle Over Military Strategy, 1700 to the Present* (Lawrence: University of Kansas, 1999) がある。
8. これらの理論とその軍事的最終局面への応用に関する詳細については、Rose, "Victory and Its Substitutes," chapter 2を参照。「新古典的リアリズム」については、"Neoclassical Realism and Theories of Foreign Policy," *World Politics 51* (October 1998), pp.144-72を参照。

第２章　第一次世界大戦

1. Klaus Epstein, *Matthias Erzberger and the Dilemma of German Democracy* (Princeton, N.J.: Princeton University Press, 1959), p.275.
2. Harry R. Rudin, *Armistice 1918* (New Haven, Conn.: Yale University Press, 1944), pp.349-51.
3. John Toland, *No Man's Land* (New York: Doubleday, 1980), pp.558-59.
4. Rudin, *Armistice 1918*, pp.364-65.
5. Maurice Baumont, *The Fall of the Kaiser* (New York: Knopf, 1931), p.124.
6. Rudin, *Armistice 1918*, pp.356-59.「数分後、エーベルトとシャイデマンが食事を終えようとしているころ、群衆が国会議事堂に押し寄せ、シャイデマンが共和国の成立を宣言したと叫んでいた。エーベルトは怒りで顔を真っ赤にし、テーブルをこぶしで叩きながらシャイデマンに向かって大声をあげた――『本当か？』。シャイデマンは、本当であるだけでなく疑う余地もない、と答えた。『共和国の成立を宣言するなんて、そんな権限はないはずだ！　共和体制であれ何であれ、ドイツがどんな体制をとるかを決めるのは憲法制定会議だ』とエーベルトは叫んだ」

［わ］

［ら］

［り］

［る］

［れ］

［ろ］

［へ］

［ほ］

［ひ］

［ふ］

［さ］

［し］

［く］

［け］

［こ］

索　引

※なお、国名としてのアメリカは、ほぼ全編にわたるので、
索引上では省略している。

［A－Z］

［あ］

【著者】
ギデオン・ローズ
(Gideon Rose)
イェール大学卒業後、ハーヴァード大学で博士号を取得、外交問題評議会の研究員として、安全保障・テロリズム研究などを専攻。クリントン政権期には国家安全保障会議（NSC）のスタッフも務める。外交問題評議会が発行する、国際政治・外交の分野で世界的に権威のある雑誌『フォーリン・アフェアーズ』の編集長。

【監訳】
千々和泰明
(ちぢわ・やすあき)
広島大学法学部卒、大阪大学大学院国際公共政策研究科修士課程修了、同大学院博士課程修了。博士（国際公共政策）。防衛省防衛研究所戦史研究センター安全保障政策史研究室教官。この間、内閣官房副長官補（安全保障・危機管理担当）付主査。著書に『大使たちの戦後日米関係――その役割をめぐる比較外交論 1952～2008 年』（ミネルヴァ書房、2012 年）など。

【翻訳】
佐藤友紀　（さとう・ゆき）
1970 年、宮城県生まれ。武蔵大学経済学部経営学科卒業。横浜税関で勤務後、翻訳家に。訳書に『アイ・アム・ユー』、翻訳協力にクレフェルト『戦争文化論』『戦争の変遷』。

Japanese translation rights arranged with
Gideon Rose c/o Janklow & Nesbit Associates
through Japan UNI Agency, Inc., Tokyo

終戦論《しゅうせんろん》

なぜアメリカは戦後処理《せんごしょり》に失敗《しっぱい》し続《つづ》けるのか

●

2012年7月30日　第1刷

著者……………ギデオン・ローズ

監訳者……………千々和泰明《ちぢわやすあき》

訳者……………佐藤友紀《さとうゆき》

装幀……………岡孝治

発行者……………成瀬雅人

発行所……………株式会社原書房

〒160-0022 東京都新宿区新宿1-25-13

電話・代表03(3354)0685

http://www.harashobo.co.jp

振替・00150-6-151594

印刷……………新灯印刷株式会社

製本……………東京美術紙工協業組合

ISBN978-4-562-04852-6, Printed in Japan